高技能人才培养系列丛书

可编程序控制系统设计师培训系列丛书

可编程序控制系统设计技术（FX系列）

第 2 版

主编　吴启红

参编　彭旭昀　宋　建　黄伟明

　　　李泽明　欧成友　朱国云

机械工业出版社

本书共分 11 章，系统地介绍了 PLC 的结构、工作原理、PLC 编程软件的使用技术、PLC 与外围设备控制技巧、PLC 与传感器应用技术、基本指令和功能指令的编程应用技巧、PLC 通信技术、PLC 过程控制设计技术、PLC 运动控制设计技术、PLC 与触摸屏和变频器综合应用设计技术等。配套工程实训 40 个。

本书可供培养可编程序控制系统设计师培训及考证时使用，也可供高等院校自动化专业课程使用，还可作为自动化技术人员解决问题的参考指南。

图书在版编目（CIP）数据

可编程序控制系统设计技术：FX 系列/吴启红主编. —2 版. —北京：机械工业出版社，2014.5（2023.9 重印）

（可编程序控制系统设计师培训系列丛书. 高技能人才培养系列丛书）

ISBN 978-7-111-46259-0

I. ①可… Ⅱ. ①吴… Ⅲ. ①plc 技术-技术培训-教材 Ⅳ. ①TM571.6

中国版本图书馆 CIP 数据核字（2014）第 061403 号

机械工业出版社（北京市百万庄大街 22 号 邮政编码 100037）

策划编辑：罗 莉 责任编辑：罗 莉
版式设计：霍永明 责任校对：张晓蓉
封面设计：鞠 杨 责任印制：单爱军

北京虎彩文化传播有限公司印刷

2023 年 9 月第 2 版第 5 次印刷

184mm×260mm · 25.75 印张 · 627 千字

标准书号：ISBN 978-7-111-46259-0

定价：69.80 元

电话服务

客服电话：010-88361066
010-88379833
010-68326294

封底无防伪标均为盗版

网络服务

机 工 官 网：www.cmpbook.com
机 工 官 博：weibo.com/cmp1952
金 书 网：www.golden-book.com
机工教育服务网：www.cmpedu.com

丛 书 序

"没有一流的技工，就没有一流的产品。"技能型人才在推进自主创新方面具有不可替代的重要作用。技工院校是培养高技能人才的重要渠道，是落实健全面向全体劳动者培训制度的重要载体。作为技工院校的一分子，我们深感使命之光荣，责任之重大。与此同时，随着我国经济社会的快速发展、自动化技术的飞速发展和产业结构的转型升级以及经济全球化的发展，我国已逐步成为世界的"制造中心"，使得符合企业需求的高技能人才的市场供给严重不足，而且正在成为影响我国经济进一步发展的瓶颈。为此国家推出了全面推进技能振兴和高技能人才培养工程计划。

在高技能人才培养的教学过程中，教材处于基础地位，是课程体系设计的核心。高质量培养高技能人才，以就业为导向、满足企业需求并结合自动化技术的发展情况，我们精心策划了这套《高技能人才培养系列丛书》，本系列丛书在编写时力争实现"三化"特色。

（1）知识系列化——全书采用理论加技能的形式，重点培养工程技术人才应用设计操作能力。内容编排上，努力做到理论与实践紧密结合，侧重技能操作。理论知识成体系化，技能实训以培养掌握复杂操作和新技术应用的技能，并以培养增强分析、判断、排除各种实际故障能力为重点。

（2）案例新颖化——全套书不同以往其他书籍，理论以够用，但又有拓展知识点。没有单一的理论，只有理论加技能的综合。编写内容新颖，配有大量的工程案例，案例全部来自生产实际，着重解决生产实际问题。书中内容突出一个"新"字，结合当前企业的生产实际，力求教学内容能反映现代新技术、新工艺的应用和新设备的使用，具有一定的广度和深度。

（3）目标明确化——编写目标明确，以培养高技能人才为目标。教学中注重培养学生的职业能力，坚持高技能人才的培养方向，我们把相关知识点的学习与专业技能实训有机地结合起来，摒弃以往"就知识讲知识"的传统做法。

本系列教材的编者来自深圳第二高级技工学校从事教学一线的教师和企业内的专业人才，书中内容反映了国家职业新工种——可编程序控制系统设计师培训教学和社会化考核的方向，相信本书会受到高职类院校广大师生、广大高技能人才和自动化技术精英的欢迎。

编委会主任　王海龙

前　言

随着工业自动化技术的飞速发展，特别是以可编程序控制器为主体的工业控制系统广泛用于各行各业，可编程序控制系统设计技术人才严重奇缺。为此，国家人力资源和社会保障部正在大力推广新职业工种"可编程序控制系统设计师"。但是，培养这一工种高技能人才的教材又相当匮乏。为此，我们精心编写了本教材。

本教材编写目的旨在解决以下四个方面的问题：

1) 帮助工厂自动化技术从业人员提高工业自动化技术设计水平；

2) 帮助高技能人才顺利通过可编程序控制系统设计师工种的技能鉴定；

3) 作为自动化工程技术人员在生产一线提供解决问题的参考指南；

4) 通过本书让广大读者实现从入门到提高、精通可编程序控制系统应用设计技术，实现独立解决可编程序控制系统设计技术问题。

本书可供培养可编程序控制系统设计师培训及考证时使用，也可供高等院校自动化专业课程使用，还可作为自动化技术人员解决问题的参考指南。

本书共分11章，系统地介绍了PLC的结构、工作原理、编程软件的使用技术、PLC与外围设备控制技巧、PLC与传感器应用技术、基本指令和功能指令的编程应用技巧、PLC通信技术、PLC过程控制设计技术、PLC运动控制设计技术、PLC与触摸屏和变频器综合应用设计技术等，配套工程实训40个。

本书在编写过程中力争做到产品系列化、知识体系化、指令案例化、设计案例实用化、技术新颖化。基本上涵盖了三菱FX系列PLC设计技术。

彭旭昀编写了第1章，朱国云编写第2章，黄伟明编写第3章的3.1~3.4节，宋建编写了第4章，欧成友编写第10章，李泽民编写了11章，吴启红编写了第3章的3.5、3.6节、第5~9章及附录，文字录入由陈卫兰同志负责，全书由吴启红统稿。

本书在编写过程中，得到了华南理工大学宋建高级工程师、广东省自动化与信息技术转移中心黄伟明高级工程师的大力支持和精心指点，在此一并表示感谢。同时参考了相关图书和资料，在此向原作者们表示衷心的感谢！

由于编者水平有限，书中难免有错误和不当之处，恳请读者批评指正，请将意见反馈至邮箱 qhongw@126.com，为谢！

编　者

目　录

第1章　PLC 基础知识

1.1　PLC 的产生及定义

1. PLC 的发展史

在 PLC（可编程序逻辑控制器或可编程序控制器）诞生之前，继电器广泛应用于工业生产控制领域中，继电器在传统的工业中曾经起着举足轻重的作用。随着生产规模的不断扩大、市场竞争的日益激烈，继电器控制系统已经不能满足日益发展的需要。因为继电器针对某一固定动作或生产工艺而设计，仅限于逻辑、定时、计数等简单的控制，一旦动作顺序或工艺发生变化，就必须重新设计、布线、装配、调试等，这样就很难满足工业发展的需要，因此 PLC 应运而生了。

1968 年，美国最大的汽车制造商通用汽车（GM）公司，为了适应汽车型号不断更新的需要，提出了 10 条技术指标在社会上公开招标（通称 GM10 条），制造一种新型的工业控制装置。

GM 10 条主要内容有：容易编程、采用模块式结构、成本可与继电器控制系统相竞争、具有数据通信功能、输入/输出电源使用市电、能在恶劣环境下工作、存储设备可扩充至 4K 个存储字节、系统扩展时原系统只需很小的改动、可靠性高于继电器控制系统、设备体积小于继电器控制柜（其实 GM 10 条就是覆盖了继电器控制系统的缺点）。

1969 年，美国数字设备公司（DEC）根据招标的要求，研制出世界上第一台 PLC，并在 GM 公司汽车生产线上首次成功应用。

1969 年美国研制出世界上第一台 PLC 以后（一般公认世界上第一台 PLC 是 1969 年美国制造的），日本、德国、法国等国相继研制了各自的 PLC。20 世纪 70 年代中期，PLC 进入了实用化阶段；70 年代末和 80 年代初，PLC 进入了成熟阶段；80 年代后期进入了飞速发展时期。

日本生产 PLC 的厂家有 40 余家，如三菱电机（MITSUBISHI ELECTRIC）、欧姆龙（OMRON）；欧洲 PLC 的厂家有 60 余家，如西门子（Siemens）；美国 PLC 发展得最快，著名厂家如 A-B（Allen-Bradley）。

我国在 1974 年开始研制 PLC，1977 年开始用于生产控制，遗憾的是到目前为止国产 PLC 在市场占有份额不高。

2. PLC 的定义

随着微电子技术的发展，PLC 的功能不断扩展和完善，其功能远远超出了逻辑控制和顺序控制的范围，具备了模拟量控制、过程控制以及远程通信等强大功能，所以美国电气制造商协会（NEMA）将其正式命名为可编程序控制器（Programmable Controller, PC）。随着个人计算机的飞速发展，为了和个人计算机（Personal Computer）的简称相区别，将可编程序控制器称为 PLC。那么，PLC 的定义是什么呢？

国际电工委员会（IEC）于 1987 年对 PLC 定义如下：

PLC 是专为在工业环境下应用而设计的一种数字运算操作的电子装置，是一种带有存储器，并可以编制程序的控制器。它能够存储和执行指令，进行逻辑运算、顺序控制、定时、计数和算术等操作，并通过数字式和模拟式的输入/输出，控制各种类型的机械和生产过程。PLC 及其有关的外围设备，都应按易于与工业控制系统形成一体，易于扩展其功能的原则设计。

事实上，PLC 就是以嵌入式 CPU 为核心，配以输入、输出等模块，可以方便地用于工业控制领域的装置。因此 PLC 实际上就是"工业专用计算机"。

1.2　PLC 的优、缺点

1. 硬件方面的优点

（1）体积小、能耗低

对于复杂的控制系统，使用 PLC 后，可以减少大量的中间继电器和时间继电器，小型 PLC 的体积仅相当于几个继电器的大小，因此可将开关柜的体积缩小到原来的 $1/10 \sim 1/2$。

PLC 的配线比继电器控制系统的配线少得多，故可以省下大量的配线和附件，减少大量的安装接线工时，加上开关柜体积的缩小，可以节省大量的费用。

（2）配套齐全，用户使用方便，适应性强

PLC 产品已经标准化、系列化、模块化。并配备有品种齐全的各种硬件装置供用户选用，用户能灵活、方便地进行系统配置，组成不同功能、不同规模的系统。PLC 的安装接线也很方便，一般用接线端子连接外部接线。PLC 有较强的带负载能力，可以直接驱动一般的电磁阀和交流接触器。

硬件配置确定后，可以通过修改用户程序，方便、快速地适应工艺条件的变化。

（3）可靠性高，抗干扰能力强

传统的继电器控制系统中使用了大量的中间继电器、时间继电器。由于触点接触不良，容易出现故障。PLC 用软件代替大量的中间继电器和时间继电器，仅剩下与输入和输出有关的少量硬件，接线可减少到继电器控制系统的 $1/100 \sim 1/10$，因触点接触不良造成的故障大为减少。

PLC 采取了一系列硬件和软件抗干扰措施，具有很强的抗干扰能力，平均无故障时间达到数万小时以上，可以直接用于有强烈干扰的工业生产现场，PLC 已被广大用户公认为最可靠的工业控制设备之一。

2. 软件方面的优点

（1）编程方法简单易学

梯形图是使用得最多的 PLC 编程语言，其电路符号和表达方式与继电器电路原理图相似。梯形图语言形象直观、易学易懂，熟悉继电器电路图的电气技术人员只要花几天时间就可以熟悉梯形图语言，并用来编制用户程序。

（2）功能强，性价比高

一台小型 PLC 内有成百上千个可供用户使用的编程组件，有很强的功能，可以实现非常复杂的控制功能。与相同功能的继电器系统相比，具有很高的性价比。PLC 可以通过通信联网，实现分散控制、集中管理。

3. 系统方面的优点

（1）系统的设计、安装、调试工作量少

PLC 用软件功能取代了继电器控制系统中大量的中间继电器、时间继电器、计数器等器件，使控制柜的设计、安装、接线工作量大大减少。

PLC 的梯形图程序一般采用顺序控制设计法。这种编程方法很有规律，很容易掌握。对于复杂的控制系统，梯形图的设计时间比设计继电器系统电路图的时间要少得多。

PLC 的用户程序可以在实验室模拟调试，输入信号用小开关来模拟，通过 PLC 上的发光二极管可观察输入、输出信号的状态。完成了系统的安装和接线后，在现场的统调过程中发现的问题一般通过修改程序就可以解决，系统的调试时间比继电器系统少得多。

（2）维修工作量小，维修方便

PLC 的故障率很低，具有完善的自诊断和显示功能。PLC 或外部的输入装置和执行机构发生故障时，可以根据 PLC 上的发光二极管或编程器提供的信息迅速地查明故障的原因，用更换模块的方法可以迅速地排除故障。

因此，有人将数控技术、机器人、CAM/CAD（计算机辅助制造/计算机辅助设计）、PLC 称为现代工业的四大支柱。

当然 PLC 也存在一些缺点，主要因为各厂家的产品不同而导致，具体如下：

1）主要是 PLC 的软、硬件体系结构是封闭的而不是开放的：如专用总线、专家通信网络及协议，I/O（输入/输出）模板不通用，甚至连机柜、电源模板亦各不相同。

2）编程语言虽多数是梯形图，但组态、寻址、语言结构均不一致，因此各公司的 PLC 互不兼容。

1.3　PLC 的分类

严格来说，PLC 分类并无确切的标准，只是人们为了工作上的方便，从结构、I/O 点数或功能等方面来进行分类。

1. 按结构形式来分

PLC 按结构形式分类可分为整体式和模块式两种。

（1）整体式

整体式又称单元式或箱体式。整体式 PLC 是将电源、CPU、I/O 部件都集中装在一个机箱内，其结构紧凑、体积小、价格低。一般小型 PLC 采用这种结构。整体式 PLC 一般配备有特殊功能单元，如模拟量单元，位置控制单元等，使机器的功能得以加强。一般小型 PLC 采用这种结构，如图 1-1 所示。

（2）模块式

模块式结构是将 PLC 各部分分成若干个单独的模块，如 CPU 模块、I/O 模块，电源模块和各种功能模块。模块式 PLC 由框架和各种模块组成，模块插在框架的插座上。模块式 PLC 实物如图 1-2 所示，模块式结构如图 1-3 所示。有的 PLC 没有框架，各种模块安装在底板上。模块式结构，其配置灵活、装配方便、便于扩展和维修。一般大、中型 PLC 都采用模块式结构，有的小型 PLC 也采用这种结构。一般大、中型 PLC 采用模块式结构，但也有小型 PLC 也采用这种结构的。

另外，有的 PLC 将整体式和模块式结合起来，称为叠装式 PLC。它除基本单元和扩展单元外，还有扩展模块和特殊功能模块，配置更加灵活。

 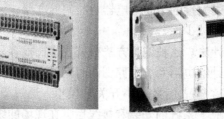 

图 1-1　整体式 PLC（FX 系列）　　　图 1-2　模块式 PLC 实物　　　图 1-3　模块式 PLC 结构图

2. 按 I/O 点数来分

全世界有几百家工厂正在生产几千种不同型号的 PLC，按照输入（Input）和输出（Output）（简称 I/O）点数多少可分为表 1-1 所示的 4 种类型。这个分类界线不是固定不变的，它会随 PLC 的发展而改变。

表 1-1　I/O 点数分类表

类　型	I/O 点数	存储器容量	应 用 领 域
小　型	128 点以下	4 KB	单机控制和小型控制系统
中　型	129～512 点	4～16KB	多机控制系统和小型控制网络系统
大　型	512～1024 点	16～64KB	多机控制系统和大型控制网络系统
超大型	大于 1024 点	64KB 以上	分布式控制和工厂的集散控制网络

3. 按功能分类

1）低档机：具备基本控制功能和简单的运算能力；

2）中档机：具备基本功能，能进行三角函数、PID（比例积分微分）运算，能处理模拟量等信号。

3）高档机：具备以上功能，还具备网络控制和远程控制等功能。

1.4　PLC 的性能指标

1. 硬件指标

硬件指标主要包括输入和输出特性等。由于 PLC 是专门为适应工业环境而设计的，因此 PLC 一般都能满足以上硬件指标的要求。表 1-2 所示为 FX2N 系列 PLC 一般性能指标。

表 1-2　FX2N 系列 PLC 一般性能指标

项　目	指　　　标
环境温度/湿度	0～55℃/35%～89% RH（不结露）
耐压	AC 500V 1min（各端子与接地端子之间）
抗冲击	JISCO912 标准　10kg　3 轴方向 3 次
抗噪声干扰	用噪声仿真器产生电压 1000V、噪声脉冲宽度 1μs、周期为 30～100Hz，在此噪声干扰下 PLC 工作正常
绝缘电阻	5MΩ 以上（各端子与接地端子之间）
接地	采用第 3 种接地。不能接地时，也可悬空
使用环境	禁止腐蚀性气体，严禁尘埃

2. 软件指标

PLC 的软件指标通常用以下 7 项来描述：

1）编程语言：不同机型的 PLC，具有不同的编程语言。常用的编程语言有梯形图、指令表、控制系统流程图 3 种。

2）用户存储器容量和类型：用户存储器用来存储用户编程输入的程序。其存储容量通常以字或步为单位计算。常用的用户程序存储器类型有 RAM、EEPROM、EPROM 3 种。

3）I/O 总数：PLC 有开关量和模拟量两种输入、输出。对开关量 I/O 总数，通常用最大 I/O 点数表示；对模拟量 I/O 总数，通常用最大 I/O 通道数表示。

4）指令数：用来表示 PLC 的功能。一般指令数越多，其功能越强。

5）软元件的种类和点数：指辅助继电器、定时器、计数器、状态寄存器、数据寄存器和各种特殊继电器等。

6）扫描速度：以 "μs/步" 表示。例如 0.74μs/步表示扫描一步用户程序所需的时间为 0.74μs。PLC 的扫描速度越快，其输出对输入的响应越快。

7）其他指标：如 PLC 的运行方式、输入/输出方式、自诊断功能、通信连网功能、远程监控等。

1.5　PLC 的发展趋势及应用领域

1. PLC 的发展趋势

PLC 的发展趋势主要表现在硬件、软件和通信等方向。

（1）硬件发展方向

1）大力发展微型 PLC。微型 PLC 的价格便宜，性价比不断提高，很适合于单机自动化或组成分布式控制系统。

2）向高性能、高速度、大容量发展。大型 PLC 大多采用多 CPU 结构，不断地向高性能、高速度和大容量方向发展。CPU 处理速度达到 ns 级，内存 2MB。

3）大力开发智能型 I/O 模块和分布式 I/O 子系统。

（2）软件发展方向

1）个人计算机的编程软件取代手持式编程器。

2）PLC 的软件化与 PC 化。

个人计算机（PC）的价格便宜，有很强的数学运算、数据处理、通信和人机交互的功能。过去 PC 主要用作 PLC 的编程器、操作站或人机接口终端，如果用于工业控制现场，必须使用加固型的工业控制计算机。

（3）通信发展方向

通信发展方向主要表现在 PLC 通信的易用化和 "傻瓜化"、组态软件引发的上位计算机编程革命、PLC 与现场总线相结合等方面。

2. PLC 应用领域

PLC 在工业自动化中起着举足轻重的作用，在国内外已广泛应用于机械、冶金、石油、化工、轻工、纺织、电力、电子、食品、交通、汽车制造、建筑、环保、公用事业等各行各业。经验表明，80% 以上的工业控制可以使用 PLC 来完成。在日本，凡 8 个以上中间继电器组成的控制系统都已采用 PLC 来取代。

PLC 按其不同的控制类型，已成功应用于以下 5 个方面：

（1）开关量逻辑控制

这是 PLC 最广泛的应用领域，也是 PLC 最基本的控制功能，可用来取代继电器控制。它既可用于单台设备的控制，也可用于多机群控和自动化生产线的控制。比如香烟包装生产线、采矿的带式运输机、汽车装配生产线、电镀流水线、冰箱生产线、电梯控制以及组合机床的电气控制等。

（2）慢连续量的过程控制

慢连续量的过程控制是指对温度、压力、流量和速度等慢连续变化的模拟量的闭环控制。PLC 通过模拟量 I/O 模块，实现 A-D 和 D-A 转换，并通过专用的智能 PID 模块实现对模拟量的闭环控制，使被控变量保持为设定值。PLC 的这一功能已广泛应用在电力、冶金、化工、轻工、机械等行业。例如，锅炉控制、加热炉控制、磨矿分级过程控制、水处理控制、酿酒控制等。

（3）快连续量的运动控制

PLC 提供了拖动步进电动机或伺服电动机的单轴或多轴位置控制模块，通过这些模块可实现直线运动或圆周运动的控制。如今，运动控制已是 PLC 不可缺少的功能之一，它已广泛应用于各种机械，例如机器人、金属成形机械、装配机械等。

（4）数据处理

PLC 提供了各种数学运算、数据传送、数据转换、数据排序以及位操作等功能，可以实现数据的采集、分析和处理。这些数据可通过通信系统传送到其他智能设备，也可利用它们与存储器中的参考值进行比较，或利用它们制作各种要求的报表。数据处理功能一般用于造纸、冶金、食品、柔性制造等行业中的一些大型控制系统。

（5）通信

PLC 的通信主要有以下 4 种情况：

1）PLC 之间的通信：PLC 之间可一对一通信，也可在多达几十甚至几百台 PLC 之间进行通信。既可在同型号 PLC 之间进行通信，也可在不同型号的 PLC 之间进行通信。例如可以将三菱 FX 系列 PLC 作为三菱 A 系列 PLC 的就地控制站，从而可简单地实现生产过程的分散控制和集中管理。

2）PLC 与各种智能控制设备之间的通信：PLC 可与条形码读出器、打印机以及其他远程 I/O 智能控制设备进行通信，形成一个功能强大的控制网络。

3）PLC 与上位计算机之间的通信：可用计算机进行编程，或对 PLC 进行监控和管理。通常情况下，采用多台 PLC 实现分散控制，由一台上位计算机进行集中管理，这样的系统称为分布式控制系统。

4）PLC 与 PLC 的数据存取单元进行通信：PLC 提供了各种型号不一的数据存取单元，通过此数据存取单元可方便地对设定数据进行修改，对各监控点的数据或图形变化进行监控，还可对 PLC 出现的故障进行诊断等。

近几年来，随着计算机控制技术和通信网络技术的发展，已兴起工厂自动化（FA）网络系统。PLC 的连网，通信功能正适应了智能化工厂发展的需要，它可使工业控制从点到线再到面，到设备级的控制，生产线的控制和工厂管理层的控制连成一个整体，从而创造更高的效益。

PLC 的应用领域越来越广泛，几乎可以说凡是有控制系统存在的地方都需要 PLC。在发达国家，PLC 已广泛应用于所有的工业部门，随着 PLC 性价比的不断提高，PLC 的应用范围将不断扩大。

第 2 章　PLC 的结构与工作原理

2.1　PLC 的硬件组成

PLC 的硬件部分由中央处理单元（CPU 模块）、存储模块、输入/输出（I/O）模块、电源模块、通信模块、编程器等部分组成，如图 2-1 所示。

1. CPU 模块

（1）CPU 的作用

CPU 含有和 PC 内部同样类型的微处理器，CPU 是 PLC 的核心部件，相当于人的大脑。CPU 能够执行系统的操作、信息存储、输入监控、用户逻辑（梯形图）评价和正确的输出信号，并对整机进行控制。

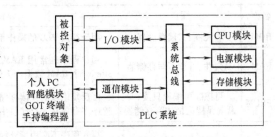

图 2-1　PLC 的硬件组成

（2）CPU 的构成

PLC 常用的 CPU 主要有通用微处理器、单片机或位片式微处理器。

一般来说，在小型 PLC 中，大多采用 8 位微处理器或单片机，如 Z80A、8031、8085 等，价格低、普及通用好。在中型 PLC 中，大多采用 16 位微处理器或单片机，如 8086、80286、80386、8096，集成度高、运算速度快、可靠性高。在大型 PLC 中，大多采用高速位片式微处理器。如 AMD 2900，灵活性强、速度快、效率高。

2. 电源模块

PLC 电源有交、直流两种，但一般都采用交流电源，有 115V/230V 两档（用户可通过跨接线或短路片来选择。在接线时，一定要十分注意厂商提供的电源接线图，以免损坏设备）。通过开关电源降压整流提供 CPU、存储器、I/O 接口等所需要的内部供电电源（如 ±5V、±15V 等）。为输入电路和少量的外部电子检测装置（如接近开关）提供 24V 直流电源。另外还有独立的锂电池作为存储器的备用电源。

3. 存储器模块

（1）存储器的作用

存储器是 CPU 用来存储和处理程序文件、数据文件的一块物理空间。它用来存储系统程序和用户程序，分为系统程序存储器和用户程序存储器。

系统程序存储器用来存储不需要用户干预的系统程序。例如，PLC 的操作系统程序、用户逻辑解释程序、系统诊断程序、通信管理程序以及各种系统参数等。**系统程序用来告诉 PLC "怎么做"**，它使 PLC 具备了基本的智能，能够完成 PLC 设计者所要求的各种工作。PLC 产品在出厂时，厂家已经把这些系统程序固化在 ROM 或 EPROM 存储器内，用户不需要了解这些程序，也不能更改这些程序。

用户程序存储器用来存储通过编程器输入的用户程序。通常将用户程序存储器分为程序存储区和数据存储区，程序存储区用来存储用户程序，数据存储区用来存储运算数据、中间运算结果和各种软元件的状态等。**PLC 的用户程序用来告诉 CPU "做什么"**，是用户根据现场的各种控制要求，用 PLC 的编程语言编制程序，通常存储在 CPU 模块的 RAM 中。

程序的复杂性决定了所需要的存储量。存储单元以位（二制数）为单元对信息进行存储。规定存储量以 1000KB 为增量，1KB＝1024B（1B＝8bit）。

（2）存储器类型

常用的程序存储器有只读存储器（ROM）、随机存取存储器（RAM）、可擦除可编程只读存储器（EPROM）和电可擦除可编程只读存储器（EEPROM）4 种。各自性能见表 2-1。

表 2-1　常用的程序存储器性能

名称	属性	说　明
ROM	非失性、只读存储器	用于存放 PLC 的操作系统，厂商已固化完成
RAM	易失性、可读可写存储器	用户程序也常用 RAM 来存储。PLC 有锂电池使程序保持。当电源消失超过 30min 时，RAM 数据会丢失
EPROM	可擦除可编程只读、断电保持记忆功能存储器	可反复修改的只读存储器。能够用紫外光源将程序完全擦除后重新编程。用户程序多存放在此存储器中
EEPROM	电可擦除可编程只读、断电保持型存储器	写入程序不必用紫外线擦除器擦除，只需用编程器即可实现程序的写入和擦除。当 PLC 断电后，用户程序固化在 EEPROM 中，程序不易丢失，提高系统的可靠性。EEPROM 通常用于存储、备份或传递 PLC 程序

4. 输入/输出（I/O）模块

（1）I/O 模块的作用

I/O 模块是 CPU 与现场 I/O 设备或其他外部设备之间连接的桥梁。PLC 的对外功能主要是通过各类 I/O 模块的外接线来实现对工业设备或生产过程的检测或控制。在实际生产过程中，输入信号的电平多种多样，外部执行机构所需要的电平也多种多样，而 PLC 的 CPU 所处理的只能是标准电平，所以 I/O 模块除了传递信号外，还具有电平转换的作用。输出信号有交流和直流开关量信号、脉冲信号、模拟量信号。图 2-2 所示为现场 I/O 连接示意图。

输入模块的作用是接收和采集现场设备的各种输入信号，比如按钮、数字拨码开关、限位开关、接近开关、选择开关、光电开关、压力继电器等各种开关量信号和热电偶、电位器、测速发电机以及各种变送器提供的模拟量输入信号，并将这些信号转换为 CPU 能够接收和处理的数字信号。

输出模块的作用是接收经 CPU 处理过的数字信号，并把这些数字信号转换为被控设备所能接收的电压或电流信号，以控制接触器、电磁阀、电磁铁、调节阀、调速装置等执行器，或控制指示灯、数字显示装置和报警装置等设备。

由于 PLC 的 I/O 信号电压一般较高，比如直流 24V，而 CPU 模块的工作电压较低，一般为 5V。因而从外部引入的尖峰电压和诸如电力线、电气噪声等各种干扰很可能损坏 CPU 模块，使 PLC 不能正常工作。为此，I/O 模块还要具有隔离的作用。

（2）I/O 模块基本性能要求

由于 I/O 模块是与现场设备直接相连的，因此对 I/O 模块的基本要求如下：

1）抗干扰性能好，要能可靠地在干扰较大的场合工作；

2）输入模块要能直接接收现场的直流或交流电压信号；

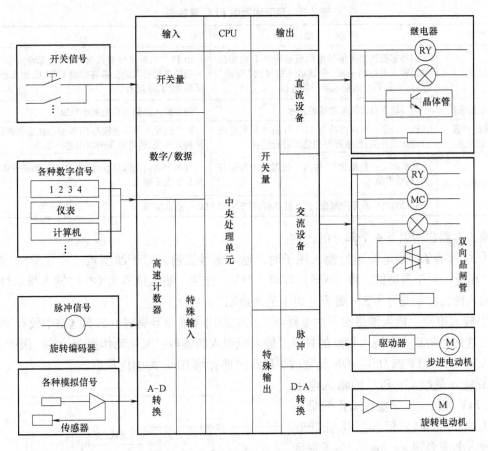

图 2-2　PLC 连接各种不同 I/O 设备

3）输出模块要能直接驱动诸如接触器、电磁阀、调节阀等执行机构；

4）可靠性和安全性要求高，除了能在恶劣的环境下可靠地工作外，还要能在发生故障时，保证设备的安全，使故障的影响减到最小。

（3）输入模块及接口电路

PLC 为了提高抗干扰能力，输入接口都采用光耦合器来隔离输入信号与内部处理电路的传输。因此，输入端的信号只是驱动光耦合器的内部 LED 导通，被光耦合器的光敏晶体管接收，即可使外部输入信号可靠传输。

输入信号有开关量信号、数字信号、脉冲信号和各种模拟量信号，这里仅阐述开关量信号的相关知识。

1）输入接口电路构成。通常输入有两种形式：一种是直流输入，其输入器件可以是无源触点或传感器的集电极开路晶体管，它又进一步分为源型（SOURCE 共 ［＋］ 端）和漏型（SINK 共 ［－］ 端）；另一种是交流输入，这实际上是将交流信号经整流、限流后，再光耦传入 CPU。源型和漏型 PLC 属性见表 2-2。

图 2-3 所示是 FX 系列 PLC 的输入电路直流源型的原理图。图中开关量直流输入模块主要由二极管 VD、光耦合器和发光二极管（LED）等部分组成，各个输入点所对应的输入电路均相同。利用二极管 VD 的单向导电性来禁止反极性的直流输入。1.5kΩ 的电阻起限流作用，150Ω 电阻和 1.5kΩ 电阻构成分压器，150Ω 电阻起分压作用。

表 2-2　源型和漏型 PLC 属性表

类型	源　　型	漏　　型
定义	由外部提供输入信号电源或使用 PLC 内部提供给输入电路的电源，全部输入信号为"有源"信号，并且 PLC 的输入端单独连接	由 PLC 内部提供输入信号源，全部输入信号的一端汇总到输入的公共连接端 COM 的输入形式。又称为"汇点输入"
连接电源极性	源型输入点接直流电源的正极	漏型输入点接直流电源的负极
连接的传感器的类型	PLC 的输入可以直接与 PNP 型晶体管集电极开路接近开关、传感器等的输出进行连接	PLC 的输入可以直接与 NPN 型晶体管电极开路接近开关、传感器等的输出进行连接
产品形式	欧美产品一般是源型，输入一般用 PNP 型的开关，高电平输入	日韩产品使用漏型，一般使用 NPN 型的开关，也就是低电平输入
	S7-200PLC 既可接漏型，也可接源型，而 S7-300PLC 一般是源型	

输入电路包括以下 4 个部分的内容：

① 输入端子：当电流通过输入端子时，输入信号接通。对于源型机，将［S/S］端与［0V］相连；对于漏型机，将［S/S］端与［24V］连接。输入信号为 ON 时输入指示灯亮。所有输入的公共端是［S/S］端子（而不是接地端）。

② 输入电路：输入电路的一次电路与二次电路用光耦合器隔离。二次电路中设有 RC 滤波器，这是为防止由于输入触点的抖振、输入线混入的噪声引起误动作而设计的。因此，外部输入从 ON→OFF 或 OFF→ON 变化时，PLC 内部有约 10ms 的响应滞后。

③ 输入灵敏度：PLC 的输入电流为 DC 24V 7mA。引起输入动作的最小电流为 2.5 ~ 3mA，但为了保证能起动，输入电流必须 >1.5mA。为了保证切断，必须 <1.5mA。

④ 传感器用外部电路：PLC 的输入电源是由 PLC 内部的 DC 24V 电源提供的。对于光电开关等传感器用外部电源驱动时，建议外部电源为 DC（24 ±4）V，传感器的输出晶体管为 PNP 型晶体管集电极开路型（对于源型）

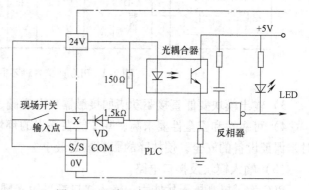

图 2-3　开关量直流输入模块原理电路

或 NPN 型晶体管集电极开路型（对于漏型）。

2）开关量输入模块。开关量输入模块若按照使用的电源不同可分为直流输入模块，交流输入模块和交、直流输入模块 3 种；若按照输入端与用户输入设备的接线方式的不同又可分为汇点式输入、分组式和分隔输入（也称分割式）3 种。

① 汇点式输入就是全部或几个输入电路共享一个 COM 公共端，如图 2-4 所示。出汇点式输入接线方式既可以用于直流模块，也可以用于交流模块。直流输入端模块的电源一般由 PLC 自身的电源供给，而交流输入端的模块的电源一般由用户提供。通常情况下，采用汇点输入接线方式，当要求避免每个回路之间的信号发生干扰时，才采用分组输入接线方式。

② 分组式输入就是将全部输入分成几组输入，每组输入电路共享一个 COM 公共端，用户可以接不同的工作电源设备，如图 2-5 所示。

③ 分隔式输入端就是每个输入电路有两个接线端，由单独的一个电源供电，相对于电

源来说，各个输入点之间是互相隔离的，如图 2-6 所示。

3）输入接口电路接线。

① PLC 与按钮、开关等输入元器件的连接：PLC 基本单元的输入与按钮、开关、限位开关等的接线方法如图 2-7、图 2-8 所示。图 2-7 所示为三菱 FX 系列漏型连接图，图 2-8 所示为三菱 FX 系列源型连接图。按钮（或开关）的两头，一头接到 PLC 的输入端（例如 X0、X1、…），另一头连在一起接到输入公共端上（COM 端）。

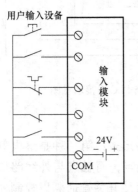
图 2-4　汇点式输入接线图

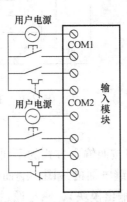
图 2-5　分组式输入接线

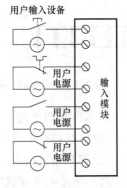
图 2-6　分隔式输入接线

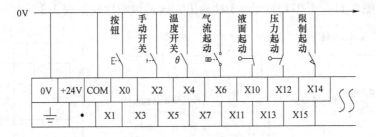
图 2-7　漏型 PLC 与按钮、开关等连接图

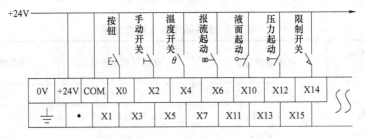
图 2-8　源型 PLC 与按钮、开关等连接图

② PLC 与拨码开关的接线：拨码开关在 PLC 控制系统中常常用到，如图 2-9 所示为一位拨码开关的示意图。拨码开关有两种：一种是 BCD 码拨码开关，即从 0～9，输出为 8421BCD 码；另一种是十六进制拨码开关，即从 0～F，输出为二进制码。

拨码开关可以方便地进行数据变更，直观明了。如控制系统中需要经常修改数据，可使用 4 位拨码开关组成一组拨码器与 PLC 相连，其接口电路如图 2-10 所示。

图 2-10 中，4 位拨码器的 COM 端连在一起接到电源的正极或负极，电源的负极（或正极）与 PLC 的 COM 端相连。每位拨码开关的 4 条数据线按一定顺序接到 PLC 的 4 个输入点

上。电源的 + 、 - 极连接取决于 PLC 输入的内部电路。这种方法 PLC 的输入点较多，因此若不是十分必要的场合，一般不要采用这种方法。

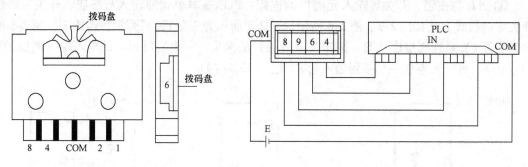

图 2-9　一位拨码开关示意图　　　　图 2-10　拨码器与 PLC 连接示意图

（4）输出接口电路

1）输出接口输出方式。输出接口按照输出方式的不同分 3 种形式：第一种是继电器输出型（交/直流输出模块），CPU 接通继电器的线圈，继而吸合触点，而触点与外线路构成电路；第二种是晶体管输出型（直流输出模块），它是通过光耦合使开关管通断以控制外电路；第三种就是晶闸管输出型（交流输出模块），这里的晶闸管是采用光触发的。3 种输出方式的电路如图 2-11 ~ 图 2-13 所示。3 种输出方式的性能比较见表 2-3。

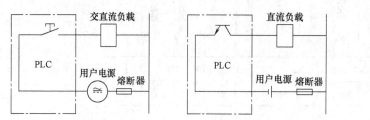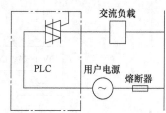

图 2-11　继电器输出结构　　　图 2-12　晶体管输出结构　　　图 2-13　晶闸管输出结构

表 2-3　3 种输出方式性能比较

项目	输出方式	继电器输出方式	晶体管输出方式	晶闸管输出方式
	外部电源	AC 250V, DC 30V 以下	DC 5 ~ 30V	AC 85 ~ 242V
最大负载	电阻负载	2A/1 点；8A/4 点	0.5A/1 点；0.8A/4 点	0.3A/1 点；0.8A/4 点
	感性负载	80VA	12W/DC 24V	15VA/AC 100V
	灯负载	100W	1.5W/DC 24V	30W
开路漏电流		—	0.1mA/DC 24V	1mA/AC 100V；2.4mA/DC 24V
响应时间		约 10ms	0.2ms 以下	1ms 以下
电路隔离		继电器隔离	光耦合器隔离	光控晶闸管隔离
动作显示		继电器通电时 LED 灯亮	光耦合器驱动时 LED 灯亮	光控晶闸管驱动时 LED 灯亮
电路绝缘		机械绝缘	光耦合器绝缘	光控晶闸管绝缘

使用时，应根据不同的要求选用不同的输出方式。若需要大电流输出，则应选继电器输

出方式或晶闸管输出方式；若电路需要快速通断或需要频繁动作，则应选用晶体管输出方式或晶闸管输出方式。

2）输出电路的接线。输出模块与外部用户设备的接线分为汇点式、分组式和分隔式，其基本接线图如图 2-14 所示。

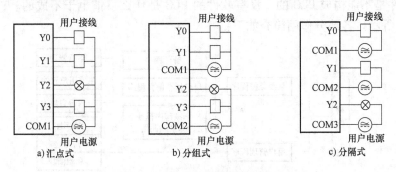

a) 汇点式　　　　b) 分组式　　　　c) 分隔式

图 2-14　输出电路的接线形式

5. 通信模块

通信模块是用来使 CPU 与外部设备、其他 PLC 或上位计算机进行开关量 I/O、模拟量 I/O、各种寄存器数值、用户程序和诊断信息的串行通信，使操作人员可以通过外部设备或上位计算机监控 PLC 的工作状态、为 PLC 输入程序、改变 PLC 的工作方式或某些参数，或者将 PLC 的程序或状态送到外部设备或上位机。

与通信模块相连的外部设备，可以是计算机、编程器、调制解调器、其他通信模块或者是高档的 PLC。

通过通信模块，使 PLC 与各种外部设备之间建立了一个数据通道，利用这个通道可实现编程、检查程序、控制工作方式、监控运行状态、改变 I/O 状态与操作等功能。

当然，在进行这一系列功能之前，还必须根据所选 PLC 的型号和协议要求配备一根通信线。图 2-15 所示为 FX 系列 PLC 的通信编程口实物图。PLC 与计算机编程电缆通常用的是 SC-09。

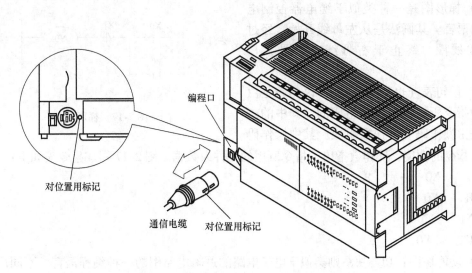

图 2-15　FX 系列 PLC 的通信编程口实物图

2.2　PLC 的软件组成

1. 软件组成

仅有硬件是不能构成 PLC 的，没有软件的 PLC 是什么事情也干不成的。PLC 的软件组成如图 2-16 所示。各部分作用简介如下：

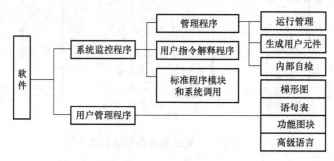

图 2-16　PLC 的软件组成

（1）系统监控程序

由 PLC 的制造商编制并固化在 ROM 中，用于控制 PLC 本身的运行。

（2）用户管理程序

用户程序是 PLC 的使用者针对生产实际控制问题编制的程序，可以是梯形图、指令表、高级语言、汇编语言等，其助记符形式随 PLC 型号的不同而略有不同。用户程序是线性地存储在监控程序指令的存储区间内的，它的最大容量也是由监控程序限制了的。

2. 用户环境

用户环境实际是监控程序生成的，它包括用户的数据结构、用户元件区分配、用户程序存储区、用户参数、文件存储区等。

（1）用户程序语言

FX 系列 PLC 编程语言包括：梯形图、语句表、功能块图 3 种基本语言。

1）梯形图是一种类似于继电器控制电路图的语言。其画法是从左母线开始，经过触点和线圈，终止于右母线，如图 2-17所示。

2）语句表（也称指令表）：语句表是由不同的指令所构成的语句组成的，其中的指令则是由操作码和操作数组成。其中操作码

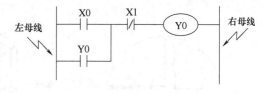

图 2-17　梯形图

指出了指令的功能，操作数指出了指令所用的元件或数据。图 2-17 写成指令表如下：

```
LD    X0
OR    Y0
ANI   X1
OUT   Y0
```

3）功能块图：功能块图则类似于电子电路的逻辑电路图的一种编程语言。不同厂家生产不同型号的 PLC，其配置不同编程语言。

（2）用户数据结构

用户数据结构主要分为以下 3 类：

第一类为位（bit）数据。这是一类逻辑量，其值为"0"或"1"。最原始的可编程序控制器中处理的就是这类数据，至今还有不少低档 PLC 仅能做这类处理。它表示触点的通、断，线圈的通、断，标志的 ON、OFF 状态等。

第二类为字数据，其数制、位长、形式都有很多形式。为使用方便，通常都为 BCD 码的形式。在 F1、F2 系列中，一般为 3 位 BCD 码，双字节为 6 位 BCD 码。FX2、A 系列中为 4 位 BCD 码，双字节为 8 位 BCD 码，书写时若为十进制数就冠以 K（例如 K789）；若为十六进制数就冠以 H（例如 H789）。实际处理时还可选用八进制、十六进制、ASCII 码的形式。在 FX2 系列内部，常数都是以原码二进制形式存储的，所有四则运算（＋，×，－，÷）和加 1/减 1 指令等在 PLC 中全部按 BIN 运算，因此，BCD 码数字开关的数据输入 PLC 时，要用 BCD→BIN 转换传送指令。但用功能指令如 FNC 72（DSW）、FNC 74（SEGL）及 FNC 75（ARWS）时，BCD/BIN 的转换由指令自动完成。

由于对控制精度的要求越来越高，FX3U 系列 PLC 中开始采用浮点数，它极大地提高了数据运算的精度。

第三类为字与位的混合，即同一个组件有位组件又有字组件。例如 T（定时器）和 C（计数器），它们的触点为位，而设定值寄存器和当前值寄存器又为字。另外，还有 Kn＋bit 也属于此类，如 K2M0、K1S0 等。

2.3　PLC 的工作原理

1. 扫描技术

PLC 是一种工业控制计算机，用户程序通过编程器输入并存放在 PLC 的用户存储器中。当 PLC 运行时，用户程序中有众多的操作需要去执行，但 CPU 是不能同时执行多个操作的，它只能按分时操作原理工作，即每一时刻只执行一个操作。由于 CPU 的运算处理速度很高，使得外部出现的结构从宏观上看好像是同时完成的。这种按分时原则，顺序执行程序的各种操作的过程称为 CPU 对程序的扫描。执行一次扫描的时间称为扫描周期。每扫描完一次程序就构成一个扫描周期，然后再返回第一条指令开始新的一轮扫描，PLC 就是这样周而复始地重复上述的扫描周期。

PLC 与继电器控制的重要区别之一就是工作方式不同，继电器控制是按"并行"方式工作的，或者说是同时执行的，只要形成电流通路，可能同时有好几个电器动作。而 PLC 是按顺序扫描的方式工作，也就是说 PLC 是以"串行"方式工作的。它是循环地、连续地顺序逐条执行程序，任一时刻它只能执行一条指令。PLC 的这种串行工作方式可避免继电器控制的触点竞争和时序失配的问题。

值得说明的是：PLC 的扫描除可按固定的顺序进行外，还可按用户程序规定的可变顺序进行。这不仅仅是因为有的程序不需要每扫描一次，执行一次，也因为在一个大型控制系统中，需要处理的 I/O 点数较多。通过不同的组织模块的安排，采用分时分批扫描的方法，可缩短扫描周期和提高控制的实时响应性。

2. PLC 的工作过程

PLC 是在系统软件的控制和指挥下，采用循环顺序扫描的方式工作的，其工作过程就是程序的执行过程，它分为输入采样、程序执行和输出刷新三个阶段，如图 2-18 所示。

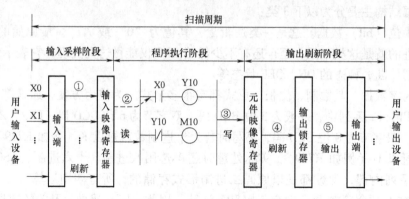

图 2-18 PLC 的扫描工作过程

（1）输入采样阶段

在输入采样阶段，PLC 以扫描工作的方式读取所有输入状态和数据状态，并写入到输入映像寄存器中，此时，输入映像寄存器被刷新。接着进入程序执行阶段，在程序执行阶段或输出阶段，输入映像寄存器与外界隔离，即使外部输入信号的状态发生了变化，输入映像寄存器的内容也不会随之改变。输入信号变化了的状态，只能在下一个扫描周期的输入采样阶段才被读入。换句话说，在输入采样阶段采样结束之后，无论输入信号如何变化，输入映像寄存器的内容保持不变，直到下一个扫描周期的输入采样阶段，才重新写入新的内容。

（2）程序执行阶段

在程序执行阶段，PLC 逐条解释和执行程序。若是梯形图程序，则按先上后下、先左后右的顺序进行扫描（执行）。若遇到跳转指令，则根据跳转条件是否满足来决定程序的跳转地址。在顺序执行程序时，所需要的输入状态由输入映像寄存器读出，所需要的其他软元件的状态从元件映像寄存器中读出，而将执行结果写入到元件映像寄存器中。对于每个软元件（输入继电器 X 除外）来说，元件映像寄存器中所存的内容会随着程序执行的进程而变化。

（3）输出刷新阶段

当所有的用户程序执行完后，集中将元件映像寄存器中的输出元件（即输出继电器）的状态（此状态存放在对应的输出映像寄存器中）转存到输出锁存寄存器中，经过输出模块隔离和功率放大，转换成被控设备所能接收的电压或电流信号后，再去驱动被控制的用户输出设备（即外部负载）。

PLC 重复地执行上述三个阶段。每重复一次的时间即一个扫描周期。扫描周期的长短与用户程序的长短有关。

对于小型 PLC，I/O 点数较少，用户程序较短，采用集中采样、集中输出的工作方式，虽然在一定程度上降低了系统的响应速度，但从根本上提高了系统的抗干扰能力，系统的可靠性增强。而中、大型 PLC 由于 I/O 点数多、控制功能强，编制的用户程序相应较长。为提高系统响应速度，可以采用定周期输入采样、输出刷新，直接采样、直接输出刷新，中断 I/O 和智能化 I/O 接口等方式。

3. PLC 对 I/O 的处理原则

根据上面分析的程序执行过程，可归纳出 PLC 在 I/O 处理方面必须遵守的规则如下：

1）输入映像寄存器的数据，取决于输入端子板在上一个刷新时间的状态。

2）程序如何执行，取决于用户所编的程序和输入映像寄存器、元件映像寄存器中存放的所需软元件的状态。

3）输出映像寄存器（包含在元件映像寄存器中）的状态，由输出指令的执行结果决定。

4）输出锁存器中的数据，由上一个刷新时间输出映像寄存器的状态决定。

5）输出端子上的输出状态，由输出锁存器中的状态决定。

4. PLC 的 I/O 响应滞后现象

PLC 的输出对输入的响应有一个时间滞后，其原因一般有以下两方面：

（1）软件方面

由于 PLC 是按输入采样、程序执行和输出刷新三个阶段循环扫描工作的，执行程序需要一定时间，当程序执行完后，输出才有响应。

（2）硬件方面

除由于 PLC 的扫描工作方式引起的 I/O 滞后外，还有输入滤波器电路引起的滞后。此外，由于输出电路的开关元器件的导通需要一定时间（尤其是继电器输出方式，需要的时间较长），因此还存在输出继电器外部触点（硬触点）的机械运动等引起的响应滞后。

PLC 总的响应滞后时间一般不超过几十毫秒。对于一般的系统是完全允许的。当要求输出对输入作快速响应时，可选用扫描速度快的 PLC 或采用其他措施。

2.4　FX 系列 PLC 产品简介

1. FX 系列 PLC 型号识别

FX 系列 PLC 的型号表示方法如图 2-19 所示，图中各位的意义如下：

图 2-19　FX 系列 PLC 的型号表示方法

系列名称：表示各子序列的名称，如 1S、1N、2N、3U、3C、3G 等。

I/O 总点数：表示 PLC 输入和输出的总点数，如 16、32、48、64、80 等。

单元区别：表示单元的类型，如 M（基本单元）、E（输入、输出混合扩展单元及扩展模块）、EX（输入专用扩展模块）、EY（输出专用扩展模块）等。

输出形式：表示 PLC 输出的形式。有三种类型 R（继电器输出）、S（双向晶闸管输出）、T（晶体管输出）。

特殊品种：表示电源输入和输出的类型，有以下几种：

D：DC 电源，DC 输入；

A1：AC 电源，AC 输入（AC 100～120V）或 AC 输入模块；

无记号：AC 电源，DC 输入，横式端子排。

例如：FX2N-80MT 表示该 PLC 为 FX2N 系列、I/O 总点数为 80 点、基本单元、晶体管输出方式。

2. FX 系列 PLC 产品简介

FX 系列 PLC 是三菱电机公司推出的系列产品，包括产品有 FX0S、FX1S、FX1N、FX2N、FX2N（C）、FX3U、FX3U（C）、FX3G 等系列产品。产品为整体式结构。PLC 的电源和输入形式的组合方式主要有 AC 电源/DC 输入型、AC 电源/AC 输入型、DC 电源/DC 输入型三种。输出方式有继电器输出、晶体管输出、晶闸管输出三种。

FX 系列 PLC 配有许多扩展单元和扩展模块，这些单元、模块与基本单元连接配合使用，可方便地增加 PLC 的输入点数或输出点数，以改变系统的输入、输出点数的比例，满足实际控制要求。

FX 系列 PLC 还配有许多特殊单元、特殊模块。这些单元、模块与基本单元连接配合使用后，PLC 可实现模拟控制、定位控制、高速计数、数字通信等功能。

这里仅简单介绍 FX3U 系列 PLC 的功能，具体 FX 系列 PLC 产品性能读者可参考产品手册。

FX3U 系列 PLC 是三菱公司开发的第 3 代小型 PLC 系列产品，它是该公司小型 PLC 中 CPU 性能高、可以适用于网络控制的小型 PLC 系列产品。FX3U 系列 PLC 采用了基本单元加扩展的形式，基本功能兼容了 FX2N 系列的全部功能。

FX3U 系列采用高性能 CPU，与 FX2N 系列相比，CPU 的运算速度大幅度提高，通信功能进一步增强。其主要特点如下：

1）运算速度提高。FX3U 系列基本逻辑控制指令的执行时间由 FX2N 系列的 $0.08\mu s$/条提高到了 $0.065\mu s$/条，应用指令的执行时间由 FX2N 系列的 $1.25\mu s$/条提高到了 $0.642\mu s$/条，速度提高了近 1 倍。

2）I/O 点增加。FX3U 系列 PLC 与 FX2N 一样，采用了基本单元加扩展的结构形式，基本单元本身具有固定的 I/O 点，完全兼容 FX2N 的全部扩展 I/O 模块，主机控制的 I/O 点数为 256 点，通过远程 I/O 连接，PLC 的最大 I/O 点数可以达到 384 点。

3）存储器容量扩大。FX3U 系列 PLC 的用户程序存储器（RAM）的容量可达 64KB，并可以采用"闪存（Flash ROM）"卡。

4）通信功能增强。FX3U 在 FX2N 的基础上增加了 RS-422 标准接口与网络链接的通信模块，以适合网络链接的需要；同时，通过转换装置，还可以使用 USB 接口。

5）高速计数。内置 100kHz 的 6 点同时高速计数器与独立 3 轴 100kHz 定位控制功能，可以实现简易位置控制功能。

6）编程功能增强。FX3U 的编程元件数量比 FX2N 大大增加，内部继电器达到 7680 点、状态继电器达到 4096 点、定时器达到 512 点，同时还增加了部分应用指令。

2.5　FX2N 系列 PLC 的软元件

PLC 是以微处理器为核心，以运行程序的方式完成控制功能。其内部拥有各种软元件，如 I/O 继电器、定时器、计数器、状态寄存器、数据寄存器等。用户利用这些软元件，实现各种逻辑控制功能，通过编程来表达各软元件间的逻辑关系。在 PLC 内，每个软元件都分配了一个地址号，也叫软元件编号。软元件的表达方式为"表示元件类型的英文字母 + 编号（地址号）"，如 M100、X15、Y30 等。现将软元件分类并进行分述如下：

$$
软元件
\begin{cases}
位软元件：X\ Y\ M\ S \\
字软元件：\begin{cases} T\ C\ D\ V\ Z\ R \\ KnX\ KnY\ KnM\ KnS \end{cases} \\
标号：\begin{cases} 分支指针：Pn \\ 中断指针：I××× \\ 主控嵌套级：N \end{cases}
\end{cases}
$$

1. 输入继电器（X）和输出继电器（Y）

　　PLC 主机上有许多标有输入地址号和输出地址号的接线端子，分别叫做输入端子和输出端子。输入端子是 PLC 从外部开关接收信号的窗口，输出端子是 PLC 向外部负载发送信号的窗口。

　　输入继电器接受来自 PLC 外部输入设备（按钮、选择开关、限位开关等）提供的信号。换句话说，是外部设备提供的信号通过输入端子来驱动输入继电器的线圈，从而使输入继电器的触点动作（触点的 ON/OFF 状态发生改变）。输入继电器有无数的常开和常闭触点供用户编程时使用。如图 2-20 所示，当按下按钮时，输入信号通过 X000 输入端子，驱动 X000输入继电器的线圈（线圈得电），输入继电器的常开触点闭合，常闭触点断开。

　　输出继电器是将 PLC 运算的结果（输出信号）通过输出端子送给外部负载（如接触器、电磁阀、指示灯等）。如图 2-20 右边所示，输出继电器只有一个硬元件输出触点与输出端子相连，输出继电器的线圈被驱动后，该输出触点动作（触点闭合），它直接驱动负载。而输出继电器有无数对软常开和常闭触点供用户编程时使用。输出继电器的线圈（如 Y000）由PLC 内的各软元件的触点驱动。

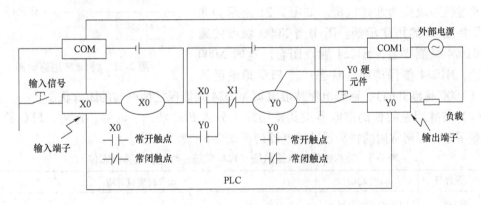

图 2-20　输入/输出继电器信号图

　　I/O 继电器的地址编号是以八进制数表示。FX2N PLC 最大输入或输出点为 256 点。其基本单元为

　　输入：X000 ~ X007、X010 ~ X017、X020 ~ X027、X030 ~ X037、X040 ~ X047、X050 ~ X057、X060 ~ X067、X070 ~ X077、X100 ~ X107…

　　输出：Y000 ~ Y007、Y010 ~ Y017、Y020 ~ Y027、Y030 ~ Y037、Y040 ~ Y047、Y050 ~ Y057、Y060 ~ Y067、Y070 ~ Y077、Y100 ~ Y107…

　　扩展单元和扩展模块的输入/输出地址号，从与之相连的基本单元的地址号之后顺序分配，如 FX2N-48M 基本单元配 FX2N-32E 扩展单元。

　　基本单元 I/O 编号为 X000 ~ X007、X010 ~ X017、X020 ~ X027；Y000 ~ Y007、Y010 ~

Y017、Y020 ~ Y027。

扩展单元 I/O 编号为 X030 ~ X037、X040 ~ Y047；Y030 ~ Y037、Y040 ~ Y047。

注：虽然输入、输出各有 256 点，但是包含扩展点数在内总点数不能超过 256 点。

2. 辅助继电器（M）

PLC 内拥有许多的辅助继电器（M），辅助继电器的线圈与输出继电器一样，由 PLC 内各软元件的触点驱动。这些继电器在 PLC 内部只起传递信号的作用，不与 PLC 外部发生联系。辅助继电器有无数的常开和常闭触点供用户编程时使用。该触点不能驱动外部负载，外部负载的驱动必须由输出继电器驱动。

辅助继电器（M）的地址编号是按十进制数分配的。编号及属性见表 2-4。

表 2-4 辅助继电器（M）的编号及属性

用途	编号	点数	备注
普通型（一般用途）	M0 ~ M499	500	停电后,再上电时状态不能保持
停电保持用（默认）	M500 ~ M1023	524	停电后,再上电时状态保持停电前的状态。用程序可修改为非停电保持用
停电保持专用	M1024 ~ M3071	2048	停电后,再上电时状态保持停电前的状态。不能改属性
特殊用途	M8000 ~ M8255	256	完成特定功能

（1）停电保持用辅助继电器

停电保持用辅助继电器实际可分为两类，其中 M500 ~ M1023 虽然为停电保持型，但可以通过程序改变为非停电保持型。M1024 ~ M3071 不可以通过程序改变为非停电型。如图 2-21 所示为非停电保持型 M 的用途示例。图中当 X000 触点接通后，M1024 线圈得电，M1024 触点闭合。这时 X000 再断开，M1024 能保持闭合状态；若 PLC 掉电后再

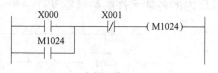

图 2-21 特殊 M 用途示例

上电（X000 是断开的），而停电保持继电器 M1024 则能保持掉电前的闭合状态。

（2）特殊用途的辅助继电器按其使用效能分为 PLC 状态、时钟、标志、PLC 的方式、步进专用等，现将常用的特殊辅助继电器列于表 2-5 ~ 表 2-7 中。

表 2-5 特殊辅助继电器用法（PLC 状态、时钟、运算标志位）

类别	元件号	名称（功能）	动作机能或说明
PLC 的状态	M8000 *	RUN 监控常开触点	
	M8001 *	RUN 监控常闭触点	
	M8002 *	初始脉冲常开触点	
	M8003 *	初始脉冲常闭触点	
	M8004 *	出错	M8060 ~ M8067 中任一个接通时为 ON
	M8005 *	电池电压低下	电池电压异常低下时动作
	M8006 *	电池电压低下锁存	检出低电压后置 ON,同时将其值锁存
	M8007	电池检出	M8007 ON 的时间比 D8008 中数据短,则 PLC 将继续运行
	M8008	停电检出	检查瞬时停电置位
	M8009	DC 24V 关断	基本单元、扩展单元、扩展块的任一 DC 24V 电源关断则接通

（续）

类别	元件号	名称（功能）	动作机能或说明
时钟	M8011	10ms 时钟	每 10ms 发一脉冲（ON：5ms，OFF：5ms）
	M8012	100ms 时钟	每 100ms 发一脉冲
	M8013	1s 时钟	每 1s 发一脉冲（ON：500ms，OFF：500ms）
	M8014	1min 时钟	每 1min 发一脉冲
运算标志位	M8020	零标志	加减运算结果为"0"时置位，M8020 接通
	M8021	借位标志	减法运算结果小于最小负数值时置位，M8021 接通
	M8022	进位标志	加法运算有进位时或结果溢出时置位，M8022 接通

注：1. 用户程序不能驱动标有 * 记号的元件。

2. 如要产生输出周期为 1s 不停闪烁的指示灯，建议用 M8013，但要特别注意不能使用 M8011 或 8012。因为会引起输出继电器 Y 的硬触点烧坏。

表 2-6　特殊辅助继电器用法（PLC 方式）

元件号	名称	动作/功能
M8030	电池欠电压 LED 灯灭	M8030 接通后，即使电池电压低下，PLC 面板上的 LED 也不亮
M8031	全清非保持存储器	当 M8031 和 M8032 为 ON 时，Y、M、S、T 和 C 的映像寄存器及 T、D、C 的当前值寄存器全部清零。由系统 ROM 置预置值的数据寄存器的文件寄存器中的内容不受影响
M8032	全清保持存储器	
M8033	存储器保持	为 ON 时，即使 PLC 由"RUN"变为"STOP"，其存储器的内容仍能保持为 PLC 在"RUN"状态时的内容
M8034	禁止所有输出	为 ON 时，禁止所有输出继电器输出。尽管程序在运行，但所有输出继电器的输出仍为 OFF
M8035 *	强制 RUN 方式	用 M8035、M8036、M8037 可实现双开关控制 PLC 起/停。无论 RUN 输入是否为 ON，当 M8035 或 M8036 由编程器强制为 ON 时，PLC 运行。在 PLC 运行时，若 M8037 强制置 OFF，则 PLC 停止运行
M8036 *	强制 RUN 信号	
M8037 *	强制 STOP 信号	
M8038	通信参数设置标志	通信参数设置标志
M8039	定时扫描方式	M8039 接通后，PLC 以定时扫描方式运行，扫描时间由 D8039 设定
M8040	禁止状态转移	M8040 为 ON 时，即使状态转移条件有效，状态也不能转移

注：当 PLC 由 RUN→STOP 时，标有 * 的 M 继电器关断。

表 2-7　特殊辅助继电器用法（步进顺控）

元件号	名称	操作/功能
M8040	禁止状态转移	M8040 接通时禁止状态转移
M8041 *	状态转移开始	自动方式时从初始状态开始转移
M8042	启动脉冲	启动输入时的脉冲输入
M8043 *	回原点完成	原点返回方式结束后接通
M8044 *	原点条件	检测到机械原点时动作
M8045	禁止输出复位	方式切换时，不执行全部输出的复位
M8046	STL 状态置 ON	M8047 为 ON 时，S0～S899 中任一状态接通置 ON
M8047	STL 状态监控	M8047 接通后，D8040～D8047 有效
M8048	报警器接通	M8049 接通后，S900～S999 中任一状态 ON 后 M8048 就接通
M8049	报警器有效	M8049 为 ON 后，D8049 的监控有效

注：1. PLC 由 RUN→STOP 时标有" * "的 M 关断。

2. 执行 END 指令时所有与 STL 状态相连的数据寄存器都被刷新。

3. 定时器（T）

PLC 内拥有许多的定时器，属于字元件，定时器的地址编号用十进制表示。定时器的作用相当于一个时间继电器。有设定值和当前值，有无数个常开/常闭触点供用户编程时使用。当定时器的线圈被驱动时，定时器以增计数方式对 PLC 内的时钟脉冲（1ms、10ms、100ms）进行累积，当累积时间达到设定值时，其触点动作。

定时器可用常数 K 作为设定值，也可用数据寄存器（D）的内容作为设定值。

FX 系列 PLC 的定时器特性见表 2-8。

表 2-8　FX 系列 PLC 的定时器特性

编号范围	定时单位	属性	计时范围/s	备　　注
T0 ~ T199	100ms	普通定时器	0.1 ~ 3276.7	T192 ~ T199 定时器用于子程序和中断程序中
T200 ~ T245	10ms	普通定时器	0.01 ~ 327.67	不具备得电保持功能
T246 ~ T249	1ms	积算定时器	0.001 ~ 32.767	具备停电保持功能
T250 ~ T255	100ms	积算定时器	0.1 ~ 3276.7	具备停电保持功能

（1）普通定时器

当 PLC 停电后，定时器当前值数据清零，再上电后定时器从当 0 开始计时直到设定值。100ms 定时器示例如图 2-22 所示，T1、T2 是 100ms（0.1s）普通定时器。10ms 定时器示例如图 2-23 所示，T5 是 10ms（0.01s）普通定时器。

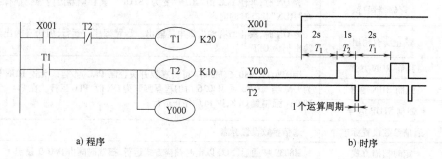

图 2-22　定时器应用实例 2

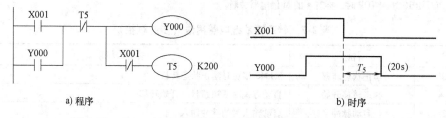

图 2-23　10ms（0.01s）普通定时器使用参考程序、时序图

（2）积算定时器

积算定时器指的是 PLC 停电后，定时器当前值数据会被保持，再上电后定时器从当前值开始计时直到设定值。积算定时器的使用如图 2-24 所示，当 X000 为"ON"时，积算定时器线圈被驱动，定时器 T255 以 0.1s 为单位增计时方式计时，当计时值等于设定值 25.6s（K256 × 0.1s）时，定时器的触点动作（常开触点闭合/常闭触点断开）。在计时过程中，若 X000 断开（或停电），定时器 T255 停止计时，X000 再次为"ON"（或再上电）时，积算定时器 T255 会继续累积计时到设定值 25.6s，之后定时器的触点动作。若复位输入 X001 为

"ON"时，定时器复位，其触点也复位。

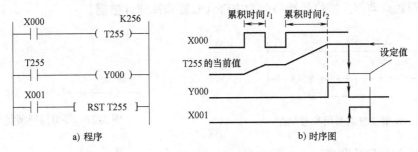

图 2-24 100ms（0.1s）积算定时器 T255 的程序及时序图

定时器在使用时必须有一个设定值，运行过程中有其经过值，图 2-25 的程序即表明各值的意义。

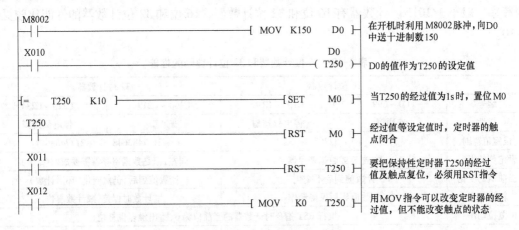

图 2-25 定时器相关值说明程序

4. 状态寄存器（S）

PLC 内拥有许多状态寄存器，按十进制编号分配，属于位元件。状态寄存器在 PLC 内提供了无数的常开/常闭触点供用户编程使用。通常情况下，状态寄存器与步进控制指令配合使用，完成对某一工序的步进顺序动作的控制。

当状态寄存器不用于步进控制指令时，可当作辅助继电器（M）使用，功能同 M 一样，参考程序如图 2-26 所示。停电保持型状态寄存器在使用时加复位程序如图 2-27 所示。当与步进指令配合使用时遵守表 2-9 的规定。

有关状态寄存器（S）作步进控制状态软元件使用，请参考第 6 章中相关内容。

表 2-9 状态寄存器（S）性能

编号分配	特 性	备 注
S0～S499	通用型	其中 S0～S9：初始状态；S10～S19：返回原点；S20～S499 通用状态
S500～S899	停电保持型	此类状态寄存器在使用时一般在程序开始加
S900～S999	信号报警器专用	该状态寄存器供信号报警器用，也可用作外部故障诊断的输出

5. 计数器（C）

PLC 的计数器是按十进制编号分配的，属于字元件，计数器可用常数 K 作为设定值，也可用数据寄存器（D）的内容作为设定值。计数器拥有无数对常开/常闭触点供用户编程时使用，当计数器的线圈被驱动时，计数器以增或减计数方式计数，当计数值达到设定值时，计数器触点动作。按信号频率分为内部计数器和高速计数器。

图 2-26　作辅助继电器用参考程序　　　　　图 2-27　停电保持型复位程序

（1）内部信号计数器

内部信号计数器是对 PLC 的软元件 X、Y、M、S、T、C 等的触点周期性动作进行计数。比如：X000 由 OFF→ON 变化时，计数器计一次数，当 X000 再由 OFF→ON 变化一次时，计数器再计一次数。X0 的 ON 和 OFF 持续时间必须比 PLC 的扫描时间要长。计数输入信号的频率一般小于 10Hz。计数器有 16 位和 32 位计数器，16 位和 32 位计数器的性能比较见表 2-10。

表 2-10　16 位计数器和 32 位计数器的性能

项目	16 位计数器		32 位计数器	
编号	C0 ~ C99	C100 ~ C199	C200 ~ C219	C220 ~ C234
属性	普通型	停电保持型	普通型	停电保持型
设定值范围	1 ~ 32767		−2147483648 ~ +2147483647	
设定值的指定	常数 K 或数据寄存器		同左，但是数据寄存器需要成对（2 个）	
当前值的变化	计数值到后不变化		计数值到后，仍然变化（环形计数）	
输出触点	计数值到后保持动作		增计数时保持，减计数复位	
复位动作	执行 RST 指令时计数器的当前值为 0，输出触点也复位			
计数方向	增计数器		增/减计数器：由 M82□□动作情况决定对应的 C2□□计数器计数的增/减方向	

1）16 位增计数器的工作过程及工作原理：图 2-28 所示为 16 位普通型计数器 C0 的程序及时序图，当复位输入 X001 为 OFF 时，计数输入 X002 每接通一次，C0 计数器计数一次，即当前计数值增加 1。计数当前值等于设定值 5 时，计数器 C0 的触点动作（常开触点闭合/常闭触点断开）。此时即使仍然有计数输入，计数器的当前值也不改变。当复位输入 X001 为 ON 时，计数器 C0 的当前值被复位为 0，其触点状态也被复位。

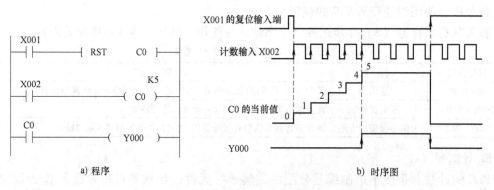

a）程序　　　　　　　　　　　　　　b）时序图

图 2-28　16 位普通型计数器 C0 的程序及时序图

16 位增计数器在计数过程中，切断电源时，普通型计数器的计数当前值被清除，计数器触点状态复位；而停电保持型计数器的计数当前值、触点状态被保持。若 PLC 再通电，停电保持型计数器的计数值从停电前计数值开始继续计数，触点为停电前状态，直到计数当前值等于设定值。

当复位输入 X001 为 ON 时，计数器不能计数或者计数器当前值清零，触点状态复位。

2) 32 位增/减计数器：32 位增/减计数器在计数过程中，当前值在 − 2147483648 ~ +2147483647 间 循 环 变 化。即 从 − 2147483648 变 化 到 + 2147483647，然 后 再 从 +2147483647 变化到 −2147483648。当计数器的当前值等于设定值时，计数器的触点动作，但计数器仍在计数，计数器的当前值仍在变化，直到执行了复位指令时，计数器的当前值才为 0。换句话说，计数器当前值的增/减与其触点的动作无关。

32 位增/减计数器由特殊辅助继电器 M8200 ~ M8234 设定对应计数器 C200 ~ C234 的计数方式是增计数方式还是减计数方式。

若 M82□□为 ON 状态，则 C2□□以减计数方式计数。如 M8200 为 ON，则 C200 为减计数。

若 M82□□为 OFF 状态，则 C2□□以增计数方式计数。如 M8230 为 OFF，则 C230 为增计数。

32 位增/减计数器计数过程中，当切断电源时，普通型计数器的计数当前值被清除，计数器触点状态复位；而停电保持型计数器的计数当前值和触点状态被保持。若 PLC 再通电，停电保持型计数器的计数值从停电前的计数值继续计数，触点状态为停电前状态。

例：32 位增/减计数器 C210 的工作过程。

图 2-29 所示为 32 位普通型增/减计数器 C210 的程序及时序图。

复位输入 X021 为 OFF 时，计数输入 X022 每接通一次，计数器 C210 计一次数。

当 X020 为 OFF，即 M8210 为"OFF"时，C210 以增计数方式计数，C210 每计数一次，当前值加 1。当计数器的当前值由 −4 增加到 −3 时，C210 触点接通（置 1）。

当 X020 为 ON，即 M8210 为"ON"时，C210 为减计数方式，C210 每计数一次，当前值减 1。当计数器的当前值由 −3 减少到 −4 时，C210 触点置 0（假设 C210 触点原来为"1"状态）。

复位输入 X021 为 ON 时，计数器被复位，当前值为 0，计数器触点也复位。

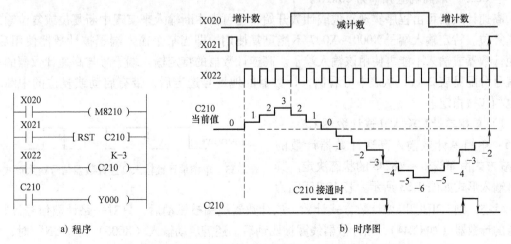

图 2-29　32 位普通型增/减计数器 C210 的程序及时序图

3）计数器的设定值设定方法如图 2-30 和图 2-31 所示。

```
  X001                    K200
──┤├──────────────────( C1 )────  常数（十进制）K200，表示计数200次
```

图 2-30　直接设定计数器的设定值参考程序

```
  X010
──┤├────────[MOV  K100  D10 ]──  间接指定数据寄存器有内容，或在程序
                                    中预先写入，或者通过数字开关定写入
  X011                    D10
──┤├──────────────────( C1 )────  D10=K100，表示计数 200 次
```

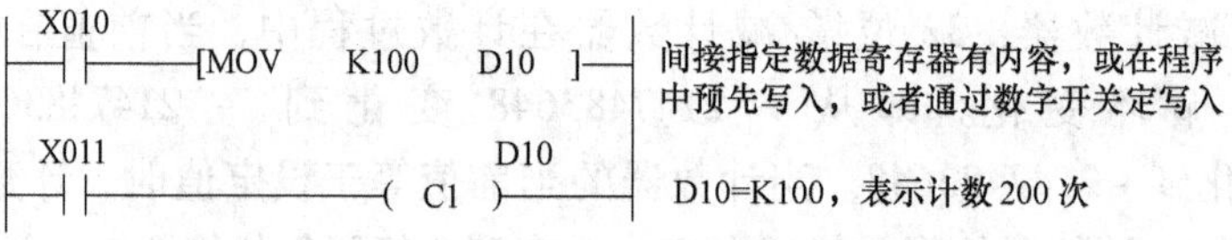

图 2-31　间接设定计数器的设定值参考程序

4）计数器的使用注意事项：在使用计数器时一定要注意计数器的 16 位和 32 位区别，如图 2-32 所示。

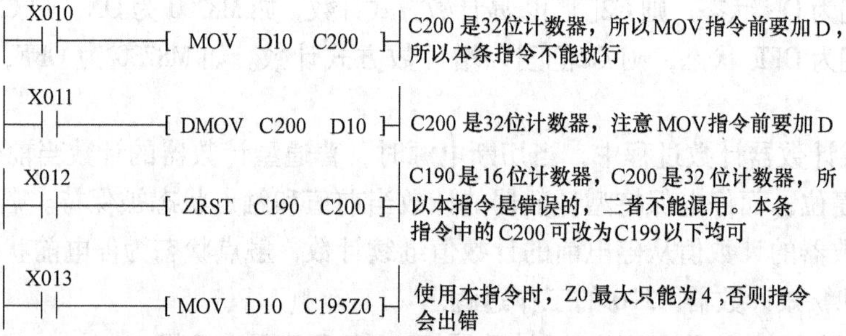

```
  X010
──┤├────────[ MOV  D10  C200 ]──  C200 是32位计数器，所以MOV指令前要加D，
                                    所以本条指令不能执行

  X011
──┤├────────[ DMOV C200  D10 ]──  C200 是32位计数器，注意MOV指令前要加D

  X012
──┤├────────[ ZRST C190  C200 ]── C190是16位计数器，C200是32位计数器，所
                                    以本指令是错误的，二者不能混用。本条
                                    指令中的C200可改为C199以下均可

  X013
──┤├────────[ MOV  D10  C195Z0 ]── 使用本指令时，Z0最大只能为4，否则指令
                                    会出错
```

图 2-32　计数器使用注意事项

（2）高速计数器

高速计数器是 32 位停电保持型增/减计数器，它可以对频率高于 10Hz 计数输入信号进行计数。它对特定输入端子（输入继电器 X000 ~ X007）的 OFF→ON 的动作进行计数（因为高速脉冲信号只能接入 X000 ~ X007 端）。它采用中断方式进行计数处理，不受 PLC 扫描周期的影响。其计数范围为 – 2147483648 ~ + 2147483647（十进制常数），地址编号是 C235 ~ C255，最高响应频率为 60kHz。

高速计数器可由程序实现复位或计数开始；也可由中断输入来实现中断复位或复位输入端子复位。特定输入端子 X000 ~ X007 不能重复使用，即当某个输入端子被计数器使用后，其他计数器或输入不能再使用该输入端子。高速计数器的特定输入端子号与高速计数器的地址编号分配见表 2-11，从表中可看出，计数器的地址号选定后，带有启动或复位的中断输入也相应被指定。

1）单相单计数输入高速计数器 C235 ~
C245：单相单计数输入高速计数器计数的
增/减方式由 M8235 ~ M8245 的状态决定。其
信号输入形式如图 2-33 所示。若 M82□□为

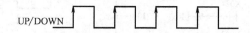
UP/DOWN

图 2-33　单相单计数输入高速计数器信号输入形式

OFF 状态，则 C2□□以增计数方式计数。该计数器线圈被驱动后，只对一路计数信号计数。也有的计数器（如 C244），当计数器线圈被驱动后，还需启动输入（X006）为"ON"时，才对计数输入计数。单相单计数输入高速计数器 C244 的工作过程示例如图 2-34 所示。

表 2-11 高速计数器的特定输入端子号与地址编号的分配

计数器种类	计数器编号	输入分配								计数方向
		X0	X1	X2	X3	X4	X5	X6	X7	
单相单计数输入高速计数器	C235	U/D								1. 增/减计数方式由 M8235 ~ M8245 的状态决定。若 M82□□为 OFF/ON 状态,则 C2□□以增/减计数方式计数。该计数器线圈被驱动后,只对一路计数信号计数 2. 带启动端子还要使启动端子为 ON 后,才对计数输入计数。如 C244,当计数器线圈被驱动后,还需启动输入(X006)为"ON"时,才对计数输入计数
	C236		U/D							
	C237			U/D						
	C238				U/D					
	C239					U/D				
	C240						U/D			
	C241	U/D	R							
	C242			U/D	R					
	C243					U/D	R			
	C244	U/D	R					S		
	C245			U/D	R				S	
单相双计数输入高速计数器	C246	U	D							1. 增/减方式计数是根据计数输入端子不同,自动进行增/减计数 2. 利用 M8246 ~ M8250 对计数器 C246 ~ C250 的增/减计数方向进行确认。ON:减计数;OFF:增计数
	C247	U	D	R						
	C248				U	D	R			
	C249	U	D	R						
	C250				U	D	R			
双相双计数输入高速计数器	C251	A	B							1. 根据 A 相/B 相的输入状态的变化,会自动地执行增计数或是减计数 2. 利用 M8251 ~ M8255 对计数器 C251 ~ C255 的增/减计数方向进行确认。ON:减计数;OFF:增计数
	C252	A	B	R						
	C253				A	B	R			
	C254	A	B	R				S		
	C255				A	B	R		S	

注:U:加计数器输入;D:减计数输入;R:复位输入;S:启动输入;A:A 相输入;B:B 相输入。

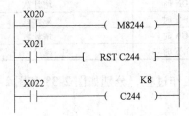

C244 计数器的计数输入为 X000,X001 为复位输入,X006 为启动输入
当驱动信号 X022 接通时,若启动输入 X006 接通,则 C244 立即对接在 X000 端的高速脉冲输入信号进行计数。当 X021 为 ON 时,计数器复位(这是用程序复位)。如果 X001 闭合,计数器也立即复位(这是与程序无关的复位)

图 2-34 单相单计数输入高速计数器 C244 的工作过程

2)单相双计数输入高速计数器 C246 ~ C250:单相双计数输入高速计数器的计数增/减方式是根据计数输入端子不同,自动进行增/减计数。利用 M8246 ~ M8250 特殊辅助继电器对计数器 C246 ~ C250 的增/减计数方向进行监视,其信号输入形式如图 2-35 所示。单相双计数输入高速计数器 C249 的工作过程,如图 2-36 所示,当 X011 接通时,若输入 X006 接通,则 C249 立即开始计数,当计数输入为 X000 时,计数器做增计数,当计数输入为 X001 时,计数器做减计数。X010 为 ON 时,计数器复位(程序复位)。如果 X002 闭合,计数器立即复位(与程序无关的复位)。

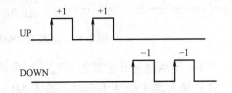

图 2-35 单相双计数输入高速计数器信号输入形式

3)双相双计数输入高速计数器 C251 ~ C255:双相双计数输入高速计数器有 A、B 两个计数输入(它们在相位上相差 90°)。其信号输入形式如图 2-37 所示,通常高速计数器是 1 倍频计数(图 2-37a),但是程序中若驱动了

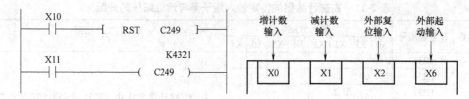

图 2-36　单相双计数输入高速计数器 C249 的使用

M8198 或 M8199，则以 4 倍频计数（图 2-37b）。计数方向见表 2-12，可利用 M8251 ~ M8255 特殊辅助继电器对计数器 C251 ~ C255 进行增/减计数方向监视。由此可见，双相双计数输入高速计数器的计数由两路计数输入信号控制完成。也有的计数器（如 C254），当计数器线圈被驱动后，还需启动输入（如 X006）为"ON"时，才对计数输入计数。

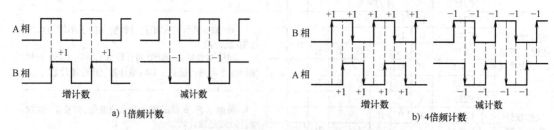

a) 1倍频计数　　　　　　　　　　　　　　　　　　b) 4倍频计数

图 2-37　双相双计数输入高速计数器信号输入形式

表 2-12　双相双计数输入高速计数器计数方向

计数器线圈输入 ON 端子	变化端子	计数方向
当 A 相计数输入为"ON"	B 相计数输入由 OFF→ON 时	增计数
	B 相计数输入由 ON→OFF 时	减计数
当 B 相计数输入为"ON"	A 相计数输入由 OFF→ON 时	增计数
	A 相计数输入由 ON→OFF 时	减计数

　　双相双计数输入高速计数器 C251 和 C254 的工作过程，分别如图 2-38 和图 2-39 所示。

```
  X10
──┤├──────────[ RST  C251 ]      X10 接通时外部强制复位

  X11              K4321
──┤├──────────( C251 )          X011 接通时，C251 对计数输入 X000(A 相)，X001(B 相) 计数

  C251
──┤├──────────( Y001 )          计数值等于大于设定值时，C251 置 ON，Y001 为"ON"状态。计数值小于
                                设定值时，Y001 为"OFF"状态

  M8251
──┤├──────────( Y002 )          M8251 可作为计数器计数方式监视，增计数时 M8251 为"ON"，Y002 为"ON"状态；
                                减计数时，M8251 为"OFF"，Y002 为 OFF 状态
```

图 2-38　双相双计数输入高速计数器 C251 的工作过程

（3）使用高速计数器的注意下列事项

1）输入端子的使用问题：输入 X0 ~ X7 可以用于高速计数器、输入中断、脉冲捕捉以及 SPD、DSZR、DVIT、ZRN 指令和通用输入，但是不能重复使用输入端子。

如使用 C251 时，由于 X0 和 X1 均被占用，所以计数器（C235、C236、C241、C244、C246、C247、C249、C251、C252、C254）、输入中断（I00□、I01□）、脉冲捕捉用触点（M8170、M8171）和适用输入的 SPD 指令都不能使用。

2）有关值的问题：高速计数器线圈驱动用的触点，在使用时要一直保持为 ON。

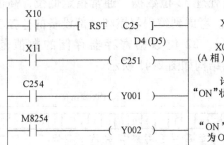

图 2-39　双相双计数输入高速计数器 C254 的工作过程

所有的高速成计数器在当前值等于设定值的时候，即使执行指令时，只要没有计数输入脉冲，输出的触点都不会动作。

在主程序中通过高速计数器的输出线圈（OUT C□□□）的 ON/OFF，可以使计数开始或停止。但是在步进梯形图内和子程序中、中断子程序内使用这种线圈编程时，执行步进梯形图和子程序前，都不可以执行计数或停止。

3）高速计数器响应速度的问题：高速计数器是停电保持型，其经过值和设定值都是 32位，经过值及触点状态都会记忆停电之前的状态。作为高速计数器的输入信号，建议使用电子开关信号，如果是机械触点，由于振荡会产生计数误码差。高速计数器是对定的输入端子作中断处理进行计数，而与 PLC 的扫描周期无关。

计数器对可编程序控制器的内部信号 X、Y、M、C、S 等触点状态的动作进行循环扫描并计数。但作为计数器的输入信号，其接通的时间，必须比 PLC 的扫描时间长（通常数值在毫秒级以上）。对于比扫描周期短（通常在毫秒级以下）的计数器输入信号，必须要用高速计数器来计数，高速计数器对特定的输入作中断处理进行计数，而与扫描周期无关。

（4）有关响应频率范围的问题

高速计数器按照使用不同分为硬件计数器和软件计数器。硬件计数器就是硬件计数器，所以能与综合频率无关进行计数。

软件计数器：C235、C236、C246 和 C251 在使用功能指令【FNC53（DHSCS）、FN（DHSCR）、FNC55（DHSZ）】，硬件计数功能被解除而转换成软件计数器；C237 ~ C245，C247 ~ C250，C252 ~ C255 都是软件计数器。

硬件计数器：C235、C236、C246 和 C251 作硬件计数器时，C235、C236 和 C246 最高响应频率为 60kHz，C251 为 30kHz。

C237 ~ C245，C247 ~ C250 最高响应频率为 10kHz，C252 ~ C255 最高响应频率为 5kHz。

6. 数据寄存器（D）

数据寄存器是 PLC 中用来存储数据的字软元件。地址按十进制数分配。供数据传送、比较和运算等操作使用。每一个数据寄存器的字长为 16 位，最高位为符号位（1 为负，0 为正）。16 位数据寄存器存储的数值范围是 - 32768 ~ + 32767，如图 2-40所示。

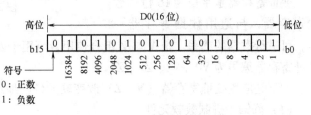

图 2-40　16 位数据寄存器结构

两个地址号相邻的数据寄存器组合可用于处理 32 位数据，通常指定低位，高位自动占有。例如指定了 D20，则高位自动分配为 D21。考虑到编程习惯和外部设备的监控功能，建议在构成 32 位数据时低位用偶数地址编号。32 位数据寄存器存储的数值范围是 −2147483648 ~ +2147483647。32 位数据寄存器结构如图 2-41 所示。

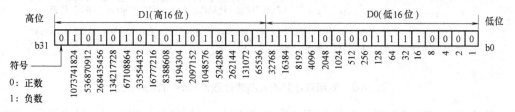

图 2-41　32 位数据寄存器结构

程序运行时，只要不对数据寄存器写入新数据，数据寄存器中的内容就不会变化。通常可通过程序的方式或通过外部设备对数据寄存器的内容进行读/写。数据寄存器分类及属性见表 2-13。

表 2-13　数据寄存器分类及属性

编号	点数	用途	相关说明
D0 ~ D199	200	普通型	当 PLC 由 RUN→STOP 时或停电时，该寄存器中的数据即被清零
D200 ~ D511	312	停电保持型	当 PLC 由 RUN→STOP 时或停电时，该寄存器中的数据会被保持
D512 ~ D7999	7488	停电保持专用型	D1000 以后的数据寄存器可通过参数设定，以 500 为单位作文件寄存器。不作文件寄存器用时，与通常的停电保持型数据寄存器一样，可用程序与外部设备进行数据的读/写
D8000 ~ D8255	256	特殊专用	该寄存器是写入特定目的数据或事先写入特定内容的数据寄存器，其内容在电源接通时置初始值

有关数据寄存器的应用如图 2-42 所示。

另外：文件寄存器（R）是扩展数据寄存器的软元件，文件寄存器中的内容也可保存在扩展文件寄存器（ER）中，但是只有使用了存储器盒的情况下，才可以使用扩展文件寄存器。

文件寄存器编号是 R0 ~ R32767，扩展文件寄存器编号是 ER0 ~ ER32767。

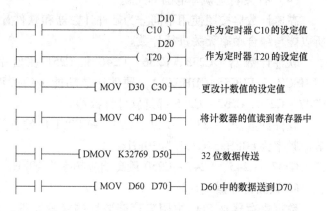

图 2-42　寄存器的应用示例

7. 变址寄存器（V、Z）

变址寄存器是字长为 16 位的数据寄存器，与通用数据寄存器一样，可进行数据的读写。把 V 与 Z 组合使用，可用于处理 32 位数据，并规定 Z 为低 16 位。变址寄存器编号为 V0 ~ V7、Z0 ~ Z7。

如下是应用变址寄存器（V、Z）改变软元件的地址。

（1）修饰十进制数软元件

可修饰 M、S、T、C、D、R、KnM、KnS、P、K。

例：V0 = K8，执行 D20V0 时，对应的软元件软元件编号则为 D28（20 + 8）。

例：V1 = K8，执行 K30V1 时，被执行指令是作为十进制的数值 K38（30 + 8）。

例：利用变址寄存器编写显示定时器 T 当前值的程序，如图 2-43 所示。

图 2-43　变址寄存器修饰定时器

（2）修饰八进制软元件。对软元件编号为八进制数的软元件进行变址修饰时，V、Z 的内容也会被换算成八进制后进行加法运算。可修饰 X、Y、KnX、KnY。

例：Z1 = K10，执行 X0Z1 时，对象软元件编号被指定为 X12，请注意此时不是 X10。

例：Z1 = K8，执行 X0Z1 时，对象软元件编号被指定为 X10，请注意此时不是 X8。

例：用外接数字开关通过 X000 ~ X003 设置定时器地址，定时当前值由 Y010 ~ Y017 输出驱动外接七段数码管进行显示。如图 2-44 所示程序中对应 Z = 0 ~ 9，T0Z = T0 ~ T9。

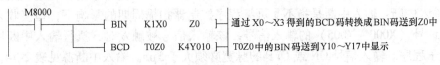

图 2-44　修饰八进制软元件参考示例

（3）修饰十六进制数值：H

例：V2 = K30，指定常数 H30V2 时，则常数 H30V2 为 H4E（H30 + K30）。

例：V1 = H30，指定常数 H30V1 时，则常数 H30V1 为 H60（30H + 30H）。

8. 指针（P）、（I）

在 PLC 的程序执行过程中，当某条件满足时，需要跳过一段不需要执行的程序或者调用一个子程序或者执行指定的中断程序，这时需要用一"操作标记"来标明所操作的程序段，这一"操作标记"就是指针。

（1）分支用指针（P）

分支指针以十进制进行编号，对于 FX2N 系列 PLC 编号是：P0 ~ P127，共计 128 点，其中 P63 指向 END 步，是不能在程序中使用的（注：如果是 FX3U 系列 PLC 可用的指针编号为 P0 ~ P62 和 P64 ~ P4095 共 4095 点）。

当分支指针（P）用于跳转指令（CJ）时，用来指定跳转的起始位置和终点位置，如图 2-45 所示。当分支指针（P）用于子程序调用指令（CALL）时，用来指定被调用的子程序和子程序的位置，如图 2-46 所示。分支指针不能对 P63 进行编程，如图 2-47 所示。

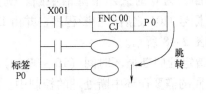

X001 为 ON，跳转到 CJ(FNC 00) 指令指定的标签位置，执行之后的程序

图 2-45　分支指针（P）用于跳转指令（CJ）

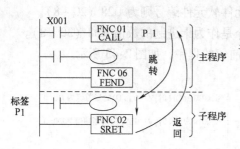

X001为ON，执行 CALL（FNC 01）指令指定的标签位置的子程序，使用 SRET（FNC 02）指令返回到原来的位置

图 2-46　分支指针（P）用于子程序调用指令示例

（2）中断指针（I）

中断指针作为标号用于指定中断程序的起点。中断程序是从指针标号开始，执行 IRET 指令时结束。中断类型有三种：输入中断、定时器中断、高速计数器中

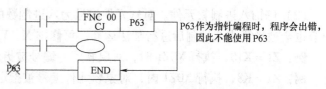

P63作为指针编程时，程序会出错，因此不能使用P63

图 2-47　分支指针不能对 P63 进行编程说明程序

断。它与应用指令 IRET（中断返回）、DI（禁止中断）、EI（允许中断）一起使用。

1）输入中断：输入中断是指不受可编程序控制器扫描周期的影响下，指接收来自特定的输入地址号（X000 ~ X005）的输入信号，该输入信号被触发时，执行输入中断用指针标识的中断子程序。输入信号 ON 或 OFF 的脉宽必须大于 5μs。输入中断源见表 2-14。

由于输入中断可以处理比扫描周期更短的信号，因此可在顺控过程中作为需要优先处理或者短时间脉冲处理控制时使用。

同时要注意输入端子不能重复使用。输入 X0 ~ X7 用于高速计数器、输入中断、脉冲捕捉，还用于 SPD、DVIT、ZRN 指令和通用输入，因此作为中断输入的地址号（X000 ~ X005）不能再作为其他输入信号重复使用。

表 2-14　输入中断源

中断指针	输入	上升沿中断源标号	下降沿中断源标号	禁止中断标志
I00□	X000	I001	I000	M8050
I10□	X001	I101	I100	M8051
I20□	X002	I201	I200	M8052
I30□	X003	I301	I300	M8053
I40□	X004	I401	I400	M8054
I50□	X005	I401	I400	M8055

例如，使用输入中断指针 I001 时，由于 X0 被占用，所以不能使用 C235、C241、C246、C247、C249、C251、C252、C254、脉冲捕捉用触点 M8170 和该输入的 SPD 的指令。

中断指针中的"□"为 1 时表示上升沿中断，为 0 时表示下降沿中断。例如：指针 I201，表示输入 X002 从 OFF→ON 变化时，执行标号 I201 之后的中断程序，并由 IRET 指令结束该中断程序。采用输入中断编程结构程序如图 2-48 所示。

2）定时器中断：定时器中断共 3 点，每隔指定的中断循环时间（10 ~ 99ms），执行中断子程序。用于与可编程序控制器的扫描周期不同的需要循环中断处理的控制中。定时器中断源使用说明见表 2-15。

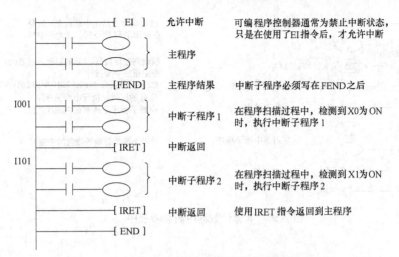

图 2-48　输入中断编程结构程序

表 2-15　定时器中断源说明

中断源	禁止中断标志	说　明
I6□□	M8056	1. □□表示中断的设定时间 10～99ms
I7□□	M8057	2. 例如：I610，表示每隔 10ms 执行标号 I 610 后面的中断程序一次。并
I8□□	M8058	由 IRET 指令结束该中断程序

定时器中断时间设定在 9ms 以下时，以下两种情况有可能出现不能按照正确的周期处理定时器中断，所以定时器的中断时间建议设定在 10ms 以上。

① 中断程序处理时间较长的情况；

② 主程序内使用了处理时间较长的应用指令的情况。

采用定时器中断源编程程序结构如图 2-49 所示。

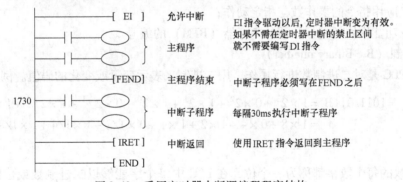

图 2-49　采用定时器中断源编程程序结构

3）高速计数器中断：高速计数器中断共 6 点，表示由高速计数器引起的中断。编号分别为 I010、I020、I030、I040、I050、I060。这些中断源的禁止标志为 M8059。

例：表示当高速计数器 C255 的当前值为 2010 时，执行标号 I010 后面的中断程序。执行完中断程序后，返回到发生中断时程序位置。参考程序如图 2-50 所示。

当有多个中断源的时候，优先执行中断标号小的子程序。实际上也是硬件中断源优先于软件中断源。如输入中断源就是硬件中断，同时其标号也较小，所以优先执行。

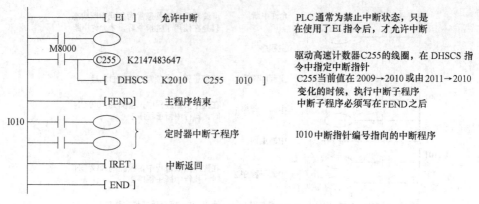

图 2-50　高速计数器中断参考程序

2.6　PLC 常用数制与码制

2.6.1　数制

1. 十进制（D　Decimal number）

十进制系统是以 10 为基值，具有 10 个独特的数字——数字 0~9。在计算机输入 PLC 程序时用 K 表示，如 K96、K125 等。十进制数可按 10 的幂指数展开求和的方法表示。例如：

$(98.36)_{10}$ 或 98.36D 或 $98.36 = 9 \times 10^1 + 8 \times 10^0 + 3 \times 10^{-1} + 6 \times 10^{-2}$

在 FX 系列 PLC 中，用十制数表示的有下列地方：

1）定时器、计数器的设定值；

2）辅助继电器 M、状态寄存器 S、数据寄存器（T、C、D）的编号；

3）指定应用指令的操作数与指定动作；

4）特殊功能模块的编号和缓冲寄存器（BFM）的编号。

2. 二进制（B　Binary number）

通常，PLC 是对二进制数进行操作，用二进制来表示变量或变化的码值。例如：

$$(1011.011)_2 = 1011.011B = 1 \times 2^3 + 0 \times 2^2 + 1 \times 2^1 + 1 \times 2^0 + 0 \times 2^{-1} + 1 \times 2^{-2} + 1 \times 2^{-3}$$
$$= 1 \times 8 + 0 \times 4 + 1 \times 2 + 1 \times 1 + 0 \times 1/2 + 1 \times 1/4 + 1 \times 1/8$$
$$= 11.375$$

二进制数的每个数字都称为一个位，在 PLC 中每个字能够以二进制数或位的形式存储数据。一个字所包括的位数取决于 PLC 系统的类型，16bit 和 32bit 最常用。图 2-51 中表示由两个字节组成的 16bit 字，最低位（LSB）为代表最小值的数字，最高位（MSB）为代表最大值的数字，实际为符号位，为 1 时数为负，为 0 时数为正。

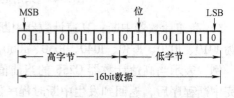

图 2-51　二进制数据结构

在 FX 系列 PLC 中，以十制数对定时器、计数器、数据寄存器的设定值进行指定，但是在 PLC 内部都是以二进制数进行处理的，而在外围设备进行监控时，则自动变换成十进制数。

3. 十六进制（H　Hexadecimal number）

由于一个数据的字由 16 个数据位或两个 8bit 组成，十六进制数有十六个数码：0 ~ 9 和 A、B、C、D、E、F。十六进制数后可加一个大写的 H 表示。例如：

$$6EH = (6E)_{16} = 6 \times 16^1 + 14 \times 16^0 = (110)_{10} = 110D = 110$$

在 FX 系列 PLC 中同十进制数一样，用于指定应用指令的操作数与指定动作。在输入程序时用 H，如 H63、H355 等。

2.6.2　码制

在 PLC 数据处理过程还经常会用到各种代码系统，比如 BCD 码、ASCII 码、格雷码等。

1. BCD 码（Binary Code Decimal）

BCD 码系统提供了一种处理需要从 PLC 输入或输出大数字的便利方法。BCD 码是利用 4 位二制数来表示十进制数 0 ~ 9 的表示方法。在 BCD 系统中，能够通过 4 位数显示的最大十进制数为 9。表示方法如图 2-52 所示。

在 PLC 控制中，PLC 的指轮开关和 LED 显示就是 PLC 设备利用 BCD 码系统的应用。

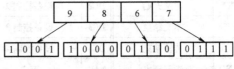

图 2-52　十进制数 BCD 码的表示形式

2. ASCII 码（American Standard Code for Information Interchange）

ASCII 码是美国标准信息交换码。用 7 位二进制表示数字（阿拉伯数字 0 ~ 9）、字母（26 个大写和 26 个小写字母）、特殊字符（@、#、$、% 等）、控制字符（NUL、NUL、STX 等）、运算符号（+、−、×、÷ 等）的等 128 个特殊字符的一种方法，见表 2-16，表中特殊控制功能字符解释见表 2-17。

表 2-16　ASCII（美国标准信息交换码）表

低位 ＼ 高位	b6 b5 b4	b6 b5 b4	b6 b5 b4	b6 b5 b4	b6 b5 b4	b6 b5 b4	b6 b5 b4	b6 b5 b4
b3 b2 b1 b0	000	001	010	011	100	101	110	111
0000	NUL	DLE	SP	0	@	P	`	p
0001	SOH	DC1	!	1	A	Q	a	q
0010	STX	DC2	,,	2	B	R	b	r
0011	ETX	DC3	#	3	C	S	c	s
0100	EOT	DC4	$	4	D	T	d	t
0101	ENQ	NAK	%	5	E	U	e	u
0110	ACK	SYN	&	6	F	V	f	v
0111	BEL	ETB	,	7	G	W	g	w
1000	BS	CAN	(	8	H	X	h	x
1001	HT	EM	)	9	I	Y	i	y
1010	LF	SUB	*	:	J	Z	j	z
1011	VT	ESC	+	;	K	[	k	{
1100	FF	FS	,	<	L	\	l		
1101	CR	GS	−	=	M	]	m	}
1110	SO	RS	.	>	N	Ω(1)	n	~
1111	SI	US	/	?	O	−	o	DEL

从表2-16中我们可以算出各个字符的 ASCII 码，计算方法如图 2-53 所示。如 0 的 ASCII 码是"0"＝30H，9 的 ASCII 码是"9"＝39H，还有"A"＝

b6 b5 b4 b3 b2 b1 b0	b6 b5 b4 b3 b2 b1 b0
0 1 1 1 0 0 1 =39H	1 0 0 0 0 0 1 =41H
3 　 9	4 　 1
9的ASCII计算方法	A的ASCII计算方法

图2-53 ASCII 计算方法

41H、…、"ENQ"＝05H。我们敲键盘上的数字"0"键，输入到电脑内存中的是 ASCII 码 30H，存储器中就存储一个 7bit 或 8bit 的字，这个字可以用来表示字母、函数或表示由于按下特殊键所产生的控制信号数据。

在 FX 系列 PLC 产品通信时，数据交换是以 ASCII 码的形式进行的，还用于 PLC 的 CPU 与字母数字键盘及打印机的连接。

表 2-17　表 2-16 中特殊控制功能的解释

字符	功能	字符	功能	字符	功能	字符	功能
NUL	空	DLE	转义符	BS	退一格	CAN	作废
SOH	标题开始	DC1	设备控制1	HT	横向列表	EM	载终
STX	正文开始	DC2	设备控制2	LF	换行	SUB	取代
ETX	本文结束	DC3	设备控制3	VT	纵向列表	ESC	换码
EOT	传输结束	DC4	设备控制4	FF	走纸控制	FS	文字分割符
ENQ	询问请求	NAK	否定	CR	回车	GS	组分割符
ACK	应答	SYN	同步	SO	移出符	RS	记录分割符
BEL	报警符	ETB	信息组传送结束	SI	移入符	US	单元分割符
SP	空格	DEL	删除				

3. 格雷码

格雷码是一种特殊的二进制码，它没有使用位加权。就是说每一位都没有一个确定的权值。通过格雷码可以只改变一个位，就从一个数变为下一个数。在计数器电路容易混乱，但在编码器电路中是非常标准的。例如，用绝对编码器作为位置变送器，也可以用格雷码来确定角位置。格雷码和相应的二进制数比较见表 2-18。

表 2-18　格雷码和相应的二进制数比较

格雷码	二进制数	格雷码	二进制数	格雷码	二进制数	格雷码	二进制数
0000	0000	0110	0100	1100	1000	1010	1100
0001	0001	0111	0101	1101	1001	1011	1101
0011	0010	0101	0110	1111	1010	1001	1110
0010	0011	0100	0111	1110	1011	1000	1111

从表 2-18 中可看出，二进制数制中，改变单一的"数"最多需要改变 4 位数字，而格雷码只要改变一个位。例如。将二进制数 0111 改变成 1000（十进制数 7 改变成 8）需要改变所有 4 个数字。这种变化增加了在数字电路出错的可能性。因此，格雷码是一种错误最少的编码。由于格雷码每次变换只要改变一个位，所以格雷码的转变速度比其他码的速度要快，比如 BCD 码。

格雷码适用于机器人运动、机床和伺服服传动系统精确控制的位置编码。图 2-54 所示为利用 4 位格雷码的光学编码器来检测角位置的变化。图中，确定转轴的位置是附在转轴上的编码器盘，编码器盘输出一个数字格雷码信号；一组固定的光敏二极管用于检测从编码器的径向一列单元的反射光。每个单元将输出一个对应于二进制数 1 或 0 的电压，取决于光的反射量。因此码盘上的每一列单元将产生一个不同的 4 位字。

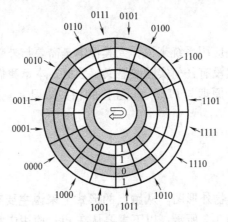

图 2-54　格雷码在光学编码器上应用

以上通过对 FX2N 系列 PLC 软元件的学习，了解了 PLC 为用户提供的可使用的资源，为进一步学习 FX2N 系列 PLC 的指令及其编程打下了基础。

第3章　PLC I/O 现场设备

对于一个可编程序控制应用系统来说，究其根本是需要与外部设备打交道，只有程序没有I/O接口的控制器，显然没有任何实际的意义。因此，本章我们将结合工业现场一些常见的I/O设备来讲述其结构、原理与PLC之间连接的相关知识。

3.1　开关、按钮

1. 按钮

如图3-1所示为按钮实物外形图。从触点的形式上来说主要有以下三种，即常开按钮、常闭按钮和复合按钮，如图3-2所示。以下主要从在PLC应用中常见的按钮进行讲解。

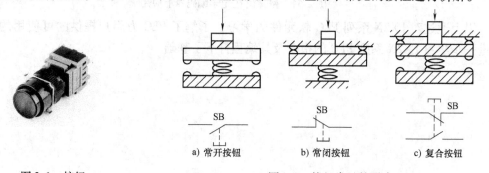

图3-1　按钮

a) 常开按钮　　　b) 常闭按钮　　　c) 复合按钮

图3-2　按钮常见的形式

（1）点动按钮

手指按下时，其触点动作；手指松开时，在弹簧装置的作用下触头自动复位。在PLC控制系统中常用作起动或停止按钮。

（2）自锁按钮

手指按下时，其触点动作并保持，即使松开手指，触点也会保持在动作的状态。当触点需要复位时，需要用手指再按一下。在PLC控制系统中，主要用于两个状态的切换控制或在一些需要保持接通的起动信号中，如变频器外部控制时的正、反转起动信号。

（3）急停按钮

急停按钮实物如图3-3所示，急停按钮一般都是自锁按钮。急停按钮主要用于控制系统发生紧急情况时，通过按下此按钮，从而迅速切断整个系统的电源或使设备停机，从而保证人身或设备的安全！

急停按钮从安全角度出发，在使用时应选择常闭触点。

按钮与PLC的接线如图3-4所示。从图3-4我们可以分析得出：当SB1按下时，电源从+24V出发，经PLC内部限流电阻与发光二极管，从X0端流出，再经SB1后由PLC输入的COM端回到直流24V电源的负极，形成回路，此时发光二极管导通发光，X0信号输入有效。若松开SB1按钮，由于没有形成闭合的回路，所以并没有电

图3-3　急停按钮
实物图

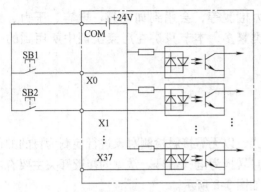

图 3-4 按钮与 PLC 的接线图　　　　　图 3-5 选择开关实物图

流流过发光二极管,因此 X0 信号无输入。

2. 选择开关

选择开关在 PLC 应用系统中常用的有二位选择开关以及三位选择开关。实物如图 3-5 所示。

二位选择开关有两个旋钮位置(如左、右)以及一个常开触点。这两个旋钮位置决定了常开触点的两个状态,即接通与断开,二位选择开关在 PLC 控制系统中常用于手动/自动程序的切换控制。

三位选择开关有三个旋钮位置(如左、中、右)以及两个常开触点(如 S1、S2),当开关旋到左位时,S1 触点接通;当开关旋到右位时,S2 触点接通;当开关旋到中位时,S1、S2 均不通。三位选择开关在 PLC 控制系统中常用于单步/单周/连续的工作方式选择,或者是步进、伺服电动机的手动前后控制。

3. 行程开关

行程开关主要用于运动控制中极限位置的安全限位。行程开关实物如图 3-6 所示,原理图如图 3-7 所示,当运动部件运行至行程开关安装处时,由运动部件将顶杆压下,此时上方的常闭触点断开、下方的常开触点接通。当运动部件离开时,顶杆在弹簧的作用下自动弹起,行程开关的触点自动复位。

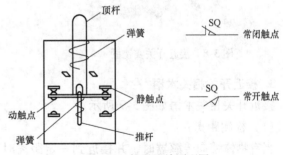

图 3-6 行程开关实物图　　　　　图 3-7 行程开关原理图

在 PLC 控制系统中为了保证运动部件不至于与行程末端发生碰撞,通常将行程开关与光电开关配合使用。

3.2 传感器

在工业控制系统中,传感器应用非常广泛,如检测物体的位置、颜色的判别、材质的判别、姿态判别、液位判别、温度检测、压力检测等，会用到如电感、电容、压力、光电、光纤等各式各样的传感器，因传感器种类繁多，本节只讲在后续实训中所用到的一些传感器。

3.2.1 接近开关

1. 接近开关工作原理

接近开关是代替限位开关等接触式检测方式，以无需接触检测对象进行检测为目的的传感器的总称。将检测对象的移动信息和存在信息转换为电气信号。常见的接近开关主要有电感式、电容式、干簧管等。常见接近开关实物如图3-8所示。

2. 接近开关工作特点

1）由于能以非接触方式进行检测，所以不会磨损和损伤检测对象；

2）由于采用无触点输出方式，对触点的寿命无影响；

3）与光电检测方式不同，适合在水和油等环境下使用检测时几乎不受检测对象的污渍和油、水等的影响；

4）与接触式开关相比，可实现高速响应；

5）与接触式不同，会受周围温度、周围物体和同类传感器的影响，包括感应型、静电容量型在内，传感器之间相互影响。因此，对于传感器的设置，需要考虑相互干扰。此外，在感应型中，需要考虑周围金属的影响，而在静电容量型中则需考虑周围物体的影响。

图3-8　接近开关实物图　　　　　　图3-9　接近开关相关术语

3. 接近开关相关术语

接近开关相关术语如图3-9所示。

（1）检测距离

当有物体移向传感器时，并接近到一定距离时，传感器才有"感知"，开关才会动作。通常把这个距离叫"检测距离"。不同的接近传感器检测距离也不同。

（2）设定距离

传感器在实际应用中的整定距离，一般为额定动作距离的0.8倍。

（3）响应频率

有时被检测验物体是按一定的时间间隔，一个接一个地移向接近开关，又一个一个地离开，这样不断地重复。接近开关响应频率是在规定时间内，传感器允许动作循环的最大次数。

（4）输出状态

输出状态分为常开和常闭两种。当无检测物体时，常开型传感器所连接的负载，由于传感器内部的输出晶体管截止而不工作；当检测到有物体时，常开型传感器内部的输出晶体管导通，负载得电而工作。常闭型则相反。

（5）输出形式

分 NPN 二线、NPN 三线、NPN 四线、PNP 二线，PNP 三线、PNP 四线、DC 二线、AC 五线（自带继电器）等形式。

4. 接近开关使用注意事项

1）当检测物体为非铁质的金属时，检测距离要减少，另外很薄的镀膜层也是检测不到的。

2）接近开关的接通时间为 50ms，用户在产品设计过程中，当负载和接近开关采用不同的电源时，务必先接通接近开关的电源。

3）当使用感性负载时（如灯、电动机），其瞬态冲击电流较大，可能劣化或损坏交流二线接近开关，这种情况下，则要经过交流继电器作为负载转换使用。

4）为保证接近开关长期稳定工作，请务必进行定期维护，包括检测物体和接近开关的安装位置是否有移动和松动，接线的连接部位是否接触不良，是否有金属粉尘黏附。

5. 安装要求

接近开关在安装时保证合适的距离，符合表 3-1 所规定的要求。接近传感器安装示意图如图 3-10 所示。

表 3-1　接近开关安装距离要求

标　　号	安 装 距 离	说　　明
S_1	$\geq 1S_n$	检测面与支架的间距
S_2	$\geq 3S_n$	检测面与背景的间距
S_3	$\geq 5S_n$	并列安装的间距
S_4	$\geq 3S_n$	检测面与侧壁的间距

注：S_n 为额定安装距离。

6. 分类

接近开关按工作原理分为电感式传感器（或称电感式接近开关）和电容式传感器（或称电容式接近开关）。其各自工作原理及使用事项分述如下。

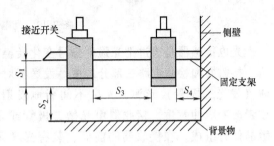

图 3-10　接近传感器安装示意图

（1）电感式传感器

电感式传感器是一种用开关量输出位置的传感器，它由振荡器、开关电路和放大输出电路三大部分组成。振荡器产生一个交变磁场。当金属目标接近这一磁场，并达到感应距离时，在金属目标内产生涡流，从而导致振荡衰减，以至停振。振荡器振荡及停振的变化被后级放大电路处理并转换成开关信号，触发驱动控制器件，从而达到非接触式的检测目的。由此识别有无金属物体。其工作原理框图如图 3-11 所示，工作原理如图 3-12 所示。

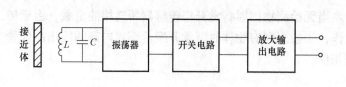

图 3-11　电感式传感器工作原理框图

图 3-12　电感传感器原理图

电感式传感器所能检测的物体必须是金属物体。

电感式传感器因金属材料不同，其检测范围也不同。主要与材料的衰减系数有关，衰减系数越大，其检测范围也越大。如钢的衰减系数为 1、不锈钢的衰减系数为 0.85、铜的衰减系数为 0.85。

（2）电容式传感器

电容式接近开关的测量头通常是构成电容器的一个极板，而另一个极板是被测物体的本身，当物体移向接近开关时，物体和接近开关的介电常数发生变化，使得和测量头相连的电路状态也随之发生变化，由此便可控制电容式接近开关的接通和关断。

这种接近开关检测的对象，不限于导体，可以是绝缘的液体或粉状物等。

不同的物质的介电常数不同，因而检测的距离也不相同，在检测较低介电常数的物体时，可以顺时针调节电位器来增加灵敏度，一般调节电位器使电容式传感器在 0.7～0.8 倍标准检测距离的位置动作。

3.2.2　光电传感器

1. 概述

光电传感器一些实物如图 3-13 所示。

图 3-13　光电传感器实物图

光电传感器是通过把光强度信号变化转换成电信号的变化来实现控制的。它一般由发送器、接收器和检测电路三部分构成。发送器对准目标发射光束，发射的光束一般来源于半导体（发光二极管）光源，光束不间断地发射，或者改变脉冲宽度。接收器由光敏二极管或光敏晶体管组成。在接收器的前面，装有光学元件如透镜和光圈等，在其后面是检测电路，它能滤出有效信号并应用该信号。光电传感器工作原理如图 3-14 所示。

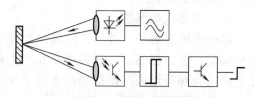

图 3-14　光电传感器工作原理

光电式传感器大多使用可视光（主要为红色，也用绿色、蓝色来判断颜色）和红外光。其检测物体不限于金属，对所有能反射光线的物体均可检测。

光电式传感器广泛应用于自动计数、安全保护、自动报警和位置控制等方面。

2. 使用注意事项

1）严禁强光（太阳光、聚光灯）直接射入光电传感器的方向角内，否则要用遮光板、支撑板遮挡。

2）近距离安装两个以上的直接反射型光电传感器时，检测物体表面的反射光会影响到另一方光电传感器进而引发误动作。

3）近距离安装两个以上的透过型光敏传感器时，受一方发光器的影响，会引起相互干扰，安装时请调换发光器和收光器的位置以使彼此不受影响。

4）完全贴面安装光电传感器时，一定量的反射入光会引起误动作，安装时请自底面起预留适当的高度。

5）输出端如果接的是 DC 继电器等感性负载，请使用二极管或变阻器以消除浪涌。

3. 各种工作方式传感器

（1）反射式光电传感器

反射式光电传感器，从结构上来看，发射端和接收端是安装在一起的。按其结构分为漫射式光电传感器和镜反射式光电传感器。

1）漫反射型光电传感器：漫反射型光电传感器的检测头里装有一个发射器和一个接收器，正常情况下发射器发出的光接收器是收不到的；当被检测物靠近时挡住了光，并把光部分反射回来，接收器就收到光信号，从而输出一个开关控制信号。漫反射式光电开关发出的光线需要经检测物表面才能反射回来，所以距离和被检测物体的表面反射率将决定接收器接收到光线的强度。粗糙的表面反射回的光线强度必将小于光滑表面反射回的强度，而且被检测物体的表面必须垂直于光电开关的发射光线。漫反射型光电开关工作示意如图 3-15 所示。

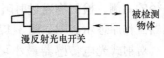
漫反射光电开关　被检测物体

图 3-15　漫反射型光电开关工作示意图

对于漫反射型光电传感器的检测范围一般在 800mm 左右，除了纯透明有介质和黑色吸光的介质外，一般都可检测到。但其检测稳定性还与表面光洁度和平整度有关。在使用中要注意，其调整较容易。

常用材料的反射率见表 3-2。

表 3-2　常用材料的反射率

材　　料	反射率(%)	材　　料	反射率(%)
白画纸	90	不透明黑色塑料	14
报纸	55	黑色橡胶	4
餐巾纸	47	黑色布料	3
包装箱硬纸板	68	未抛光白色金属表面	130
洁净松木	70	光泽浅色金属表面	150
干净粗木板	20	不锈钢	200
透明塑料杯	40	木塞	35
半透明塑料瓶	62	啤酒泡沫	70
不透明白色塑料	87	人的手掌心	75

2）镜反射型光电传感器：镜反射型光电传感器同样是把发光器和接收器装入同一个装置内，在它的前方装一块反光板，利用反射原理完成光电控制作用的称为反光板反射式（或反射镜反射式）光电开关。正常情况下，发光器发出的光被反光板反射回来被接收器收到；一旦光路被检测物挡住，接收器收不到光信号时，光电开关就动作，输出一个开关控制信号。工作原理示意图如图 3-16 所示。

镜反射型光电传感器利用角矩阵反射面作为反射面，反射率远远大于一般物体反射的特点，同轴反型抗外界干扰性能较好，反射距离远，因此具有广泛的实用意义。

镜反射型光电传感器，检测范围一般在 1.5m 左右，除了纯透明介质外，一般都可检测到。

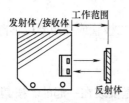 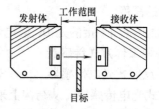

图 3-16　镜反射型光电传感器工作原理示意图　　　图 3-17　对射型光电传感器工作原理示意图

（2）对射型光电传感器

对射式光电传感器在结构上相互分离，即把发光器和接收器分离开，就可使检测距离加大。由一个发光器和一个接收器组成的光电开关就称为对射分离式光电开光，简称对射式光电开关。它的检测距离可达几米乃至几十米。使用时把发光器和接收器分别装在检测物通过路径的两侧，检测物通过时阻挡光路，接收器就动作输出一个开关控制信号。对射型光电传感器工作原理示意图如图 3-17 所示。

对射式光电传感器最小可检测宽度为光电传感器透镜直径的 80%。检测范围一般可 10m 左右，除了纯透明介质外，一般都可检测到。

（3）槽形光电传感器

槽形光电传感器实物如图 3-18 所示，它是把一个光发射器和一个接收器面对面地装在一个槽的两侧。发光器能发出红外光或可见光，在无阻情况下光接收器能收到光。但当被检测物体从槽中通过时，光被遮挡，光电开关便动作。输出一个开关控制信号，切断或接通负载电流，从而完成一次控制动作。槽形开关的检测距离因为受整体结构的限制一般只有几厘米。槽形光电传感器工作原理示意图如图 3-19 所示。

 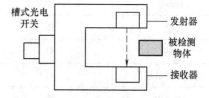

图 3-18　槽形光电传感器　　　　　图 3-19　槽形光电传感器工作原理示意图

槽形光电传感器适用于检测高速变化的物体，分辨透明与半透明物体。

3.2.3　光纤传感器

光纤传感器是利用光导纤维的传光特性，把被测量转换为光特性（强度、相位、偏振态、频率、波长）改变的传感器。实现被检测物体不在相近区域的检测。光纤传感器分为传感型和传光型两大类，实物如图 3-20 所示。

传感型是以光纤本身作为敏感元件，使光纤兼有感受和传递被测信息的作用，传感型光纤传感器多为多模光纤。传光型是利用其他敏感元件感受被测量的变化，光纤仅作为信息的传输介质，传光型光纤传感器多采用单模光纤。

传光型光纤传感器由光纤检测头、光纤放大器两部分组成（见图 3-21），光纤检测头既是发射体又是接收体，当在前方没有检测物体时，接收体不能接收到反射回来的光；当前方有被测物体靠近时，发射体发射出去的光通过被测体反射回来，由接收体接收，再经放大器内部电路处理后，变成开关信号输出。

图 3-20　光纤传感器实物

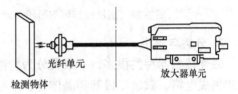

光纤单元

检测物体

放大器单元

图 3-21　传光型光纤传感器

光纤放大器的使用如图 3-22 所示，由指示灯、灵敏度调节旋钮、定时开关、动作状态开关等组成。

动作显示灯：当输出开关接通时点亮。

入光量显示灯：根据接收到的光亮强度而变化。

灵敏度调节旋钮：用来调节传感器检测的距离。一般调整为入光量的 110%～120%。

定时开关：设为"ON"时，当检测到物体后，经过设定延时后开关信号才输出；设为"OFF"时延时不起作用。

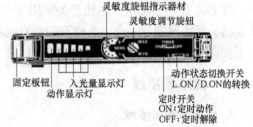

灵敏度旋钮指示器材

灵敏度调节旋钮

固定板钮　入光量显示灯
　　　　　动作显示灯

动作状态切换开关
L.ON/D.ON的转换

定时开关
ON：定时动作
OFF：定时解除

图 3-22　光纤放大器的使用

动作状态切换开关：L（LIGHT）为 ON 时，指接收到光产生动作，相当于常开型；D（DARK）为 ON 时，指没有接收到光时产生动作，相当于常闭型。

3.2.4　磁感应传感器

1. 工作原理

磁感应传感器实物如图 3-23 所示。"磁"就是指磁铁，开关就是干簧管。干簧管是干式舌簧管的简称，是一种有触点的无源电子开关元件，具有结构简单，体积小便于控制等优点，其外壳一般是一根密封的玻璃管，管中装有两个铁质的弹性簧片电板，还灌有一种叫金属铑的惰性气体。

通常，玻璃管中的两个由特殊材料制成的簧片是分开的。当有磁性物质靠近玻璃管时，在磁场磁力线的作用下，管内的两个簧片被磁化而互相吸引接触，簧片就会吸合在一起，使结点所接的电路连通。外磁力消失后，两个簧片由于本身的弹性而分开，线路也

图 3-23　磁性开关实物图

就断开了。

磁性传感器具有体积小、惯性小、动作快等优点。

磁性传感器剖面图如图 3-24 所示。磁性传感器原理图如图 3-25 所示。

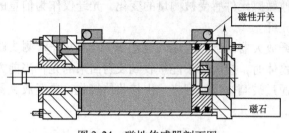
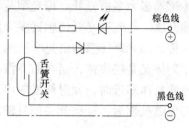

图 3-24　磁性传感器剖面图　　　　　　　　图 3-25　磁性传感器原理图

2. 分类与应用

磁性传感器种类很多，一般要分为物性型和结构型两类。物性型磁传感器如霍尔器件、霍尔集成电路、磁敏二极管和晶体管、半导体磁敏电阻与传感器等。结构型磁传感器如电感式传感器、电容式传感器、磁电式传感器等。

霍尔器件和霍尔集成电路是目前国内外应用比较广泛的一种磁传感器。霍尔传感器适用于气动、液压、气缸和活塞泵的位置测定，也可作限位开关使用。

在 PLC 控制系统中，磁性开关常用于各类气缸的位置检测。磁性开关分别装在气缸筒外面的头部和尾端各一个，而磁石一般安装在气缸的活塞杆尾部，当气缸活塞杆在气压的推动下伸出与缩回时，分别接通相应位置的磁性开关，以此来检测气缸的位置信号。

3.2.5　传感器接线

1. 传感器输出接线

传感器输出接线通常有 7 种形式，如图 3-26 所示。

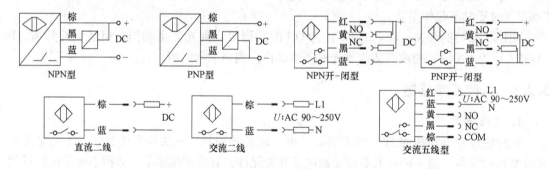

图 3-26　传感器输出接线形式

2. 传感器与 PLC 的接线

首先，我们来看一下传感器的内部电路接线如图 3-27 所示，这也是传感器说明书上所提供的。当传感器检测到有效信号时，内部的晶体管饱和导通，负载得电工作；当传感器没有检测到有效信号时，晶体管截止，负载因没有足够的电流驱动而不工作。

从图 3-27 中我们可以看到，在传感器的内部有一个晶体管，由于发射极的箭头向外，所以这个晶体管是 NPN 型的，这也就是说这个传感器是 NPN 型输出的。另外我们从图中可以看到传感器有三个引出端子，颜色分别为棕、黑、蓝，这实际上就是传感器的三条引出线

（也称为三线制传感器）。在棕线与黑线之间
画了一个叫"负载"的器件，这是什么意
思呢？

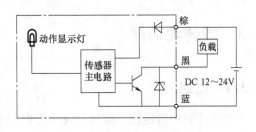

图 3-27　传感器的内部电路接线图

　　这实际上是告诉我们如何接线，在传感
器用作 PLC 的输入时我们需要先弄清一个概
念：就是传感器的输出是接 PLC 输入的。PLC
的输入内部电路简单地说，实际上就是一个
发光二极管！所以现在对于传感器来说，画
的这个负载在用作 PLC 输入时就是指 PLC 输入电路中的那个发光二极管，它就是传感器内
部输出晶体管所要控制的对象。另外传感器本身的器件的工作也需要提供一个 DC 24V 的
电源。

　　PLC 输入与 NPN 型传感器之间的连接如图 3-28 所示。

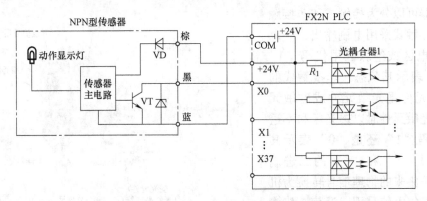

图 3-28　PLC 输入与 NPN 型传感器之间的连接 1

　　结合上面的分析，我们把传感器与 PLC 连接在一起就很容易看懂了！同样，电流从 DC
24V 的正极出发，经 PLC 内部限流电阻与光耦后由 X0 流出，再经传感器的信号输出端（黑
色线）流入到传感器内部的 NPN 型晶体管的集电极，再从晶体管的发射极流回到电源的负
极。在连线的时候一定要保证 NPN 型晶体管的集电极电位高于发射极电位，晶体管才可能
正常工作，如果是 PNP 型传感器则相反。图 3-28 中是利用传感器本身工作的电源，当在所
接传感器不是太多的情况下可由 PLC 内部的直流 24V 电源提供。如果太多则需要另外配置
电源来向传感器供电，如图 3-29 所示。

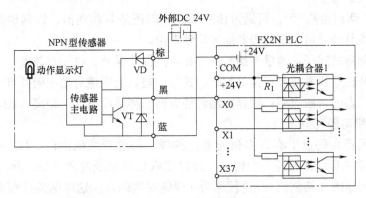

图 3-29　PLC 输入与 NPN 型传感器之间的连接 2

3.3　旋转编码器

3.3.1　概述

工业控制中的定位，接近开关、光电开关的应用已经相当成熟了。但是，随着工业自动化控制技术的不断发展，又有了新的要求，这样选用旋转编码器的应用优点就比较明显了，使用编码器具有信息化、柔性化、现场安装的方便和安全、多功能化、经济化等优点。旋转编码器因此广泛地被应用于各种工控场合。图 3-30 所示为旋转编码器实物外形图。

3.3.2　工作原理

编码器把角位移或直线位移转换成电信号，前者称为码盘，后者称为码尺。按照读出方式，编码器可以分为接触式和非接触式两种。接触式采用电刷输出，一电刷接触导电区或绝缘区用代码"1"还是"0"表示其状态；非接触式的接受敏感元件是光敏元件或磁敏元件，采用光敏元件时以透光区和不透光区用代码"1"还是"0"表示其状态，通过"1"和"0"的二进制编码来将采集来的物理信号转换为机器码可读取的电信号用以通信、传输和存储。编码器工作原理如图 3-30所示。

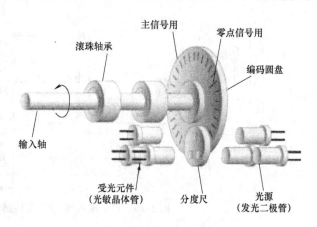

图 3-30　旋转编码器工作原理图

编码器按照工作原理可分为增量型和绝对型两类。

1. 增量型编码器（旋转型）

由一个中心有轴的光电码盘，其上有环形通、暗的刻线，由光电发射和接收器件读取，获得四组正弦波信号组合成 A、B、C、D，每个正弦波相差 90°相位差（相对于一个周波为360°），将 C、D 信号反向，叠加在 A、B 两相上，可增强稳定信号；另每转输出一个 Z 相脉冲以代表零位参考位。

由于 A、B 两相相差 90°，可通过比较 A 相在前还是 B 相在前，以判别编码器的正转与反转，通过零位脉冲，可获得编码器的零位参考位。

增量型编码器的问题：增量型编码器存在零点累计误差，抗干扰较差，接收设备的停机需断电记忆，开机应找零或参考位等问题，这些问题如选用绝对型编码器可以解决。

增量型编码器的一般应用：测速，测转动方向，测移动角度、距离（相对）。

2. 绝对型编码器（旋转型）

绝对型编码器光码盘上有许多道光通道刻线，每道刻线依次以 2 线、4 线、8 线、16线…编排，这样在编码器的每一个位置，通过读取每道刻线的通、暗，获得一组 $2^0 \sim 2^{n-1}$的唯一的二进制编码（格雷码），这就称为 n 位绝对编码器。这样的编码器是由光电码盘的机械位置决定的，它不受停电、干扰的影响。

绝对型编码器由机械位置决定的每个位置是唯一的，它无需记忆，无需找参考点，而且不用一直计数，什么时候需要知道位置，什么时候就去读取它的位置。这样，编码器的抗干扰特性、数据的可靠性大大提高了。

旋转单圈绝对值编码器，以转动中测量光电码盘各道刻线，以获取唯一的编码，当转动超过 360°时，编码又回到原点，这样就不符合绝对编码唯一的原则，这样的编码只能用于旋转范围 360°以内的测量，称为单圈绝对值编码器。

如果要测量旋转超过 360°范围，就要用到多圈绝对值编码器。编码器生产厂家运用钟表齿轮机械的原理，当中心码盘旋转时，通过齿轮传动另一组码盘（或多组齿轮、多组码盘），在单圈编码的基础上再增加圈数的编码，以扩大编码器的测量范围，这样的绝对编码器就称为多圈式绝对型编码器，它同样是由机械位置确定编码，每个位置编码唯一不重复，而无需记忆。

多圈式绝对型编码器另一个优点是由于测量范围大，实际使用往往富余较多，这样在安装时不必要费劲找零点，将某一中间位置作为起始点就可以了，而大大简化了安装调试难度。

3.3.3 性能指标

1. 分辨率

编码器以每旋转 360°提供多少的通或暗刻线称为分辨率，也称解析分度或直接称多少线，一般在每转分度 5 ~ 10000 线。

2. 信号输出

有正弦波（电流或电压）、方波（TTL、HTL）、集电极开路（PNP、NPN）、推拉式多种形式，其中 TTL 为长线差分驱动（对称 A、A-；B、B-；Z、Z-），HTL 也称推拉式、推挽式输出，编码器的信号接收设备接口应与编码器对应。

3. 信号连接

编码器的脉冲信号一般连接计数器、PLC、PC，PLC 和 PC 连接的模块有低速模块与高速模块之分，开关频率有低有高。

如单相连接，用于单方向计数，单方向测速。

A、B 两相连接，用于正反向计数、判断正反向和测速。

A、B、Z 三相连接，用于带参考位修正的位置测量。

A、A－，B、B－，Z、Z－连接，由于带有对称负信号的连接，电流对于电缆贡献的电磁场为 0，衰减最小，抗干扰最佳，可传输较远的距离。

对于 TTL 的带有对称负信号输出的编码器，信号传输距离可达 150m。

对于 HTL 的带有对称负信号输出的编码器，信号传输距离可达 300m。

3.3.4 PLC 与旋转编码器之间的连接

不同型号的旋转编码器，其输出脉冲的相数也不同，有的旋转编码器输出 A、B、Z 三相脉冲，有的只有 A、B 相两相，最简单的只有 A 相。

电气接口，编码器输出方式常见有推拉输出（F），电压输出（E），集电极开路（C，常见 C 为 NPN 型晶体管输出，C2 为 PNP 型晶体管输出）。

一般编码器的工作电源有三种：DC 5V、DC 5 ~ 12V 或 DC 12 ~ 24V。如果要用 PLC 的24V 电源，就得选用 DC 5 ~ 24V 电压的编码器。

现以常用的 A、B、Z 三组脉冲，NPN 集电极（C）开路输出，工作电源为 5 ~ 24V 的旋转编码器与三菱 FX2N PLC 的连接为例来说明它的接线，编码器有 5 条引线，其中 3 条是脉冲输出线，1 条是 COM（0V）线，1 条是电源线。编码器的电源可以是外接电源，也可直接使用 PLC 的 DC 24V 电源。电源负端要与编码器的 COM 端连接，"＋"与编码器的电源端连接。编码器的 COM 端与 PLC 输入 COM 端连接，A、B 两相脉冲输出线直接与 PLC 的输入端连接，连接时要注意 PLC 输入的响应时间，由于编码器脉冲输出频率较高，所以编码器的脉冲输出端一般接 PLC 的高速计

数输入端 X0 ~ X5。当然，我们在使用时只需要用到其中的一相脉冲输出时，此时可随便选择其中的 A 相或 B 相来进行接线就可以了，不用的可以不接。另外，有的旋转编码器还有一条屏蔽线，使用时要将屏蔽线接地。

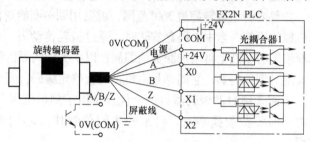

图 3-31　PLC 输入与旋转编码器之间的连接图

综上分析，PLC 输入与旋转编码器之间的连接如图 3-31 所示。

3.4　气动元件

随着工业自动化的飞速发展，气动液压元器件在 PLC 控制系统中越来越多。因气动液压技术已独立成一门专业技术，本节只就一些基本知识作一个简要的介绍，方便读者在后续的课程中学习作参考。

3.4.1　普通气缸

1. 单作用气缸

单作用气缸如图 3-32 所示，只有一端可输入压缩空气，当气缸左腔进气时，气体的压力克服弹簧的作用力，使活塞杆伸出；当左腔无气时，活塞杆便在弹簧的作用下自动返回。

图 3-32　单作用气缸　　　　　　　　　　图 3-33　双作用气缸

2. 双作用气缸

双作用气缸如图 3-33 所示，可以两端输入压缩空气。当气缸左腔进气，右腔排气时，活塞杆伸出；反之，当气缸右腔进气左腔排气时，活塞杆缩回。

3.4.2　电磁阀

1. 电磁换向阀的结构及工作原理

电磁换向阀主要由电磁线圈、阀芯和阀体组成。当线圈通电或断电时，阀芯的滑动将导致气体通过或被切断，以达到改变气体方向的目的。在工业现场常用的电磁阀有二位三通、二位四

通、二位五通、三位五通等。现在以一个二位五通阀为例来说明它的内部结构及工作原理。

如图 3-34 所示，当换向阀左边线圈 2 单独得电，产生电磁力推动滑芯向右移，此时气压流向为 P→B、A→O1、O2 口封死。

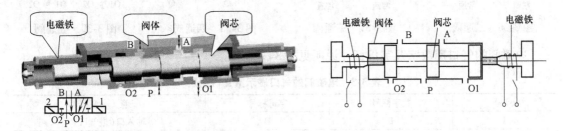

图 3-34　二位五通阀的左线圈得电情况

如图 3-35 所示，当换向阀右边线圈 1 单独得电，产生电磁力推动滑芯左移，此时气压流向为 P→A、B→O2、O1 口封死。

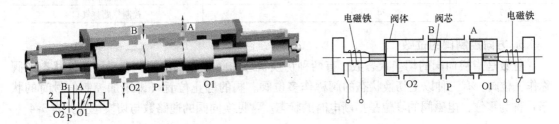

图 3-35　二位五通阀的右线圈得电情况

2. 方向控制阀的通口数和基本机能

换向阀的基本机能就是对气体的流动产生通、断作用。一个换向阀具有同时接通和断开几个回路，可以使其中一个回路处于接通状态而另一个回路处于断开状态，或者几个回路同时被切断。为了表示这种切换性能，可用换向阀的通口数（通路数）来表达。

（1）二通阀

二通阀有两个通口，即输入口（用 P 表示）和输出口（用 A 表示），只能控制流道的接通和断开。根据 P→A 通路静止位置所处的状态又分为常通式二通阀和常断式二通阀，如图 3-36 所示。

（2）三通阀

三通阀有三个通口，除 P、A 口外，还有一个排气口（用 O 表示）。根据 P→A、A→O 通路静止位置所处的状态也分为常通式和常断式两种三通阀，如图 3-37 所示。

（3）四通阀

四通阀有四个通口，除 P、A、O 外。还有一个输出口（用 B 表示）。流路为 P→A、B→O，或 P→B、A→O。可以同时切换两个流路，主要用于控制双作用气缸，如图 3-38 所示。

（4）五通阀

五通阀有五个通口，除 P、A、B 外，有两个排气口（用 O1、O2 表示）。其流路为 P→A、B→O2 或 P→B、A→O1。这种阀与四通阀一样作为控制双作用气缸用。这种阀也可作为双供气阀（即选择阀）用，即将两个排气口分别作为输入口 P1、P2，如图 3-39 所示。

此外，也有五个通口以上的阀，是一种专用性较强的换向阀，这里不作介绍。

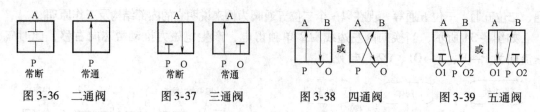

图 3-36　二通阀　　图 3-37　三通阀　　图 3-38　四通阀　　图 3-39　五通阀

电磁阀的气口用数字及字母标注说明见表 3-3。

表 3-3　电磁阀的气口表示意义说明表

序号	数字标号	字母标号	意　义
1	1	P	输入口（进气口）
2	2、4	A、B、C	输出口（工作口）
3	3、5	O\R、S、T	排气口
4	12、14	L	泄漏口
5	10	X、Y、Z	控制口
6	81、91		外部控制口
7	82、84		控制气路排气口

3. 方向控制阀的位数

位数是指换向阀的切换状态数，有两种切换状态的阀称作二位阀，有三种切换状态的阀称作三位阀。有三种以上切换状态的阀称作多位阀。阀的静止位置（即未加控制信号时的状态）称为零位，电磁阀的零位是指断电时的状态。常见换向阀的通路数与切换位置见表 3-4。

表 3-4　气动换向阀的通路数与切换位置

机能	二　位		三　位		
			中间封闭式	中间卸压式	中间加压式
二通	常断	常通			
三通	常断	常通			
四通					
五通					

（1）二位阀

二位阀通常有二位二通、二位三通、二位四通、二位五通等。二位阀有两种：一种是取消操纵力后能恢复到原来状态的称为自动复位式；另一种是不能自动复位的阀（除非加反向的操纵力），这种阀称为记忆式。

（2）三位阀

三位阀通常有三位三通、三位四通、三位五通等。三位阀中，中间位置状态有中间封闭、中间卸压、中间加压三种状态。

4. 电磁阀的电气结构

电磁阀的电气结构应使接线可靠，更换阀体方便，易于维修保养。外接线方式有多种。图 3-40 所示为电磁阀各种接线方式示意图。

（1）直接引线

接线直接从电磁铁的模压成形塑封中引出导线，且用不同颜色的导线来表示交流、直流和电压等参数。

（2）接线座方式

在模压成形塑封时将接线座与电磁铁制成一体，使用接线端子来连接导线的方式。

（3）DIN 插座方式

使用德国 DIN 标准设计的插座接线端子的接线方式。

（4）接插座方式

在电磁铁上装有接插座的接线方式，并附有连接导线的插口附件。

在阀的电气结构中常常设有指示灯，以识别电磁阀是否通电。通常，交流电工作时用氖灯，直流电工作时用发光二极管。

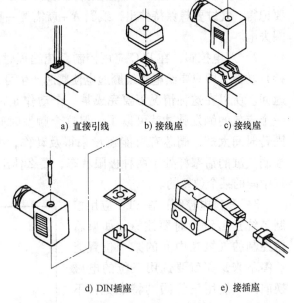

a) 直接引线　　b) 接线座　　c) 接线座

d) DIN 插座　　　　e) 接插座

图 3-40　电磁阀的接线方式

5. 电磁阀的连接方式

电磁阀的连接方式有板式连接、管式连接、集装式（阀岛、汇流板）连接和法兰连接。

集装连接是在板式连接的基础上出现的一种新的连接方式，如图 3-41 所示。它使管路大大简化，所占空间大大缩小，装拆简便，特别适用于复杂的气路系统。

在现代气动自动化系统中，常使用 PLC 进行系统的程序控制。为此，利用数字信号处理技术，将 PLC 的并联信号变换成串联信号输送给电磁阀，仅用 3、4 根导线便可同时控制几十个甚至上百个电磁阀。在集装板内装有信号转换器，该转换器将串联信号再次转换为并联信号，并按编码送至指定地址的电磁阀使之动作。采用少接线型集装板大大减少了繁杂的接线工作，又提高了系统工作的可靠性。少接线型集装板应用如图 3-42 所示。

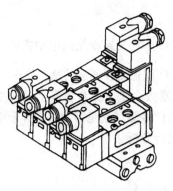

图 3-41　集装式结构图

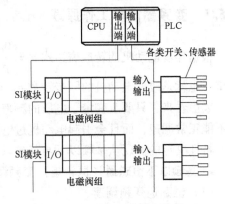

图 3-42　少接线型集装板的应用

3.4.3　PLC 应用设计事项

1) 单电控阀：在 PLC 应用控制系统编程时，这种单电控电磁阀加单作用气缸的系统时要记得，气缸要想保持伸出，线圈 A + 就需要一直得电；如果要使气缸缩回，则只需要让线圈失电。

2) 双电控阀：在 PLC 应用控制系统编程时，由于双电控电磁阀换向阀具有记忆（保持）功能，即只要给电磁线圈通电使阀芯产生可靠移位，此时即使线圈断电，阀芯也不会返回。所以在这种情况下要完成某一个动作是没有必要让线圈一直得电的，而是只需要一个有效的触发脉冲就可以了。但这个触发时间也不能太小，一般来说不低于 0.8s，否则若时间太短，阀芯有可能还没来得及动作，控制信号就断掉了。另外这种二位阀只能控制气缸的活塞杆处于两种极限状态，要么伸出，要么缩回，它是不能使活塞杆停留在气缸中间的某个位置的。

3) 三位电控阀：在 PLC 应用控制系统选型设计时要注意，如果希望控制的气缸在中间的某个位置能够停下来，那就要选用三位的电磁换向阀。使用三位阀的特点是：不管活塞杆处在什么位置，只要换向阀两边电磁线圈都失电，阀芯便回到了中位。于是活塞杆便停止移动，停在了当前位置，相当于暂停一样。PLC 输出和电磁阀参考接线如图3-43所示。

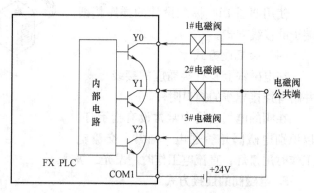

图 3-43　PLC 输出和电磁阀参考接线图

3.5　变频器

随着电力电子技术的飞速发展，变频器从性能到容量都得到更大的发展。目前，变频器已经在家用电器、钢铁、有色冶金、石化、矿山、纺织印染、医药、造纸、卷烟、高层建筑供水、建材及机械行业大量地应用，而且应用领域正在不断扩大。在节能、减少维修、提高产量、保证质量等方面都取得了明显的经济效益。

3.5.1　变频器简单工作原理

根据异步电动机的转速表达式 $n = \dfrac{60f_1}{p}(1-s) = n_0(1-s)$，改变异步笼型电动机的供电频率，也就是改变电动机的同步转数 n。就可以实现调速，这就是变频调速的基本原理。

表面看来，只要改变定子电压的频率 f_1 就可以调节转速大小了，但是事实上只改变 f_1 并不能正常调速，而且会引起电动机过电流烧毁的可能。为什么呢？这是因为感应异步电动机的特性决定的。现从基频以下与基频以上两种调速情况进行分析。

1. 基频以下恒磁通（恒转矩）变频调速

（1）恒磁通变频调速

恒磁通变频调速实质上就是调速时要在保证电动机的电磁转矩恒定不变，这是因为电磁转矩与磁通是成正比的。

如果磁通太弱，铁心利用不充分，同样的转子电流下，电磁转矩就小，电动机的负载能力下降，要想负载能力恒定就得加大转子电流，这就会引起电动机过电流发热而烧毁。

如果磁通太强，电动机会处于过励磁状态，使励磁电流过大，同样引起电动机过电流发热。所以变频调速一定要保持磁通恒定。

（2）怎样才能做到变频调速时磁通恒定

从公式 $E_1 = 4.44Nf\Phi$ 可知：每极磁通 $\Phi_1 = \dfrac{E_1}{4.44N_1f_1}$ 的值是由 E_1 和 f_1 共同决定的，对 E_1 和 f_1 进行适当控制，就可以使气隙磁通 Φ_1 保持额定值不变。由于 $4.44N_1f_1$ 对某一电动机来讲是一个固定常数，所以只要保持 $E_1/f_1 = C$，即保持电动势与频率之比为常数进行控制。

但是，E_1 难于直接检测和直接控制。当 E_1 和 f_1 的值较高时，定子的漏阻抗压降相对比较小，如忽略不计，即认为 U_1 和 E_1 是相等的，这样则可近似地保持定子相电压 U_1 和频率 f_1 的比值为常数，这就是恒压频比控制方程式：

$$U_1/f_1 = C$$

当频率较低时，U_1 和 E_1 都变得很小，此时定子电流却基本不变，所以定子的阻抗压降，特别是电阻压降，相对此时的 U_1 来说是不能忽略的。我们可以想办法在低速时人为提高定子相电压 U_1 以补偿定子的阻抗压降的影响，使气隙磁通 Φ_1 保持额定值基本不变。如图 3-44 所示。

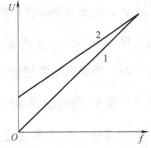

图 3-44　U/f 与 E/f 的关系

图 3-44 中：曲线 1 为 $U_1/f_1 = C$ 时的电压与频率关系曲线，曲线 2 为有电压补偿时即近似的 $E_1/f_1 = C$ 的电压与频率关系曲线。实际上变频器装置中相电压 U_1 和频率 f_1 的函数关系并不简单的如曲线 2 一样，通用的变频器有几十种电压与频率函数关系曲线，可以根据负载性质和运行状况供以选择。

由上面讨论可知，异步笼型电动机的变频调速必须按照一定的规律同时改变其定子电压和频率均可调节的供电电源，即所谓 VVVF（Variable Voltage Variable Frequency，可变电压、可变频率）调速控制。现在的变频器都能满足异步笼型电动机的变频调速的基本要求。

（3）恒磁通变频调速机械特性

用 VVVF 变频器对异步笼型电动机在基频以下进行变频控制时的机械特性如图 3-45 所示，其控制条件为 $E_1/f_1 = C$。

图 3-45a 表示在 $U_1/f_1 = C$ 的条件下得到的机械特性。在低速区由于定子电阻压降的影响使机械特性向左移动，这是由于主磁通减小的缘故。

图 3-45b 表示采用了定子电压补偿后的机械特性。

图 3-45c 则示出了端电压补偿的 U_1 与 f_1 之间的函数关系。

2. 基频以上恒功率（恒电压）变频调速

恒功率变频调速又称为弱磁通变频调速。这是考虑由基频 f_{1N} 开始向上调速的情况，频率由额定值 f_{1N} 向上增大，如果按照 $U_1/f_1 = C$ 规律控制，电压也必须由额定值 U_{1N} 向上增大，但实际上电压 U_1 受额定电压 U_{1N} 的限制不能再升高，只能保持 $U_1 = U_{1N}$ 不变。根据公式 $\Phi_1 \approx \dfrac{U_1}{4.44f_1N_1}$ 分析主磁通 Φ_1 随着 f_1 的上升而应减小，这相当于直流电动机弱磁调速的

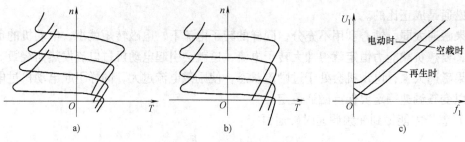

图3-45　变频调速机械特性

情况一样，属于近似的恒功率调速方式。证明如下：

在$f_1 > f_{1N}$，$U_1 = U_{1N}$时，式$E_1 = 4.44 f_1 N_1 \Phi_1$近似为$U_{1N} \approx 4.44 f_1 N_1 \Phi_1$。

可见随f_1升高，即转速升高，ω_1越大主磁通Φ_1必须相应下降，才能保持平衡，而电磁转矩越低这样T与ω_1可以近似为成乘积不变，即

$$P_N = T \times \omega_1 \approx C$$

也就是说随着转数的提高，电压恒定，磁通就自然下降，当转子电流不变时，其电磁转矩就会减小，而电磁功率却保持恒定不变。对异步笼型电动机在基频以上进行变频控制时的机械特性如图3-46所示。其控制条件为$\dfrac{E_1^2}{f_1} \approx C$。综合上述异步电动机基频以下与基频以上两种调速情况，变频调速的控制特性如图3-47所示。

3.5.2　变频器的基本构成

变频器分为交-交和交-直-交两种形式。交-交变频器可将工频交流直接变换成频率、电压均可控制的交流电，又称直接式变频器。而交-直-交变频器则是先把工频交流电通过整流器变成直流电，然后再把直流电变换成频率、电压均可控制的交流电，它又称为间接式变频器。我们主要研究交-直-交变频器（以下简称变频器）。

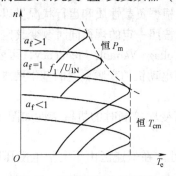

图3-46　不同调速方式机械特性

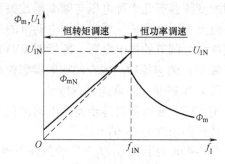

图3-47　调频调速控制特性

变频器的基本构成如图3-48所示，由主电路（包括整流器、中间直流环节、逆变器）和控制电路组成，分述如下：

1. 整流器

网侧变流器Ⅰ是整流器，它的作用是把三相（也可以是单相）交流电整流成直流电。

2. 逆变器

负载侧的变流器Ⅱ为逆变器。最常见的结构形式是利用六个半导体主开关器件组成的三相桥式逆变电路。有规律地控制逆变器中主开关器件的通与断，可以得到任意频率的三相交

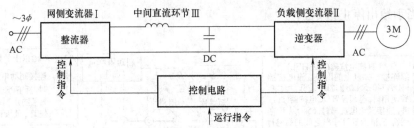

图 3-48 变频器的基本构成

流电输出。

3. 中间直流环节

由于逆变器的负载为异步电动机，属于感性负载。无论电动机处于电动或发电制动状态，其功率因数总不会为 1。因此。在中间直流环节和电动机之间总会有无功功率的交换。这种无功能量要靠中间直流环节的储能元件（电容器或电抗器）来缓冲，所以又常称中间直流环节为中间直流储能环节。

4. 控制电路

控制电路常由运算电路、检测电路、控制信号的输入、输出电路和驱动电路等构成。其主要任务是完成对逆变器的开关控制、对整流器的电压控制以及完成各种保护功能等。控制方法可以采用模拟控制或数字控制。高性能的变频器目前已经采用微型计算机进行全数字控制。采用尽可能简单的硬件电路，主要靠软件来完成各种功能。由于软件的灵活性，数字控制方式常可以完成模拟控制方式难以完成的功能。

3.5.3 FR-A700 变频器的接线

现在市场上三菱变频器的型号有多种，如 A、D、E、S 等系列，我们选取 FR-A700 变频器作为介绍。FR-A700 变频器的各电路接线端子如图 3-49 所示。

$$
\text{变频器接线}
\begin{cases}
\text{主电路接线}
\begin{cases}
\text{主电源输入：R、S、T} \\
\text{主电源输出：U、V、W}
\end{cases} \\
\text{控制电路接线}
\begin{cases}
\text{控制输入：STF、STR、RH、RM、AU 等} \\
\text{控制输出：FU、SU、IPF、RUN、OL 等}
\end{cases}
\end{cases}
$$

1. 主电路接线

主电路电源和电动机的连接如图 3-50 所示。电源必须接 R、S、T，绝对不能接 U、V、W，否则会损坏变频器。在接线时不必考虑电源的相序。使用单相电源时必须接 R、S 端。电动机接到 U、V、W 端子上。当接入正转开关（信号）时，电动机旋转方向从轴向看时为逆时针方向。

2. 控制电路接线

控制电路端子排列如图 3-51 所示。端子 SD、SE 和 5 为 I/O 信号的公共端子，在接线时不能将这些端子互相连接或接地。

（1）控制电路输入信号接线端子简介

输入信号出厂设定为漏型逻辑。在这种逻辑中，信号端子接通时，电流是从相应输入端子流出。端子 SD 是触点输入信号的公共端。其结构如图 3-52 所示。

1）正转起动信号（STF）：STF 信号处于 ON 便正转，处于 OFF 便停止。

2）反转起动信号（STR）：STR 信号 ON 为逆转，OFF 为停止。当 STF 和 STR 信号同时

ON 时，相当于给出停止指令。

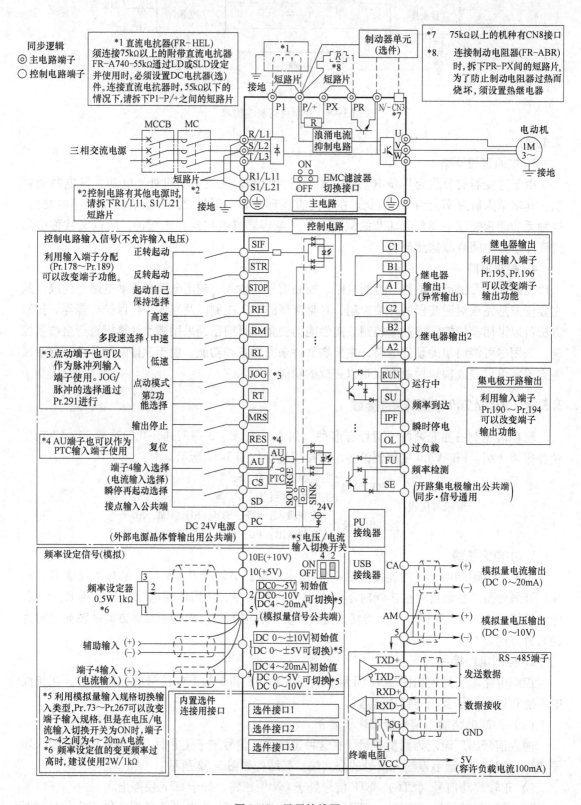

图 3-49　端子接线图

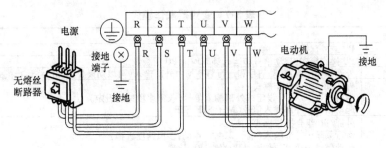

图 3-50　电源和电动机的连接

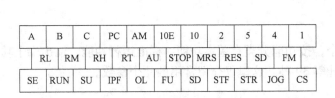

图 3-51　控制电路端子排列图

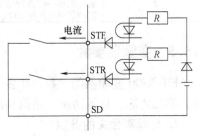

图 3-52　控制电路输入信号结构图

3）起动自保持选择信号（STOP）：使 STOP 信号处于 ON，可以选择起动信号自保持。

4）输入信号中具有功能设定端子的有 RL、RM、RH、RT、AU、JOG、CS，这些端子功能选择通过 Pr. 180 ~ Pr. 186 来设定。输入端子功能意义见表 3-5。

表 3-5　输入端子功能意义

参数号	端子符号	出厂设定	出厂设定端子功能	设定范围
180	RL	0	低速运行指令（RL）	0 ~ 999999
181	RM	1	中速运行指令（RM）	0 ~ 999999
182	RH	2	高速运行指令（RH）	0 ~ 999999
183	RT	3	第 2 功能选择（RT）	0 ~ 999999
184	AU	4	电流输入选择（AU）	0 ~ 999999
185	JOG	5	点动运行选择	0 ~ 99999
186	CS	6	瞬时掉电自动再起动选择（CS）	0 ~ 999999

（2）控制电路输出信号端子简介

变频器的输出信号端子为晶体管结构。如变频器 RUN 输出信号结构如图 3-53 所示，端子 SE 是集电极开路输出信号的公共端。通常选用正逻辑。其他输出信号端子功能设定意义见表 3-6。

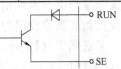

图 3-53　变频器 RUN
输出信号结构图

表 3-6　输出信号端子功能设定意义

参数号	端子符号	出厂设定	出厂设定端子功能	设定范围
190	RUN	0	变频器运行	0 ~ 1999999
191	SU	1	频率到达	0 ~ 1999999
192	IPF	2	瞬时掉电/低电压	0 ~ 1999999
193	OL	3	过负载报警	0 ~ 1999999
194	FU	4	输出频率检测	0 ~ 1999999
195	A,B,C	99	报警输出	0 ~ 1999999

3.5.4　变频器的运行操作模式

FR-A700 变频器共有 7 种操作模式，表 3-7 所示为 6 种常用操作模式简介。

表 3-7　变频器操作模式

Pr. 79 设定值	功　　　能
0	PU 或外部操作可切换
1	PU 操作模式：起动信号和运行频率均由 PU 面板设定
2	外部操作模式：起动信号和运行频率均由外部输入（可以切换外部和网络运行模式）
3	外部/PU 组合操作模式 1： 运行频率…从 PU 设定或外部输入信号（仅限多段速度设定） 起动信号…外部输入信号（端子 STF，STR）
4	外部/PU 组合操作模式 2： 运行频率…外部输入（端子 2,4,1,点动,多段速度选择） 起动信号…从 PU 输入（ FWD 键， REV 键）
5	程序运行模式： 运行频率…参数设定 起动信号…外部 STF（STR 为复位信号）

3.5.5　变频器参数

FR-A700 变频器的参数 800 多个，按功能分类有基本功能、标准运行功能、输出端子功能、第二功能、显示功能、通信功能等 39 种。这里仅介绍常用的几个参数。

1. 与频率相关的参数

（1）输出频率范围（Pr. 1，Pr. 2，Pr. 18）

为保证变频器所带的负载正常运行，在运行前必须设定其上、下限频率，用 Pr. 1 "上限频率"（出厂设定为 120Hz，设定范围为 0～120Hz）和 Pr. 2 "下限频率"（出厂设定为 0Hz，设定范围为 0～120Hz）来设定，可将输出频率的上、下限钳位。

用 Pr. 18 "高速上限频率"，出厂设定 120Hz，设定范围为 120～400Hz。如需用在 120Hz 以上运行时，用参数 Pr. 18 设定输出频率的上限。当 Pr. 18 被设定时，Pr. 1 自动地变为 Pr. 18 的设定值。输出频率和设定频率关系如图 3-54 所示。

（2）基底频率（Pr. 3）和基底频率电压（Pr. 19）

这两个参数用于调整变频器输出频率、电压到额定值。当用标准电动机时，通常设定为电动机的额定频率；如果需要电动机在工频电源与变频器切换，要设定基底频率与电源频率相同。如使用三菱恒转矩电动机时则要使基底频率设定为 50Hz。

基底频率（Pr. 3）：出厂设定值为 50Hz，设定范围为 0～400Hz。

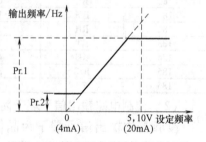

图 3-54　输出频率和设定频率关系

基底频率电压（Pr. 19）：出厂设定值为 9999，设定范围为 0～1000V、8888、9999。设定 8888 时为电源电压的 95%，设定为 9999 时为与电源相同。

（3）起动频率（Pr. 13）

设定在起动信号为 ON 时的开始频率。起动频率设定范围为 0～60Hz，出厂设定为 0.5Hz。起动频率输出信号如图 3-55 所示。

如果变频器的设定频率小于 Pr. 13 "起动频率"的设定值，变频器将不能起动。

如果起动频率的设定值小于 Pr. 2 的设定值，即使没有指令频率输入，只要起动信号为 ON，电动机也在设定频率下运转。

（4）点动频率（Pr. 15）和点动加/减速时间（Pr. 16）

外部操作模式时，点动运行用输入端子功能选择点动操作功能，当点动信号 ON 时，用起动信号（STF，STR）进行起动和停止。PU 操作模式时切换到 JOG 时用 PU（FR-DU04）

面板可实行点动。

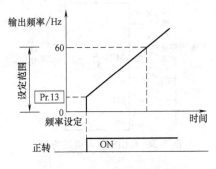

图 3-55　起动频率输出信号图

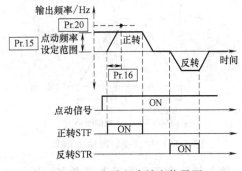

图 3-56　点动频率输出信号图

点动频率（Pr. 15）出厂设定为 5Hz，设定范围为 0 ~ 400Hz。点动加/减速时间（Pr. 16）出厂设定为 0.5s，设定范围为 0 ~ 3600s（Pr. 21 = 0 时）或 0 ~ 360s（Pr. 21 = 1）。其输出信号如图 3-56 所示。

注意：点动频率的设定值必须大于起动频率。

2. 与时间有关的参数

Pr. 7 加速时间：出厂设定为 5s，设定范围为 0 ~ 3600s/0 ~ 360s。

Pr. 8 减速时间：出厂设定为 5s，设定范围为 0 ~ 3600s/0 ~ 360s。

Pr. 20 加/减速时间基准频率。

Pr. 21 加/减速速时间单位：设定值为 0 时（出厂设定），设定范围为 0 ~ 3600s（最小设定单位为 0.1s）；当其设定值为 1 时，设定范围为 0 ~ 360s（最小设定单位为 0.1s）。

加减速时间其输出信号如图 3-57 所示。

3. 与变频器保护的相关参数

（1）电子过电流保护（Pr. 9）

电子过电流保护的设定用于防止电动机过热，可以得到最优保护特性。通常设定为电动机在额定运行频率时的额定电流值，设定为 0 时，电子过电流功能无效。其出厂设定为变频器额定电流的 85%。

当变频器连接两台或三台电动机时，电子过电流保护不起作用，必须在每台电动机上安装外部热继电器。

（2）输入/输出欠相保护（Pr. 251）

这种保护指的是变频器输出侧的 U、V、W 三相中，有一相欠相，变频器停止输出。但也可以将输出欠相保护（E. LF）功能设定为无效。

Pr. 251 设定为 0 时，输出欠相保护功能无效；

Pr. 251 设定为 1 时，输入欠相保护功能有效；

（3）变频器输出停止（Pr. 17）

这种保护主要用于工变频切换时，避免输出侧短路造成对变频器的输出侧冲击。用 Pr. 17 选择 MRS 设定输入信号的逻辑。

当 Pr. 17 设定为 0 时（出厂设定值），MRS 信号为常开输入，MRS 信号 ON 时，变频器停止输出；当 Pr. 17 设定为 2 时，MRS 常闭输入（N/C 接点输入规格）。

对于漏型逻辑输入的接线方法如图 3-58 所示。当我们通过 SB1 开关给变频器一个起动的信号（STF）电动机开始工作，此时如果将 MRS 接通，变频器停止输出，电动机停止工作，但变频器仍有指示。

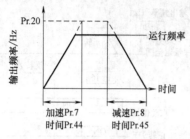

图 3-57　加减速时间输出信号

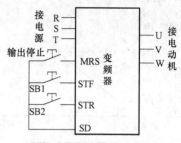

图 3-58　MRS 输入接线方法

诸如其他常用参数读者参考变频器使用手册。

3.5.6　FR-A740 变频器的操作

1. FR-DU07 操作面板

FR-A740 变频器的操作面板（FR-DU07）的各部分名称如图 3-59 所示。

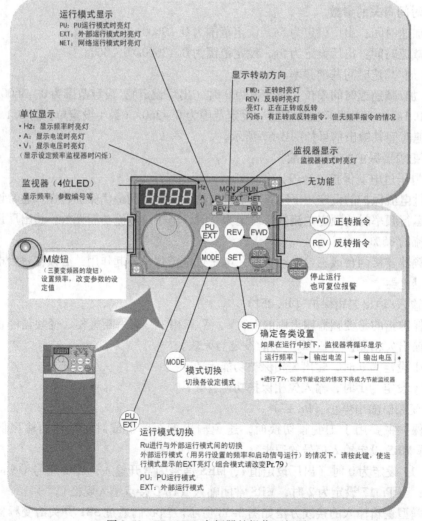

图 3-59　FR-A740 变频器的操作面板图

2. 基本操作（出厂时设定值）

（1）FR-A740 变频器的基本操作（见图 3-60）。

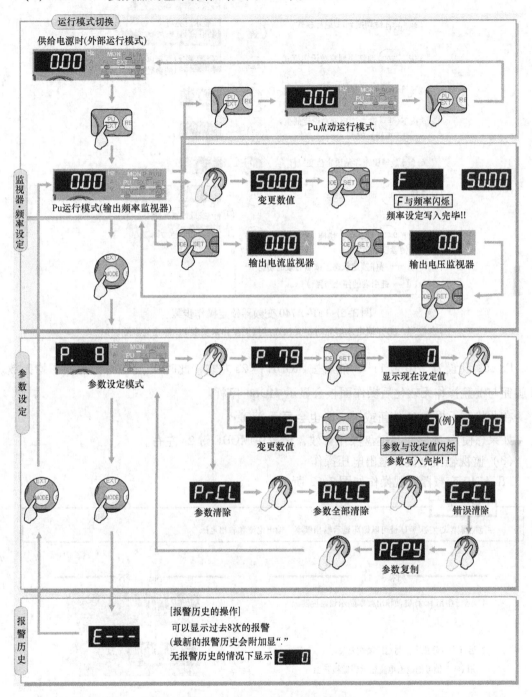

图 3-60　FR-A740 变频器的基本操作

（2）锁定操作

FR-A740 变频器的锁定操作，可以防止参数变更或防止意外启动或停止，使操作面板的 M 旋钮和键盘操作无效。操作步骤如图 3-61 所示。

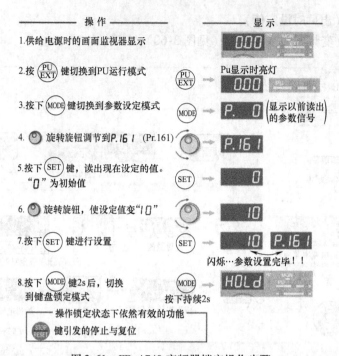

图 3-61　FR-A740 变频器锁定操作步骤

注意：操作锁定未解除时，无法通过按键操作来实现 PU 停止的解除。

Pr. 161 设置为"10 或 11"，然后按 MODE 键 2s 左右，此时 M 旋钮与键盘操作均无效。M 旋钮与键盘操作无效化后操作面板会显示 HOLd 字样。

在此状态下操作 M 旋钮或键盘时也会显示 HOLd 。

如果想使用 M 旋钮与键盘操作有效，请按住 MODE 键 2s 左右。

（3）监视输出电流和输出电压操作

FR-A740 变频器监视操作如图 3-62 所示。

> **要　点**
>
> 在监视器模式中按 SET 键可以循环显示输出频率、输出电流和输出电压

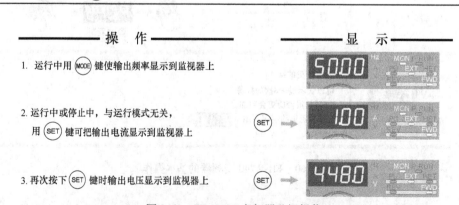

图 3-62　FR-A740 变频器监视操作

3. 变更参数设定值的操作

变更参数设定值的操作如图 3-63 所示。本例以变更上限频率的操作为例。

变更例　Pr.1变更上限频率

—————— 操 作 ——————　　　—————— 显 示 ——————

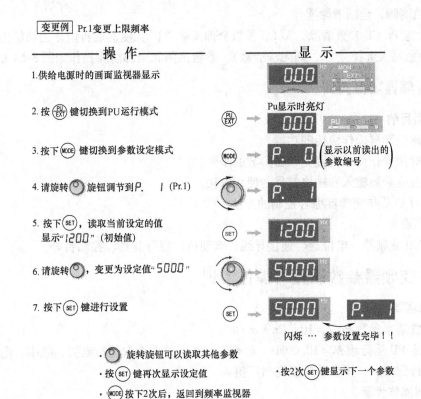

1.供给电源时的画面监视器显示

2.按 (PU/EXT) 键切换到PU运行模式　　　Pu显示时亮灯

3.按下 (MODE) 键切换到参数设定模式　　　P. 0（显示以前读出的参数编号）

4.请旋转 旋钮调节到 P. 1 (Pr.1)

5.按下 (SET)，读取当前设定的值　显示"1200"（初始值）

6.请旋转 ，变更为设定值"5000"

7.按下 (SET) 键进行设置　　　5000　P. 1

闪烁 … 参数设置完毕！！

· 旋转旋钮可以读取其他参数
· 按 (SET) 键再次显示设定值　　　· 按2次 (SET) 键显示下一个参数
· (MODE) 按下2次后，返回到频率监视器

图 3-63　变更上限频率的操作

—————— 操 作 ——————　　　—————— 显 示 ——————

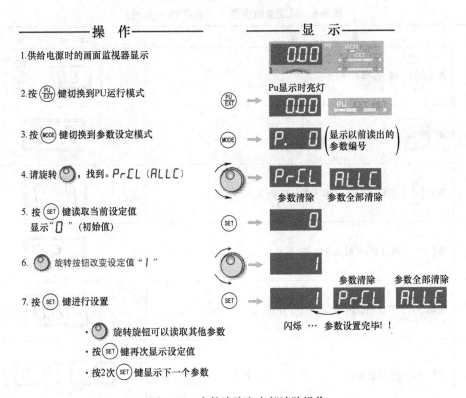

1.供给电源时的画面监视器显示

2.按 (PU/EXT) 键切换到PU运行模式　　　Pu显示时亮灯

3.按 (MODE) 键切换到参数设定模式　　　P. 0（显示以前读出的参数编号）

4.请旋转 ，找到。PrCL (ALLC)　　　PrCL　ALLC
　　　　　　　　　　　　　　　　　　　参数清除　参数全部清除

5.按 (SET) 键读取当前设定值　显示"0"（初始值）　　0

6. 旋转按钮改变设定值"1"　　　1

7.按 (SET) 键进行设置　　　　　　参数清除　参数全部清除
　　　　　　　　　　　　　　　1　PrCL　ALLC

闪烁 … 参数设置完毕！！

· 旋转旋钮可以读取其他参数
· 按 (SET) 键再次显示设定值
· 按2次 (SET) 键显示下一个参数

图 3-64　参数清除和全部清除操作

4. 参数清除，全部清除操作

通过设定 Pr. CL 参数清除，ALLC 参数全部清除 "1"，使参数将恢复为初始值（如果设定 Pr. 77 参数写入选择 "1"，则无法清除）。参数清除和全部清除操作如图 3-64 所示。

3.5.7 变频器项目实训

1. 实训目的

1）了解变频器操作面板的功能。

2）掌握用操作面板设置变频器参数的步骤。

3）掌握变频器输入和输出信号的使用方法。

4）学习 PLC 与变频器综合控制的方法。

2. 实训设备

FR- A700 变频器、电位器、连接导线、电动机、螺钉旋具、控制台等。

实训 1　变频器参数设置与操作实训

1. 控制要求

1）设置基本参数 Pr. 7 = 10、Pr. 8 = 5。

2）设定 PU 运行频率 = 30.00Hz，运行电动机，并在读取运行电流、频率、电压值。

3）运行完成后，将参数恢复到出厂值。

2. 技能操作步骤。

1）设定操作模式 Pr. 79 = 1，并设定 Pr. 7 = 10、Pr. 8 = 5。设定参数步骤参考见表 3-8。

表 3-8　设定参数步骤（以设定 Pr. 7 为例）

	操　作　步　骤	显　示　结　果
1	按 $\frac{PU}{EXT}$ 键, 选择 PU 操作模式	`0.0` RUN PU EXT
2	按 MODE 键, 进入参数设定模式	`P 0`
3	拨动 ◯ 设定用旋钮, 选择参数号码 Pr. 7	`P 7`
4	按 SET 键, 读出当前的设定值	`5.0`
5	拨动 ◯ 设定用旋钮, 把设定值变为 10	`10.0`
6	按 SET 键, 完成设定	`10.0` `P 7` 闪烁

2）用操作面板设定运行，设定方法见表 3-9。

表 3-9　设定 PU 频率方法

	操　作　步　骤	显　示　结　果
1	按 (PU/EXT) 键，选择 PU 操作模式	0.0　RUN/PU/EXT
2	旋转 ◯ 设定用旋钮，把频率该为设定值	30.0　约5s闪灭
3	按 (SET) 键，设定值频率	30.0　F　闪烁　闪烁

3）按面板上 FWD 或 REV 运行，按 STOP/REST 键停止运行。

4）查看输出电流、频率方法见表 3-10。

表 3-10　查看输出电流、频率操作方法

	操　作　步　骤	显　示　结　果
1	按 (MODE) 键，显示输出频率	50.0
2	按住 (SET) 键，显示输出电流	1.0A　(1.0A)
3	放开 (SET) 键，回到输出频率显示模式	50.0

5）参数清零（恢复出厂值）操作方法见表 3-11。

表 3-11　参数清零（恢复出厂值）操作方法

	操　作　步　骤	显　示　结　果
1	按 (PU/EXT) 键，选择 PU 操作模式	0.0　RUN/PU/EXT
2	按 (MODE) 键，进入参数设定模式	P 0
3	拨动 ◯ 设定用旋钮，选择参数号码 P30	CLr
4	按 (SET) 键，读出当前的设定值	0
5	拨动 ◯ 设定用旋钮，把设定值变为1	1
6	按 (SET) 键，完成设定	1　CLr　闪烁

实训 2　　输入、输出信号应用实训

1. 控制要求

某冷却水系统有两台水泵，正常工作时采用一台泵变频器进行节能控制，当变频水泵的工作频率上升至 45Hz 时起动另一台水泵，当变频水泵的工作频率下降至 15Hz 时停止另一台水泵，请设定变频器的参数，并用指示灯模拟运行。

2. 技能操作步骤

1）设定变频器下列参数：

Pr. 76 = 2　　　　Pr. 79 = 2

Pr. 42 = 45Hz（上限切换频率 FU 信号）　　　　Pr. 50 = 15Hz（下限切换频率 FU2 信号）

Pr. 191 = 5　　（标注 SU 端子的功能为 FU2）

注：变频器的输出端子本没有第二输出频率检测端，即没有 FU2 端子，在设定 Pr. 191 = 5 后，SU 端子的功能设为第二输出频率检测，同时 SU 端子检测的频率就变成了第二输出频率检测。

2）按图 3-65 接线。

3）用电位器调节变频器输出频率达到 15Hz 时，发光二极管 LED2 就发光。再调节频率到 45Hz 时 LED1 也会发光。反之当频率低于 45Hz 时 LED1 会熄灭，低于 15Hz 时 LED2 会熄灭。

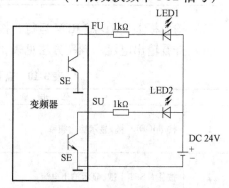

图 3-65　输出频率检测示意图

实训 3　　PLC 与变频器控制电动机正、反转运行

1. 控制要求

1）正确设置变频器输出的额定频率、额定电压、额定电流、额定功率、额定转速。

2）用 PLC 程序控制变频器外部端子；按下按钮"SB1"电动机正转起动，按下按钮"SB3"电动机停止，待电动机停止运转，按下按钮"SB2"，电动机反转。

3）运用操作面板改变电动机运行频率和加减速时间。

2. 技能操作步骤

1）设置变频器参数，见表 3-12。设置参数前先将变频器参数恢复为工厂值。

表 3-12　变频器参数表

序号	变频器参数	出厂值	设定值	功能说明
1	Pr. 1	50	50	上限频率(50Hz)
2	Pr. 2	0	0	下限频率(0Hz)
3	Pr. 7	5	10	加速时间(10s)
4	Pr. 8	5	10	减速时间(10s)
5	Pr. 9	0	0.35	电子过电流保护(0.35A)
6	Pr. 79	0	3	操作模式选择

2）设计变频器与 PLC 外部接线图，如图3-66所示。

3）编写控制程序，进行编译。参考程序如图3-67所示。用SC-09通信编程电缆连接计算机串口与PLC通信口，打开PLC主机电源开关，下载程序至PLC中，下载完毕后将PLC的“RUN/STOP”开关拨至“RUN”状态。

4）用旋钮设定变频器运行频率。

5）按下按钮“SB1”，观察并记录电动机的运转情况。

COM COM1
SB1
X0
Y0
SB2
X1
Y1
SB3
X2
FX-PLC
SD
STF
STR
FR-A700

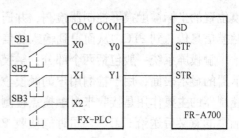

图3-66　变频器与PLC外部接线图

6）按下按钮“SB3”，等电动机停止运转后，按下按钮“SB2”，观察并记录电动机的运转情况。

X000
0
SET Y000
X002
2
RST Y000
Y001
RST Y001
X001 Y000
6
SET Y001

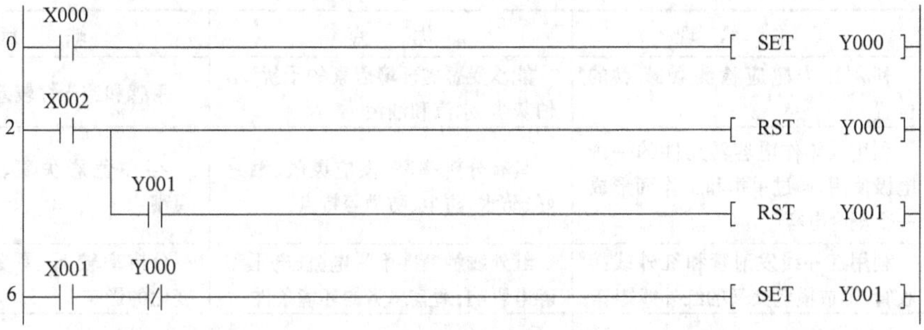

图3-67　参考程序

3.6　MELSEC-GOT触摸屏技术

人机界面（Human Machine Interface，HMI）又称人机接口。从广义上说，HMI泛指计算机（包括PLC）操作人员交换信息的设备。在控制领域，HMI一般特指用于操作人员控制系统之间进行对话和相互作用的专用设备。

人机界面一般分为文本显示器、操作员面板、触摸屏三大类。

文本显示器是一种廉价的操作员面板，只能显示几行数字、字母、符号和文字。

操作员面板的直观性差、面积大，因而市场应用不广。

触摸屏是一种最新的计算机输入设备，它是目前最简单、方便、自然的一种人机交互方式。触摸屏的表面积小、使用直观方便，而且具有坚固耐用、响应速度快、节省空间、易于交流等许多优点。利用这种技术，我们用户只要用手指轻轻地碰显示屏上的图符或文字就能实现对主机操作，从而使人机交互更为直截了当，这种技术大大方便了那些不懂计算机操作的用户。它赋予了多媒体以崭新的面貌，是极富吸引力的全新多媒体人机交互设备。

3.6.1　触摸屏的工作原理

触摸屏是一种透明的绝对定位系统，而鼠标属于相对定位系统。绝对坐标系统的特点是每一次定位的坐标与上一次定位的坐标没有关系，触摸屏在物理上是一套独立的坐标定位系统，每次触摸的位置转换为屏幕上的坐标。要求不管在什么情况下，同一点输出的坐标数据是稳定的，坐标值的漂移值应在允许范围内。

触摸屏的基本原理如下：用户用手指或其他物体触摸安装在显示器上的触摸屏时，被触摸位置的坐标被触摸屏控制器检测，并通过通信接口（例如 RS-232C 或 RS-485 串行口）将触摸信息传送到 PLC，从而得到输入的信息。

触摸屏系统一般包括两个部分：触摸检测装置和触摸屏控制器。触摸检测装置安装在显示器的显示表面，用于检测用户的触摸位置，再将该处的信息传送给触摸屏控制器。触摸屏控制器的主要作用是接收来自触摸点检测装置的触摸信息，并将它转换成触点坐标，判断出触摸的意义后送给 PLC。它同时能接收 PLC 发来的命令并加以执行，例如动态地显示开关量和模拟量。

按照触摸屏的工作原理和传输信息介质，把触摸屏分为 4 种类型，触摸屏各自工作原理和特点见表 3-13。

表 3-13　触摸屏性能比较表

型号	工 作 原 理	优 点	缺 点
电阻式	利用压力感应检测触摸点的位置	能承受恶劣环境因素的干扰，不怕灰尘、水汽和油污	手感和透光性较差
电容感应式	利用人体作电容器元件的一个电极使用，通过手指和工作面形成一个耦合电容	具有分辨率高、反应灵敏、触感好、防水、防尘、防晒等特点	存在色彩失真、图像字符模糊
红外线式	利用红外线发射管和红外线接收管，形成横竖交叉的红外线矩阵	红外线触摸屏不受电流、电压和静电影响，适宜恶劣的环境条件	分辨率较低，易受外界光线变化的影响
表面声波式	利用介质（例如玻璃）表面进行浅层传播的机械能量波	稳定，不受温度、湿度等环境因素影响，寿命长、透光率和清晰度高，没有色彩失真和漂移，有极好的防刮性	不耐脏，使用时会受尘埃和油污的影响，需要定期清洁维护

市场上触摸屏很多，表 3-14 列出了 GOT1000 系列部分显示规格的主要特征。

表 3-14　三菱触摸屏 GOT1000 系列产品显示部分规格

项　目		GT1155-QSBD-C	GT1155-QBBD-C	GT1175-VNBA	GT1155-QSBD
显示部分	种类	STN 彩色液晶	STN 单色液晶	TFT 彩色液晶	
	画面尺寸/in	5.7	8.4	10.4	5.7
	分辨率/点	320×240		640×480	
	显示尺寸/mm	115(W)×86(H)		171×128	241×158
	显示字符数	16 点标准字体时：20 字×15 行（全角）12 点标准字体时：26 字×20 行（全角）		16 点标准字体时：40 字×30 行（全角）12 点标准字体时：53 字×40 行（全角）	
	显示颜色	256 色	单色（白/蓝）	256 色	256 色
	寿命/h	50000	41000	50000	
背景灯	寿命/h	75000	54000	40000	
触摸屏	触摸键数	300 个/1 画面	1200 个/1 画面	300 个/1 画面	

3.6.2　GT-Designer2 画面设计软件的使用

GT Designer2 是三菱电机公司所开发设计的，用于图形终端显示屏幕制作的 Windows 系统平台软件，支持三菱全系列图形终端。

该软件功能完善，图形、对象工具丰富，窗口界面直观形象，操作简单易用，可以方便地改变所接 PLC 的类型，实时读取、写入显示屏幕，还可以设置保护密码。

下面以 F940GOT、FX2N-64MRPLC、FR-A500（700）变频器为例，简要地介绍软件安装、工程制作、屏幕构成和部分工具的使用操作、画面的制作以及数据的读取、传送等。

1. GT-Designer2 软件安装

1）打开安装文件夹"GTSORTWARE CHINESE"，找到"ENVMEL"文件夹，打开"ENVMEL"文件夹，找到"SETUP. exe"文件，双击"SETUP. exe"文件图标进行软件的使用环境的安装，如此前已安装过 GX-Developer 编程软件，则此步不用安装。

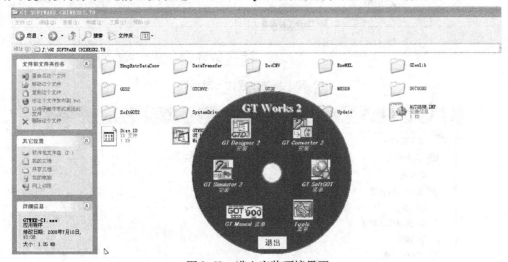

图 3-68 进入安装环境界面

2）在安装文件夹中双击 GTWK2-C1.exe GT Menu Mitsubishi E 图标，出现图 3-68 所示的安装界面，点击光盘图标中的 GT Designer 2 安装 图标，按照向导提示完成画面工程制作软件的安装。在安装过程中输入产品系列号即可。

3）返回到 3-68 所示的安装界面，点击光盘图标中的 GT Simulator 2 安装 图标，按照向导提示完成画面工程仿真软件的安装。在安装过程中输入安装文件夹是产品系列号即可。

2. 触摸屏工程创建

1）从"开始"→程序→ MELSOFT应用程序 → GT Designer2 中打开 GT-Designer2 软件，选择"新建"，新建一个工程。出现如图 3-69 所示工程新建类型选择对话框。

2）选择"新建"，出现图 3-70 所示"新建工程向导"对话框，点击下一步出现图 3-71 所示的画面，进行触摸屏的系统设置，包括触摸屏的类型和颜色设置。

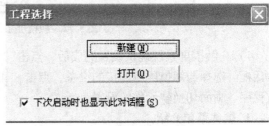

图 3-69 工程新建类型选择对话框

3）触摸屏的系统设置完成后，点击"下一步"，出现图 3-72 所示 GOT 系统设置确认对话框，并进行确认。

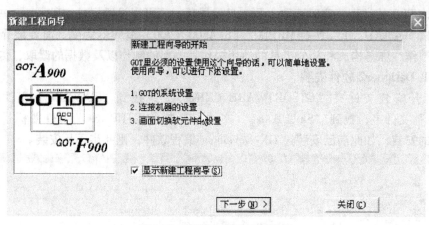

图 3-70　新建工程向导对话框

图 3-71　触摸屏系统设置向导

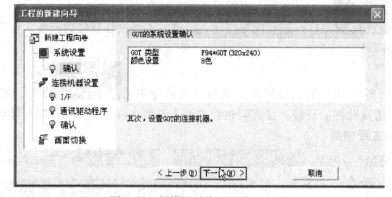

图 3-72　触摸屏系统设置确认向导

4）在触摸屏系统确认设置完成后，点击"下一步"，出现图 3-73 所示的连接机器设置对话框。选择与触摸屏所连接的设备，点击"下一步"，依次据向导提示完成新建工程的通信程序、画面切换软元件的设置。

3. 软件菜单介绍

在进行上述工程配置以后，出现如图 3-74 所示的软件设计开发界面，开发界面上有屏幕配置的各种工具、菜单栏。软件包菜单简要介绍如下：

（1）标题栏

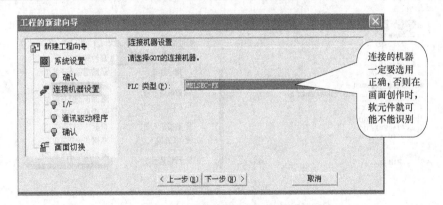

图 3-73　连接机器设置对话框

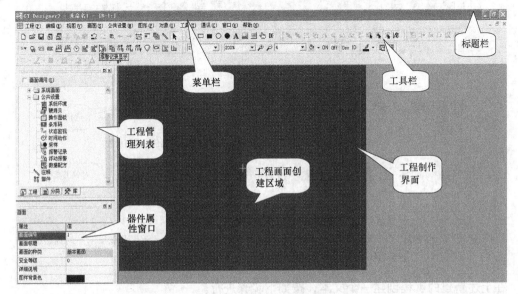

图 3-74　软件开发界面

显示屏幕的标题。将光标移动到标题栏，可以将屏幕拖到希望的位置。

（2）菜单栏

显示在 GT Designer 上的可使用的功能名称。单击菜单就会有下拉菜单，然后从下拉菜单中选取所要执行的功能。

（3）下拉菜单

显示在 GT Designer 上的可使用的功能名称。如果在下拉菜单的右边显示"▶"，光标放在上面就会显示该功能的下拉菜单。如果在功能名称上显示"…"，将光标移到该功能，并单击，将出现对话框，如图 3-75 所示。

（4）工程管理列表

显示画面的各种信息，进行编辑画面切换，方便实现各种功能。

（5）工具栏

包括了标准、显示、对象、通信等工具栏。各工具栏的启用可从菜单栏中视图的下拉菜单中调用，也可从工具栏中直接单击。工具栏各按钮功能如图 3-76 所示。

4. 工具的使用

（1）文本的创建

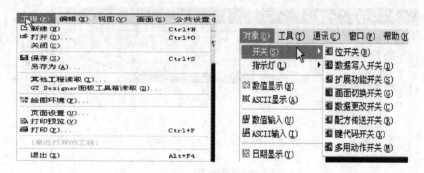

图 3-75　下拉菜单

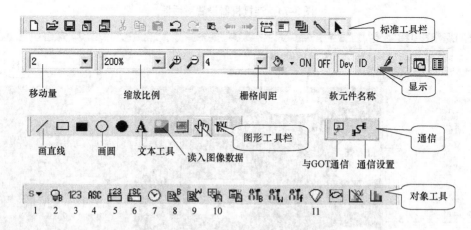

图 3-76　工具栏各按钮功能

1—开关　2—指示灯　3—数值显示　4—ASCII 码显示　5—数值输入　6—ASCII 码输入　7—时钟显示

8—注释位显示　9—注释字显示　10—报警记录　11—面板仪表

在上述新建的工程创建一个文本，按如下步骤进行。

1）直接点击工具栏上的"**A**"图标，弹出图 3-77 所示的文本设置属性对话框，在文本框内输入"触摸屏工程制作练习画面"，并对文本颜色及文本尺寸进行设置，可点击"确定"确认。

2）移动鼠标，选择文字摆放位置。出现图 3-78 所示的画面。

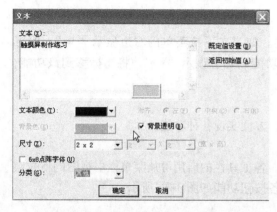

图 3-77　文本的创建步骤图 1

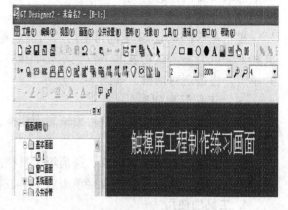

图 3-78　文本的创建步骤图 2

(2) 图形绘制

1) 选择菜单栏中"图形"→"圆形",或单击工具栏上的"◯"图标,当出现"+"符号时,点击屏幕上一处,移动鼠标画出一个圆形,再单击一下鼠标,就完成一个圆形的绘制。如图 3-79 所示。

2) 右键单击该圆形在弹出的菜单中选取"属性更改",弹出图 3-79 所示"圆形"对话框,可以设置"线型"、"线色"。所有的图形和对象,只要单击,都可选中,并可改变其形状。

如处于选中状态,可见线条两端出现小点,此时可以点中其中一点任意拖动,以改变其长短、水平斜率等。其他如三角、矩阵、折线等均可按上述进行操作。

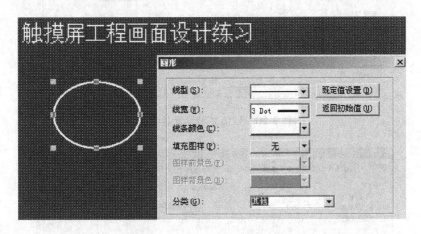

图 3-79 图形的绘制步骤

(3) 对象工具属性设置

对象工具属性设置以实训 5 中的部分项目为例。

1) "数值显示"功能设定,数值显示功能能实时连接机器数据寄存器的数据。

单击工具栏上 123 弹出图 3-80 "数值显示"设定对话框。在对话框中根据工程需要选取程序所用的软元件,设置显示的数据长度、小数点位等。设置完毕确认即可。本例中设定变频器的输出频率,种类:数值显示;软元件为 SP111,显示位数为 5 位,小数点位为 2 位。

2) "数值输入"功能设定,数值输入功能能实时在触摸屏上设定连接机器的数据寄存器中的数据。

① 单击工具栏上 🔳23,弹出图 3-81 "数值输入"设定对话框。在对话框中根据工程需要选取程序所用的软元件,设置显示的数据长度、小数点位等。同时将下部的"选项"勾上,才能进行选项功能的设定。设置完毕确定即可。本例中设定变频器的运行频率,种类:数值显示;软元件为 = = SP109,显示位数为 5 位,小数点位为 2 位。

② 单击"选项"出现图 3-82 所示的对话框,在其中设定数据的类型、上限值、下限值等,设置完成后确认即可。接上步本项所设置的参数为运行频率,设其上限值为 5000,下限值为 0,单击"确定"即可。其他项目读者可自行设定。

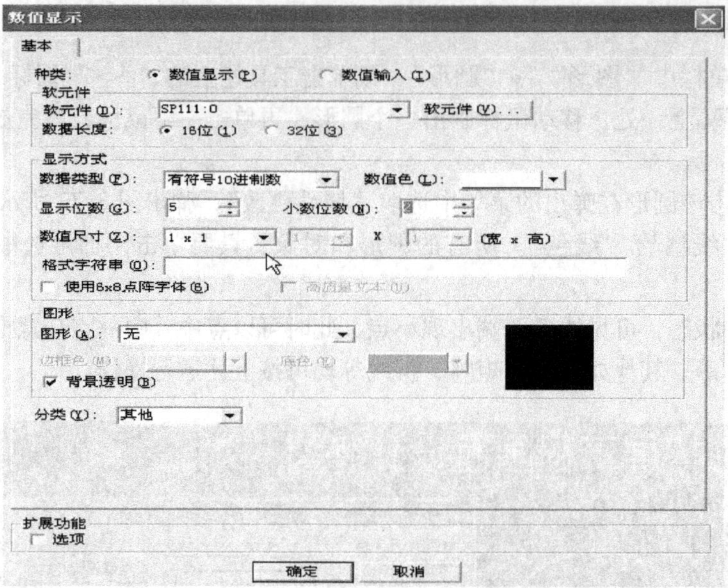

图 3-80　数值显示设置对话框

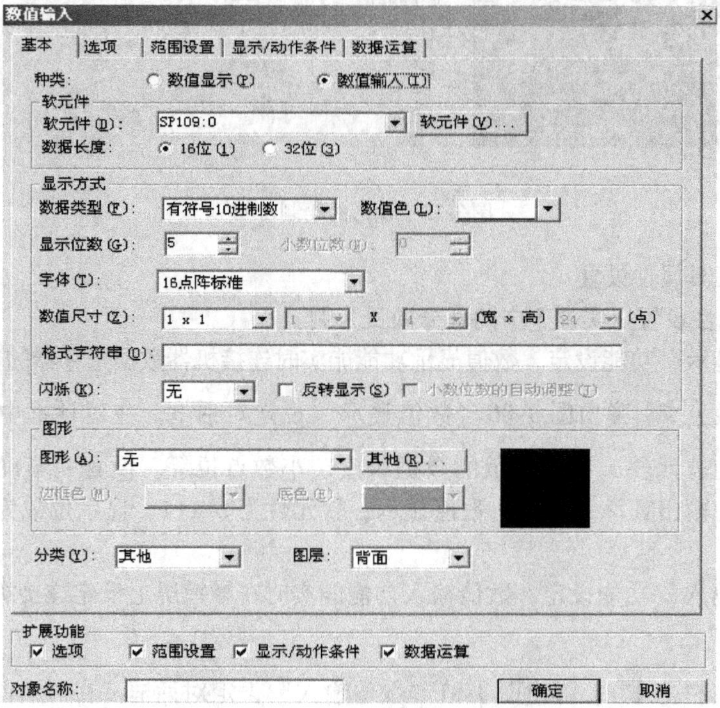

图 3-81　数值输入功能基本设定对话框

3）"开关"工具功能的设定，触摸屏控制外部设备是通过控制开关的状态来进行的，也即是设置动作对象位元件的开关状态或字元件的值。其步骤如下：

① 单击工具栏上的 S▼ 按钮，就会弹出图3-83所示开关性质下拉选项图，正确选取开关放置于开发界面上，并形成一个矩形框，右键单击该矩形在弹出的菜单中选取"属性更

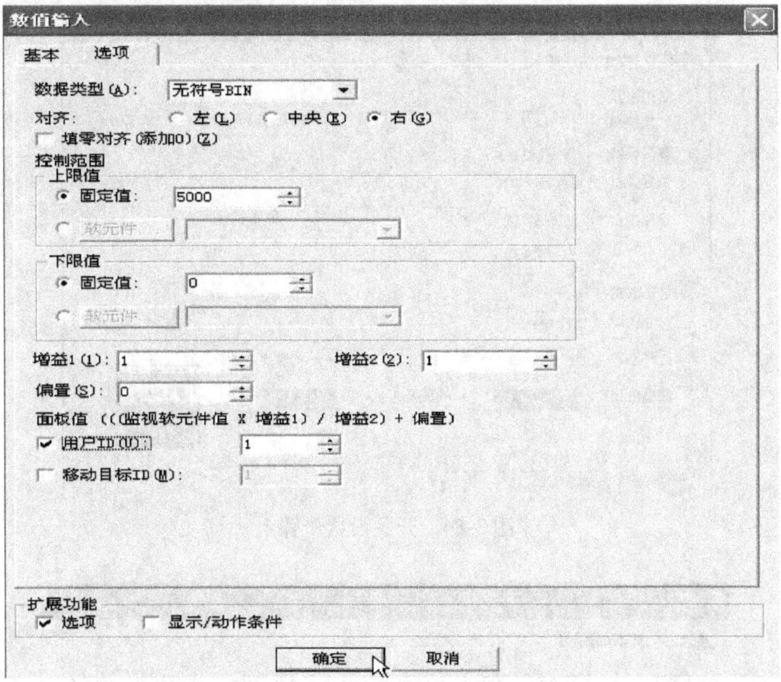

图 3-82 数值输入选项功能设定

改"，弹出图3-84所示"位开关"设置对话框，设置"基本"选项下的动作设置、显示方式、图形的形状。本例中设定触摸屏控制变频器正转起动按钮，软元件为 SP122，设置值为 4（实际为 SP122 的 b2 位为1）。

② 接上一步，点击"文本/指示灯"按钮出现图 3-85 所示的对话框，在其文本框中输入"正转起动"，确定即可。

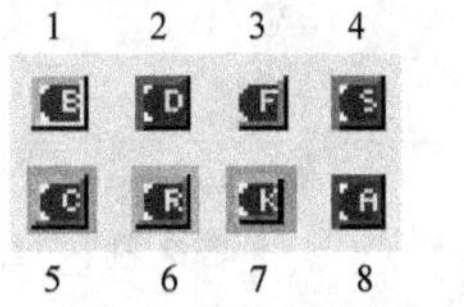

其他工具的使用，读者可按上述方法自行设定。

5. 数据的传输

数据的下载和上载传输是将制作完成的屏幕工程下载到 GOT 或将 GOT 中的数据上载到计算机，操作步骤如下：

图 3-83 开关性质选项图

（1）通信设置

选择菜单栏中"通信"→"通信设置"，出现"通信设置"的界面，设置通信端口（计算机实际所用端口），并设置传输速度，点"确定"即可。

（2）工程数据下载

选择菜单栏中"通信"→"跟 GOT 通信"，出现如图 3-86 所示的画面，并点击"工程下载→GOT"。在图中相应位置进行选取。设置完毕后，点"下载"进行下载工程数据。

（3）工程数据上载

选择菜单栏中"通信"→"跟 GOT 通信"，出现如图 3-87 所示的画面，并点击"工程上载→计算机"。并参照图中方法进行上传文件保存的文件夹设置。设置如图 3-88 所示。

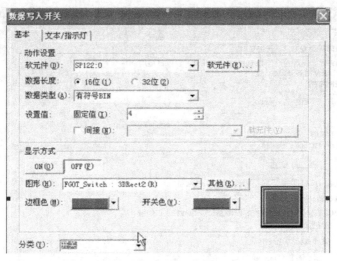

图 3-84　开关设置步骤 1

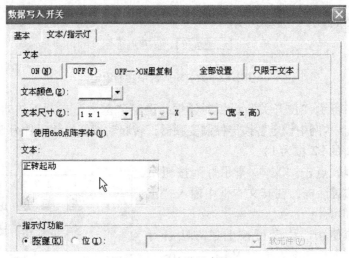

图 3-85　开关设置步骤 2

3.6.3　GT Simulator 2 仿真软件的使用

　　GT Simulator 2 是仿真实际的 GOT 运行软件，将制作的触摸屏工程画面在没有连接 PLC 或其他设备情况下，在触摸屏上进行仿真运行。操作步骤如下：

　　1）从"开始"→程序→ [MELSOFT应用程序] → [GT Simulator2] 中打开 GT Simulator 2 软件，出现如图 3-89 所示的界面，选取触摸屏仿真系列产品。

　　2）按图 3-90 所示打开要仿真的工程。

　　3）按图 3-91 ~ 图 3-95 所示步骤开始仿真运行。

3.6.4　触摸屏应用项目实训

1. 实训目的

1）掌握触摸屏的硬件操作；

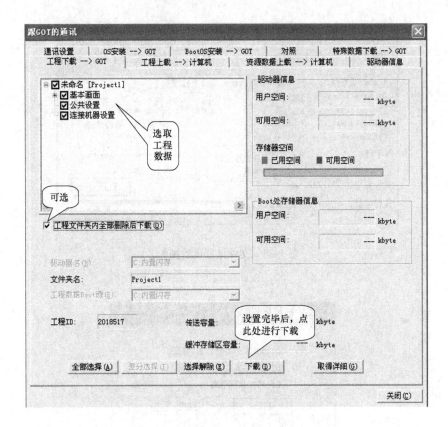

图 3-86　工程数据下载操作

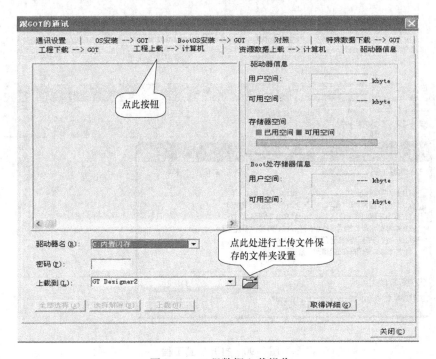

图 3-87　工程数据上载操作

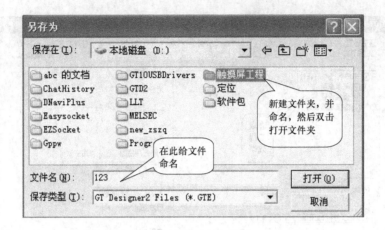

图 3-88　文件保存设置操作

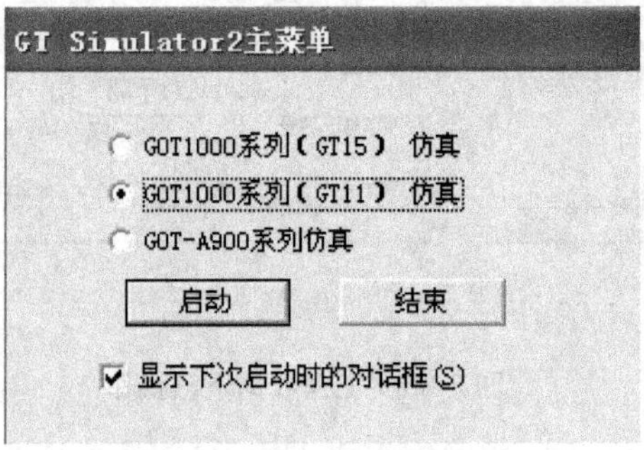

图 3-89　启动 GT Simulator 2

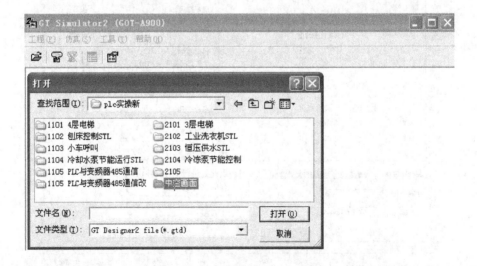

图 3-90　打开仿真工程

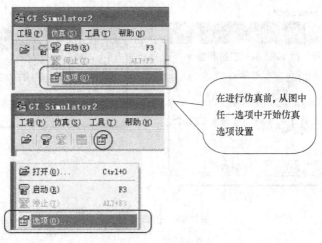

图 3-91　仿真步骤 1

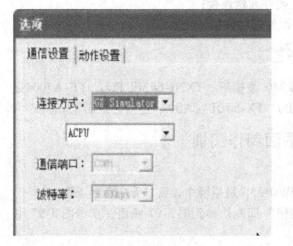

图 3-92　仿真步骤 2

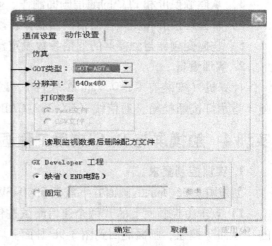

图 3-93　仿真步骤 3

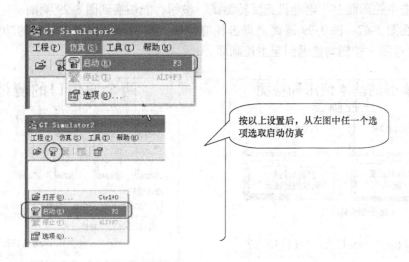

图 3-94　仿真步骤 4

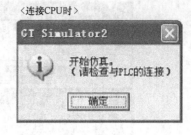

图 3-95　仿真步骤 5

2）学习 GT Designer 软件的使用；

3）掌握触摸屏和 PLC 的通信画面制作、硬件通信连接；

4）掌握触摸屏和变频器通信画面制作、硬件通信连接；

5）掌握变频器与触摸屏的通信参数设定意义。

2. 实训设备

计算机（安装有 GT Designer2 软件）、F940 触摸屏、FX2N-64MR PLC、FR-A700 变频、指示灯按钮挂箱、通信线（FX-232-CAB0、FX-50DU-CAO）、连接导线若干。

实训 4　触摸屏与 PLC 应用工程画面制作实训

1. 实训控制要求

创建图 3-96 所示的画面并下载至 F940-SWD-35C 触摸屏中，要求能实现如操作：

1）点击主控画面上的"两个通信测试按钮"即能切换到图 3-97 画面，点击图 3-97 中的"返回"按钮，画面能回到图 3-96 画面。

2）点击主控画面上"PLC 输出点测试"按钮，能切换到图 3-98 画面。

3）点击主控画面上"电动机正反转测试"按钮，能切换到图 3-99 画面。

4）能在图 3-97～图 3-99 画面上点击相应按钮，实现画面按钮所标明的功能；点击各画面上的"返回"按钮均能返回至主控画面。

图 3-96　实训主控画面

图 3-97　通信口测试画面

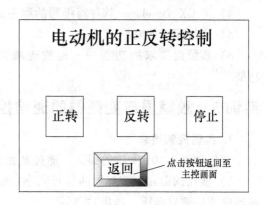

图 3-98　PLC 输出点测试画面　　　　　　　图 3-99　电动机正反转控制画面

2. 技能操作指引

（1）画面制作步骤

参照软件使用部分，建立新工程，PLC 类型选：MELSEC-FX，并制作画面。

（2）相关程序的编写

1）电动机正反转程序的参见本章变频器实训部分。

2）旋转编码器测试程序的编写如图 3-100 所示。

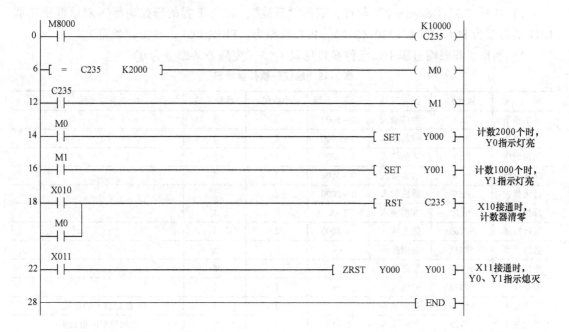

图 3-100　旋转编码器测试程序

（3）操作步骤

1）用 FX-232-CABO 电缆连接计算机和触摸屏的 RS-232C 口。

2）用 FX-50DU-CABO 电缆连接 PLC 和触摸屏的 RS-422C 口。

3）用 GT Designer 将创建好的画面传送到 F940GOT 触摸屏。

4）有 GX-Developer 软件将编写的程序送至 PLC 中。

5）连接相应的电路。

6）按画面要求的功能——地检查画面的正确性，并看能否实现控制要求所要求的功能。

实训 5　　触摸屏与变频器的通信控制

1. 实训控制要求

制作如图 3-101 所示的画面，通过画面完成下列操作：

1）能在画面显示变频器的运行频率，输出频率，输出电流，输出电压，输出功率等。

2）通过触摸屏上的按键操作变频器控制电动机的正、反转及停止。

3）能在运行中设定并修改运行频率；能在运行中修改上、下限频率和加、减速时间；并能修改特殊监视器选择号，在输出功率处有不同的显示（如电压、电流、频率等）。

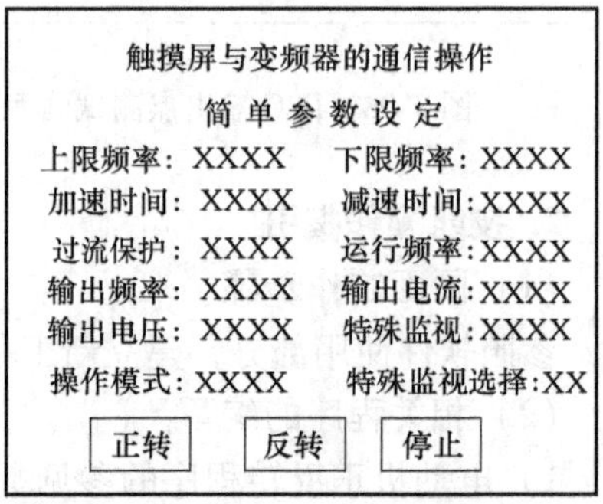

2. 技能操作指引

（1）画面制作

```
┌──────────────────────────────┐
│    触摸屏与变频器的通信操作      │
│      简 单 参 数 设 定          │
│ 上限频率：XXXX   下限频率：XXXX │
│ 加速时间：XXXX   减速时间：XXXX │
│ 过流保护：XXXX   运行频率：XXXX │
│ 输出频率：XXXX   输出电流：XXXX │
│ 输出电压：XXXX   特殊监视：XXXX │
│ 操作模式：XXXX   特殊监视选择：XX │
│  ┌────┐  ┌────┐  ┌────┐      │
│  │正转│  │反转│  │停止│      │
│  └────┘  └────┘  └────┘      │
└──────────────────────────────┘
```

图 3-101　控制要求画面

1）打开"GT-Designer 2"软件，点击"新建"，在"工程的新建向导"对话框中选取 GOT 的类型为 F94 * GOT（320×240），PLC 类型为：FREQROL，点击"确定"。

2）制作工程画面过程中软元件参数见表 3-15（变频器的站号为 0）。

表 3-15　触摸屏软件参数表

名　　称	软元件	设定工具	下限～上限	小数位	数据长度	备　　注
上限频率	Pr. 1	数值输入	0～5000	2	5	
下限频率	Pr. 2	数值输入	0～5000	2	5	
加速时间	Pr. 7	数值输入	0～3600	1	5	
减速时间	Pr. 8	数值输入	0～3600	1	5	
过流保护	Pr. 9	数值输入	0～2000	2	5	
操作模式	Pr. 79	数值输入	0～8	0	1	
运行频率	SP109	数值输入	0～5000	2	5	
输出频率	SP111	数值显示	—	2	5	
输出电流	SP112	数值显示	—	2	5	
输出电压	SP113	数值显示	—	1	5	
特殊监视	SP114	数值显示	—	2	5	监视功率的设置
特殊监视选择	SP115	数值输入	1～14	0	2	监视功率时设置 14
正转	S1	触摸键	—	—	位元件	
反转	S2	触摸键	—	—		位元件
停止	SP122	触摸键	—	—		字元件

注：1. 正转 S1、反转 S2 用的是 SP122 中的 b1、b2 位，此时软元件 S1、S2 是位元件，只要 b1、b2 位为 1，即可控制正、反转。如果软元件直接用 SP122，则是字元件，此时使 SP122 的 b1 位 = = 1、b2 = = 1 同样可实现正、反转控制。

2. 如果使用 GOT 1000 系列及以上触摸屏，正转用 WS₁，反转用 WS₂ 制作。

3）按控制要求作出参考画面如图 3-102 所示。

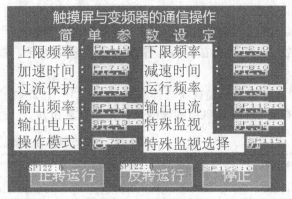

图 3-102　参考画面

（2）当触摸屏与 FR-A740 变频器通信时，必须设定参数

见表 3-16，而且这些参数都是规定好的，不能随便更改，否则不能通信。变频器的参数设定完毕后，请关闭变频器的电源，再打开电源，否则将无法通信。

表 3-16　变频器参数设定表

参数编号		通信参数	设　　置	
A700（PU）	A700（FR-A7NR）		设置值	设置内容
Pr. 117	Pr. 331	变频器站号	0	最多可连接 10 台
Pr. 118	Pr. 332	通信速度	192	
Pr. 119	Pr. 333	停止位长度	10	停止位为 1 位
Pr. 120	Pr. 334	奇偶校验是/否	1	奇数校验
Pr. 121	Pr. 335	通信重试次数	9999	无异常停止
Pr. 122	Pr. 336	通信检查时间间隔	9999	通信检查停止
Pr. 123	Pr. 337	等待时间设置	0	0ms
Pr. 124	Pr. 341	CR. LF 是/否选择	1	CR:提供;LF:不提供
Pr. 79	Pr. 79	操作模式	1	操作模式可选择
Pr. 342	Pr. 342	E^2PROM 保存选择	0	写入 E^2PROM，为 1 时写入 RAM

（3）GOT-F940 与三菱变频器之间的通信连接（见图 3-103）

图 3-103　GOT-F940 与三菱变频器之间的通信连接

（4）F940 触摸屏与 FR-A740 变频器的通信端子接线（见图 3-104）

（5）调试

1）按图 3-103 进行通信连接。下载画面，设置变频器参数。

2）按画面上的"正转"按钮，电动机就开始正转，再点击"运行频率"所对应处，写入 4500 后，变频器就以 45Hz 频率运行，同时画面上各参数均有

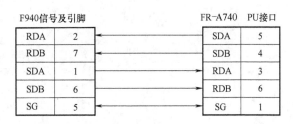

图 3-104　F940 触摸屏与 FR-A740 变频器的通信接线

对应的参数。

　　3）在运行中修改上限频率、下限频率、加速时间、减速时间、运行频率、过电流保护等参数。且电动机在运行时输出电流、输出电压、输出频率、特殊监视器都有正常显示的值。

　　4）在"特殊监视器选择"处设定"14"，此时"特殊监视器"处显示的才是输出功率。有关 SP115 特殊监视器的选择设定见表 3-17。

表 3-17　SP115 特殊监视器的选择设定

监视名称	设定数据	最小单位	监视名称	设定数据	最小单位
输出频率	H01	0.01Hz	再生制动	H09	0.1%
输出电流	H02	0.01A	电子过电流保护负荷率	H0A	0.1%
输出电压	H03	0.1V	输出电流峰值	H0B	0.01A
设定频率	H05	0.01Hz	整流输出电压峰值	H0C	0.1V
运行速度	H06	1r/min	输入功率	H0D	0.01kW
电动机转矩	H07	0.1%	输出功率	H0E	0.01kW

　　5）按"停止"键，电动机停止。

　　（6）调试中存在的问题及解决方法（见表 3-18）

表 3-18　调试中存在的问题及解决方法

序号	故障现象	可能原因	解决方法
1	触摸屏上不显示参数	和变频器通信不正常	检查通信连接
			检查变频器通信参数是否正确
		变频器设完参数后没有停电	重新停电
2	画面显示无效	制作画面时软元件不正确	修改软元件
		画面超出屏幕范围	调整范围
		动作选项设置有错误	修正错误
3	画面不能修改参数	数值写入键误用成数值显示键	重新用数值写入键
		变频器参数不正确	检查 Pr.79 是否为 1 及相关参数
		触摸屏有坏点现象	将画面上工程对象移位
4	不能控制电动机	变频器参数不正确	检查 Pr.79 是否为 1
		动作选项设置有错误	修正错误

第4章　三菱全系列编程软件 GX Developer Ver.8 的使用

4.1　软件概述

    GX Developer Ver.8 是三菱公司设计的、在 Windows 环境下使用的 PLC 编程软件，适用于 Q、QnU、QS、QnA、AnS、AnA、FX 等全系列 PLC，可支持梯形图、指令表、顺序功能图（SFC）、结构文本（ST）及功能块图（FBD）、Label 语言程序设计，网络参数设定，可进行程序的线上更改、监控及调试，具有异地读写 PLC 程序的功能。

    该软件简单易学，具有丰富的工具箱和直观形象的视窗界面。编程时，既可用键盘操作，也可以用鼠标操作；操作时可联机编程，也可脱机离线编程；该软件还可对以太网、MELSECNET/10（H）、CC-Link 等网络进行参数设定，具有完善的诊断功能，能方便地实现网络监控，程序的上传、下载不仅可通过 CPU 模块直接连接完成，也可通过网络系统（如以太网、MELSECNET/10（H）、CC-Link、电话线等）完成。

4.2　软件安装

    GX Developer Ver.8 软件安装包括 3 个部分：运行环境、编程环境和模拟调试软件环境。如果软件安装不正确，会导致不能运行编程或不能仿真等情况。

4.2.1　运行环境安装

    打开 GX Developer 8.52 中文软件包，找到 EnvMEL 文件夹，打开此文件夹，找到 SETUP 图标，双击图标进行安装，按照安装提示进行安装即可。安装步骤如图 4-1 ～

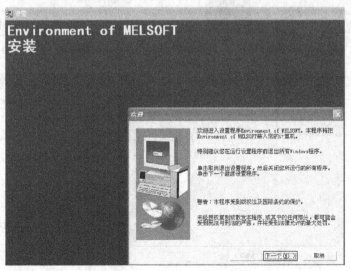

图 4-1　安装过程步骤 1

图 4-3所示。

图 4-2　安装过程步骤 2

图 4-3　安装过程步骤 3

4.2.2　编程环境安装

返回到开始打开的 GX Developer 8.52 中文软件包，找到 SETUP. EXE 文件图标，双击图标进行安装，参考图 4-4～图 4-11 的安装提示进行安装。

图 4-4　安装过程步骤 4

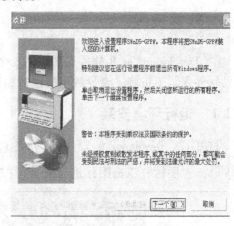

图 4-5　安装过程步骤 5

图 4-6　安装过程步骤 6

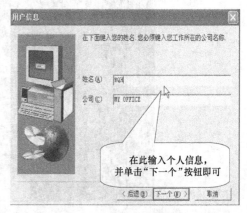

图 4-7　安装过程步骤 7

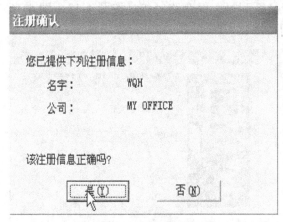

图 4-8　安装过程步骤 8

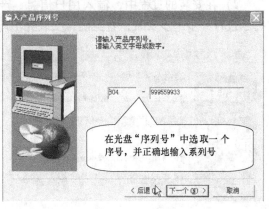

图 4-9　输入产品序列号

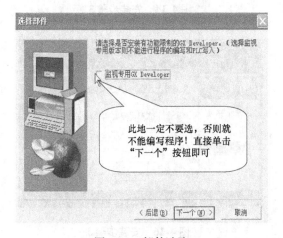

图 4-10　部件选取

图 4-11　安装结束

4.2.3　模拟调试软件环境安装

1）打开 📁 三菱PLC模拟调试软件 文件夹，打开此文件夹，找到 🔧 SETUP Setup Launcher InstallShield So 图标，双击图标进行安装，初始安装如图 4-12 所示。

图 4-12　安装步骤 1

2）在安装的过程中，输入用户信息、产品系列号、保存路径等。按图 4-13 ~ 图 4-16 提示进行一步一步安装，直至确认安装完毕即可。

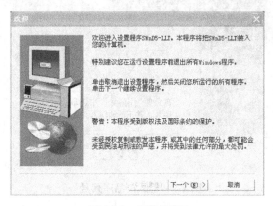

图 4-13　安装步骤 2

图 4-14　安装步骤 3

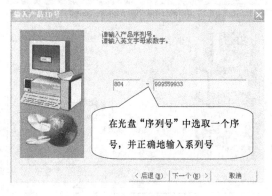

图 4-15　安装步骤 4

图 4-16　安装步骤 5

4.3　软件菜单使用介绍

下面以三菱 FX 系列（FX2N）PLC 为例，介绍该软件的部分功能及使用方法。打开 GX Developer Ver. 8 软件，打开后操作界面如图 4-17 所示。

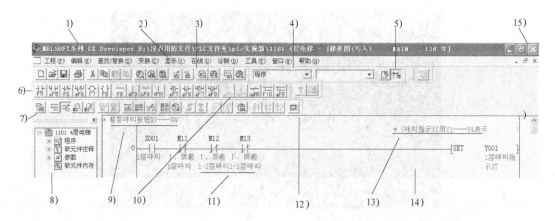

图 4-17　GX Developer Ver. 8 软件操作界面

图 4-17 中各标号名称及功能简介如下：

1）状态栏：显示工程名称、文件路径、编辑模式、程序步数、PLC 类型以及当前操作状态等。

2）主菜单栏：包含工程、编辑、查找/替换、交换、显示、在线、诊断、工具、窗口、帮助共 10 个菜单。

3）标准工具条：由工程菜单、编辑菜单、查找/替换菜单、在线菜单、工具菜单中常用的功能组成。如：工程的建立、保存、打印；程序的剪切、复制、粘贴；元件或指令的查找、替换；程序的读入、写出；编程元件的监视、测试以及参数检查等。

4）数据切换工具条：可在程序、参数、注释、编程元件内存这四个项目中切换。

5）工程参数列表切换按钮。

6）梯形图输入快捷键工具条：包含梯形图编辑所需要使用的常开触点、常闭触点、应用指令等内容及使用这些快捷键的键名等，如图 4-18 所示。对各键说明如下：

图 4-18　快捷键工具条

① F5 ~ F10 均为 PC 键盘上的组合键，如在梯形图输入时，按 < F5 > 键就会自动出现一个常开触点，或直接按 也可。

② 诸如 、 、 等均为组合键，分别为 < Alt + F8 >、 < Shift + F5 >、 < Ctrl + F9 > 键。

7）程序工具条：进行梯形图模式、指令表模式的转换；进行读出模式，写入模式，监视模式，监视模式写入模式的转换。

8）工程参数列表：显示程序、软元件注释、参数、软元件内存等内容，可实现这些数据的设定。

9）程序描述显示项（声明）。

10）SFC（顺序功能图）工具条：可对 SFC 程序进行块变换、块信息设置、排序、块监视操作。

11）程序描述显示项（注释）。

12）仿真运行启动/结束按钮：仿真运行启动按钮和结束按钮。

13）程序描述显示项（注解）。

14）操作编辑区：完成程序的编辑、修改、监控等的区域。

15）窗口最大、最小和关闭按钮。

4.4　工程项目

1. 创建一个新工程

其操作步骤如下：

1）双击桌面 " " 图标，或从 "开始" 里选择 "程序"→"MELSOFT 应用程序"→"GX Developer"，打开 GX Developer 软件。

2）选择 "工程"→"创建新工程"，或者按 Ctrl + N 键，或者单击 工具，创建新工程。

3）在弹出图 4-19 所示的"创建新工程"对话框中，在"PLC 系列"选项下选择"FX-CPU"，在"PLC 类型"选项下选择"FX2N（C）"，在"程序类型"选项中选择"梯形图逻辑"，单击"确定"按钮。如单击"取消"按钮，则不创建新工程。

4）显示图 4-20 的编程窗口，可以开始编程。

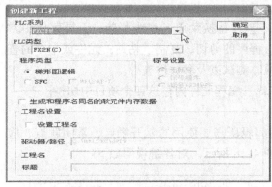

图 4-19　"创建新工程"对话框　　　　　图 4-20　创建一个新工程编程窗口

图 4-19 中各选项说明：

① PLC 系列：有 QCPU（Q 模式）系列、QCPU（A 模式）系列、QnA 系列、ACPU 系列、运动控制 CPU（SCPU）和 FXCPU 系列。

② PLC 类型：根据用户所使用硬件情况，选取所使用的 PLC 类型。

③ 程序类型：可选"梯形图逻辑"或"SFC"，当在 QCPU（Q 模式）中选择 SFC 时，MELSAP-L 亦可选择。

④ 标号设置：当无须制作标号程序时，选择"无标号"；制作标号程序时，选择"标号程序"；制作标号+FB 程序时，选择"标号+FB 程序"。

⑤ 生成和程序同名的软元件内存数据：新建工程时，生成和程序同名的软元件内存数据。

⑥ 工程名设置：工程名用作保存新建的数据，在生成工程前设定工程名，单击复选框选中；另外，工程名可于生成工程前或生成后设定，但是生成工程后设定工程名时，需要在"另存工程为…"设定。

⑦ 驱动器/路径：在生成工程前设定工程名时可设定。

⑧ 工程名：在生成工程前设定工程名时可设定。

⑨ 标题：在生成工程前设定工程名时可设定。

⑩ 确定：所有设定完毕后单击本按钮。

新建工程时应注意以下几点：

① 新建工程后，各个数据及数据名如下所示。程序：MAIN；注释：COMMENT（通用注释）；参数：PLC 参数、网络参数（限于 A 系列，QnA/Q 系列）。

② 当生成复数的程序或同时启动复数的 GX Developer 软件时，计算机的资源可能不够用而导致画面的表示不正常；此时应重新启动 GX Developer 软件或者关闭其他的应用程序。

③ 当未指定驱动器名/路径名（空白）就保存工程时，GX Develope 软件可自动在默认值设定的驱动器/路径中保存工程。

2. 打开工程

读取已保存的工程文件，其操作步骤下：

1）选择菜单栏下"工程"→"打开工程"，或者按 Ctrl + O 键，或者单击 🖸 工具，弹出图 4-21 所示"打开工程"对话框，选择所存工程驱动器/路径和工程名，单击"打开"按钮，进入编程窗口；单击"取消"按钮，重新选择。

2）在图 4-21 中，选择"4AD-PT 使用例"工程，单击"打开"按钮后，得到梯形图编辑窗口，这样即可编辑程序或与 PLC 进行通信等操作。

3. 关闭工程

关闭现在编辑的工程文件，其操作步骤如下：

1）选择"工程"→"关闭工程"，出现"关闭工程"对话框画面，开始关闭工程。

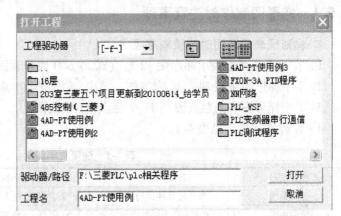

图 4-21 "打开工程"对话框

2）在"退出确认"对话框中，单击"是"按钮，退出工程；单击"否"按钮，返回编辑窗口。

注意：当未设定工程名或者正在编辑时选择"关闭工程"，将会弹出一个询问保存对话框，希望保存当前工程时，应单击"是"按钮，否则应单击"否"按钮，如果需继续编辑工程，则应单击"取消"按钮。

4. 保存工程

将现在编辑中的工程文件保存下来，其操作步骤如下：

1）选择"工程"→"保存工程"，或者按 Ctrl + S 键，或者单击 🖫 工具，弹出"另存工程为"对话框，如图 4-22 所示。

2）选择所存工程驱动器/路径和输入工程名，单击"保存"按钮，弹出"新建工程"确认对话框；单击"取消"按钮，重新选择操作。

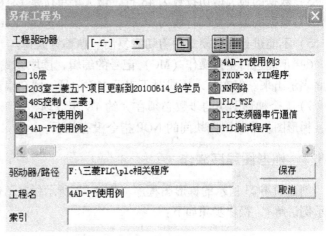

图 4-22 "另存工程为"对话框

3）单击"是"按钮，确认新建工程，进行存盘；单击"否"按钮，返回上一个对话框。

5. 删除工程

将已保存在计算机中的工程文件删除，其操作步骤如下：

1）选择"工程"→"删除工程…"，弹出"删除工程"对话框。

2）单击将要删除的文件名，按 Enter 键，或者单击"删除"按钮；或者双击将要删除的文件名，弹出删除确认对话框。单击"取消"按钮，不继续删除操作。

3）单击"是"按钮，确认删除工程。单击"否"按钮，返回上一个对话框。

4.5 程序的制作

4.5.1 梯形图制作时注意事项

1. 梯形图表示画面时的限制事项

1）在 1 个画面上表示梯形图 12 行（800×600 像素画面缩小率 50%）。

2）1 个梯形图块在 24 行以内制作，超出 24 行就会出现错误。

3）1 个梯形图块的触点数是 11 个触点 +1 个线圈。

4）注释文字规定见表 4-1。

表 4-1 注释文字规定

注释项目	表述内容	输入文字数	梯形图画面表示文字数
注释编辑	描述软元件的功用	半角 32 字符（全角 16 个文字）	8 个文字×4 行
声明编辑	描述功能图块的功用	半角 64 字符（全角 32 个文字）	设定的文字部分全部表示
注解项编辑	描述应用指令的功用	半角 32 字符（全角 16 个文字）	
机器名	机器名注释	半角 8 字符（全角 4 个文字）	

2. 梯形图编辑画面时的限制事项

1）1 个梯形图块的最大编辑行数为 24 行。

2）1 个梯形图块的编辑行数为 24 行，总梯形图块的最大行数为 48 行。

3）数据的最大剪切行数为 48 行，最大块单位是 124K 步。

4）数据的最大复制行数为 48 行，最大块单位是 124K 步。

5）不能进行读取模式的剪切、复制、粘贴等编辑。

6）不能进行主控操作（MC）记号的编辑，读取模式、监视模式时，MC 记号会在编程界面表示出来。但在写入模式时不表示 MC 记号。即在编程时不能输入 MC 记号。

7）1 个梯形图块的步数必须在大约 4K 步以内，梯形图块中的 NOP 指令也包括在步数内，梯形图块和梯形图块间的 NOP 指令没有关系。

4.5.2 梯形图程序制作

创建图 4-23 所示的梯形图程序（图 4-23 所示程序不代表任何控制作用，仅作为输入程序示例讲解），操作步骤如下：

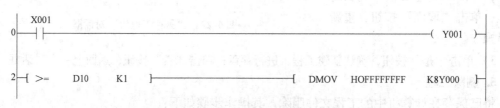

图 4-23 示例梯形图

1）双击桌面" "图标，或从"开始"里选择"程序"→"MELSOFT 应用程序"→"GX Developer"，打开 GX Developer 软件。

2）选择"工程"→"创建新工程"，出现图 4-24 所示的画面，在"PLC 系列"选项下选择"FXCPU"，在"PLC 类型"选项下选择"FX2N（C）"，"程序类型"选项中选择"梯形图"，并设置工程名称、保存路径等。单击"确定"按钮，即可完成工程的设置，并出现图 4-25 所示的界面。

图 4-24　创建新工程

图 4-25　创建梯形图界面

3）在图 4-25 所示的界面中，输入程序有两种方法：直接输入指令和使用快捷键的方法。

① 直接输入指令，如图 4-26 所示的"梯形图输入"对话框中，输入"ld　x1"，并单击"确定"按钮或按 Enter 键。

② 单击梯形图输入快捷键工具条上标有 ┤├（常开触点）工具图标，在图 4-27 所示的"梯形图输入"对话框中自动生成标记"┤├"，并在文本框中输入"x1"，单击"确定"按钮或单击 Enter 键。

图 4-26　"梯形图输入"对话框中直接输入程序　　　　图 4-27　用快捷键输入程序

4）以上第 3）步确定后，出现图 4-28 所示的界面。用前述类似方法直接输入"OUT Y0"指令（或按快捷键 F7，输入"Y0"），即完成第一项指令的输入，如图 4-29a 所示。

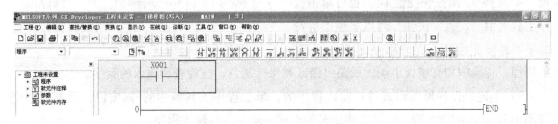

图 4-28　输入程序过程步骤 1

5）直接输入"ld > = d10　k1"（见图 4-29b）或者按"F8"键后，再在梯形图对话框中输入" > = d10 k1"（见图 4-29c）。

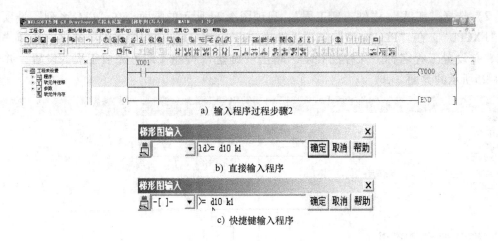

a) 输入程序过程步骤2

b) 直接输入程序

c) 快捷键输入程序

图 4-29　输入程序

6）直接输入 "dmov hffffffff k8y0"，按 Enter 键确定即可，如图 4-30 所示。

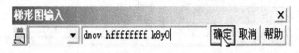

图 4-30　输入程序步骤

7）至此完成了示例程序的创建，如图 4-31 所示。

图 4-31　输入示例梯形图

8）图 4-31 中的梯形图是不能为 PLC 所识别的，必须经过变换。可选择菜单中 "变换" → "变换"、或按快捷键 F4，也可单击程序工具条中 " " 按钮，对以上程序进行转换，转换完成后，则能出现图 4-23 所示的例程。转换中如有错误出现，线路出错区域保持灰色，应检查所输入的程序。

0	LD	X001	
1	OUT	Y000	
2	LD>=	D10	K1
7	DMOV	H0FFFFFFFF	K8Y000
16	END		

图 4-32　示例程序指令表

9）上述是以梯形图形式进行输入程序的，单击程序工具条中的 按钮，示例程序变成图 4-32 所示的指令表。也可以指令表的形式一步一步地输入程序。

4.5.3　SFC 程序创建

SFC（Sequential Function Chart，顺序功能图）程序是 PLC 用于步进控制的一种编程方法。这种编程方法在编写步进控制程序时一个重要特点就是状态的结构明显，同时又可转化成步进梯形图，还可转化成指令表。

例：PLC 可逆能耗制动 SFC 编程。其步进顺控图如图 4-33a 所示，这种形式只能在纸质教材上或以 Word 文档的形式出现，但是 PLC 软件上是不能实现的，只能以指令表或梯形图的形式展现。图 4-33b 和图 4-33c 可用软件创建。

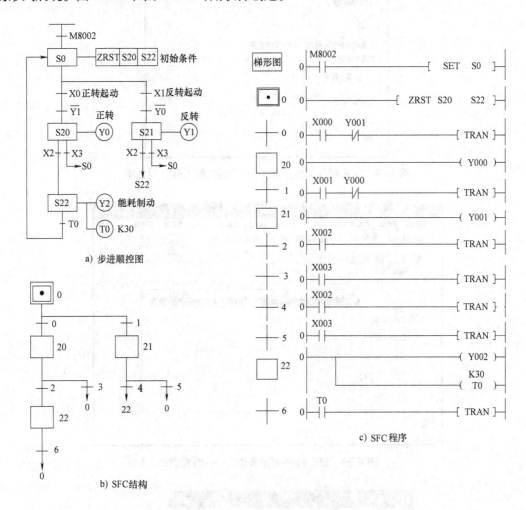

图 4-33　能耗制动步进顺控图

下面以图 4-33 所示的步进顺控图为例，讲述用 SFC 程序软件编程制作方法。

1）选择工程"工程"→"创建新工程（N）…"或按 Ctrl + N 键或单击 □ 图标，弹出"创建新工程"对话框，如图 4-34 所示。选择"PLC 系列"、"PLC 类型"和"程序类型"，本例仍以 FX 系列的 FX2N（C）PLC 为例，选择"SFC"程序。其余选项可在以后再设置。单击"确定"按钮，进入图 4-35 所示的编程窗口。

2）双击 No. 0 号块处，弹出图 4-36 所示的"块信息设置"对话框。

3）在"块标题"信息栏中输入信息，如：接通初始状态。块类型选择"梯形图块"，此操作用于设置接通初始步的条件等。单击"执行"按钮，进入图 4-37 所示的梯形图块编辑窗口。

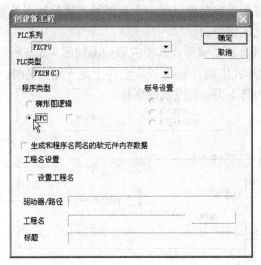

图 4-34　SFC 程序创建步骤 1——"创建新工程"对话框

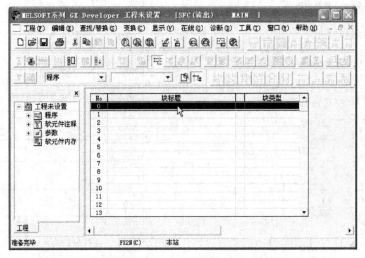

图 4-35　SFC 程序创建步骤 2——编程窗口

图 4-36　SFC 程序创建步骤 3——"块信息设置"对话框

4）开始输入初始梯形图程序。

① 在光标处开始输入程序，如图 4-37a 所示。

② 显示梯形图块中输入的梯形图程序，如图 4-37b 所示。

注：不管初始条件有多少或者状态转移图前的梯形图，均在此一次性输入。

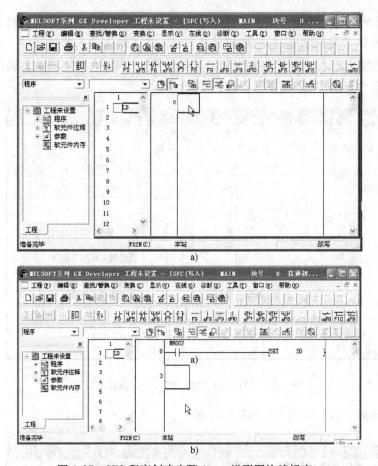

图 4-37　SFC 程序创建步骤 4——梯形图块编辑窗口

5）双击"工程参数列表"显示框中的"程序"列及主程序"MAIN"，弹出图 4-38 所示的块信息设置窗口，双击块号"No. 1"，在"块信息设置"对话框中进行设置。此时，应选择块类型为"SFC 块"。单击"执行"按钮，进入图 4-39 所示的 SFC 编程窗口。

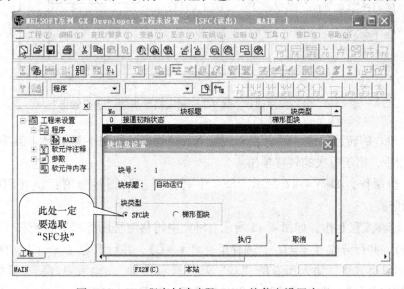

图 4-38　SFC 程序创建步骤 5——块信息设置窗口

6) 从 SFC 初始化步开始，输入"运行输出"和"转移条件"。选择初始步"0"，单击光标处，输入具体"运行输出"；选中转移条件 0，类似操作输入具体条件。当然，也可以先制作 SFC，再逐个输入"运行输出"和"转移条件"。未输入具体"运行输出"和"转移条件"时，SFC 中显示"?"和序号，如图 4-39 所示。

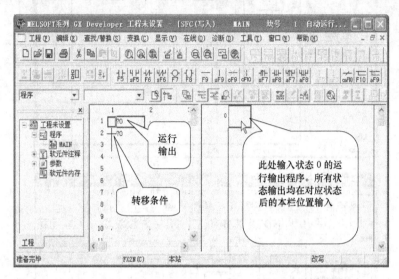

图 4-39　SFC 程序创建步骤 6——编程窗口

输入初始步的"运行输出"，如图 4-40 所示。

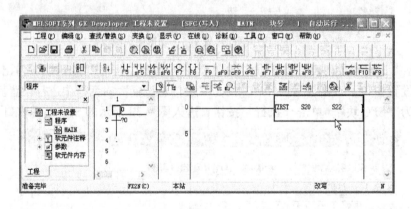

图 4-40　SFC 程序创建步骤 7——输入初始步的"运行输出"

7) 选中 SFC 的转移条件"0"，在右侧输入具体程序，如图 4-41 所示。其中，"TRAN"为虚拟输出指令，用于每次的转移输出。

8) SFC 步制作，如图 4-42 所示。SFC 中制作"步"图标号有：步（STEP）、跳转（JUMP）、画竖线。

9) SFC 转移流程制作，如图 4-43 所示。SFC 中转移流程图标号有：转移（TR）、选择分支（－－D）、并行分支（＝＝D）、选择汇合（－－C）、并行汇合（＝＝C）、直线（｜）。

10) 参照以上方法，输入所有的"步"和"转移条件"。输入完成所有具体的"运行输出"和"转移条件"。完成能耗制动 SFC 的编程，如图 4-44 所示。

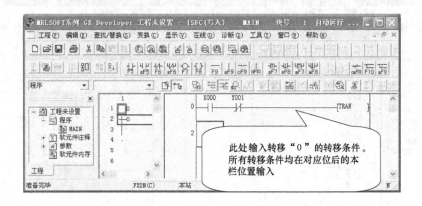

图 4-41　SFC 程序创建步骤 8——输入具体程序

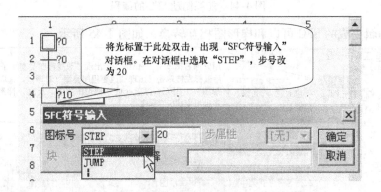

图 4-42　SFC 程序创建步骤 9——SFC 步制作

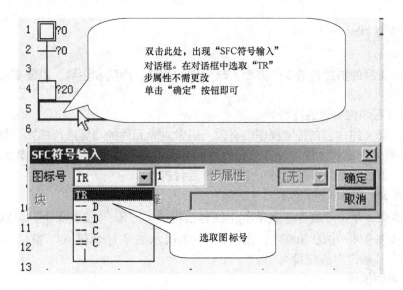

图 4-43　SFC 程序创建步骤 10——转移流程制作

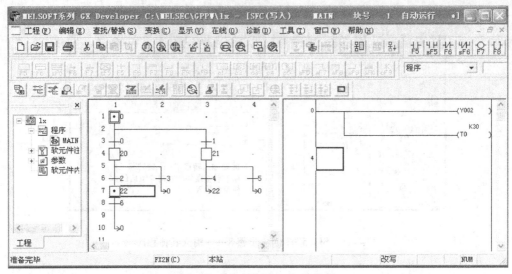

图 4-44　能耗制动 SFC 的编程

另外，编辑完成的 SFC 可以和梯形图相互转换，如图 4-45 所示。

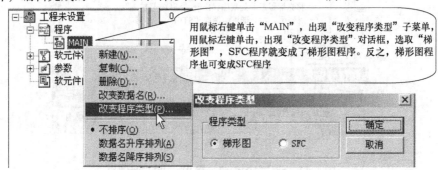

图 4-45　SFC 和梯形图相互转换方法

4.6　工程描述

通常对一工程的描述包括 3 个方面：软元件的注释、声明和注解，以便更好地分析一个工程。

1. 注释（程序内有效的注释）

是一个注释文件，它在特定程序内有效。通常对软元件的功能进行描述，描述时最多能输入 32 个字符。创建软元件注释方法有两种：方法 1 是一次性将程序所有软元件的功能全部进行描述；方法 2 是每次只能对一个软元件进行描述。

方法 1 步骤：如图 4-46 所示。

方法 2 步骤：单击"程序工具条"中注释编辑图标"🔳"使其压下，再双击所要编辑的软元件（如图 4-46 中的 X003），出现图 4-47 所示的"注释输入"窗口，在其中输入"停止"，单击"确定"按钮即可。

2. 程序声明描述

主要是对功能图块（FBD）进行描述，使得程序更容易理解。描述时最多只能输入 64 个字符。

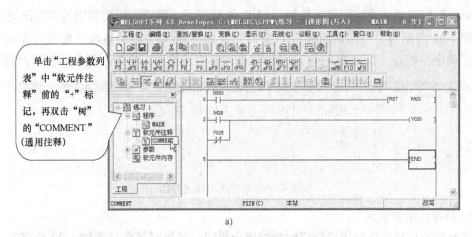

单击"工程参数列表"中"软元件注释"前的"+"标记,再双击"树"的"COMMENT"(通用注释)

a)

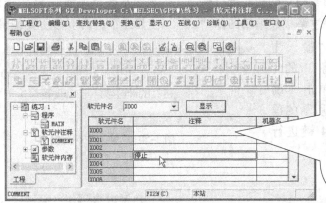

在弹出注释的编辑窗口中的"软元件名"文本框中输入需创建注释的软元件名,如"X000",按 Enter 键或单击"显示"按钮,显示出所有"X"软元件名,在注释栏中输入"停止"。同样输入所有软元件注释

b)

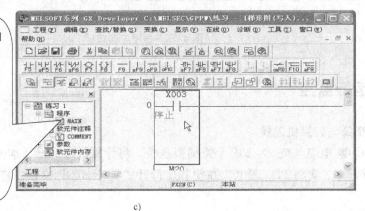

双击"工程参数列表"中"MAIN",显示出梯形图窗口。在菜单栏选择"显示"→"注释显示"或按 Ctrl+F5 键。这时,在梯形图窗口中可以看到"X003"软元件下面有"停止"注释显示

c)

图 4-46　方法 1 创建软元件注释步骤

图 4-47　方法 2 创建软元件注释步骤

图 4-48　创建声明步骤

单击程序工具条中声明编辑图标""使其压下，再双击所要编辑的功能图块的行首，出现图 4-48 所示的"行间声明输入"窗口，在其中输入"启动系统开始设定定时单位"，单击"确定"按钮，出现图 4-49 所示的程序声明描述界面，再按一下 F4 键进行转换。

图 4-49　程序声明描述界面

3. 程序注解的描述

主要指的是对输出应用线圈等的功能进行描述。描述时最多只能输入 32 个字符。

单击程序工具条中程序注解描述编辑图标""使其压下，再双击所要编辑的应用指令，出现图 4-50 所示的"输入注解"窗口，在其中输入"将 C1 的计时数据与 K26 比较…"单击"确定"按钮，则出现图 4-51 所示的程序注解描述，再按一下 F4 键进行转换。

图 4-50　"输入注解"窗口

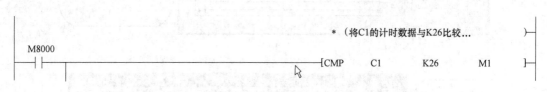

图 4-51　程序注解式样

4.7　运行监控

1. PLC 与计算机连接

用 SC-09 电缆（或 FX-20P 手持编程器等）将计算机与 PLC（本书使用 FX 系列 PLC 举例）连接起来，再将 PLC 通电，并使其运行开关置于 STOP 位置，将所编写的程序写入到 PLC 中。

2. 程序写入

单击菜单栏中"在线"→"传输设置"，出现图 4-52 所示的"传输设置"窗口。

1）在图 4-52 中，首先进行串口设置，双击"串行"出现与计算机连接的串口选项，选取计算机所用的串口，并单击"通信测试"，如通信连接正常，出现"与 FXCPU 连接成功"，单击"确认"按钮即可。

2）当连接有其他接口板或模块时，同样要单击所连接的接口板或模块，进行相关参数（如站号、通信波特率等）设置。

3）选择主菜单栏中的"在线"菜单，单击"PLC 写入（<u>W</u>）…"，或单击程序工具条

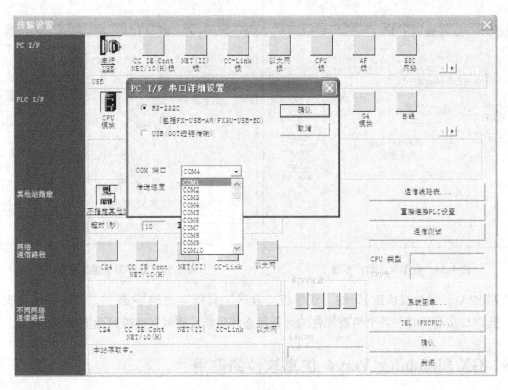

图 4-52　"传输设置"窗口

上的 图标，将现有程序写入相应类型的 PLC 中，操作步骤如图 4-53 ~ 图 4-55 所示。

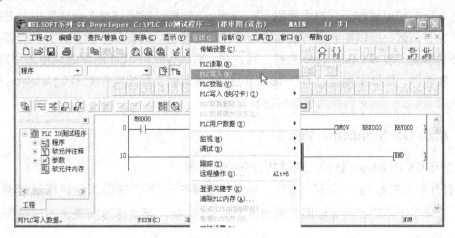

图 4-53　程序写入操作步骤 1

3. 监视

该功能用于连接计算机和 PLC 的 CPU，监视 PLC 的演算处理状态。

1）用 GX　Developer 软件新建或打开一个工程。

2）选择菜单栏中的"在线"菜单，单击"PLC 写入（W）…"，或单击"程序工具条"

上的 图标，将现有程序写入相应类型的 PLC 中。

3）运行 PLC 时，选择主菜单栏中的"在线"菜单，停留在"监视"子菜单上，再选

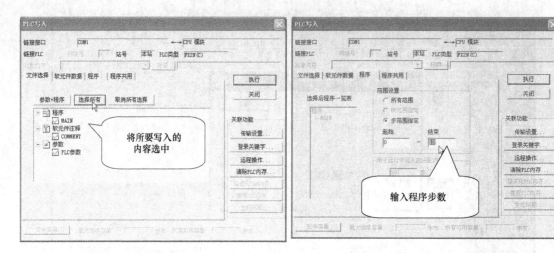

图 4-54　程序写入操作步骤 2　　　　　　　　图 4-55　程序写入操作步骤 3

中"监视模式"，或直接按 F3 键，或单击"程序工具条"上的 按钮，起动程序监视功能。当 PLC 在运行时，各个编程元件的运行状态和当前性质就在监控画面上表现出来。

4.8　GX Simulator Ver. 6 仿真软件的使用

GX Simulator 是在 Windows 上运行的软元件包，在安装有 GX Developer 的计算机内追加安装 GX Simulator 就能够实现不在线时的调试。不在线调试功能包括软元件的监视测试、外部机器的 I/O 的模拟操作等。如果使用 GX Simulator 软件，就能够在 1 台计算机上进行顺控程序的开发和调试，所以能够更有效地进行顺控程序修正后的确认。此外，为了能够执行本功能，必须事先安装 GX Developer 软件。通过把 GX Developer 软件制作的顺控程序写入 GX Simulator 软件内，能够实现通过 GX Simulator 软件的调试，顺控程序对 GX Simulator 软件的写入，根据 GX Simulator 软件的启动能够自动进行。

4.8.1　启动 GX Simulator Ver. 6

1）打开 GX Developer 软件，新建或打开一个工程。

2）打开菜单栏中的"工具"菜单，单击"工具栏"下"梯形图逻辑测试起动（L）"子菜单，或单击工具栏上的梯形图逻辑测试起动按钮 ，起动梯形图逻辑测试操作，步骤如图 4-56 所示。

3）打开菜单栏的"工具"菜单，单击"梯形图逻辑测试就结束"子菜单，或单击工具栏上的梯形图逻辑测试起动/结束按钮 ，结束梯形图逻辑测试，退出 GX Simulator Ver. 6 软件的运行。

4.8.2　初期画面的表示内容

启动 GX Simulator 软件，会显示图 4-57 所示的 GX Simulator 软件初期画面的值，以下就 GX Simulator 软件初期画面的表示内容进行说明，图中各项内容说明见表 4-2。

a) 开始起动测试工具，模拟写入PLC

b) 起动完成，运行指示变成黄色

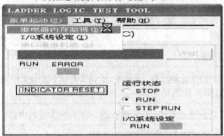

c) 打开测试工具的"菜单起动"菜单，
单击"继电器内存监视"

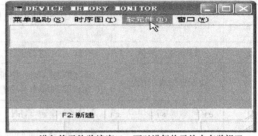

d) 进入软元件监控窗口，可以进行软元件内存监视了

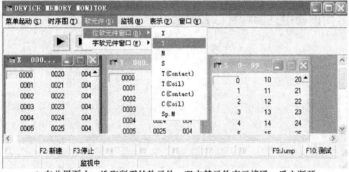

e) 在此界面上，选取所需的软元件，双击某元件表示接通，反之断开

图 4-56　梯形图逻辑测试操作

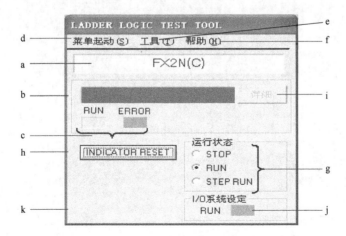

图 4-57　初期画面

表 4-2　初期画面各项说明

序号	名　称	内　容
a	表示 CPU 类型	表示现在选择 CPU 的类型
b	LED 表示器	能够表示 16 字符，对应各 CPU 的运行错误时表示的内容
c	运行状态表示 LED	RUN／ERROR：QnA、A、FX、Q 系列 CPU，动作控制 CPU 功能都有效
d	菜单起动	通过菜单起动，软元件存储器监视、I/O 系统设定、串行通信功能成为可能
e	工具	通过工具菜单，实行工具功能
f	帮助	表示 GX Simulator 软件的登录者姓名、软件的版本
g	运行状态表示和设定	表示 GX Simulator 软件的实行状态。运行状态的变更通过单击"选择"按钮来进行
h	LED 复位按钮	单击一下，进行 LED 表示的清除
i	错误详细表示按钮	通过单击"详细"按钮，表示发生的错误内容、错误步、错误文件名（错误文件名仅在 QnA 系列和 Q 系列（Q 模式）CPU 功能时表示）
j	I/O 系统设定 LED	I/O 系统设定实行中 LED 点亮。通过双击，表示现在的 I/O 系统设定的内容
k	未支持信息表示灯	仅表示 GX Simulator 软件未支持的指令，双击支持信息灯，就显示变换成"NOP"指令的未支持指令和其程序名、步号

至于软件其他方面的使用，读者自己去探索。

第5章 FX 系列 PLC 基本指令设计技术

按照 IEC 标准 PLC 有 5 种编程语言：梯形图、指令语句表、功能块图、顺序功能图、结构文本。不同厂家、不同型号的 PLC 编程语言只能适应各自的产品。但是所有 PLC 的编程都使用以继电器逻辑控制为基础的梯形图。常用的编程语言是梯形图和指令语句表、功能块图。

5.1 FX 系列 PLC 编程语言

FX 系列 PLC 是用"梯形图"、"指令表"等方式表达用户程序。梯形图以图形方式表达程序，指令表则以"语言"方式表达程序。

1. 梯形图

梯形图是在继电器—接触器控制系统基础上演变而来的一种图形语言，它是目前用得最多的 PLC 编程语言。继电器与梯形图符号对应关系见表 5-1。

梯形图是一种类似于继电器控制线路图的语言。其画法是从左母线开始，经过触点和线圈，终止于右母线。

例：如图 5-1 所示为三相异步电动机正反转继电控制电路，如果改用 PLC 控制，控制电路如图 5-2 所示，PLC 梯形图如图 5-3 所示。

表 5-1　继电器与梯形图符号对应关系

符号名称	继电器电路符号	梯形符号
常开触点		
常闭触点		
线圈		

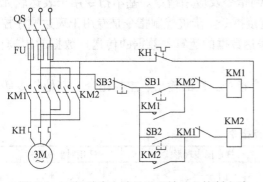

图 5-1　三相异步电动机正反转继电控制电路

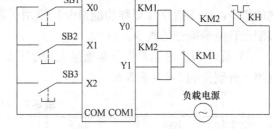

图 5-2　三相异步电动机正反转 PLC 控制电路

由此可见，梯形图具有以下特点：

1）梯形图表示的不是一个实际电路，而只是一个控制程序，其间连线表示是编程元件的逻辑关系，编程元件不是真实的硬件继电器，而是软件继电器。

2）梯形图两侧的公共线称为公共母线，分析时，可以假想有一个能流从左向右流动。

3）程序执行是一个逻辑运算的过程。根据梯形图中各触点的状态和逻辑关系，能求出各个线圈对应的编程元件的状态。

4）梯形图中的各编程元件的常开触点和常闭触点，都可以无限次使用。

5）梯形图中的线圈应该放在最右边。

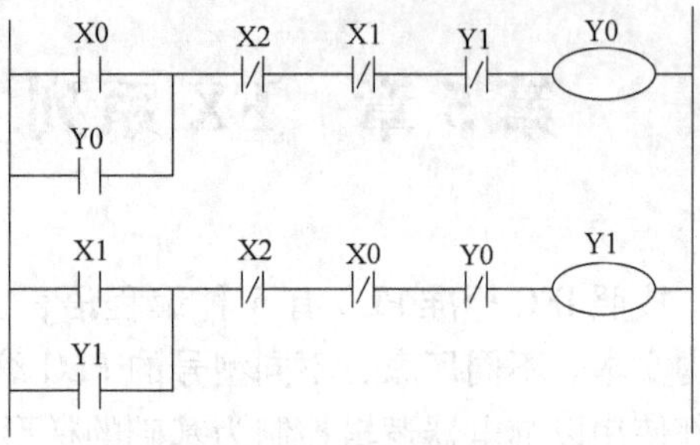

图 5-3　三相异步电动机正反
转 PLC 程序梯形图

2. 语句表

语句表是由不同的指令所构成的语句组成的，其中的指令则是由助记符和操作数组成。其中操作码指出了指令的功能，操作数指出了指令所用的组件或数据。例如 5-3 中的梯形图写成指令表如下：

LD　X000	LD　X001
OR　Y000	OR　Y001
ANI　X002	ANI　X002
ANI　X001	ANI　X000
ANI　Y001	ANI　Y000
OUT　Y000	OUT　Y001

从上面的指令表中我们可以看出如 LD、OR、ANI、OUT 等称为助记符，X000、Y000 等称为操作数。

3. 功能块图

功能块图则类似于电子线路的逻辑电路图的一种编程语言。不同厂家，生产不同型号的 PLC，其配置不同编程语言，第 6 章中我们将专项讲述 FX 系列 PLC 的顺序功能图块。

5.2　FX 系列 PLC 基本指令的使用

FX 系列 PLC 的指令包括基本指令、步进控制指令及应用指令。基本指令用于表达软元件触点与母线之间、触点与触点间、线圈等的连接指令。步进控制指令是专用于表达顺序控制的指令。应用指令（或称功能指令）则用于表达数据的运算、数据的传送、数据的比较、数制的转换等操作的指令。

FX 系列 PLC 的基本指令包括触点指令、结合指令、线圈输出、主控指令、其他指令等五类，分别见表 5-2 ~ 表 5-6。

表 5-2　触点指令

助记符	名称	功能	梯形图表现形式	适用对象软元件
LD	取	常开触点运算开始	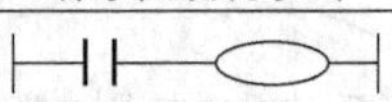	X、Y、M、S、T、C
LDI	取反	常闭触点运算开始	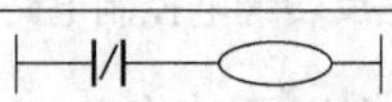	X、Y、M、S、T、C
LDP	取脉冲	上升沿检测运算开始	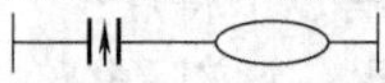	X、Y、M、S、T、C

（续）

助记符	名称	功　能	梯形图表现形式	适用对象软元件
LDF	取脉冲	下降沿检测运算开始		X、Y、M、S、T、C
AND	与	常开触点串联连接		X、Y、M、S、T、C
ANI	与非	常闭触点串联连接		X、Y、M、S、T、C
ANDP	与脉冲	上升沿检测串联连接		X、Y、M、S、T、C
ANDF	与脉冲	下降沿检测串联连接		X、Y、M、S、T、C
OR	或	常开触点并联连接		X、Y、M、S、T、C
ORI	或非	常闭触点并联连接		X、Y、M、S、T、C
ORP	或脉冲	上升沿检测并联连接		X、Y、M、S、T、C
ORF	或脉冲	下降沿检测并联连接		X、Y、M、S、T、C

表 5-3　结合指令

助记符	名称	功　能	梯形图表现形式	适用对象软元件
ANB	电路块或	回路块的串联连接		--------
ORB	电路块与	回路块的并联连接		--------
MPS	进栈	运算存储		------------
MRD	读栈	存储读出		
MPP	出栈	存储读出		
INV	反转	运算结果取反		----------
MEP（注）	M·E·P	上升沿时导通		----------
MEF（注）	M·E·F	下降沿时导通		----------

注：本指令只适用于 FX-3U 系列 PLC。

表 5-4　线圈输出类指令

助记符	名称	功能	梯形图表现形式	适用对象软元件
OUT	输出	线圈输出	对象软元件	Y、M、S、T、C

（续）

助记符	名称	功 能	梯形图表现形式	适用对象软元件
SET	置位	线圈接通保持	─┤ ├─[SET 对象软元件]─	Y、M、S
RST	复位	线圈复位	─┤ ├─[RST 对象软元件]─	Y、M、S、T、C、D、R、V、Z
PLS	脉冲检出	上升沿微分检出指令	─┤ ├─[PLS 对象软元件]─	Y、M
PLF	脉冲检出	下降沿微分检出指令	─┤ ├─[PLF 对象软元件]─	Y、M

表 5-5 主控指令

助记符	名称	功 能	梯形图表现形式	适用对象软元件
MC	主控	连接到公共触点	─┤ ├─[MC N]─	—
MCR	主控复位	解除接到公共触点	─[MCR N]─	—

表 5-6 其他指令

助记符	名称	功 能	梯形图表现形式	适用对象软元件
NOP	空操作	变更程序中替代某些指令	─[NOP]─	—
END	结束	顺控程序结束	─[END]─	—

1. LD、LDI 指令

LD（LOAD）/LDI（LOAD INVERSE）指令用于软元件的常开/常闭触点与母线、临时母线、分支起点的连接。或者说表示母线运算开始的触点。

LD/LDI 指令可用的软元件有：X、Y、M、S、T、C。LD/LDI 指令编程及时序图如图 5-4 和 5-5 所示。

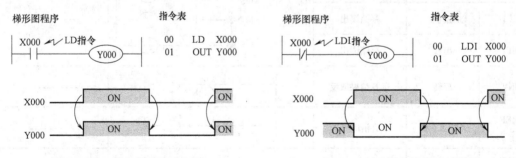

图 5-4 LD 指令编程及时序图   图 5-5 LDI 指令编程及时序图

在 FX3U 系列 PLC 中，LD 和 LDI 指令可以通过变址（V、Z）进行修饰，如图 5-6 所示。

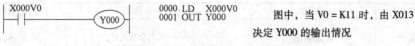

图 5-6 LD 指令通过变址修饰情况

2. OUT 指令

OUT 指令也叫做线圈驱动指令，用于线圈的连接。OUT 指令可多次连续使用（这叫做并联输出）。OUT 指令可使用的软元件有 Y、M、S、T、C。

OUT 指令编程示例如图 5-7 所示。

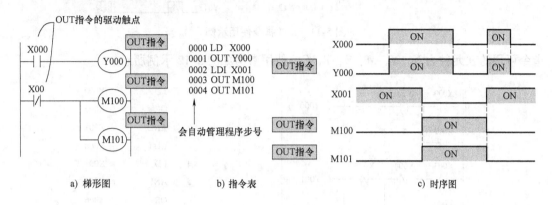

图 5-7　OUT 指令编程举例

对于定时器和计数器的线圈设定，在 OUT 指令后要加上设定值，设定值以十进制数直接指定，也可以通过数据寄存器（D）或文件寄存器（R）间接指定，如图 5-8、图 5-9 所示。

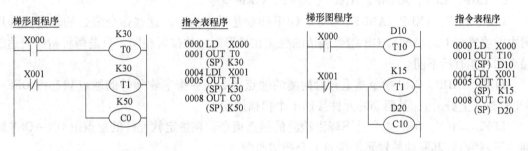

图 5-8　直接指定示例　　　　　　　图 5-9　间接指定示例

3. AND/ANI（与/与非）指令

AND/ANI 指令用于一个常开/常闭触点与其前面电路的串联连接（作"逻辑与"运算），串联触点的数量不限，该指令可多次使用。AND/ANI 指令可用的软元件为 X、Y、M、S、T、C 等。使用参考如图 5-10、图 5-11 示例所示。

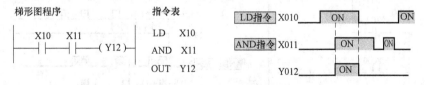

图 5-10　AND 指令使用示例

4. OR/ORI（或/或非）指令

OR/ORI 指令用于一个常开/常闭触点与上面电路的并联连接（作逻辑或运算）。并联触点的数量不限，该指令可多次使用，但要使用打印机打印时，并联列数不要 24 行。OR/ORI

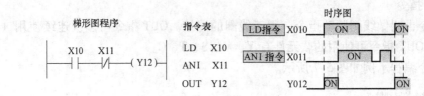

图 5-11　ANI 指令使用示例

指令可用的软元件为 X、Y、M、S、T、C。使用参考如图 5-12 示例所示。

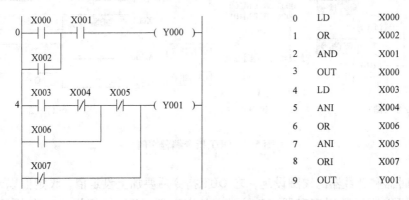

图 5-12　OR、ORI 使用示例

5. LDP、LDF、ANDP、ANDF、ORP、ORF 指令

LDP、LDF、ANDP、ANDF、ORP、ORF 指令是触点指令。这些指令表达的触点在梯形图中的位置与 LD、AND、OR 指令表达的触点在梯形图中的位置相同。只是两种指令表达的触点的功能有所不同。

LDP、ANDP、ORP 指令是上升沿检测的触点指令。在指定软元件的触点状态由 OFF→ON 时刻（上升沿），其驱动的元件接通 1 个扫描周期。

LDF、ANDF、ORF 指令是下降沿检测的触点指令。在指定软元件的触点由 ON→OFF 时刻（下降沿），其驱动的软元件接通 1 个扫描周期。

LDP、LDF、ANDP、ANDF、ORP、ORF 指令可用的软元件为 X、Y、M、S、T、C。上升沿指令使用如图 5-13 所示。

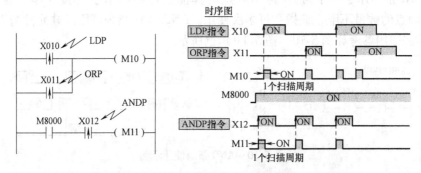

图 5-13　上升沿指令使用示例

6. ORB（电路块或）指令

电路块：电路块是指由两个或者两个以上的触点连接构成的电路。

ORB 指令用于串联电路块的并联连接。ORB 指令的用法和编程示例如图 5-14 所示。

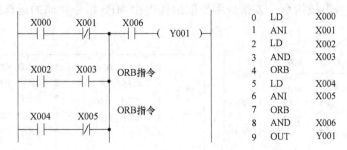

图 5-14　ORB 指令的用法和编程示例

使用 ORB 指令要点如下：

1）编程时，每一个电路块单独进行编程，即每个电路块起始于 LD/LDI 指令。

2）ORB 指令是块连接指令，编程时，指令后面没有软元件。

3）编写多个电路块并联程序时，ORB 指令可写于每个电路块后（如上图所示指令表），这样可并联无限的电路块，ORB 使用的次数没有限制。ORB 指令也可将所有电路块程序写完后，连续写多个 ORB 指令，但这样编程时，最多可连续写 8 次 ORB 指令。

7. ANB（电路块与）**指令**

ANB 指令用于并联电路块的串联连接。ANB 指令的用法和编程举例如图 5-15 所示。使用 ANB 指令要点如下：

1）每一个电路块要单独编程，即每一个电路块都起始于 LD/LDI 指令。

2）ANB 指令是块连接指令，编程时，指令后面没有软元件。

3）编写多个电路块串联程序时，ANB 指令可写于每个电路块后，这样可串联无限的电路块。ANB 指令也可将所有电路块程序写完后，连续写多个 ANB 指令。但最多可连续写 8 次 ANB 指令。

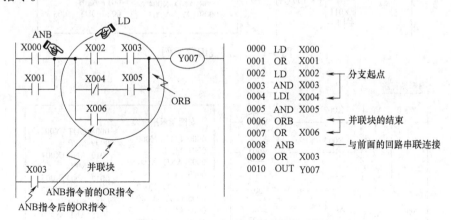

图 5-15　ANB 指令用法编程示例

8. MPS、MRD、MPP（运算结果进栈、读栈、出栈）**指令**

在 PLC 中有 11 个称为堆栈的内存，用于记忆运算的中间结果。MPS、MRD、MPP 指令用于分支多重输出电路的编程。MPS、MRD、MPP 指令基本结构如图 5-16 所示。

MPS（Push）为进栈指令，该指令将当前的运算结果送入栈存储器。

MRD（Read）为读栈指令，该指令用于读出栈内由 MPS 指令存储的运算结果。栈内数据不改变。

MPP（Pop）为出栈指令，该指令用于取出栈内由 MPS 指令存储的运算结果，同时该数据在栈内消失。

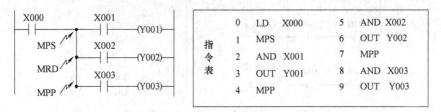

图 5-16　栈指令基本结构

使用栈指令基本要点如下：

1）栈起点相当于电路的串联连接，写指令时使用 AND、ANI 指令；

2）MPS、MPP 指令必须成对使用。

3）编程时，在 MPS、MRD、MPP 指令后没有软元件；

4）MPS 指令可以重复使用，但使用次数不允许超过 11 次（或者说：最多可作 11 个分支点记忆）。实际中称为多层栈的示例如图 5-17、图 5-18 所示。

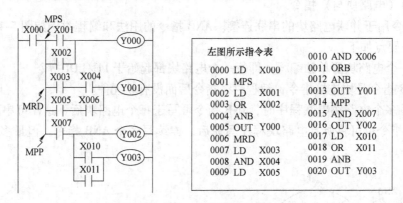

图 5-17　二层栈编程示例

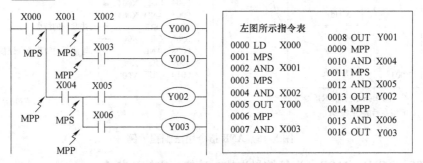

图 5-18　三层栈编程示例

9. MC、MCR 主控指令

MC（Master Control）：主控指令或公共触点串联连接指令（MC 的意义是将母线转移到条件触点后面）。

MCR（Master Control Reset）：主控复位指令（MCR 的意义是将母线还原回来）。

MC、MCR 指令用于一个或多个触点控制多条分支电路的编程。每一主控程序均以 MC 指令开始，MCR 指令结束，它们必须成对使用。当执行指令的条件满足时，直接执行从 MC 到 MCR 的程序。例如，在图 5-19 中，当 X001 为 ON 时，执行 MC 到 MCR 间的程序，否则不执行这段程序。当 X001 为 OFF 时，即使此时 X002 为 ON，Y001 也为 OFF。

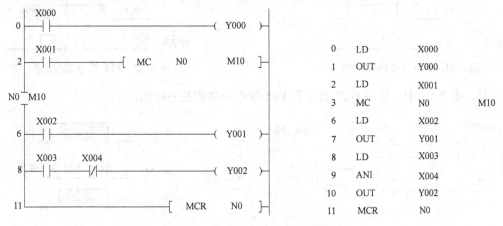

图 5-19　主控指令编程示例

主控指令编程要点如下：

1）使用主控指令的触点称为主控触点，在梯形图中与一般触点相垂直。

2）在使用主控触点后，相当于母线移到主控触点的后面。

3）如果 MC 指令的输入触电断开时，积算定时器、计数器和用复位/置位指令驱动的软元件保持其当时的状态；非积算定时器和用 OUT 驱动的元件变为 OFF。

4）在 MC 指令与 MCR 指令之间可再次使用 MC/MCR 指令，这叫做嵌套。主控点电路内最多可有 8 层嵌套。嵌套次数可按顺序分 0～7 级，嵌套层数为 0～7 层，用 N0～N7 表示（其嵌套编号须依序加大：N0→N1→N2→N3→N4→N5→N6→N7）。主控结束按 N7～N0 顺序表示（其嵌套编号须依次减小：N7→N6→N5→N4→N3→N2→N1→N0）。

使用编程如图 5-20 所示。

5）主控指令 MC 可使用的软元件为 Y、M。

10. PLS、PLF（脉冲输出微分）指令

PLS 指令将指定信号上升沿进行微分后，输出一个脉冲宽度为一个扫描周期的脉冲信号。如图 5-21 所示，当 X000 的状态由 OFF→ON 时，M10 接通一个扫描周期。

PLF 指令将指定信号的下降沿进行微分后，输出一个脉冲宽度为一个扫描周期的脉冲信号。

通常使用 PLS/PLF 指令将脉宽较宽的

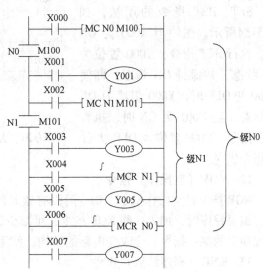

图 5-20　多重主控指令编程示例

输入信号变成脉宽为一个扫描周期的触发信号。用该信号对计数器进行初始化或复位。

PLS/PLF 指令可使用的软元件为 Y、M（特殊 M 除外）。

如图 5-22 所示，当 X001 的状态由 ON→OFF 时，M11 接通一个扫描周期。

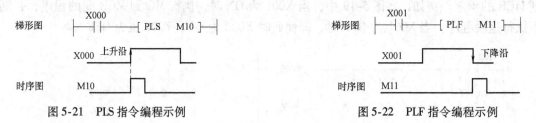

图 5-21　PLS 指令编程示例　　　　　　　　图 5-22　PLF 指令编程示例

另外，图 5-23 中，使用 OUT 指令和 PLS 指令的功能是一样的。

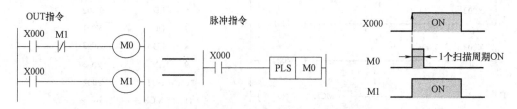

图 5-23　OUT 指令和 PLS 指令等效程序

11. SET、RST（置位、复位）指令

SET 指令用于对软元件置位，指将受控组件设定为 ON 并保持受控组件的状态。SET 指令可使用的软元件为 Y、M、S。

RST 指令用于对软元件复位，指将受控组件设定为 OFF，也就是解除受控组件的状态。RST 指令可使用的软元件为 Y、M、S、T、C、D、V、Z。

积分型定时器 T264～T255 的当前值要复位，也必须使用 RST 指令。

将数据寄存器 D、V、Z 中的内容清除为 0，除了用 RST 指令外，还可使用 MOV 指令将 K0 传送到 D、V、Z 中。

SET、RST 指令的用法，如图 5-24 所示。图中当 X000 为 ON 时，执行 SET 指令，Y000 置位为 ON 状态，并保持 ON 状态，即使 X000 变 OFF 时，Y000 仍然为 ON 的状态。当 X001 为 ON 时，执行

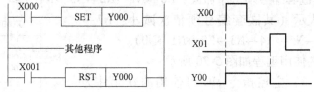

图 5-24　SET、RST 指令的用法编程

RST 指令，Y000 复位为 OFF 状态。若 X000、X001 均为 ON 时，则后执行的优先，这里复位指令优先。

12. NOP（空操作）指令

NOP 指令是空操作指令，指令后没有软元件。执行 NOP 指令不做任何操作，但占用步序。编写程序时，加入一些 NOP 指令，可减少修改程序时步序号的变化。若用 NOP 指令替换程序中的某一指令，会改变电路的结构，使用时一定要注意。

13. END（程序结束）指令

END 指令用于程序的结束，指令后没有软元件。

PLC 以扫描方式执行程序，执行到 END 指令时，扫描周期结束，再进行下一个周期的

扫描。END 指令后面的程序不执行。

调试程序时，常常在程序中插入 END 指令，将程序进行分段调试。

14. INV 指令

用于将执行 INV 指令之前的运算结果取反状态。INV 指令后无软元件。INV 指令只能在与 AND、ANI、ANDP、ANDF 指令相同位置处编程。

INV 指令的用法和编程示例如图 5-25 所示。

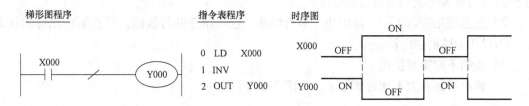

图 5-25 INV 指令的用法编程示例

15. MEP MEF 指令

MEP MEF 指令是将运算结果脉冲化的指令，不需要指定软元件编号。

MEP 指令（运算结果的上升沿时为 ON）是指在到指令为止的运算结果，从 OFF→ON 时变为导通状态。指令的功用是在串联多个触点的情况下，容易实现脉冲化处理。MEP 指令编程使用如图 5-26 所示。

图 5-26 MEP 指令编程使用

MEF 指令（运算结果的下降沿时为 ON）是指在到指令为止的运算结果，从 ON→OFF 时变为导通状态。指令的功用是在串联多个触点的情况下，容易实现脉冲化处理。MEF 指令编程使用如图 5-27 所示。

图 5-27 MEF 指令编程使用

使用 MEP、MEF 指令注意事项如下：

1）在子程序和 FOR ~ NEXT 指令中，有 MEP、MEF 指令对用变址修饰的触点进行脉冲化，可能无法动作。

2）MEP、MEF 指令只能在 AND 指令相同的位置上使用，不能用在 LD、OR 的位置上。

3）指令适用于 FX3U 系列 PLC。

5.3　基本指令的编程设计技巧

5.3.1　编程的基本要求

1）梯形图中每一逻辑行从左到右排列，以触点与左母线连接开始，以线圈与右母线连接结束（有些梯形图也可省去右母线）。

2）触点使用次数不限，可以用于串行线路，也可用于并行线路。所有输出元件的线圈也都可以作为辅助继电器使用。

3）线圈不能重复使用。

4）输出线圈右边不能再画触点。如图 5-28 所示。

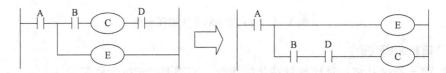

图 5-28　输出线圈使用规定

5）编程时触点只能画在水平线上，不能画在垂直线上。

6）改变触点位置，将并联多的电路移近左母线，将串联触点多的电路放在上部。如图 5-29、图 5-30 所示。

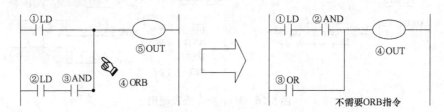

图 5-29　串联触点编程规定

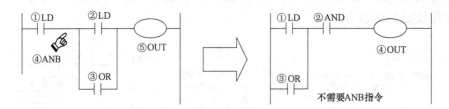

图 5-30　并联触点编程规定

7）PLC 的运行是按照从左而右，自上而下的顺序执行的；而继电控制线路是并行的，电源一接通，并联支路都有相同电压。因此在 PLC 的编程中应注意，程序的顺序不同，其执行结果不同，如图 5-31 所示。左图中当 X0 为 ON 时，Y0 、Y2 为 ON，Y1 为 OFF；右图中当 X0 为 ON 时，Y1 、

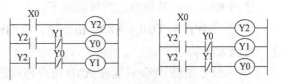

图 5-31　程序顺序不同执行结果不同的梯形图

Y2 为 ON ，Y0 为 OFF。

8）对于不能编程的电路，应该对其进行优化，使其能为 PLC 所识别。图 5-32 中左图为一桥式电路，从继电器电路来说是允许的，但是不进行优化，是不能为 PLC 所识别，只有变换成图 5-32 中右图才可以使 PLC 识别。

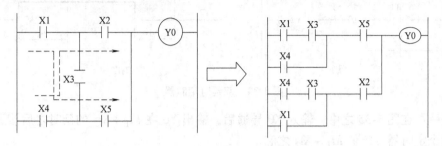

图 5-32　桥式电路变换

5.3.2　基本编程环节

在应用基本指令编程时，经常用到一些基本编程环节，以下列出部分示例，供读者分享。

1. 延时电路

【例 5-1】　失电延时定时器

PLC 的定时器一般多为接通延时定时器，即输入条件为 ON，定时器线圈通电，定时器的设定值开始计时，直到设定值时，其常开触点闭合，常闭触点断开。当定时器的输入断开时，即复位时，使其常开触点断开，常闭触点闭合。有时我们需要另一种定时器，就是失电延时定时器，如图 5-33 所示。

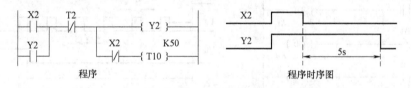

图 5-33　失电延时电路

当 X2 为 ON 时，其常开触点闭合，输出继电器 Y2 接通并自保持，但定时器 T2 却无法接通。只有 X2 断开，且断开时间达到设定值（5s）时，Y2 才由 ON 变 OFF，实现了失电延时。

【例 5-2】　双延时定时器，是指通电和失电均延时的定时器，用两个定时器完成双延时控制，如图 5-34 所示。

当输入 X2 为 ON 时，T1 开始计时，2s 后接通 Y2 并自保持。当输入 X2 由 ON 变 OFF 时，T2 开始计时，3s 后，T2 常闭触点断开 Y2，实现了输出线圈 Y2 在通电和失电时均产生延时控制的效果。

【例 5-3】　长延时定时器。

FX 系列 PLC 最大计时时间为 999s，为产生更长的设定时间，可将多个定时器、计数器联合使用，扩大其延时时间。

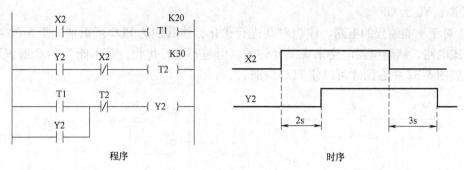

图 5-34　双延时定时器

方法一：在图 5-35 之中，输入 X0 导通后，输出 Y0 在 $Kt_1 + Kt_2$ 的延时之后接通，延时时间为两个定时器设定值 $Kt_1 + Kt_2$ 之和。

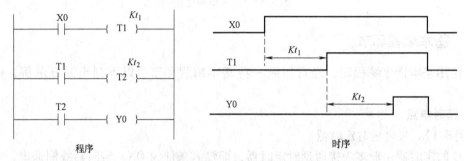

图 5-35　方法一程序图

方法二：用一个定时器和一个计数器连接构成一个等效倍乘的定时器。如图 5-36 所示。

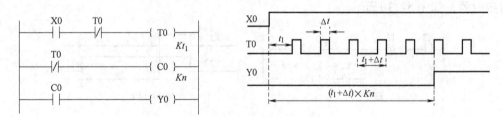

图 5-36　方法二程序图

2. 闪光电路

闪光电路是广泛应用的一种实用控制电路，它既可以控制灯光的闪烁频率，又可以控制灯光的通断时间比。同样的电路也可控制不同的负载，如电铃、蜂鸣器等。实现灯光控制的方法很多，常用的方法有 4 种：

【例 5-4】　闪光电路之一。

用 M8013（PLC 内部 1s 脉冲）编程，如图 5-37 所示，当 M8000 为 ON 时，输出继电器 Y0 则 0.5s 为 ON，0.5s 为 OFF，反复交替运行。如果 Y0 点控制一个灯光的话则该灯光亮 0.5s，灭 0.5s，如此循环不止。

【例 5-5】　闪光电路之二。

图 5-38 为亮暗时间相等且固定不变的参考程序，若要求亮暗时间不相等的话则要采用图 5-39 所示的电路才能实现。

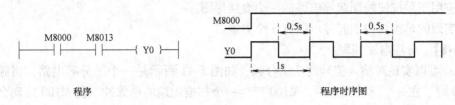

图 5-37　闪光电路之一

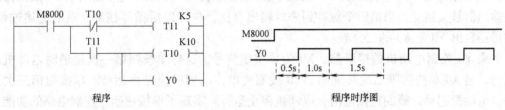

图 5-38　闪光电路之二

【例 5-6】　闪光电路之三。

由图 5-39 可知，当 M8000 为 ON 时，由于 T1 时间未到，其动断触点闭合 Y0 为 ON。当 T1 整定时间到 Y0 为 OFF，T1 的动合点闭合使 T0 开始计时，当 T0 时间到，其动断点闭合使 T1 开始计时，同时 Y0 也为 ON 如此循环。

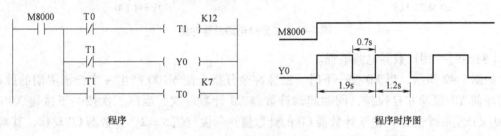

图 5-39　闪光电路之三

【例 5-7】　闪光电路之四。

图 5-40 是实现闪光灯闪动 5 次就自动停止该功能的电路图。

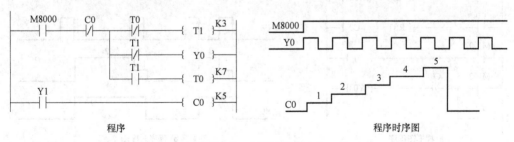

图 5-40　闪光电路之四

3. 单按钮控制起停电路

通常一个电路的起动和停止控制是由两只按钮分别完成的，当一台 PLC 控制多个这种具有起停操作的电路时，会占用很多输入点。一般小型 PLC 的输入/输出点是按 3:2 的比例配置的，由于大多数被控设备是输入信号多，输出信号少，有时在设计一个不太复杂的控制电路时，也会面临输入点不足的问题，因此用单按钮实现起停控制的意义日益重要，这也是目前广泛应用于单按钮控制起停电路的一个直接原因。

一般实现的单按钮控制起停电路有 3 个方案。

【例 5-8】　分频电路编程。

用 PLC 可以实现对输入信号的任意分频，如图 5-41 所示是一个二分频电路，将脉冲信号加入 X0 端，在一个脉冲到来时，M100 产生一个扫描周期的单脉冲，使 M100 的动合点闭合，Y0 线圈接有输出并自保持。当第二个脉冲到来时，由于 M100 的动断点断开一个扫描周期，Y0 自保持消失 Y0 线圈断开。第三个脉冲到来时，M100 又产生单脉冲，Y0 线圈再次接通输出信号又建立，当第四个脉冲到来时输出再次消失，以后循环往复，重复上述过程，从波形图看出 Y0 是 X0 的二分频。

如果 Y0 控制电动机的接触器，X0 为单按钮信号，这样单按钮第一次接通时电动机起动运行，当 X0 单按钮第二次接通时，Y0 线圈失电，电动机便停止运行。单按钮第三次接通时，电动机起动，第四次接通时，电动机停止运行。实现了单按钮起停控制电路的功能。

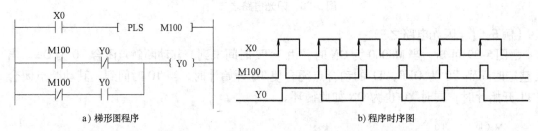

a）梯形图程序　　　　　　　　　b）程序时序图

图 5-41　二分频电路及脉冲图

【例 5-9】　用计数器电路编程。

如图 5-42 所示，当 X0 按一下时，由脉冲微分指令使 M100 产生一个扫描周期的脉冲，该脉冲使 Y0 起动并自保持，同时起动计数器 C0 计数一次，当第二次按一下按钮 X0 时，M100 又产生一个脉冲，由于计数器 C0 的计数值达到设定值 $K=2$，计数器 C0 动作，其常开触点使 C0 复位，为下次计数器做准备，其常闭触点断开 Y0 回路，实现了用一只按钮完成的单数次计数起动、双数次计数停止的控制。

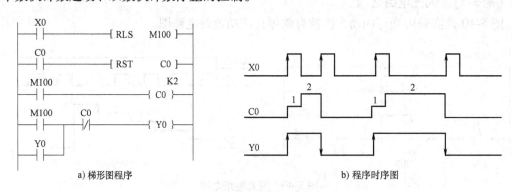

a）梯形图程序　　　　　　　　　b）程序时序图

图 5-42　计数器电路编程示例

【例 5-10】　单按钮实现电动机起停控制。

如图 5-43 所示，第一次按下按钮 X0 时，输出 Y0 置 1。再次按 X0，输出 Y0 置 0，如此反复交替进行，其效果达到单按钮可以控制电动机起停。

【例 5-11】　开机累机时间控制程序。

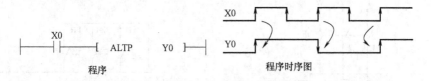

图 5-43　单按钮实现电动机起停编程

PLC 运行累计时间控制程序如图 5-44 所示。它通过 M8000 运行常开触点、M8013 秒脉冲触点和计数器结合组成秒、分、时、天、年的显示程序。

为保证每次开机的时间累计计时，计数器必须采用停电保持型。程序中计数器采用 C101 ~ C104，属于停电保持型的。

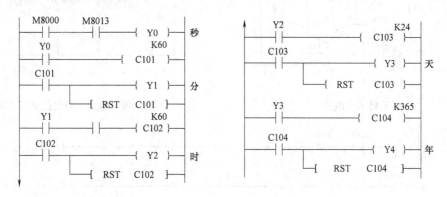

图 5-44　PLC 运行累计时间控制程序

5.3.3　编程案例

案例 1　三速电动机 PLC 控制

1. 控制要求

用 PLC 基本逻辑指令编程，实现以下功能，主电路如图 5-45 所示。

1）先起动电动机低速运行，使 KM1、KM2 闭合；

2）低速运行（T_1）3s 后，使电动机中速运行，此时断开 KM1、KM2，使 KM3 闭合；

3）中速运行（T_2）3s 后，使电动机高速运行，断开 KM3、使 KM4、KM5 闭合；

4）如有故障，可随时停机。

2. 案例解决步骤

1）合理分配 I/O 口。

输入：停止按钮（X0），起动按钮（X1），热继电器（X2）；

输出：KM1（Y1）、KM2（Y2）、KM3（Y3）、KM4（Y4）、KM5（Y5）。

2）输入、输出控制接线图，如图 5-46 所示。

3）程序编制。编制参考程序如图 5-47 所示。注意：程序不是唯一的！

4）调试现象。在计算机上输入正确程序后，下载到 PLC 中，将运行开关打到 RUN，按下起动按钮，这时 Y1、Y2 亮，3s 后熄灭 Y3 亮，3s 后 Y3 灭 Y4、Y5 亮，在此期间，只要按停止按钮或热继电器动作，都将全部熄灭。

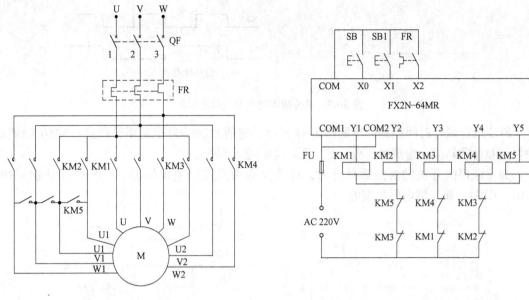

图 5-45　主电路　　　　　　　　图 5-46　输入、输出控制接线图

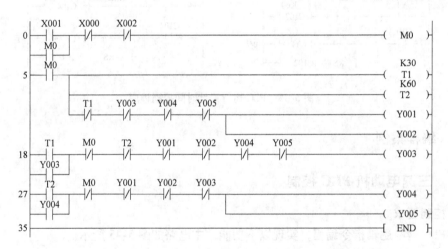

图 5-47　参考梯形图

案例 2　电动机丫-△起动控制

1. 控制要求

用 PLC 基本逻辑指令编程，实现三相异步电动机丫-△起动控制，要求如下：

1）KM2 先闭合，KM1 再闭合。

2）星—三角起动期间，要有灯闪烁指示，闪烁周期为 0.5s，闪烁次数为 3。

3）系统有热保护和急停功能。

2. 案例解决步骤

1）I/O 分配如下。

输入：停止按钮（X0），起动按钮（X1），热继电器（X2）。

输出：KM1（Y0），KM2（Y1），KM3（Y2），信号指示灯（Y3）。

2）主电路接线如图 5-48 所示。

3）输入输出控制接线图，如图 5-49 所示。

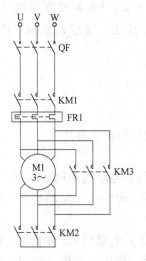

图 5-48　主电路接线图

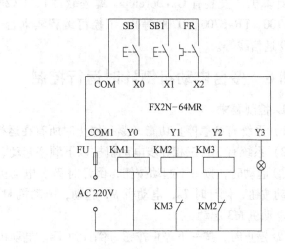

图 5-49　输入、输出接线图

4）编制程序，用两种方法编程，参考程序分别如图 5-50、图 5-51 所示。

5）调试步骤。首先空载调试，接触器按控制要求动作，即按起动按钮 SB1（X0）时，KM2（Y1）、KM1（Y0）闭合，3s 后 KM2 断开，KM3（Y2）闭合，起动期间指示灯（Y3）闪三次，当按停止按钮 SB（X0）或热继电器 FR（X2）动作，则 KM1、KM3 断开。然后再按图 5-48 的主电路连接电动机，进行动态调试。

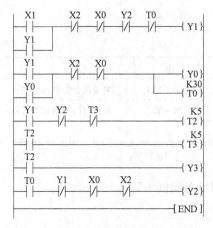

图 5-50　法一参考程序梯形图

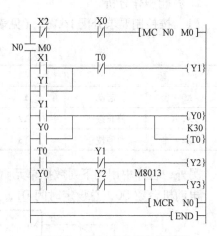

图 5-51　法二参考程序梯形图

5.4　基本指令应用实训

1. 实训目的

1）掌握基本指令的使用和编程方法。

2）学习 PLC 与外部设备的连接方法。

3）熟悉 GX-Developer 编程软件的使用。

4）学习 PLC 与变频器综合控制编程方法。

2. 实训设备器材

计算机（安装有 Gx-Developer 编程软件）、FX2N-64MR PLC、FR 系列变频器（A500、FR-A700、FR-S700、D700 等）、工控可编程实训台、指示灯挂箱、接触器挂箱、连接线、SC-09 通信线等。

实训 6　多台电动机倒计时运行控制

1. 控制要求

1）系统有紧急停止功能（紧急停止时所有在运行的电动机停止运行）。

2）系统有 3 台三相异步电动机按以下顺序起动、停止：

① 起动时，按一下起动按钮，倒计时 Ts，电动机 M1 起动；电动机 M1 起动后，再按一下起动按钮，倒计时 Ts，电动机 M2 起动；电动机 M2 起动后，再按一下起动按钮，倒计时 Ts，电动机 M3 起动；

② 停止时，按一下停止按钮，倒计时 Ts，电动机 M3 停止；电动机 M3 停止后，再按一下停止按钮，倒计时 Ts，电动机 M2 停止；电动机 M2 停止后，再按一下停止按钮，倒计时 Ts，电动机 M1 停止。

3）起动、停止时的倒计时时间用数码管显示。

4）电动机运行的总台数用数码管显示。

5）考核时无三台电动机时可用接触器代替电动机、用指示灯指示电动机运行工况。

6）倒计时时间 T 由读者自行设定，但时间 T 不超过 9s。

2. 技能操作分析

（1）按控制要求分配 I/O 口（见表 5-7）。

表 5-7　I/O 口分配

输　　入		输　　出		
X0	起动	Y1	电动机 1	Y10 ~ Y17	电动机台数数码管显示
X1	停止按钮	Y2	电动机 2	Y20 ~ Y27	倒计时时间数码管显示
X2	急停按钮	Y3	电动机 3		

另外，程序中用到下列数据单元

电动机台数 D0，总设定时间 D1，启动时间 D2，倒计时时间 D3。

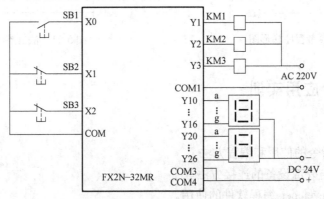

图 5-52　控制电路接线图

（2）控制电路接线图设计（见图5-52）。

（3）根据控制要求编写参考程序（见图5-53）

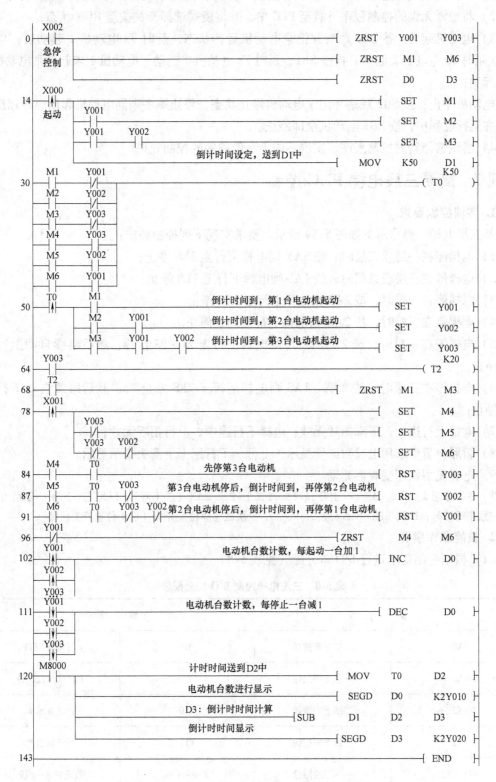

图5-53 多台电动机倒计时运行控制参考程序

（4）运行调试

1）按控制接线图连接控制电路与主电路；

2）将编译无误的控制程序下载至 PLC 中，并将模式选择开关拨至 RUN 状态；

3）电动机起动：按 SB1 观察并记录电动机运行状态，延时 Ts 电动机 1 起动后，再按 SB1，延时 Ts 电动机 2 起动，再按 SB1，延时 Ts 电动机 3 起动，电动机 1 未起动则电动机 2 不能起动；

电动机停止：按 SB2 观察并记录电动机停止状态，停止顺序则同电动机起动顺序相反；

在运行过程中，按 SB3 电动机全部停止。

4）尝试编译新的控制程序，实现不同于示例程序的控制效果。

实训 7　简易三层电梯 PLC 控制

1. 实训控制要求

某三层电梯，操作示意如图 5-54 所示。要求实现下列控制要求：

1）电梯停在一层或二层时，按 3AX 则电梯上行至 3LS 停止；

2）电梯停在三层或二层时，按 1AS 则电梯下行至 1LS 停止；

3）电梯停在一层时，按 2AS 则电梯上行至 2LS 停止。

4）电梯停在三层时，按 2AX 则电梯下行至 2LS 停止。

5）电梯停在一层时，按 2AS、3AX 则电梯上行至 2LS 停止 Ts；然后继续自动上行至 3LS 停止；

6）电梯停在三层时，按 2AX、1AS 则电梯运行至 2LS 停止 Ts；然后继续自动下行至 1LS 停止；

7）电梯上行途中，下降招呼无效；电梯下行途中，上行招呼无效；

8）轿厢位置要求用七段数码管显示，上行、下行用上下箭头指示显示。

9）电梯曳引机用变频器驱动。

注：各符号意义如下：1AS（一上呼）、2AS（二上呼）、2AX（二下呼）、3AX（三下呼）分别为一、二、三层招呼信号；1LS、2LS、3LS 分别为一、二、三层磁感应位置开关（可用位置开关代替）。

2. 技能操作指引

（1）根据控制要求进行 I/O 口分配（见表 5-8）

表 5-8　三层电梯控制 I/O 口分配表

输　　入		输　　出	
X0	二层下呼按钮	Y0	上行信号(STF)
X1	一层上呼按钮	Y1	下行信号(STR)
X2	二层上呼按钮	Y10	上行显示▲
X3	三层下呼按钮	Y11	下行显示▼
X11 ~ X13	一 ~ 三层限位	Y30 ~ Y36	数码管 a ~ g 段

（2）变频器参数设置

Pr. 1 = 50.00Hz　　Pr. 7 = 2.0s　　Pr. 8 = 2.0s　Pr. 79 = 3

PU 运行频率 f = 50.00Hz

（3）三层电梯控制接线（见图 5-55）

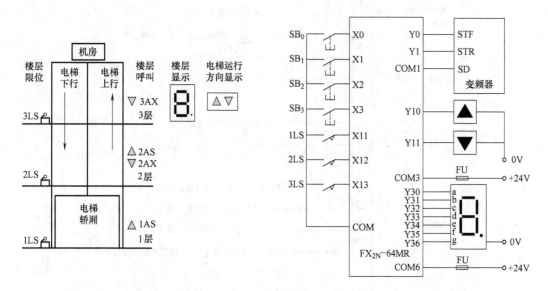

图 5-54　三层电梯示意图　　　　图 5-55　三层电梯控制接线图

（4）按控制要求编写参考梯形图（见图 5-56）

☞ 1）编程时仔细分析并抓住控制要求 1~6 中的呼叫和位置信号是本题编程的关键。

2）图 5-56 中楼层显示可用
```
        M8000
 ───────┤├──────┬── [ENC0  X10  D0  K2]
                └── [SEGD  D0   K2  Y30]
```
程序代替。

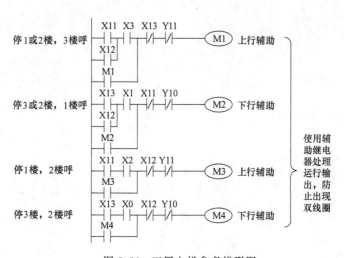

图 5-56　三层电梯参考梯形图

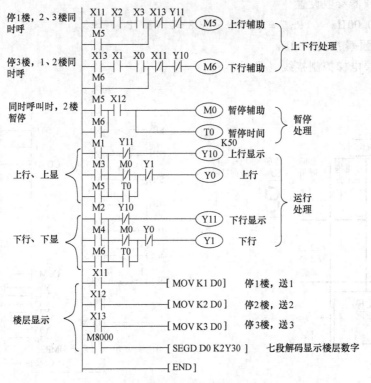

图 5-56　三层电梯参考梯形图（续）

第6章　FX系列PLC步进控制设计技术

近年来，许多新生产的PLC在梯形图语言之外加上了符合IEC1131-3标准的SFC（Sequential Function Chart）语言，用于编制复杂的顺控程序。利用这种先进的编程方法，初学者也很容易编出复杂的顺控程序。熟练的电气工程师用这种方法后也能大大提高工作效率。另外，这种方法也为调试、试运行带来许多难以言传的方便。

IEC1131-3中定义的SFC语言编制的程序极易相互变换。三菱的小型PLC在基本逻辑指令之外增加了两条简单的步进顺控指令（STL，Step Ladder）和RET，同时辅之以大量状态元件，就可以用类似于SFC语言的状态转移图方式编程。

步进控制实际是将复杂的顺控过程分解为小的"状态"分别编程，再组合成整体程序的编程思想。可使编程工作程式化，规范化。是PLC程序编制的重要方法。

6.1　FX系列PLC的步进顺控指令

6.1.1　步进顺控指令

步进顺控指令是专门用于步进控制的指令。所谓步进控制是指控制过程按"上一个动作完成后，紧接着做下一个动作"的顺序动作的控制。

步进控制指令共有两条，即步进触点指令（STL）和步进返回指令（RET）。它们专门用于步进控制程序的编写。FX系列PLC两条专用的步进指令见表6-1。

表6-1　步进顺控指令功能及梯形图符号

指令助记符、名称	功　能	梯形图符号	程　序　步
STL 步进触点指令	步进触点驱动	⊢┤ S ├┤├─────◯	1
RET 步进返回指令	步进程序结束返回	─────[RET]	1

1. STL 指令

STL指令称作为步进触点指令，其功能是将步进触点接到左母线，形成副母线。步进触点只有常开触点，没有常闭触点。步进指令在使用时，需要使用SET指令将其置位。

2. RET 指令

RET指令称作步进返回指令，其作用是使副母线返回原来的位置。

在SFC程序编程时，最后使用RET指令。但是使用Gx Developer编程软件编程时，不需要输入RET指令，系统会自动生成。

3. 使用步进指令注意事项

1）STL、RET指令与状态继电器S0～S899结合使用，才能形成步进控制，状态继电器S0～S899只有在使用SET指令才具有步进控制功能，提供步触点。

2）使用 STL、RET 指令时，不必在每条 STL 指令以后都加一条 RET 指令，但最后必须有 RET 指令，也就是说可以在一系列的 STL 指令最后加一条 RET 指令。

6.1.2 步进指令软元件

1. 步进指令编程元件

步进指令配合状态继电器进行编程，只能使用 S0～S899，FX2N 系列 PLC 状态元器件的分类及编号见表 6-2。

表 6-2 FX2N 系列 PLC 的状态元件

类　别	元件编号	点数	用途及特点
初始状态	S0～S9	10	用于状态转移图（SFC）的初始状态
返回原点	S10～S19	10	多运行模式控制当中，用作返回原点的状态
一般状态	S20～S499	480	用作状态转移图（SFC）的中间状态
掉电保持状态	S500～S899	400	具有停电保持功能，用于停电恢复后需继续执行停电前状态的场合
信号报警状态	S900～S999	100	用作报警元件使用

使用状态软元件注意事项：

1）步进状态的编号必须在指定用途范围内选择。

2）步进软元件在使用时，可以按从小到大的顺序使用，也可以不按编号的顺序任意使用，但不能重复使用，也不能超过用途范围。如自动状态下，可以第一个状态使用 S20，第二个状态使用 S22（就是说不一定使用 S21），但不能使用 S0～S9（因这类状态是用作初始状态）。

3）各状态元件的触点，在 PLC 内部可自由使用，次数不限。

4）在不用步进顺控指令时，状态元件可作为辅助继电器在程序中使用。其功能相当于前文所讲的辅助继电器 M 一样使用。

2. 特殊辅助继电器

在步进顺控编程时，为了能更有效地编写步进梯形图，经常会使用表 6-3 中的特殊辅助继电器。

表 6-3 步进常用的特殊辅助继电器

元件号	名　称	操作/功能
M8000	RUN 监控	可作为一直需要驱动的程序的输入条件，或作为 PLC 的运行状态监控用
M8002	初始脉冲	用作程序的初始设定和初始状态的置位
M8034	禁止所有输出	虽然 PLC 的程序在运行，但是 PLC 的全部输出端子全部为 OFF
M8040	禁止状态转移	M8040 接通时，所有的状态之间禁止转移。但是，所有状态之间虽然不能转移，状态程序中已经动作的输出线圈不会自动断开
＊M8041	状态转移开始	自动方式时从初始状态开始转移
M8042	启动脉冲	启动输入时的脉冲输入
＊M8043	回原点完成	原点返回方式结束后接通
＊M8044	原点条件	检测到机械回到原点时动作
M8045	禁止输出复位	方式切换时，不执行全部输出的复位
M8046	STL 状态置 ON	即使只有一个状态为 ON 时，M8046 就会自动置 ON

（续）

元件号	名　称	操作/功能
M8047	STL 状态监控	M8047 为 ON 时,将状态 S0～S89,S1000～S1045 中正在动作(ON)的状态最新编号保存在 D8040 中,依次保存,最大到 D8047(最大 8 点),接通后 D8040～D8047 有效。执行 END 指令时处理
M8048	报警器接通	M8049 接通后,S900～S999 中任一 ON 时 M8048 接通
M8049	报警器有效	M8049 驱动后,D8049 的操作有效

注: PLC 由 RUN→STOP 时标有 "＊" 的 M 关断。执行 END 指令时所有与 STL 状态相连的数据寄存器都被刷新。

6.2　步进顺控编程方法

6.2.1　状态转移图

　　状态转移图是用来描述被控对象每一步动作的状态，以及下一步动作状态出现时的条件的。即它是用"状态"描述的工艺流程图。被控对象各个动作工序（状态），可分配到S20～S899 状态寄存器中。在状态转移图中，计时器、计数器、辅助继电器等元件可任意使用。状态转移图的画法如图 6-1 所示。

　　从图 6-1 可以看出，状态转移图中的每一状态要完成以下 3 个功能：

　　1）状态转移条件的指定，如图中 X001、X002。

　　2）驱动线圈（负载），如图中 Y000、Y001、Y002、T0。

　　3）指定转移目标（置位下一状态），如图中 S20、S21 等被置位。

　　当状态从上一状态转移到下一状态时，上一状态自动复位。若用 SET 指令置位 M、Y，则状态转移后，该元件不能复位，直到执行 RST 指令后才复位。

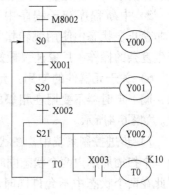

图 6-1　状态转移图

　　状态转移图是状态编程的工具，图 6-1 中包含了程序所需用的全部状态及状态间的关联。针对具体状态来说，状态转移图给出该状态的任务及状态转移的条件及方向。但是状态转移图形式不能直接输入编程软件，由状态转移图可转化为 SFC 功能块图或步进梯形图、指令表 3 种形式，这 3 种表达方式可以通过编程软件进行互相转换。

6.2.2　步进梯形图

　　将图 6-1 所示的状态转移图转换成如图 6-2 所示步进梯形图。步进梯形图中步进触点的画法与普通触点的画法不同，图 6-2 中 S0、S20 等触点。步进触点只有常开触点，与主母线相连。对步进触点，用步进指令 STL 编程。

　　与步进触点相连的触点要用 LD/LDI 指令编程，就好像是母线移到了步进触点的后面成了副母线。用 SET 指令表示状态的转移，用 RET 指令表示步进控制结束，即副母线又返回到主母线上。

6.2.3　STL 指令编程要点

　　使用状态 STL 指令编写梯形图时，要注意以下事项：

　　1）关于顺序：状态三要素的表达要按先任务再转移的方式编程，顺序不得颠倒。

　　2）关于母线：STL 步进触点指令有建立子（新）母线的功能，其后进行的输出及状态转移操作都在子母线上进行。这些操作可以有较复杂的条件。

　　3）栈操作指令 MPS/MRD/MPP 在状态内不能直接与步进触点指令后的新母线连接，应接在 LD 或 LDI 指令之后，如图 6-3 所示。

　　4）步进触点之后的电路块中，不能使用主控 MC/MCR 指令。虽然在 STL 母线后可使用 CJ 指令，但动作复杂，厂家建议不使用。

　　5）中断程序和子程序中不可以使用 STL 指令。并非禁止在状态中使用跳转指令，而是由于使用了会产生复杂的操作，厂家建议最好不要使用。

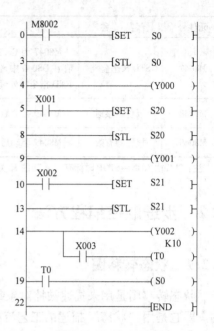

图 6-2　步进梯形图

　　6）关于元器件的使用：允许同一元件的线圈在不同的 STL 触点后多次使用。但要注意，同一定时器不要用在相邻的状态中。在同一程序段中，同一状态继电器也只能使用一次。如图 6-4 所示。

　　7）步进控制系统中，在状态转移过程中会出现一个扫描周期内两个状态同时接通工作的可能，因此在两个状态中不允许同时动作的线圈之间应有必要的互锁。如图 6-5 所示。

　　8）其他：在为程序安排状态继电器元件时，要注意状态器的分类功用，初始状态要从 S0 ~ S9 中选择，S10 ~ S19 是为需设置动作原位的控制安

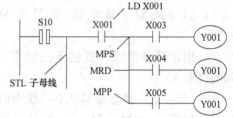

图 6-3　栈操作指令在状态内的使用

排的，在不需设置原位的控制中不要使用。在一个较长的程序中可能有状态程序段及非状态编程程序段。

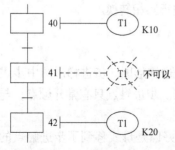

图 6-4　定时器重复使用

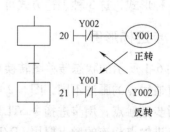

图 6-5　输出互锁

9）图 6-1 中 S0 称为程序的初始状态，在程序运行开始时需要预先通过其他手段来驱动。程序进入状态编程区间可以使用 M8002 作为进入初始状态的信号（也可用 M8000 驱动）。在状态编程段转入非状态程序段时必须使用 RET 指令。

10）同一信号作为多个状态之间转移条件的处理方法：在某些应用中，流程中各个状态之间的转移条件是同一信号。原本的意思是当这信号来时流程上走一步，信号再来时再走一步。但若编程时写成如图 6-6 所示的例子，当 M0 信号来时整个流程会"走通"，即一次通过全部状态。对这种情况可采用以下两种方法处理：

方法一：在每个状态中设置一个阻挡元件，以防止"走通"现象。如图 6-7 所示，进入 S30 时，M1 脉冲阻止进一步转移；M0 下一个脉冲来时，阻挡脉冲消失，可顺利向下转移。每个状态中都设一个阻挡元件，保证 M0 来一个脉冲向下走一步。

方法二：利用脉冲触点指令（LDP、LDF、ANP 等）与 M2800 ~ M3071 辅助继电器配合可得到方法 1 同样的结果，如图 6-8 所示。

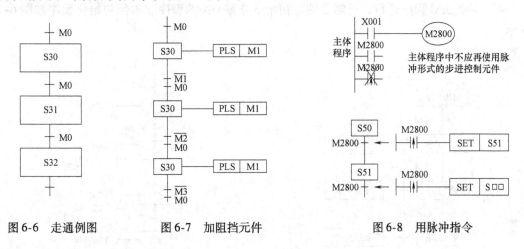

图 6-6　走通例图　　　　　图 6-7　加阻挡元件　　　　　图 6-8　用脉冲指令

6.3　SFC 功能图块的编程

6.3.1　SFC 功能图块的编程方法

在 FX 系列 PLC 中，可以用 SFC（Sequential Function Chart）顺序功能图块实现顺控编程。用 SFC 程序可以实现状态转移图所实现的各项功能，它能使机械动作的各工序和控制流程设计变得更为简单。我们以【例 6-1】来说明 SFC 的编程方法。

【例 6-1】　某花园中心广场有一喷泉控制系统，要求如下：

1）单周期运行，按下起动按钮（X0）后，按照 Y0（待机显示）→Y1（中央指示灯）→Y2（中央喷水）→Y3（环状线指示灯）→Y4（环状线喷水）→Y0（待机显示）的顺序动作，然后返回到待机状态。

2）当 X1 为 ON 时连续运行，重复 Y1 ~ Y7 动作。

3）当 X2 为 ON 时按步进方式运行，每次按起动按钮一次，各输出依次动作一次。

SFC 程序方法步骤：

1）分析控制要求中的动作情况。

2）创建工序图。

① 将控制要求中的动作分成各个工序，按照从上至下的动作顺序用矩形框表示。

② 用纵线连接各个工序，写明各工序推进的条件，执行重复动作的情况下，在一连串的动作结束时，用箭头表示返回到哪个工序。

③ 在表示工序的矩形的右边写入各个工序中执行的动作。

创建本例的工序图如图 6-9 所示。

3）软元件的分配：

① 给各矩形框分配状态元件 S；

② 给转移条件分配软元件；

③ 列出各工序动作的软元件；

④ 执行重复动作和跳转时使用→，并指明要跳转的状态编号。

分配软元件后的状态如图 6-10 所示。

4）要使 SFC 程序运行，还需要编写初始状态置 ON 的程序。本例初始化程序如图 6-11 所示。

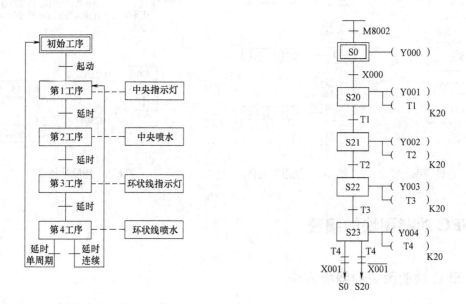

图 6-9　工序图　　　　　　　　　　　　　　图 6-10　状态图

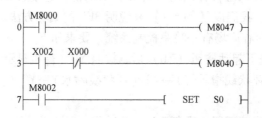

图 6-11　例中初始化程序

根据以上要求我们进行编写控制程序，编写 SFC 程序如图 6-12 所示，转换成步进梯形图如图 6-13 所示。

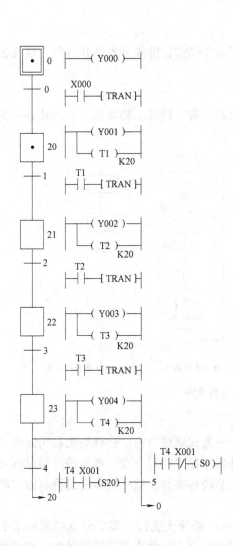

图6-12 编写SFC程序图

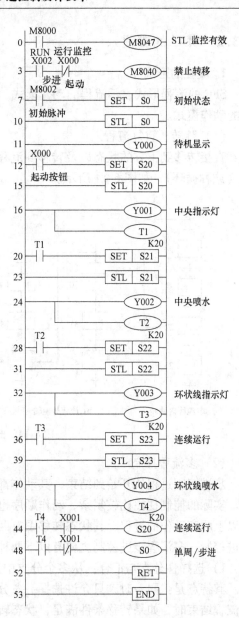

图6-13 转换后的步进梯形图

图6-13转化成指令表见表6-4。

表6-4 图6-13转化成指令表

步号	指　令	步号	指　令	步号	指　令	步号	指　令
0	LD M8000	12	LD X000	25	OUT T2 K20	40	OUT Y004
1	OUT M8047	13	SET S20	28	LD T2	41	OUT T4 K20
3	LD X002	15	STL S20	29	SET S22	44	LD T4
4	ANI X000	16	OUT Y001	31	STL S22	45	AND X001
5	OUT M8040	17	OUT T1 K20	32	OUT Y003	46	OUT S20
7	LD M8002	20	LD T1	33	OUT T3 K20	49	ANI X001
8	SET S0	21	SET S21	36	LD T3	50	OUT S0
10	STL S0	23	STL S21	37	SET S23	52	RET
11	OUT Y000	24	OUT Y2	39	STL S23	53	END

6.3.2　SFC 的流程

1. 流程的形式

SFC 的流程形式表示流程的动作模式，单流程动作模式、选择分支和并行分支以及组合时的动作模式。

（1）跳转、重复流程

直接转移到下方的状态以及转移到流程外的状态，称为跳转。转移到上方的状态称为重复（或称循环），如图 6-14 所示。

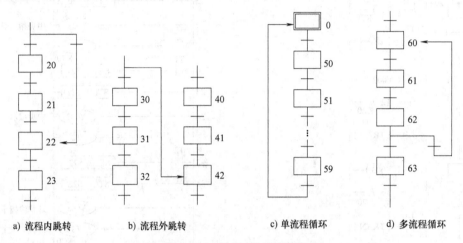

图 6-14　跳转与循环流程图

（2）多流程控制

步进控制过程从开始到结束，其动作都是按单一方式顺序进行。这样的流程叫做单一流程。实际的控制往往比较复杂，动作顺序也往往是多种形式同时存在。即步进控制过程有两个以上顺序动作的过程，其状态转移图有两条以上的转移支路。这样的步进过程叫做多流程步进控制。多流程步进控制主要有以下两种结构：

1）选择性分支与汇合：从多个分支中选择执行一条分支流程，多条分支结束后汇于一点。其特点是：同一时刻只允许选择一条分支，即几条分支的状态不能同时转移。当任意分支流程结束时，如果转移条件满足，状态转移到汇合点的状态。如图 6-15 所示。

2）并行分支与汇合：当转移条件满足时，同时执行几条分支，分支结束后，汇于一点。待所有分支执行结束后，若转移条件满足时，状态向汇合点后的状态转移。如图 6-16所示。

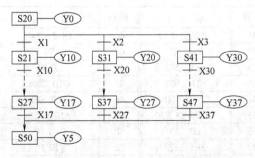

图 6-15　选择性分支与汇合流程分析图

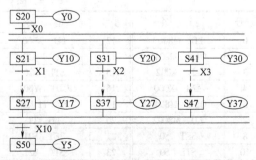

图 6-16　并行分支与汇合流程分析图

图 6-15 所示的选择性分支指令表　　　　图 6-16 所示的并行分支指令表

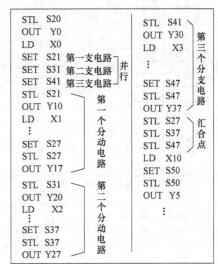

2. SFC 流程分支电路的规则

（1）分支电路的限制

并行或选择性分支对所有的初始状态（S0 ~ S9），每一状态下的分支电路数总和不能大于 8 个，并且在每一分支点分支数不能大于 16 个，如图 6-17 所示。

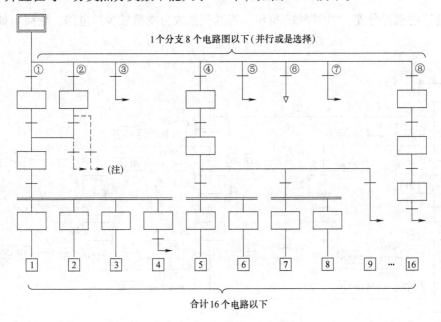

图 6-17　分支电路数的限定

注：直接从汇合线或汇合前状态向其他远处状态的跳转处理或复位处理是不允许的，此时，必须设定虚拟状态以执行上述状态转移（远距离跳转或复位）。

（2）分支、汇合状态的处理办法

1）汇合与分支线直接连接，中间没有状态。如图 6-18 所示，建议在中间使用中间状态，状态中没有空状态专用的编号，可以使用没有使用的状态编号作为空状态。

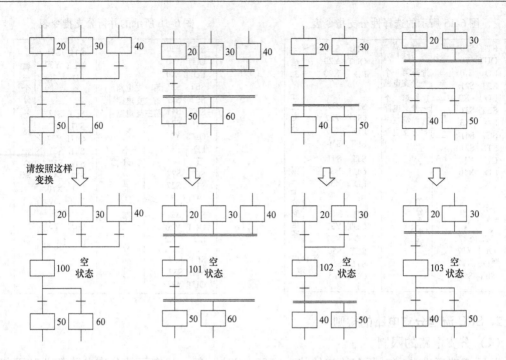

图 6-18　中间状态处理方法

2）连续的选择分支，如图 6-19 所示，将其变换成分支数较少的电路，变换后如图 6-20 所示。

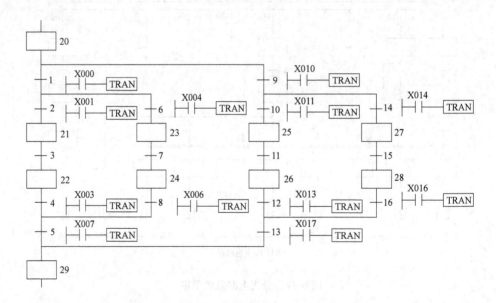

图 6-19　连续的选择分支 SFC

3）并行分支后有选择转移条件※，转移条件 * 后的并行汇合，不能被执行。如图 6-21 所示。

4）不能画流程交叉的 SFC 程序，如图 6-22 所示，必须进行变换。

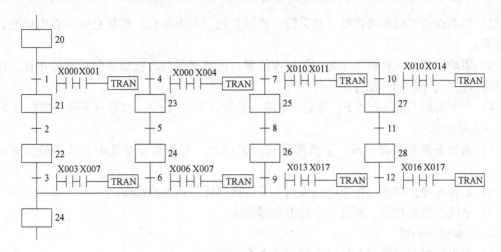

图 6-20　变换成分支电路数少的 SFC

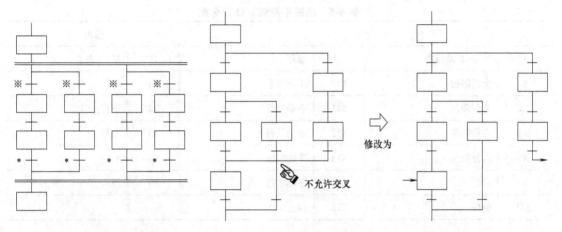

图 6-21　不能执行并行分支　　　　　　　图 6-22　交叉的 SFC 程序及变换图

6.4　基本技能实训

1. 实训目的

1）掌握步进指令的使用和编程方法；

2）学习 PLC 与外部设备的连接方法；

3）掌握用步进指令编程的几种方法；

4）熟悉 GX-Developer 编程软件的使用（SFC 创建方法）。

2. 实训设备器材

安装有 GX-Developer 编程软件的计算机、FX2N-64MR PLC。工控可编程实训台、指示灯挂箱、连接线、SC-09 通信线等。

实训 8　简易机械手控制

1. 控制要求

1）如图 6-23 所示。机械手的工作是从 A 点将工件移到 B 点；

2）在原点位置机械夹钳处于夹紧位，机械手处于左上角位；机械夹钳为有电放松，无电夹紧；

3）手动操作时，将机械手复归至原点位置；连续运行时，在原点时按起动按钮，按工作循环图连接工作一个周期；

4）一个周期工艺过程如下：原点→下降→夹紧（T）→上升→右移→下降→放松（T）→上升→左移到原点；

5）系统有暂停功能，按一下暂停当前工艺停止，再按暂停按钮时，从当前位置继续运行；

6）系统有停止功能，停止时完成当前工艺流程后回到初始状态；

7）系统有急停功能，所有运行功能全部停止。

2. 技能操作指引

1）根据控制要求进行 I/O 口分配，见表 6-5。

表 6-5　机械手控制 I/O 口分配

输入				输出	
X0	手动/自动转换	X6	急停	Y0	松手/夹紧
X1	上行限位	X10	手动松手	Y1	上行
X2	下行限位	X11	手动上行	Y2	下行
X3	左行限位	X12	手动下行	Y3	左行
X4	右行限位	X13	手动左行	Y4	右行
X5	起动	X14	手动右行	Y5	原点
X15	暂停	X16	停止		

2）机械手控制接线如图 6-24 所示。

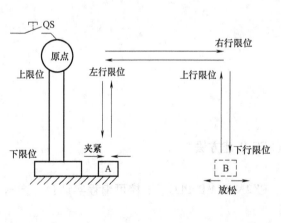

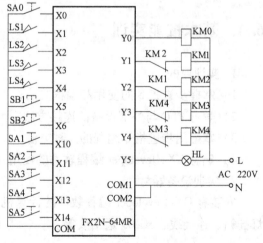

图 6-23　控制要求示意图　　　　　　图 6-24　机械手控制接线图

3）根据控制要求编制状态转移图，如图 6-25 所示。

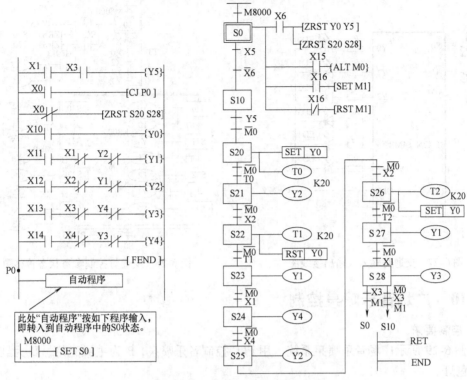

图 6-25　机械手控制状态转移图

实训 9　十字路口交通灯控制

1. 控制要求

十字路口交通灯按如下要求进行控制：

1）交通灯按图 6-26 所示自动运行。

① 行向红灯亮 30s，绿灯亮 20s，绿灯闪烁 5s（闪烁周期 1s），黄灯亮 5s；

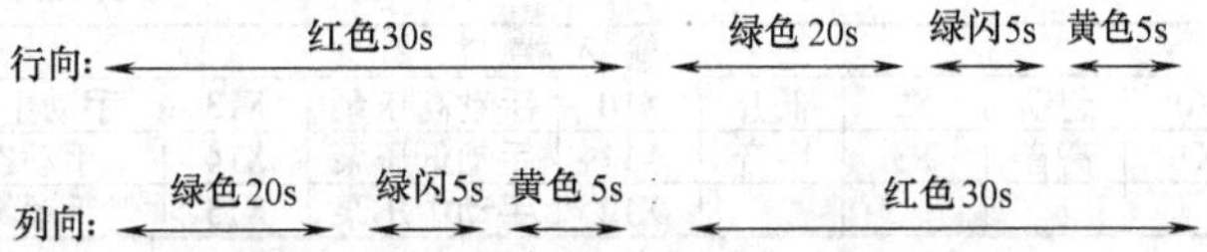

图 6-26　交通灯自动控制运行时间图

② 列向红灯亮 30s，绿灯亮 20s，绿灯闪烁 5s（闪烁周期 1s），黄灯亮 5s。

2）手动控制时，行、列向黄灯均要求闪烁（周期 1s）。

2. 技能操作指引

1）I/O 分配见表 6-6。

表 6-6　交通灯 I/O 分配表

输　　入		输　　出			
X0	手动	Y0	行向红灯	Y3	列向红灯
X1	起动	Y1	行向绿灯	Y4	列向绿灯
X2	停止	Y2	行向黄灯	Y5	列向黄灯

2）十字路口交通灯输入、输出接线图如图 6-27 所示。

3）根据控制要求编制如图 6-28 所示状态转移图。

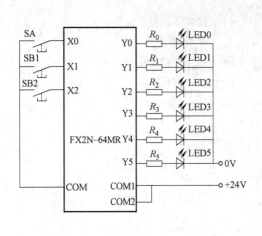

图6-27　交通灯输入、输出接线图

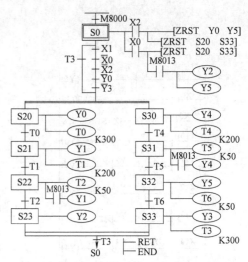

图6-28　交通灯控制参考状态转移图

实训 10　广场音乐喷泉控制

1. 控制要求

如图 6-29 所示广场音乐喷泉系统，用 PLC 控制音乐喷泉，B 为主激光灯，D 为红色灯，E 为绿色灯。

无音乐时，所有灯可以单独控制。放音乐时，按高音→低音→中音的顺序控制如下：当音乐为高音时，接通高压泵，同时 B、D 组灯亮；当音乐为低音时，接通低压泵，同时 B、E 组灯亮；当音乐为中音时，接通中压泵，同时 B、D、E 三组灯亮。

2. 技能操作指引

1）按控制要求进行 I/O 分配，见表 6-7。

表 6-7　I/O 分配表

输入端口						输出端口		
X0	起动	X2	低音	X10	手动高压泵	X13	手动主激光灯	Y0	高压泵	Y3	主激光灯
X1	高音	X3	中音	X11	手动低压泵	X14	手动红色灯	Y1	低压泵	Y4	红色灯
				X12	手动中压泵	X15	手动绿色灯	Y2	中压泵	Y5	绿色灯

2）输入/输出控制接线图设计，如图 6-30 所示。

3）控制程序编写，参考程序状态转移图如图 6-31 所示，转化成梯形图如图 6-32 所示。

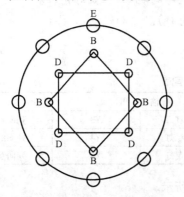

图6-29　广场音乐喷泉系统

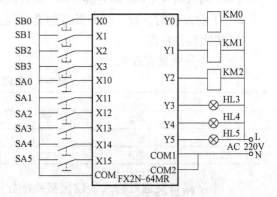

图6-30　输入/输出控制接线图
注：实训时水泵用指示灯代替。

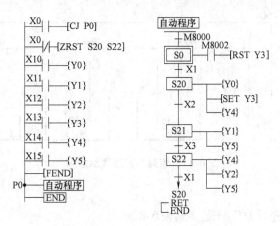

图6-31 参考程序状态转移图

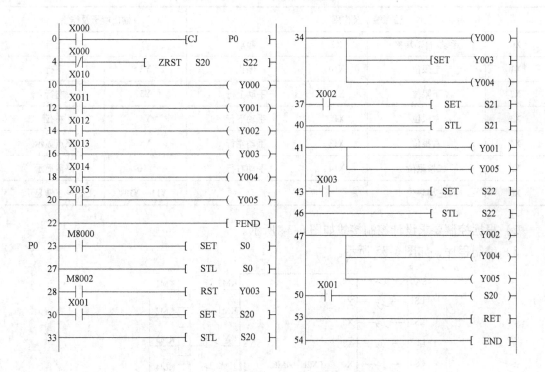

图6-32 广场音乐喷泉参考程序梯形图

实训11 电镀生产线PLC控制

1. 实训控制要求

某电镀生产线按图6-33所示的控制工艺过程进行工作，图中SQ1～SQ4为行车进退限位开关，SQ5～SQ6为吊钩上下限位开关。按如下要求编写PLC程序。

1）系统具有自动与手动（点动）转换功能；

2）按控制工艺过程要求在各槽必须有停留且有指示灯指示，行车必须在原位才能开始运行。

3）自动运行时，必须在原点位置才能起动运行。原点位在左限和下限位。

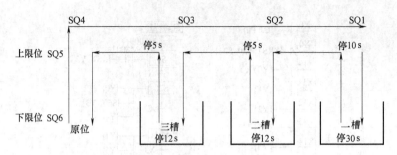

图 6-33　控制工艺过程示意图

2. 技能操作指引

1）根据控制要求进行 I/O 分配，见表 6-8。

表 6-8　电镀生产线 PLC 控制 I/O 分配表

输入端子及作用				输出端子及作用	
X0	手动/自动转换	X7	起动	Y1	上行
X1	上限位	X10	停止	Y2	下行
X2	下限位	X11	手动上行	Y3	左行
X3	左限位	X12	手动下行	Y4	右行
X4	右限位	X13	手动左行	Y5	原点显示
X5	二槽限位	X14	手动右行	Y10	停留显示
X6	三槽限位			Y11 ~ Y13	一 ~ 三槽显示

2）根据控制要求设计控制接线如图 6-34 所示。

3）编制程序，如图 6-35 所示。

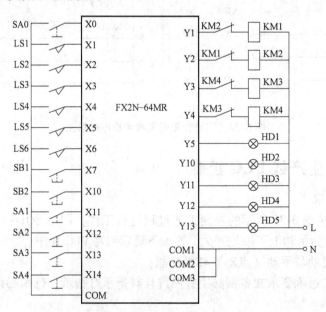

图 6-34　输入/输出接线图

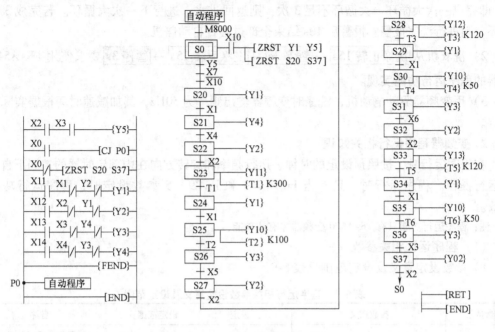

图 6-35　电镀生产线参考程序

6.5　综合技能实训

1. 实训目的

1）进一步熟悉 PLC 步进顺控编程方法。

2）熟悉 PLC 与变频器综合应用编程控制方法。

3）熟悉可 PLC 与变频器以及接触器等外部强电线路接线方法。

2. 实训设备

安装有 GX-Developer 软件的 PC 一台、FX2N-64MR PLC、FR-A500 变频器、THPLC—D 型实训台、SC-09 通信线。

实训 12　工业洗衣机控制 1（变频器程序运行控制）

1. 实训控制要求

1）工业洗衣机按图 6-36 所示控制流程工作。PLC 送电，系统进入初始状态，准备好起动。起动时开始进水，水位到达高水位时停止进水，并开始洗涤正转。洗涤正转 15s，暂停 3s；洗涤反转 15s 后，暂停 3s 为一次小循环，若小循环不足 3 次，则返回洗涤正转；若小循环达 3 次，则开始排水。水位下降到低水位时开始脱水并继续排水。脱水

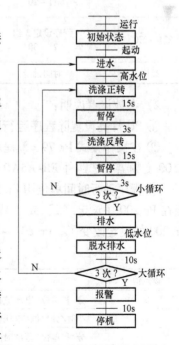

图 6-36　控制流程

10s 即完成一次大循环。大循环不足 3 次，则返回进水，进行下一次大循环。若完成 3 次大循环，则进行洗完报警。报警后 10s 结束全部过程，自动停机。

2）洗衣机从 洗涤正转 15s → 暂停 3s → 洗涤反转 15s → 暂停 3s 要求使用 FR-A540 变频器的程序运行功能实现。

3）用变频器驱动电动机，洗涤时变频器输出频率为 50Hz，其加减速时间根据实际情况设定。

2. 变频器程序运行相关知识

在程序运行时，按照预定的时钟、运行频率和旋转方向在内部定时器的控制下自动执行运行操作。程序运行时，只有当 Pr. 76 = 3 和 Pr. 79 = 5 参数设定时，程序运行功能才有效。

注：程序运行功能只有 FR-A500 变频器才有此功能。

（1）程序运行相关参数

1）参数设定意义及设定范围见表 6-9。

表 6-9　程序运行相关参数设定意义及设定范围

参数号	参数意义	出厂设定	设定范围	备注
79	操作模式	5	0	设置为 5 后,200 以后的参数才能设置
200	程序运行分/秒的选择	0	0 ~ 3	0,2[分钟/秒] 1,3[小时/分钟]
201 ~ 210	程序设定 1 组 1 ~ 10	0,9999,0	0 ~ 2 0 ~ 400,9999 0 ~ 99. 59	0 ~ 2:旋转方向 0 ~ 400,9999:频率 0 ~ 99. 59:时间
211 ~ 220	程序设定 2 组 11 ~ 20	0,9999,0	0 ~ 2 0 ~ 400,9999 0 ~ 99. 59	0 ~ 2:旋转方向 0 ~ 400,9999:频率 0 ~ 99. 59:时间
221 ~ 230	程序设定 3 组 21 ~ 30	0,9999,0	0 ~ 2 0 ~ 400,9999 0 ~ 99. 59	0 ~ 2:旋转方向 0 ~ 400,9999:频率 0 ~ 99. 59:时间
231	时间设定	0	0 ~ 99. 59	

2）参数设置说明：

① PU 灯亮设置除程序运行参数以外的其他参数。

② 在操作模式 Pr. 79 = 5 程序运行模式下，才能设置有关程序运行的参数。注意：FR-A500 变频器在选购件 FR-A5AP 卡装入后不能进行程序运行。

③ 程序动行时间单位用 Pr. 200 设定，可以在"分/秒"和"小时/分"之间，见表 6-10。当在 Pr. 200 中设定"2"或"3"时，参考时间-日期监视画面替代电压监视画面显示。当 Pr. 200 的设定改变了，Pr. 201 ~ Pr. 231 的单元设定也随之改变。

表 6-10　Pr. 200 的设定值说明

设定值	说　明
0	分/秒单位(电压监视);参数中的单位是时/分,但监视的是电压
1	小时/分单位(电压监视)
2	分/秒单位(基准时间监视);程序中的单位是时/分,监视的也是时间
3	小时/分单位(基准时间监视表示)

④ 启动时间、旋转方向和运行频率可以定义为一个点，每 10 个点为一组，共分 3 个组：第 1 组，Pr. 201 ~ Pr. 210；第 2 组，Pr. 211 ~ Pr. 220；第 3 组，Pr. 221 ~ Pr. 230。见表 6-11 所示。每一组时间从 0 开始。

⑤ 用 Pr. 231 设定的时钟为基准开始程序运行。变频器有一个内部 RAM，当 Pr. 231 设定了日期的参考时间，程序运行在日期的这一时刻开始。当开始信号和组选择信号都被输入时，参考时间—日期定时器回到 "0"。时间单元取决于 Pr. 200 的设定。通常 Pr. 231 = 0，而且 Pr. 201，Pr. 211 与 Pr. 221 三个参数的启动时间都设为 0。

重新设定日期的参考时间。通过接通定时器的重新设定信号（STR）或者重新设定变频器可以清除日期的参考时间。值得注意：在 Pr. 231 中既可设定日期的参考时间值，也可复位到 "0"。

⑥ 程序运行既可以选择单组运行，也可选择两组或者三组运行。运行按组 1、2 或按组 1、2、3 的顺序运行。既可选择单组重复运行，也可选择多个组重复运行。

（2）程序运行的信号

程序运行的信号包括起动运行信号、程序组信号和定时器信号。主要信号见表 6-11。

表 6-11　程序运行输入输出信号端子说明

	名　称	端子	说　明
输入信号	组 1 信号	RH	用于选择程序运行组
	组 2 信号	RM	用于选择程序运行组
	组 3 信号	RL	用于选择程序运行组
	定时器复位信号	STR	将日期的参考时间置 0
	预定程序开始信号	STF	输入则开始运行预定程序
输出信号	时间到达信号	SU	所选择的组运行完成时输出和定时器复位清零
	组选择信号	FU、OL、IPF	运行相关组的程序的过程中输出和定时器复位时清零

（3）接线

程序运行时按图 6-37 接线。

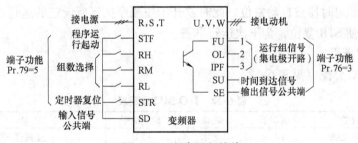

图 6-37　程序运行接线

（4）多组程序运行的实现

当两个或更多的程序组同时被选择，被选择的组运行按组 1、组 2、组 3 的顺序执行。

（5）程序运行注意事项

1）如果在执行预定程序过程中，变频器电源断开后又接通（包括瞬间断电），内部定时器将复位，并且若电源恢复，变频器亦不会重新起动。若要继续开始运行，则关断预定程序开始信号（STF），然后再接通（这时，若需要设定日期的参考时间，则在设定前应断开开始信号）。

2）当变频器按程序运行接线时，这些信号是无效的：AU、STOP、2、4、1、JOG。

3）程序运行过程中，变频器不能进行其他模式操作，当程序运行开始信号（STF）接通时，运行模式不能进行 PU 运行和外部运行之间的变换。

4）当 STR 复位信号为 ON 时程序运行不执行。

（6）程序运行参数设置方法示例

如某生产设备电动机由变频器拖动，用变频器实现图 6-38 所示程序控制运行。

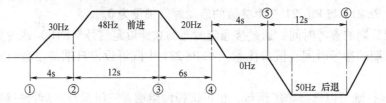

图 6-38　变频器控制电动机实现程序速度图

实现图 6-38 的程序运行，参数设置步骤如下：

1）在 PU 灯亮时设置基本参数：Pr. 1 = 50Hz；Pr. 7 = 2s；Pr. 8 = 2s；Pr. 76 = 3。

2）设置程序运行操作模式 Pr. 79 = 5。

3）设置 Pr. 200 = 2。

4）读 Pr. 201 的值。

5）在 Pr. 201 中输入"1"（即旋转方向为正转），然后按 ［SET］键 1.5s。

6）输入"30"（运行频率为 30Hz），按（SET）键 1.5s。

7）输入"0：00"按（SET）键 1.5s。

8）按▲/▼键移动到下一个参数 Pr. 202。

9）仿照步骤 4）~ 7）设置下列程序组的参数

Pr. 201 = 1、30、0：00　　　Pr. 202 = 1、48、0：04　Pr. 203 = 1、20、0：16

Pr. 204 = 0、00、0：22　　　Pr. 205 = 2、50、0：26　Pr. 206 = 0、00、0：38

10）接线运行：参照图 6-38 接好控制电路；接通程序组选信号 RH，按 SB1 接通开始信号 STF，使内部定时器被自动复位，此时就开始按顺序执行所设定的运行程序；当程序组运行完毕时，要使 STR 复位，为下次运行准备。

3. 操作技能指引

（1）I/O 端口分配（见表 6-12）

表 6-12　I/O 端口分配表

输入端子	功　能	输出端子	功　能	输出端子	功　　　能
X0	起动按钮	Y0	进水	Y4	变频器 STF 信号
X1	停止按钮	Y1	排水	Y5	程序运行第一组（RH 信号）
X3	高水位	Y2	脱水	Y6	程序运行第二组用于脱水排水
X4	低水位	Y3	报警		

（2）变频器参数设定

1）系统清零。

2）设定 Pr. 79 = 1，Pr. 7 = 1s（加速时间）；Pr. 8 = 1s（减速时间）。

3）设定 Pr. 79 = 5（程序运行模式），Pr. 76 = 3。

4）设定 Pr. 200 = 2（时间单位为分、秒）。

5）程序运行第一组设定

$$Pr. 201 = 1、50、0：00 \qquad Pr. 202 = 0、0、0：15$$
$$Pr. 203 = 2、50、0：18 \qquad Pr. 204 = 0、0、0：33$$

6）程序运行第二组设定

$$Pr. 211 = 1、50、0：00 \qquad Pr. 212 = 0、0、0：20$$

（3）工业洗衣机程序控制综合接线图（见图6-39）

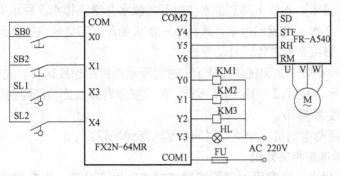

图6-39　工业洗衣机程序控制综合接线图

（4）编写程序（见图6-40）

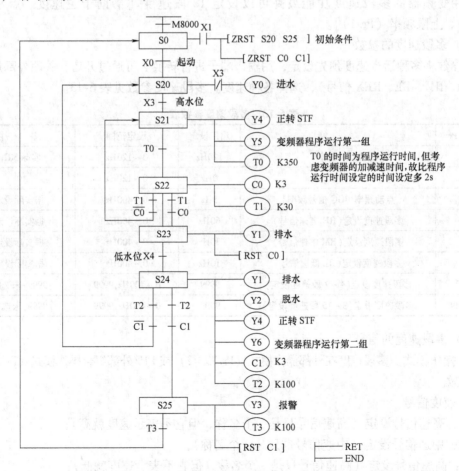

图6-40　控制程序参考步进梯形图

实训 13　工业洗衣机控制 2（变频器多段速度控制）

1. 实训控制要求

1）工业洗衣机按图 6-36 所示控制流程工作。PLC 送电，系统进入初始状态，准备好起动。起动时开始进水，水位到达高水位时停止进水，并开始洗涤正转；洗涤正转 15 s，暂停 3 s；洗涤反转 15 s 后，暂停 3 s 为一次小循环，若小循环不足 3 次，则返回洗涤正转；若小循环达 3 次，则开始排水。水位下降到低水位时开始脱水并继续排水。脱水 10 s 即完成一次大循环。大循环不足 3 次，则返回进水，进行下一次大循环。若完成 3 次大循环，则进行洗完报警。报警后 10 s 结束全部过程，自动停机。

2）洗衣机洗涤正转 15 s 和洗涤反转 15 s 过程要求按设定速度运行，先以 30 Hz 运行，接着以 45 Hz 速度运行，最后以 20 Hz 速度运行。要求变频器多段速功能控制运行。

3）脱水时速度为 48 Hz。

4）用变频器驱动电动机，加减速时间根据实际情况设定。

2. 变频器多段速度相关知识

在工业控制应用中，经常用到多段速度控制实际生产设备，用参数将多种速度预先设定，用输入端子进行转换。如恒压供水控制、电梯速度控制、洗衣机速度控制等。

利用变频器的多段速度功能最高可以设定 18 段速度 [借助于主速度、点动频率（Pr. 15）、上限频率（Pr. 1）]。

（1）多段速度的参数

用参数将多种运行速度预先设定，用输入端子进行转换。可通过开启，关闭外部触点信号（RH、RM、RL、REX 信号），选择各种速度。多段速度参数见表 6-13。

表 6-13　多段速度参数表

参数号 Pr	功　能	出厂设定	设定范围	备　注
1	上限频率	120Hz	0～120Hz	实际 50Hz
2	下限频率	0Hz	0～120Hz	0
15	点动频率（JOG 信号频率）	5Hz	0～400Hz	据实际设定
4	多段速度设定（RH 高速信号）	60Hz	0～400Hz	据实际设定
5	多段速度设定（RM 中速信号）	30Hz	0～400Hz	据实际设定
6	多段速度设定（RL 低速信号）	10Hz	0～400Hz	据实际设定
24～27	多段速度设定（4～7 段速度设定）	9999	0～400Hz,9999	9999：未选择
232～239	多段速度设定（8～15 段速度设定）	9999	0～400Hz,9999	9999：未选择

（2）多段速度的信号

1）操作模式：多段速度在外部操作模式（Pr. 79 = 2）或 PU/外部组合操作模式（Pr. 79 = 3、4）中有效。

2）速度信号。

RH：高速信号设定（高速信号只是一个名称，但它不表示速度就高）；

RM：中速信号设定（中速信号也只是一个名称）；

RL：高速信号设定（高速信号只是一个名称，但它不表示速度就低）；

多段速度可通过开启、关闭外部触点信号 RH、RM、RL 进行组合，选择各种 7 段速度。

另外，有时候经常用到两段速度的情况，如电梯运行和检修时要用到两段速度，洗衣机的脱水和洗衣旋转也要用两段速度。两段速度可以用基准速度（Pr. 1 = 50Hz 上限速度）和 RH、RM 或 RL 任意触点组成两段调速。

（3）多段速度参数设定方法

用相应参数设定运行频率。在变频器运行期间，每种速度（频率）能在 0 ~ 50Hz 范围内被设定。读出需要修改的多段速度设定值，通过按 ▲/▼ 键改变设定值。

例：某电动机在生产过程中要求按 15Hz、20Hz、25Hz、30Hz、35Hz、40Hz、45Hz 的速度运行，请设置参数模拟运行。

1）设置参数步骤：

① 基本参数：Pr. 7 = 2s；Pr. 8 = 3；Pr. 9（按电动机的额定电流设定）；

② 操作模式：Pr. 79 = 3；

③ 设置各段速度参数：

Pr. 4 = 45Hz（1 段），Pr. 5 = 40Hz（2 段），　Pr. 6 = 35Hz（3 段），Pr. 24 = 30Hz（4 段），Pr. 25 = 25Hz（5 段），Pr. 26 = 20Hz（6 段），Pr. 27 = 15Hz（7 段）。

2）按图 6-41 接好控制线路。

3）运行：合 SB1、SB2，则电动机按速度 1（45Hz）运转，合 SB1、SB2、SB3，则电动机按速度 6（20Hz）运转等。通过 DU 面板监视频率的变化，运转速度段对应触点接通及参数见表 6-14。7 段速度随时间变化的曲线及对应触点 ON 情况如图 6-42 所示。

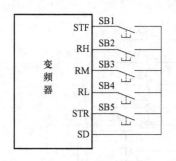

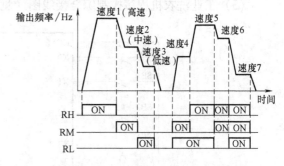

图 6-41　7 段速度运行接线图　　　　　　图 6-42　7 段速度运行触点接通情况

表 6-14　运转速度段对应触点及参数表

速度段	频率/Hz	触点(ON)	对应参数号
速度 1	45	RH	Pr. 4
速度 2	40	RM	Pr. 5
速度 3	35	RL	Pr. 6
速度 4	30	RM、RL	Pr. 24
速度 5	25	RH、RL	Pr. 25
速度 6	20	RH、RM	Pr. 26
速度 7	15	RH、RM、RL	Pr. 27

（4）多段速度几点说明

1）当多段速度信号接通时，其优先级别高于主速度。假定设定了 PU 频率为 50Hz 时，在起动信号 STF（或 STR）合上后，而 RH、RM、RL 都没有合上时，变频器则以 50Hz 速度运行。

2）只有 3 段速设定的场合，2 段速度以上同时被选择时，低速信号的设定频率优先，即以低速设定的信号频率运行。

3）运行期间参数值可以被改变。

3. 操作技能分析

（1）I/O 端口分配（见表 6-15）

表 6-15　I/O 端口分配表

输入端子	功能	输出端子	功能	输出端子	功　能
X0	起动按钮	Y0	进水	Y4	变频器 STF 正转信号
X1	停止按钮	Y1	排水	Y5	变频器 STR 反转信号
X3	高水位	Y2	脱水	Y6/ Y7/Y10	RH /RM/RL（速度信号）
X4	低水位	Y3	报警		

（2）变频器参数设定

1）系统清零。

2）设定 Pr. 79 = 3；Pr. 1 = 50Hz；Pr. 7 = 1s（加速时间）；Pr. 8 = 1s（减速时间）。

3）变频器多段速度参数设定

Pr. 4 = 30Hz, Pr. 5 = 45Hz, Pr. 6 = 20Hz,　　PU 速度 F = 48Hz

（3）工业洗衣机程序控制综合接线图（见图 6-43）

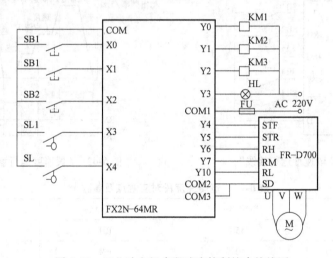

图 6-43　工业洗衣机多段速度控制综合接线图

（4）编写程序（见图 6-44）

实训 14　中央空调冷却水泵节能控制

1. 实训控制要求

某中央空调有 3 台冷却水泵，采用一台变频器的方案进行节能控制，控制要求如下：

1）先合 KM1 起动 1 号泵，单台变频运行。

2）当 1 号泵的工作频率上升到 48Hz 上限切换频率时，1 号泵将切换到 KM2 工频运行，然后再合 KM3 将变频器与 2 号泵相接，并进行软起动，此时 1 号泵工频运行，2 号泵变

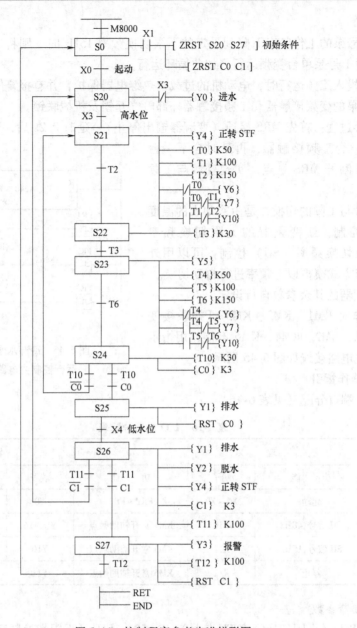

图 6-44　控制程序参考步进梯形图

频运行。

3）当 2 号泵的工作频率下降到设定的下限切换频率 15Hz 时，则将 KM2 断开，1 号泵停机，此时由 2 号泵单台变频运行。

4）当 2 号泵的工作频率上升到 48Hz 上限切换频率时，2 号泵将切换到 KM4 工频运行，然后再合 KM5 将变频器与 3 号泵相接，并进行软起动，此时 2 号泵工频运行，3 号泵变频运行。

5）当 3 号泵的工作频率下降到设定的下限切换频率 15Hz 时，则将 KM4 断开，2 号泵停机，此时由 3 号泵单台变频运行。

6）当 3 号泵的工作频率上升到 48Hz 上限切换频率时，3 号泵将切换到 KM6 工频运行，然后再合 KM1 将变频器与 1 号泵相接，并进行软起动，此时 3 号泵工频运行，1 号泵变频运行。

7）当 1 号泵的工作频率下降到设定的下限切换频率 15Hz 时，则将 KM6 断开，3 号泵停机，此时由 1 号泵单台变频运行，如此循环运行。

8）水泵投入工频运行时，电动机的过载由热继电器保护，并有报警信号指示。

9）每台泵的变频接触器和工频接触器外部电气互锁及机械联锁。

10）切换过程：首先 MRS 接通（变频器输出停止）→延时 0.2s 后，断开变频接触器→延时 0.5s 后，合工频接触器，再延时合下一台变频接触器并断开 MRS 触点，实现变频与工频的切换。

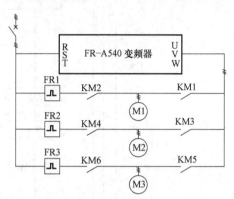

11）变频与工频的切换，是由冷却水的温度上限、下限控制，或变频器的上限切换频率（FU）和下限切换频率（SU）控制，可以用外部电位器调速方式模拟以上频率进行自动切换。

12）变频器的其余参数自行设定。

13）操作时 KM1、KM3、KM5 可并联接变频器与电动机，KM2、KM4、KM6 不接，用指示灯代替。其主电路接线如图 6-45 所示。

图 6-45　冷却水泵节能循环
运行控制主电路接线图

2. 技能操作指引

（1）I/O 端口分配（见表 6-16）

表 6-16　I/O 端口分配表

输　　入				输　　出	
端子	功　　能	端子	功　　能	端子	功　　能
X0	起动	X5 ~ X7	FR1 ~ FR3	Y0	热保护报警灯
X1	FU 信号,48Hz	X10	KM1 常开辅助触点	Y1 ~ Y6	KM1 ~ KM6
X2	SU 信号,15Hz	X11	KM3 常开辅助触点	Y10	STF 信号
X3	停止	X12	KM5 常开辅助触点	Y11	MRS 信号

（2）变频器参数设置

Pr. 42 = 48Hz（上限切换频率 FU 信号）；Pr. 50 = 15Hz（下限切换频率 FU2 信号）；

Pr. 191 = 5（标记为 SU 端子的功能为 FU2 信号）；Pr. 76 = 2（报警代码选择）；

Pr. 79 = 2（操作模式为外部操作，须外接电位器）。

（3）冷却水泵节能循环运行控制综合接线（见图 6-46）

（4）编制程序控制流程图

根据控制要求绘制如图 6-47 所示的流程图，这样编制程序就很方便。

（5）冷却水泵节能循环运行控制参考程序顺控图（见图 6-48）

（6）调试过程中注意事项

1）程序在调试过程中，改变电位器的频率，及时观察工、变频切换过程。

2）编制程序时 T10、T11、T12 的定时时间应大于变频器的加速时间，否则变频器在启动过程中 SU 信号会有输出，导致程序运行出错。

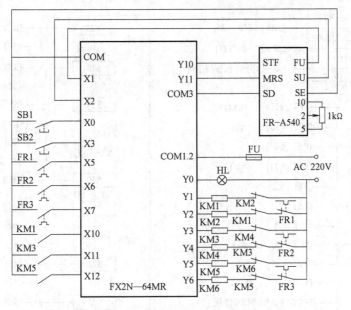

图6-46 冷却水泵节能循环运行控制综合接线图

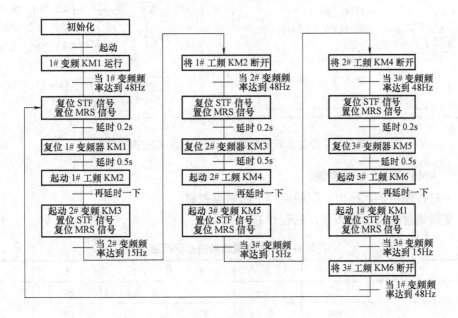

图6-47 控制流程图

3）如果变频器FU和SU端子出故障，则要根据所选用的外部端子进行变频器参数修改，外部接线要根据参数修改后所对应的输出端子进行更改。

实训15 恒压供水（多段速度）控制

1. 实训控制要求

1）某供水系统共有3台水泵，按设计要求2台运行，1台备用，运行与备用10天轮换一次。

2）用水高峰时1台工频全速运行，1台变频运行；用水低谷时，1台变频运行。

3）3台水泵分别由M1、M2、M3电动机拖动。3台电动机由KM1、KM3、KM5变频控

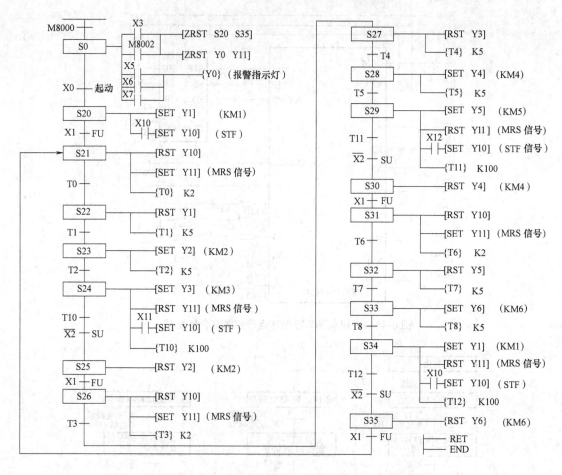

图 6-48　冷却水泵节能循环运行控制参考程序顺控图

制，KM2、KM4、KM6 全速控制。

4）变速控制由供水压力上限触点与下限触点控制。

5）变频调速采用七段调速，见表 6-17。

表 6-17　变频调速采用七段调速

速度	1	2	3	4	5	6	7
触点	RH				RH	RH	RH
触点		RM		RM		RM	RM
触点			RL	RL	RL		RL
频率	15	20	25	30	35	40	45

6）水泵投入工频运行时，电动机的过载有热继电器保护，并有报警信号指示。

7）变频器的其余参数自行设定。

8）试验时 KM1、KM3、KM5 可并联接变频器与电动机，KM2、KM4、KM6 不接，用指示灯代替。主电路接线参见实训 14 中的图 6-45 所示。

2. 技能操作指引

（1）I/O 端口分配（见表 6-18）

表 6-18　I/O 端口分配表

输入端子	功能	输出端子	功能	输出端子	功能
X0	起动按钮	Y0	STF 信号	Y10	KM5
X1	水压下限开关	Y1	RH 信号	Y11	KM6
X2	水压上限开关	Y2	RM 信号	Y12	FR 报警灯
X5	停止	Y3	RL 信号	Y37	MRS 信号
X6 ~ X7	FR1 ~ FR2	Y4 ~ Y7	KM1 ~ KM4		
X10	FR3				

（2）变频器多段速度参数设定

1 速：Pr. 4 = 15Hz　2 速：Pr. 5 = 20Hz　3 速：Pr. 6 = 25Hz

4 速：Pr. 24 = 30Hz　5 速：Pr. 25 = 35Hz　6 速：Pr. 26 = 40Hz

7 速：Pr. 27 = 45Hz　加速时间：Pr. 7　减速时间：Pr. 8　操作模式：Pr. 79 = 3

（3）恒压供水控制综合接线（见图 6-49）

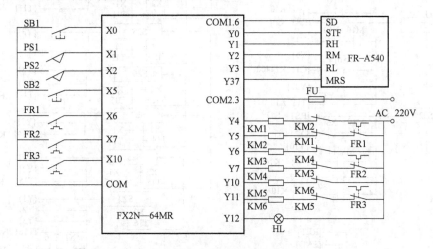

图 6-49　恒压供水控制综合接线图

（4）为更方便更好地编写程序，编制控制流程图，如图 6-50 所示。

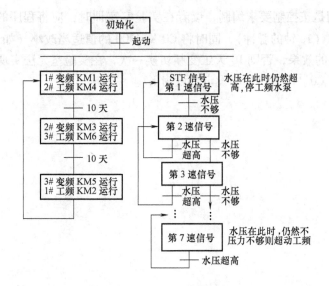

图 6-50　控制流程图

（5）编制程序（见图 6-51）

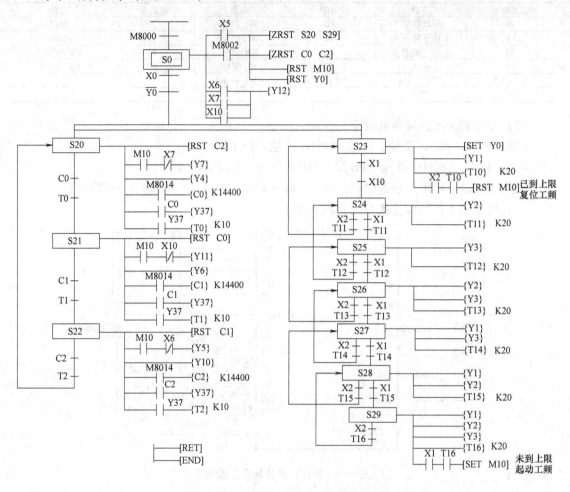

图 6-51 恒压供水控制参考程序顺控图

☞ 此程序中时间是按控制要求编制，读者在实验室实训时，应将程序的 M8014（1min 的脉冲）改为 M8013（1s 钟的脉冲），同时将 C0 K14400 的值适当改小（如 C0 K20），则能观察工频与变频切换的效果，否则 10 天工变频切换一次，在实验室无法实现控制要求的效果。

注意：不能将 C0、C1 和 C2 的设定值设为 K1。

第7章 FX系列PLC功能指令应用设计技术

PLC的基本指令是基于继电器、定时器、计数器类的软元件，主要用于逻辑功能处理的指令。步进控制则用于顺序逻辑控制系统。但是在工业运动控制领域中，许多场合需要数据运算和特殊处理。因此从20世纪80年代开始，PLC制造商就逐步地在小型PLC中加入一些功能指令（Functional Instruction）或称为应用指令（Applied Instruction）。这些功能指令实际上就是一个个功能不同的子程序。

随着芯片技术的进步，小型PLC的运算速度、存储量不断增加，其功能指令的功能也越来越强。许多技术人员梦寐以求甚至以前不敢想象的功能，通过功能指令就成为极容易实现的现实，从而大大提高了PLC的实用价值。

FX系列PLC功能指令主要包括：程序流程、传送和比较、四则与逻辑运算、循环与移位、数据处理、高速处理、便捷指令、外围I/O处理、外部选件、浮点数处理、定位控制、时钟运算、数据块处理、触点比较、数据表处理等十五大类。

本章就常用功能指令加以讲述。其他指令我们将在后续章节中加以讲述。

7.1 功能指令使用基本知识

1. 功能指令的表现形式

三菱FX系列PLC的功能指令按功能号（FNC00～FNC299）编排。每条功能指令都有一助记符。如图7-1所示，字右移指令（FNC36）的助记符为"WSFR"。

不同的功能指令表现形式不一样，有些功能指令只有助记符，有许多功能指令在指定功能号的同时还必须指定操作数。

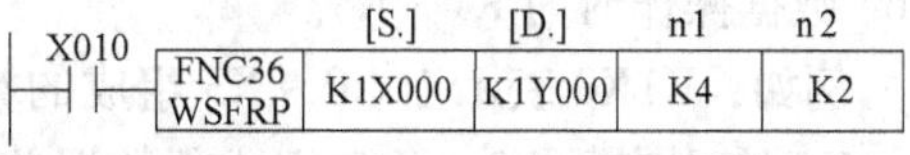

从图7-1中可以看出功能指令的组成包含以下各部分：

| X010 | FNC36 WSFRP | [S.] K1X000 | [D.] K1Y000 | n1 K4 | n2 K2 |

图7-1 字右移指令表现形式

1) 功能号（FNC）：每一条功能指令都有一固定的编号，FX1S、FX1N、FX2N、FX2NC的功能指令代号从FNC00～FNC246。FX3U功能指令代号从FNC00～FNC299。

2) 助记符：功能指令的助记符是该指令的英文单词缩写。如字右移指令的英文为"Word shift right"，简写为WSFR。

3) 操作数：不同的功能指令操作数不一样，有的指令有一个或多个操作数，有的指令没有操作数。操作数有源操作数、目标操作数和其他操作数。

[S·]：（SOURCE）源操作数。若使用变址功能时，表达为[S·]。有时源不止一个，可用[S1·]、[S2·]表示。

[D]：（DESTINATION）目标操作数。指定计算结果存放在地址，若使用变址功能时，表达为[D·]。目标不止一个时用[D1·]、[D2·]表示。

m、n：其他操作数。通常用来表示数制（十进制、十六进制等）或作为源和目标的补充注释。需注释的项目有时也可采用m1、m2、n1、n2等形式。

功能指令的功能号和助记符占 1 个程序步；操作数占 2 或 4 个程序步，取决于指令是 16bit 还是 32bit 的。

4）数据长度：功能指令可处理 16bit 和 32bit 数据，如图 7-2、图 7-3 所示。功能指令中附有符号（D）表示处理 32bit 数据，表示的形式有（D）MOV、FNC（D）12、FNC12（D）。处理 32bit 数据时，用元件号相邻的两元件组成元件对。元件对的首元件用奇数、偶数均可。但为避免错误，元件对的首元件建议统一用偶数编号，如图 7-3 中的 D20、D22。

32bit 计数器（C200 ~ C255）不能用作 16bit 指令的操作数。

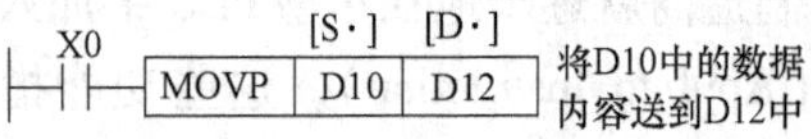

图 7-2　16 位数据长度 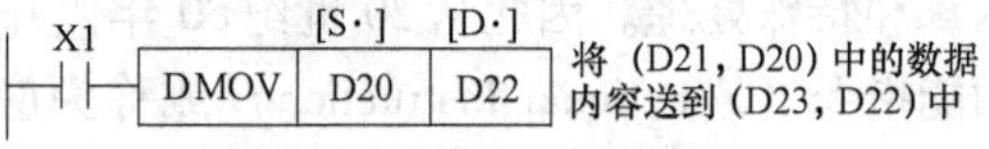　　　　　　　　　　　图 7-3　32 位数据长度

5）执行方式：指令执行方式有连续执行和脉冲执行两种方式。

连续执行指的是在每个扫描周期都被重复执行，图 7-3 中，当 X1 为 ON 状态时，指令重复执行；X0 = ON，执行该指令；X0 = OFF，不执行该指令。

助记符后附有（P）符号表示脉冲执行。图 7-2 中所示功能指令仅在 X0 由 OFF 变为 ON 时执行。在不需要每个扫描周期都执行时，用脉冲执行方式可缩短程序处理周期。

某些特殊指令会要求用脉冲执行，如 INC、DEC 等。

2. 功能指令处理的数据

（1）位元件和字元件

只处理 ON/OFF 状态的元件，例如 X、Y、M 和 S，称为位元件；其他处理数字数据的元件，例如 T、C、D、V、Z 等，称为字元件。

但是位元件组合起来也可处理数字数据。位元件组合由"Kn + 首元件号"来表示。

（2）位元件的组合

位元件每 4bit 为一组组成合成单元。KnM0 中的 n 是组数。16bit 数据操作时为 K1 ~ K4。32bit 数据操作时为 K1 ~ K8。

例如，K1X0 表示由 X0 ~ X3 组成的数据单元。K2M0 即表示由 M0 ~ M7 组成的两个 4bit 组。K4Y0 则表示 Y0 ~ Y17 组成的数据单元。

3. 指令中软元件常数的指定方法

在使用 PLC 编程时，就要用到指令操作数的指定方法。主要包括如下几个方面的内容：十进制数、十六进制数和实数的常数指定，位软元件的指定，数据寄存器的位置指定，特殊功能模块常数 K、H、E 的指定。

（1）常数 K（十进制数）

K 表示十进制整数符号，主要用于定时器和计数器的设定值，或应用指令操作数中的数值（如：K2345）。

使用字数据（16 位）时设定范围为 K-32768 ~ K32767。

使用两个字数据（32 位）时设定范围为 K-2146483648 ~ K2147483647。

（2）常数 H（十六进制数）

H 表示十六进制数的符号。主要用于应用指令操作数的数值 H1235。

使用字数据（16 位）时设定范围为 H0 ~ HFFFF。

使用两个字数据（32 位）时设定范围为 H0 ~ HFFFFFFFF。

（3）常数 E

E 表示实数（浮点数）的符号。主要用于应用指令的操作数的数值。

普通表示：如 10.2345 就用 E10.2345 表示。

指数表示：设定的数值 = 数值 × 10^n　　如 1234 = E1.234 + 3，其中 + 3 表示 10 的 3 次方。

（4）字符串

字符串是顺控程序中直接指定字符串的软元件。例如"ABCD1234"指定。字符串最多可以指定 32 个字符。

（5）字软元件的位指定

指定字软元件的位，可以将其作为位数据使用。在指定字元件的编号和位编号时用十六进制数设定，在软元件编号时，位编号不能执行变址修正。如图 7-4 所示。这种表示方法只能在 FX3U 或 Q 系列 PLC 中才能使用。

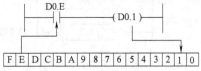

图 7-4　字软元件的位指定

4. 数据传送

PLC 在进行数据传送时遵循按位对应一对一传送的规律。当一个 16bit 的数据传送到 8 位数据（如 K2M0）时，只传送低 8 位 bit 数据，高 8 位数据不传送，如图 7-5 所示。当 8 位数据向 16 位数据传送时，高 8 位自动为"0"，如图 7-6 所示。

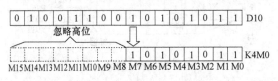

图 7-5　16 位向 8 位传送

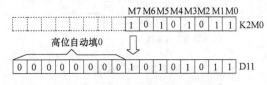

图 7-6　8 位向 16 位传送

7.2　程序流控制指令

程序流控制指令（FNC00 ~ FNC09）共 10 条，这一类指令提供了程序的条件执行、优先处理等与顺序控制程序相关的控制流程的指令。

7.2.1　条件跳转

条件跳转指令（FNC00）CJ

主程序结束指令（FNC06）FEND

1. 指令概述

条件跳转 CJ 指令用于跳过顺序程序中的某一部分，这样可以减少扫描时间，并使"双线圈操作"成为可能。跳转时，被跳过的那部分指令不执行。指令的执行形式有连续执行和脉冲执行两种形式。

FEND 指令为主程序结束。执行到 FEND 指令时机器进行输出处理、输入处理、警戒时钟刷新，完成以后返回到第 0 步。

CJ 和 FEND 指令使用编程结构及动作执行情况如图 7-7 所示。

2. 指令使用要点

1）CJ 和 FEND 指令成对使用。标号 Pn 的子程序应放在主程序结束指令 FEND 的后面。

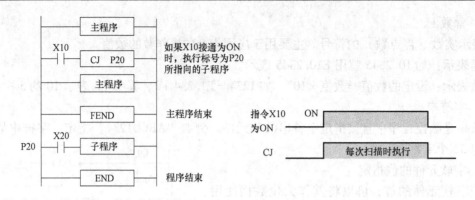

图 7-7　CJ 指令动作执行情况

2）图 7-7 中 P20 指的是跳转指针编号，编号范围为 $n = 1 \sim 4095$，但是 P63 为 END 步指针，不能使用。对标记 P63 进行编程时，PLC 会显示出错代码 6057 并停止运行。如图 7-8 所示。

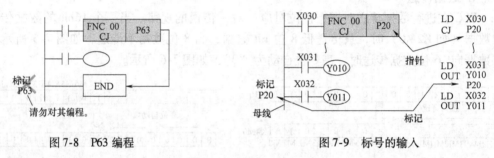

图 7-8　P63 编程　　　　　　　　　　图 7-9　标号的输入

3）标记输入位置与指令表编程的关系。编写梯形图程序时，将光标移动到梯形图的母线左侧，在回路块起始处输入标记 P20 即可，如图 7-9 所示。

4）标记 P 的重复使用。多个跳转程序可以向同一个标号 Pn 的子程序跳转，但不可以有两个相同标号 Pn 的子程序跳转，如图 7-10 所示。

CJ 指令也不能和 CALL 指令（子程序调用）共用相同的标号，如图 7-11 所示。

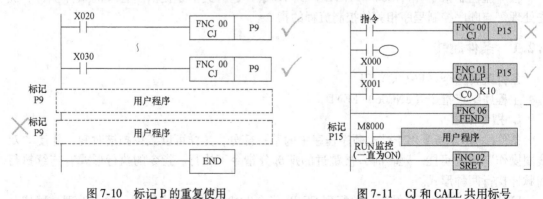

图 7-10　标记 P 的重复使用　　　　图 7-11　CJ 和 CALL 共用标号

5）无条件跳转的问题。如图 7-12 所示，M8000 为运行监控，程序无条件执行到标号为 P5 所指向的程序。

6）有多个子程序时，则需多次使用 FEND 指令时，在最后的 END 和 FEND 指令之间编写子程序和中断子程序，如图 7-13 所示。

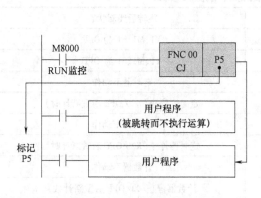

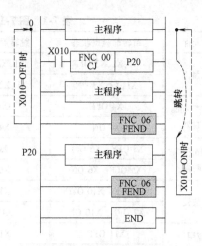

图 7-12　无条件跳转　　　　　　　　图 7-13　多次使用 FEND

7) 跳转程序中触点线圈动作情况：在跳转程序中涉及 PLC 的软元件的动作情况，不同的软元件会因跳转指令的执行，而产生不同的结果。如图 7-14 所示，其中跳转前后触点、线圈状态见表 7-1。

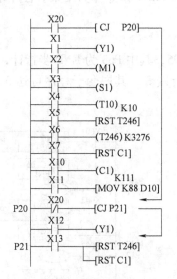

Y1 成了双线圈，其操作由 X20 的 ON/OFF 状态决定，当 X0 为 OFF 时，Y1 由 X1 驱动；X0 为 ON 时，Y1 由 X12 驱动。双线圈中，一个在跳转程序之内、一个在跳转程序之外是允许的

对积算型定时器（T246）和普通计数器（C1）的复位 RST 指令在跳转程序外时，定时器、计数器线圈跳转生效，RST 指令仍会被执行，即触点也会复位和当前值也会清除

定时器 T192～T199、高速计数器 C235～C255 一经驱动，即使处理指令被跳过也会继续工作，输出触点也能动作

图 7-14　跳转程序中触点线圈动作情况

7.2.2　子程序

调用子程序 CALL FNC01
子程序返回 SRET FNC02

1. 指令概述

在顺控程序中，对想要共同处理的子程序进行调用的指令。可以减少程序的步数，更加方便有效地设计程序。

当输入指令为 ON 时，执行 CALL 指令，向标号为 Pn 的子程序跳转（调用标号为 Pn 的子程序），使用 SRET 返回到主程序。

表 7-1　图 7-12 跳转前后触点、线圈状态表

软元件	跳转前触点状态	跳转后触点状态	跳转后线圈状态
Y,M,S	X1,X2,X3 OFF	X1,X2,X3 ON	Y1、M1、S1 为 OFF
	X1,X2,X3 ON	X1,X2,X3 OFF	Y1、M1、S1 为 OFF
10ms/100ms 定时器	X4 OFF	X4 ON	定时器不动作
	X4 ON	X4 OFF	定时器停止（X20 OFF 后重新计时）
1ms 定时器	X5 OFF　X6 OFF	X6 ON	定时器不动作
	X5 OFF　X6 ON	X6 OFF	定时器停止（X20 OFF 后重新计时）
计数器	X7 OFF　X10 OFF	X10 ON	计数器不动作
	X7 OFF　X10 ON	X10 OFF	计数器停止（X0 OFF 后重新计数）
应用 指令	X11 OFF	X11 ON	除 FNC52～FNC58 之外的其他功能指令不执行
	X11 ON	X11 OFF	

编写子程序时，必须使用子程序返回指令（SRET），二者配套使用。

子程序应写在 FEND 之后，即 CALL、CALL（P）指令对应的标号应写在 FEND 指令之后。CALL、CALL（P）指令调用的子程序必须以 SRET 指令作为结束。程序结构如图 7-15 所示。

2. 指令使用要点

1）指针标号 Pn 可以使用的范围为 P0～P4095，其中 P63 为 END 步指针，不能使用。

2）调用子程序可以使用多重 CALL 指令进行嵌套，其嵌套子程序可达 5 级（CALL 指令可用 4 次），程序结构如图 7-16 所示。

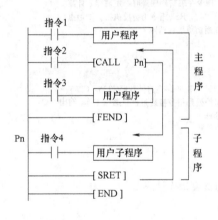

图 7-15　调用子程序结构

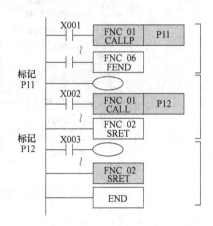

图 7-16　嵌套子程序结构

3）在调用子程序和中断子程序中，可采用 T192～T199 或 T246～T249 作为定时器。

4）CALL 指令调用子程序时，对应的两个或两个以上子程序之间用 SRET 隔开。

5）若 FEND 指令在 CALL 或 CALL（P）指令执行之后、SRET 指令执行之前出现，则程序被认为是错误的。另一个类似的错误是使 FEND 指令处于 FOR – NEXT 循环之中。

6）子程序及中断子程序必须写在 FEND 指令与 END 指令之间。若有多个 FEND 指令，则子程序必须在最后一个 FEND 指令与 END 指令之间。即程序最后必须有一个 END 指令。

7.2.3　中断程序控制指令

在一般的顺控程序处理中，由于扫描周期造成的延迟以及时间的偏差给机械动作带来影响，为了改善这种情况采用中断处理程序。中断程序不受顺控程序（主程序）的扫描影响，采用输入、定时器、计数器中断作为触发信号，立即执行中断子程序的功能。

1. 中断程序控制指令

中断程序控制指令有中断返回、允许中断、禁止中断 3 条。中断控制程序结构如图 7-17 所示。

1) 中断返回 IRET（FNC03）：从中断子程序返回到主程序。在处理主程序过程中，如果产生输入、定时器、计数器中断，则跳转到中断指针（I）所指向程序，然后使用 IRET 返回到主程中。

2) 允许中断 EI（FNC04）：可编程通常为禁止中断状态，使用 EI 指令，可以使可编程变为允许中断状态。如图 7-18 所示。

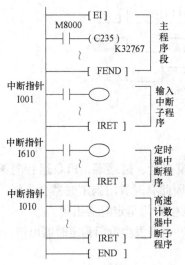

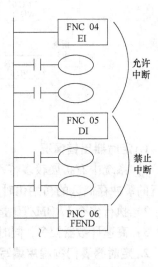

图 7-17　中断程序结构图　　　　　　　　　图 7-18　EI 指令使用

3) 禁止中断 DI（FNC05）：在可编程允许中断时，使用 DI 指令又可以变为禁止状态。

2. 中断指令使用要点

1) 中断子程序必须写在 FEND 之后。中断子程序必须以 IRET 指令用结束。

2) 发生多个中断时的处理。

① 当程序中依次发生多个中断时，先发生的中断优先执行；

② 同时产生中断时，指针编号小所指向的中断子程序的优先执行；

③ 在执行中断子程序的过程中，其他中断子程序被禁止。

3) 双重中断（中断中的中断）功能的实现，一般情况下，中断子程序中禁止中断，但如果在中断子程序中编写 EI、DI 时可以接收到双重中断。

4) 中断功能中的定时器处理：中断中的定时器一般要求使用子程序定时器 T192 ~ T199，使用普通的定时器不能执行计时。

5) 禁止输入中断重复使用：输入 X000 ~ X007 用于高速计数器、输入中断、脉冲捕捉以及 SPD、DSZR、ZRN、DVIT 指令和通用输入，在使用这些功能时不能重复使用。

6）中断程序中置 ON 软元件处理：中断中已经被置 ON 的软元件，在子程序结束时后仍然被保持。对于定时器、计数器执行 RST 指令后，定时器、计数器的复位状态同样被保持，因此这些软元件在子程序内、或是子程序外执行复位和 OFF 运算时，要将该指令断开。

有关中断源的使用请参照第 2 章 2.5 节中相关内容。

7.2.4　看门狗定时器

看门狗定时器（WDT）是通过顺控程序对看门狗定时器进行刷新。PLC 的运算周期一般为 200ms（指的是 0 ~ END 步或 FEND 步执行时间），PLC 会出现看门狗定时器出错（检测运算异常），CPU 出错，LED 灯亮后停止。像这样运算周期较长的情况在程序中间插入 WDT 指令，可以避免出现此类错误。

WDT 指令执行形式如图 7-19 所示。

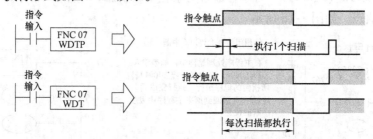

图 7-19　WDT 指令执行形式

1. 定时器出错情况

1）系统中有扩展较多特殊设备，如凸轮开关、定位、模拟量、链接等，PLC 运行时被执行的缓冲存储区的初始化时间会变长，运算时间会延长，因此有时看门狗定时器会出错。

2）执行多个 FROM/TO 指令，运算时间会延长，也会发生看门狗定时器出错。

3）高速计数器较多，同时对高频计数，运算时间会延长，也会发生看门狗定时器出错。

2. 定时器看门狗程序编写办法

1）通过对特殊寄存器 D8000 的设定，可以更改看门狗定时器的检测时间。如图 7-20 所示，将定时器看门狗时间设为 360ms。

2）在程序中插入 WDT 指令，使程序变为两部分。如图 7-21 所示。

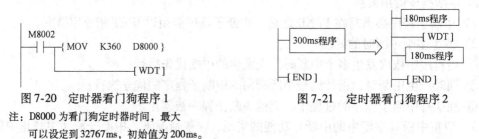

图 7-20　定时器看门狗程序 1

注：D8000 为看门狗定时器时间，最大可以设定到 32767ms，初始值为 200ms。

图 7-21　定时器看门狗程序 2

7.2.5　循环区域指令

1. 概述

指令包括 FOR 和 NEXT 两条指令。FOR 为循环范围起点，NEXT 为循环结束。指令的功能是从 FOR 指令开始到 NEXT 指令之间的程序按指定次数重复运行。

循环次数由 FOR 指令指定，FOR 指令的表现形式为 [FOR　S]，其中的 S 表示循环次数，可以在 K1 ~ K32767 指定。参考程序如图 7-22 所示。

2. 指令使用注意要点

1) FOR 和 NEXT 指令循环体可以嵌套，最多可以嵌套 5 层，如图 7-23 所示。

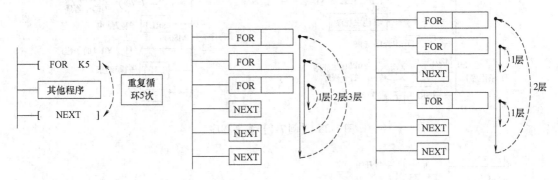

图 7-22　参考程序　　　　　　　　　　　　图 7-23　嵌套程序

2) FOR 和 NEXT 指令要求成对编程。下列几种情况都是错误的编程。

① FOR 和 NEXT 指令数目不一致时，程序出错，如图 7-24 所示。

② FOR 和 NEXT 指令必须同时在主程序或子程序中，NEXT 在 FEND 或 END 后编程的程序也是错误的。如图 7-25 所示。

③ NEXT 指令编写在 FOR 指令前面的也不对。如图 7-26 所示。

3) 如循环次数设置为 −32767 ~ 0 时，循环次数作 1 处理，FOR-NEXT 循环 1 次。循环指令最多允许 5 级嵌套。

4) FOR 和 NEXT 指令重复次数较多的情况下，要考虑程序的处理时间，有时需要在程序中间加入 WDT 指令，如图 7-27 所示。

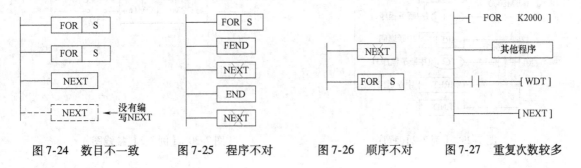

图 7-24　数目不一致　　　图 7-25　程序不对　　　图 7-26　顺序不对　　　图 7-27　重复次数较多

7.2.6　程序流控设计实例

为读者编程作指引，以下先讲两个实例，再进行实训操作。

【例 7-1】　用两个开关 X1，X0 控制一个信号灯 Y0，当 X1，X0 = 00 时灯灭，X1，X0 = 01 时灯以 1s 脉冲闪，X1，X0 = 10 时灯以 2s 脉冲闪，X1，X0 = 11 时灯常亮。编制程序如图 7-28 所示。

【例 7-2】　有一个 3 人智力抢答器，采用中断程序进行编制，如图 7-29 所示，接线如图 7-30 所示。图中 X0、X1、X2 分别为 3 个代表的抢答按钮。

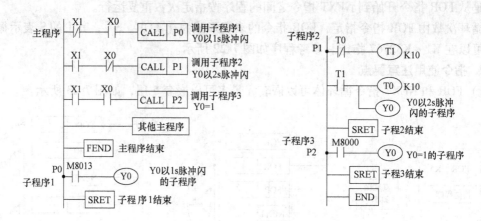

图 7-28 【例 7-1】参考程序

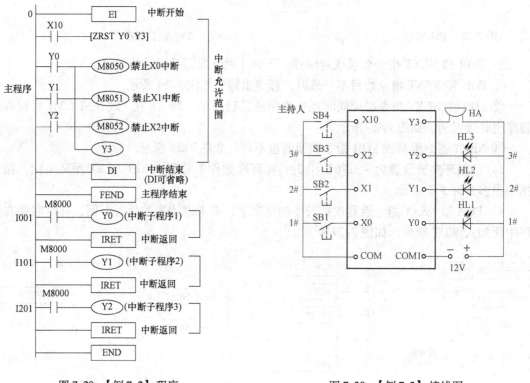

图 7-29 【例 7-2】程序　　　　　　　　　图 7-30 【例 7-2】接线图

7.2.7　实训项目

实训 16　带式输送线 PLC 控制

1. 控制要求

在建材、化工、机械、冶金、矿山等工业生产中广泛使用带式输送系统运送原料或物品。供料由电磁阀 DT 控制，电动机 M1、M2、M3、M4 分别用于驱动皮带运输线 PD1、PD2、PD3、PD4。储料仓设有空仓和满仓信号。运输线动作如图 7-31 所示。

1）正常起动：空仓时或按起动按钮的起动顺序为 M1、DT、M2、M3、M4，间隔时间 5s。

2）正常停止：为使传送带上不留物料，要求顺物料流动方向按一定时间间隔顺序停止。即停止顺序为 DT、M1、M2、M3、M4，间隔时间 5s。

3）紧急停止时，无条件将所有电动机和电磁阀全部停止。

4）故障后的起动：为避免前段皮带上造成物料堆积，要求按物料流动相反方向按一定时间间隔顺序起动；故障后的顺序起动为 M4、M3、M2、M1、DT，延时间隔 10s。

5）具有点动功能。

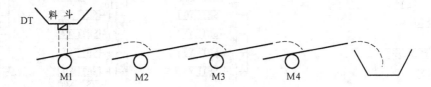

图 7-31　带式输送线控制示意图

2. 技能操作指引

（1）根据控制要求进行 I/O 口分配（见表 7-2）。

表 7-2　带式输送线控制 I/O 口分配表

输入端口分配及功用						输出端口分配及功用	
X0	手动/自动	X3	急停	X6	满仓	Y0	电磁阀 DT
X1	起动	X4	热继电器	X10	点动 DT	Y1 ~ Y4	电动机 M1 ~ M4
X2	停止	X5	空仓	X11 ~ X14	点动 M1 ~ M4		

（2）输入/输出控制接线（见图 7-32）。

（3）状态转移图（见图 7-33）。

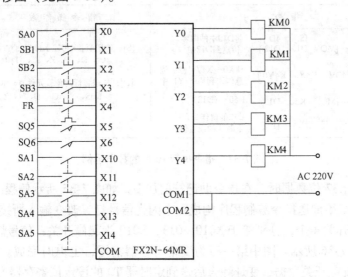

图 7-32　皮带运输线控制接线图

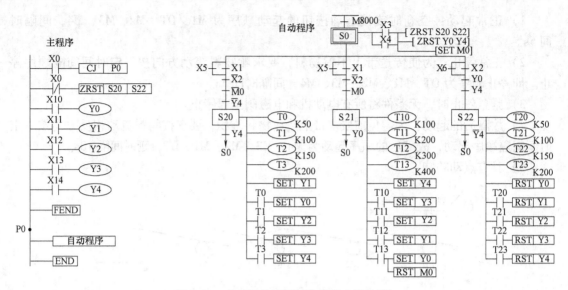

图 7-33　皮带运输线控制参考状态转移图

7.3　数据传送、处理指令

7.3.1　数据传送指令

1. 传送指令 MOV（FNC12）

1）MOV 指令的功用是将源软元件的内容传送（复制）到目标软元件，源中的数据不发生变化。

2）指令执行形式有连续和脉冲两种形式。

3）源数据被传送到指定目标中。指令可执行 16 位的数据，如图 7-34 所示的程序。输入指令不执行，数据保持不变。传送时目标数据不改变。

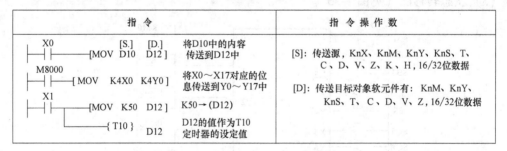

指　　令	指 令 操 作 数
X0 ——[MOV D10 D12] 将D10中的内容传送到D12中 M8000 ——[MOV K4X0 K4Y0] 将X0～X17对应的位信息传送到Y0～Y17中 X1 ——[MOV K50 D12] K50→(D12) ——{T10} D12 D12的值作为T10定时器的设定值	[S]: 传送源，KnX、KnM、KnY、KnS、T、C、D、V、Z、K、H，16/32位数据 [D]: 传送目标对象软元件有: KnM、KnY、KnS、T、C、D、V、Z，16/32位数据

图 7-34　指令执行 16 位的数据示例

4）指令执行 32 位数据时，在指令助记符前加 D，如图 7-35 所示例程序。

【例 7-3】　试用传送指令编制程序构成一个闪光信号灯，改变输入所接置数开关可改变闪光频率。设定开关 4 个，分别接于 X010～013，X010 为起停开关：信号灯接于 Y010。

梯形图如图 7-36 所示。图中第一行为变址寄存器清零，上电时完成。第二行从输入口 X10～X13 读入设定开关数据，变址综合后送到定时器 T0 的设定值寄存器 D10，并和第三行中的定时器 T1 配合产生 D10 时间间隔的脉冲。

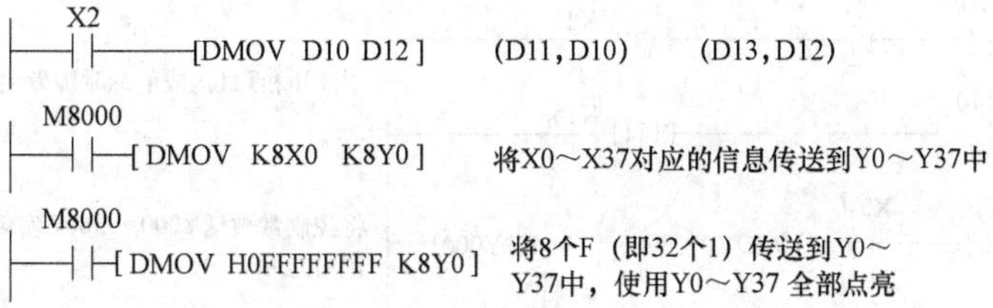

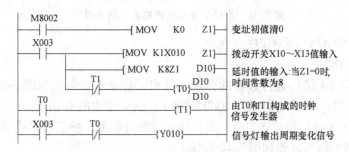

图 7-35　指令执行 32 位的数据示例

图 7-36　频率可变的闪光信号灯梯形图及说明

【例 7-4】　编制程序使用传送指令向输出端口送数的方式实现电动机 丫/△ 起动控制。

示例分析，程序中关键点是要求对输出端口的位信息控制，采用 MOV 指令时只要向对应的位送入控制位信息就可以。I/O 端口分配见表 7-3。据电动机 丫/△ 起动控制要求，参考梯形图如图 7-37 所示。

表 7-3　丫/△ 起动 I/O 口分配

输　　入		输　　出	
起动按钮	X000	电路(电源)主接触器 KM1	Y000
停止按钮	X001	电动机丫联结接触器 KM2	Y001
主电路热继电器	X002	电动机△联结接触器 KM3	Y002

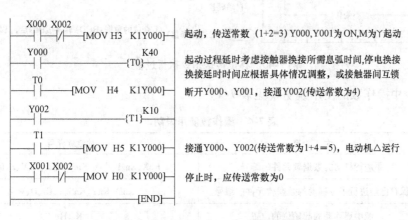

图 7-37　电动机丫/△起动控制梯形图

【例 7-5】　彩灯的交替点亮控制

有一组灯 L1～L8 接于 Y000～Y007，要求隔灯显示，每 2s 变换一次，反复进行。设置起停控制开关接于 X010 上。梯形图如图 7-38 所示。

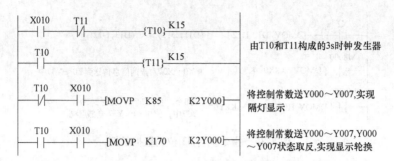

图 7-38 彩灯交替点亮控制梯形图及说明

2. 移位传送 SMOV（FNC13）

（1）指令的功能

以位数为单位（4 位）进行数据的分配、合成。指令表现形式如图 7-39 所示。传送源 [S] 和传送目标 [D] 的内容转换（0000～9999）成 4 位数的 BCD 码，m1 位数起的低 m2 位数部分被传送（合成）到传送目标 [D] 的 n 位数起始处，然后转换成 BIN，保存在传送目标 [D] 中。指令执行过程如图 7-40 所示。

图 7-39 移位传送指令表现形式

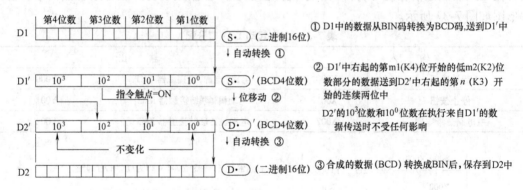

图 7-40 移位传送指令执行过程

（2）指令中操作数的使用说明（见表 7-4）

表 7-4 操作数使用说明

操作数	内　　容	对象软元件
[S.]	要进行移动的数据软元件的编号	KnX、KnM、KnY、KnS、T、C 、D、V、Z、K 、H
[D.]	保存已经进行了位移动的数据软元件的编号	KnM、KnY、KnS、T、C 、D、V、Z
m1	源中要移动的起始位的位置	K 、H
m2	源中要移动的位数量	K 、H
n	指定到移动目标中的起始位的位置	K 、H

（3）指令执行形式

可以采用连续执行和脉冲执行两种方式。指令只能执行 16 位数据。

【例 7-6】　通过 X0 ~ X3、X20 ~ X27 输入数据，合成数据后，以二进制保存到 D20 中。程序如图 7-41 所示，D20 中最后合成的数据为 765。

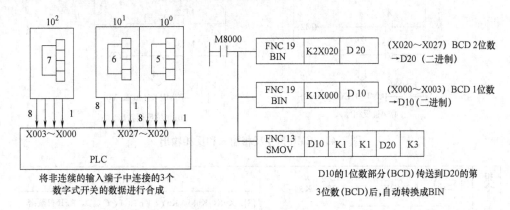

图 7-41　示例程序梯形图

3. 取反传送 CML

1）指令功能：取反传送（CML）是以位为单位反转数据后进行传送（复制）的指令。

如图 7-42 所示为取反传送示例程序，图中源元件（D10）中的数据逐位取反（1→0，0→1）并传送到指定目标（K1Y000）中。若源中数据为常数 K，该数据会自动转换为二进制数。图 7-42a 程序转换过程如图 7-42b 所示。

指　令	指令操作数
X000　　　　[S·]　　　[D·] ├─┤├─[CML　　D10　　K1Y000]─┤ ($\overline{D10}$)→(K1Y000) 源数据D10各位取反并传送到目标K1Y0中	[S]: KnX、KnM、KnY、KnS、T、C、D、V、Z、K、H。 16/32位数据 [D]: KnM、KnY、KnS、T、C、D、R。16/32位数据。

a）取反传送示例程序及操作数说明

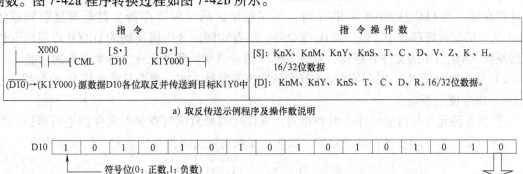

b）示例程序转换过程

图 7-42　取反指令

2）指令执行形式可以采用连续执行和脉冲执行两种方式。指令能执行 16 位数据和 32 位数据两种格式。

3）取反传送指令（CML）可以用于 PLC 的反相输入和反相输出，如图 7-43 所示。

4. 成批传送 BMOV　FNC15

1）指令功用：对指定点数的多个数据进行成批传送（复制）。或称多点对多点复制。

如图 7-44 所示，当 X0 为 ON 时，将源操作数（D5）开始的 n 个（$n = $ K3）数据组成的数据块传送到指定的目标（D8）中。如果元件号超出允许元件号的范围，数据仅传送到允

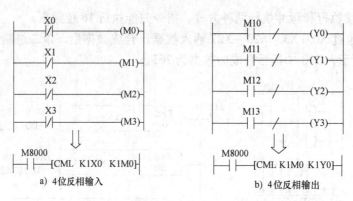

图 7-43　CML 指令反相输入和反相输出

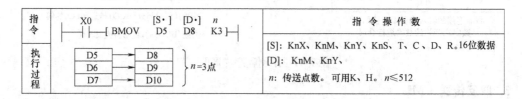

图 7-44　BMOV 指令示例程序

许范围内。

对 FX1N、FX2N、FX2NC 而言，通过参数设置可把 D1000 以后的通用数据寄存器设为文件寄存器。当 PLC 从 STOP→RUN 时，程序存储区的文件寄存器会自动被复制到系统 RAM 区中的文件寄存器中。除 BMOV 指令外，所有功能指令中所用到的 D1000 以后的元件均指系统 RAM 区中的文件寄存器，只有 BMOV 指令有访问程序区中文件寄存器的功能。

2）指令执行形式可以采用连续执行和脉冲执行两种方式。指令只能执行 16 位数据。

3）指令使用要点：

① 如果源元件与目标元件的类型相同，当传送编号范围有重叠时同样能进行传送。如图 7-45 所示。传送顺序是自动决定的，以防止源数据被这条指令传送的其他数据冲掉。

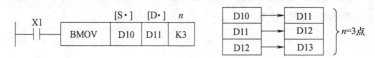

图 7-45　编号范围重叠传送示例

② 在带有位数指定软元件的情况下，要求源和目标的指定位数必须相同。如图 7-46 所示，图中 K1X0 和 K1Y0 称作 1 点，如果是 K2X0 和 K2Y0 同样称作 1 点，只不过此时按 $n=2$ 来传送，则是将 X0 ～ X17 的信息传送 Y0 ～ Y17。

③ 控制 BMOV 指令的方向标志 M8024 = ON 时，数据传送方向反转，如图 7-47 所示。

5. 多点传送 FMOV（FNC16）

将源中同一数据传送到指定点数的软元件中。如图 7-48 所示。

1）指令执行形式可以采用连续执行和脉冲执行两种方式。指令只能执行 16 位数据。

2）指令还用清零功能，如图 7-49 所示。但如果是对计数器清零操作，只能清除经过值，计数器的触点动作情况不能清除。

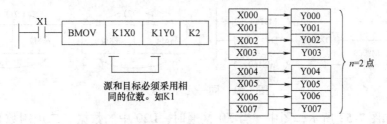

图 7-46 带有位数指定软元件的传送示例

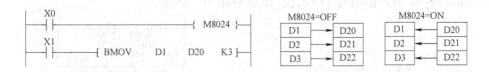

图 7-47 数据传送方向反转示例

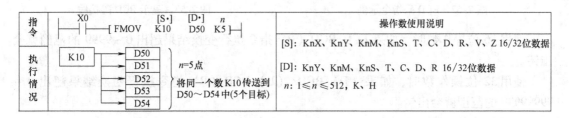

图 7-48 多点传送示例

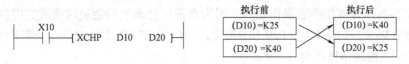

图 7-49 清零功能示例

3）如果执行过程中软元件超范围时，只能在传送范围内传送。

6. 数据交换 XCH（FNC17）

在两个软元件之间进行交换数据。

交换功能如图 7-50 所示，如果是在连续执行方式下，数据在每个扫描周期交换 1 次。

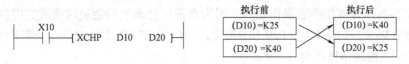

图 7-50 交换功能示例

当 M8160 = ON 时，且〔D1·〕与〔D2·〕为同一元件时，该指令的执行使目标元件的高 byte 与低 byte 互换，这时指令与 SWAP（FNC147）的功能相同。如果 M8160 = ON 时〔D1·〕与〔D2·〕元件不同时，出错标志 M8160 = ON，且不执行该指令。如图 7-51 所示。

7. BIN 变换 BCD（FNC18）

BCD 变换是将源中 BIN（二进制数）转换成 BCD（十进制数）后传送的指令。二进制

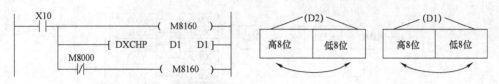

图 7-51　同一元件交换示例

换成 BCD 码如图 7-52 所示，图中，当 X0 接通时，D20 中的数据（二进制数）送到 K4Y0
（十进制数）中，显示 BCD 码接线如图 7-53 所示。假定（D20）= 8576，当 X0 接通时，
Y17 ~ Y0 的状态是 1000 0101 0111 0110，BCD 显示为"8576"。

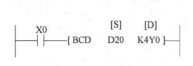

图 7-52　BCD 码指令示例

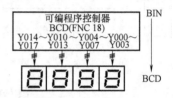

图 7-53　显示 BCD 码接线

使用 16 位操作数时，如果 BCD/BCD（P）指令执行变换结果超出 0 ~ 9999 的范围就会
出错。

使用 32 位操作数时，如果（D）BCD/（D）BCD（P）指令执行变换结果超出 0 ~
99999999 的范围就会出错。

8. BCD 变换 BIN（FNC19）

BCD 变换 BIN 是将源中的十进制数（BCD）转换成二进制数的指令。如图 7-54 所示，
当指令执行时，且 X1、X2、X4、X5 接通时，Y2、Y5 被点亮。

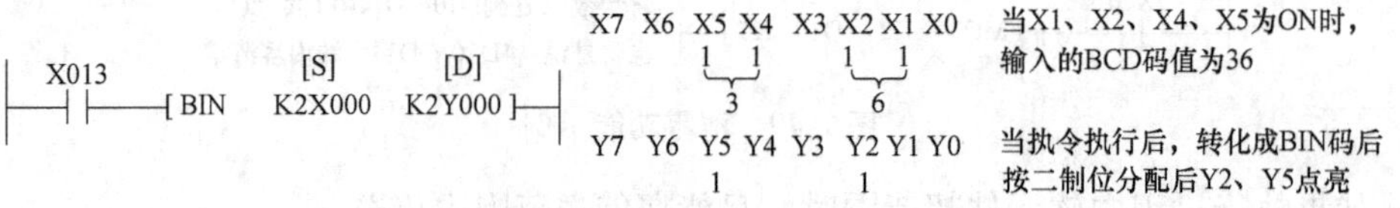

```
     X013         [S]      [D]        X7 X6 X5 X4 X3 X2 X1 X0    当X1、X2、X4、X5为ON时，
──┤├──────┤ BIN  K2X000  K2Y000 ├──        └┘      └┘           输入的BCD码值为36
                                        3        6
                                   Y7 Y6 Y5 Y4 Y3 Y2 Y1 Y0    当执令执行后，转化成BIN码后
                                        1        1           按二制位分配后Y2、Y5点亮
```

图 7-54　BCD 变换 BIN 指令

BIN 指令用于将 BCD 数字开关的设定值输入 PLC 中。如果源中的数据不是 BCD 码，就
会出错，M8067 ON。但在这种情况下 M8068（操作错误锁存）不为 ON。

常数 K 不能作为本指令的操作元件，因为在任何处理之前会被转换成二进制。

注：如使用 DSW（FNC72）时，DSW 指令能自动执行 BCD 和 BIN 之间的转换，不需要用本指令。

9. PRUN 八进制传送指令（FNC81）

PRUN 指令是将被指定了位数的源和目标的软元件编号作为八进制数处理，并传送数
据。指令表现形式如图 7-55 所示，传送执行情况分别如图 7-56 ~ 图 7-59 所示。

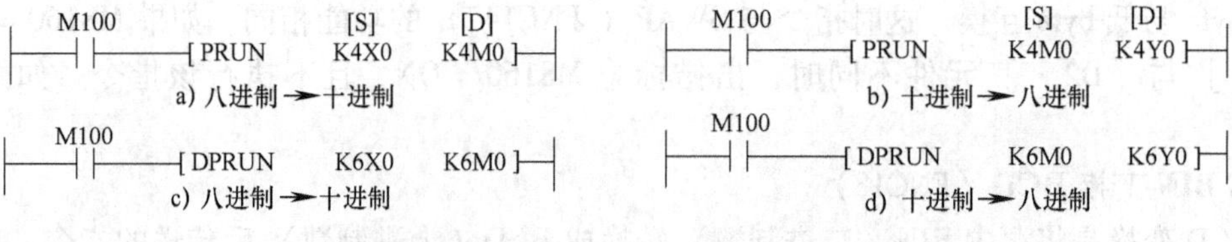

```
     M100        [S]     [D]               M100        [S]     [D]
──┤├─────┤ PRUN  K4X0    K4M0 ├──      ──┤├─────┤ PRUN  K4M0    K4Y0 ├──
        a) 八进制 → 十进制                      b) 十进制 → 八进制

     M100        [S]     [D]               M100        [S]     [D]
──┤├─────┤ DPRUN K6X0    K6M0 ├──      ──┤├─────┤ DPRUN K6M0    K6Y0 ├──
        c) 八进制 → 十进制                      d) 十进制 → 八进制
```

图 7-55　PRUN 八进制传送表现形式

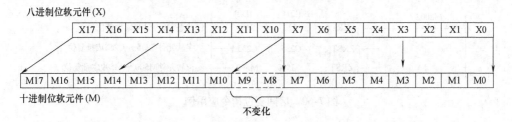

图 7-56　八进制传送十进制执行情况

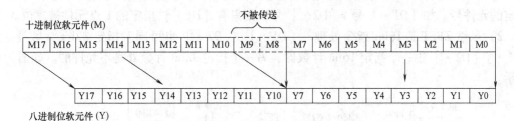

图 7-57　十进制传送八进制执行情况

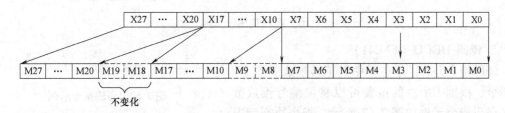

图 7-58　八进制传送十进制执行情况

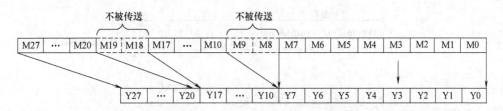

图 7-59　十进制传送八进制执行情况

指令中操作数说明如下：

S：位数指定，KnX、KnM（$n = 1 \sim 8$，X 和 M 最低位地址为 0）

D：位数指定，KnY、KnM（$n = 1 \sim 8$，Y 和 M 最低位地址为 0）

7.3.2　数据处理指令

数据处理指令包含批复位，编、译码指令及平均值计算指令等。相对于 FNC10 ~ FNC39 的基本应用指令，FNC40 ~ FNC49 指令则能够进行更加复杂的处理或作为满足特殊用途的指令。这一类指令除 ANS 指令外均可采用连续和脉冲两种执行方式。

1. 成批复位 ZRST（FNC40）

成批复位 ZRST 是在两个指定的软元件之间执行成批复位，两个软元件必须为同类型元件。如图 7-60 所示。指令可以复位的软元件有：Y、M、S、T、C、D、R。

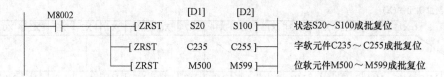

图 7-60　区间复位指令应用例

使用 ZRST 指令注意事项：

1）［D1·］和［D2·］指定的应为同类元件。［D1·］指定的元件号应小于等于［D2·］指定的元件号。如［D1·］号＞［D2·］号，则只有［D1·］指定的 1 点元件被复位。

2）虽然 ZRST 是 16bit 指令处理，［D1·］、［D2·］也可同时指定 32bit 计数器。但［D1·］［D2·］中一个指定 16bit 计数器、另一个指定 32bit 计数器是不允许的。如图 7-61 所示。

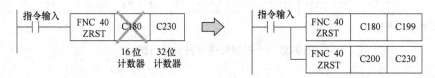

图 7-61　使用注意例

2. 译码 DECO（FNC41）

译码指令是将数字数据中数值转换成 1 点 ON 的指令，根据 ON 位的位置可以将位编号读成数值。译码指令示例如图 7-62 所示，指令执行情况如图 7-63 所示。指令中操作数说明见表 7-5。

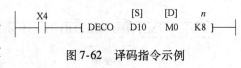

图 7-62　译码指令示例

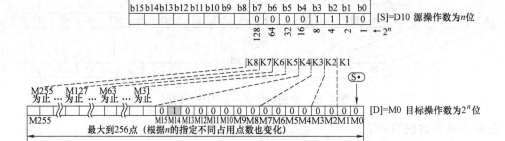

图 7-63　示例指令执行情况

表 7-5　指令中操作数说明

操作数	内　　　容	对象软元件	数据类型
［S］	保存要译码的数据或字软元件的编号	X、Y、M、S、T、C、D、V、Z、R、K、H	BIN16 位
［D］	保存译码结果的位/字软元件的编号	Y、M、S、T、C、D、R	BIN16 位
n	保存译码结果的软元件的位点数	K、H	BIN16 位

注：操作数 n 的取值范围为 1～8，$n=0$ 时指令不处理。对于源操作数为 n 位，目标操作数为 2^n 位。

图 7-63 中，因为源 D10 中的 b1、b2、b3 位为 1，结果得到的数据为 14（8＋4＋2），所以译码结果为 M14 位为 1。

指令使用要点如下：

1）如果源中的位全部为"0"时，则目标中 bit0 = 1。

2）[D] 指定的目标是 Y、M、S 时，n 的取值范围 $1 \leqslant n \leqslant 8$，[D] 的最大取值范围为 $2^8 = 256$ 点。

3）[D·] 指定的目标是 T、C 或 D，n 的取值范围 $1 \leqslant n \leqslant 4$。[D] 的最大取值范围为 $2^4 = 16$ 点。

4）当执行条件 OFF 时，指令不执行。译码输出会保持之前的 ON/OFF 状态。

【例 7-7】 用功能指令组成 1 个八位选择开关。如图 7-64 所示。

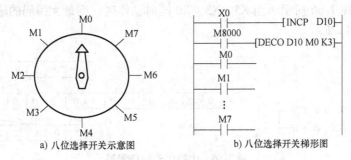

a) 八位选择开关示意图   b) 八位选择开关梯形图

图 7-64 八位选择开关

3. 编码 ENCO FNC42

编码指令是求出数据中 ON 位的位置指令。编码指令应用示例如图 7-65 所示。指令中操作数说明见表 7-6。

表 7-6 指令中操作数说明

种类	内 容	对象软元件	数据类型
[S]	保存要编码的数据或数据字软元件的编号	X、Y、M、S、T、C、D、V、Z、R	BIN16 位
[D]	保存编码结果的字软元件的编号	T、C、D、R、V、Z	BIN16 位
n	保存译码结果的软元件的位点数	K、H	BIN16 位

注：操作数 n 的取值范围为 $1 \sim 8$，$n = 0$ 时指令不处理。对于源操作数为 2^n 位，目标操作数为 n 位。

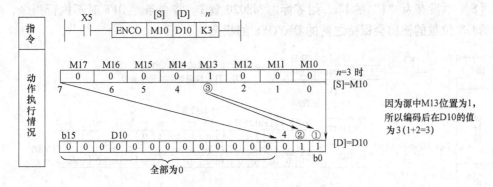

图 7-65 编码指令应用示例

指令使用技巧：

1）若 [S·] 指定的源是 T、C、D、V 或 Z，应使 $n \leqslant 4$。且其数据源为 2^n 位（最大 16 位数据）。

2）若［S·］指定的源是 X、Y、M、S，应使 $1 \leqslant n \leqslant 8$。且其数据源为 2^n 位。最大 256 位数据。

3）若指定源中为"1"的 bit 不止一处，则只有最高 bit 的"1"有效。若指定源中所有 bit 均为 0，则出错。

4）如果源中最低位为 1，则目标全部为 0。

5）当执行条件 OFF 时，指令不执行。编码输出中被置 1 的元件，即使在执行条件变为 OFF 后仍保持其状态到下一次执行该指令。

【例 7-8】　大数优先动作程序设计：当输入继电器 X7～X0 中有 n 个同时动作时，编号较大的优先。如图 7-66 所示，当 X5、X3、X0 同时动作时，则最大编码的输入继电器 X5 的有效，对应的 M5 = 1。

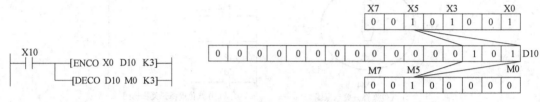

图 7-66　大数优先动作程序

4. ON 总数 SUM（FNC43）

SUM 指令是计算指定源软元件的数据中有多少个为"1"（ON），并将结果送到目标中。ON 总数指令应用如图 7-67 所示，指令中操作数对象软元件见表 7-7。

图 7-67 中 D10 = K21847，按二进制位分配后其中"1"的总数为 9 个，存入 D20 中（D20 中的 b0 和 b3 位为 1，所以 D20 = 8 + 1 = 9）。

表 7-7　操作数对象软元件

种类	对象软元件	数据类型
[S]	KnX、KnY、KnM、KnS、T、C、D、R、V、Z、K、H	BIN　16/32 位
[D]	KnY、KnM、KnS、T、C、D、R、V、Z	BIN　16/32 位

若［S］中没有为"1"的 bit，则零标志 M8020 置 1。指令条件 OFF 时不执行指令，但已动作的 ON 位数的输出会保持之前的 ON/OFF 的状态。

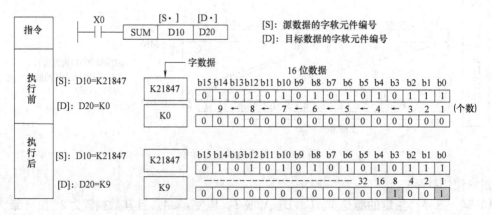

图 7-67　ON 总数指令应用

【例 7-9】　用 4 个开关分别在 4 个不同的地点控制一盏灯。如图 7-68 所示。

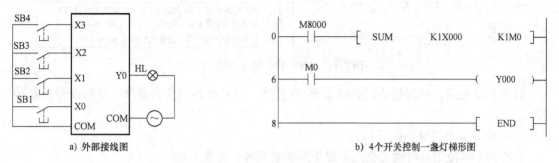

a) 外部接线图　　　　　　　　　　　　　　b) 4个开关控制一盏灯梯形图

图 7-68　4 个开关分别在 4 个不同的地点控制一盏灯

5. ON 位判别 BON（FNC44）

BON 指令是检查软元件指定位的位置为 ON 还是 OFF 的指令。

BON 指令应用如图 7-69 所示，若 D20 中的第 15bit 为 ON，则 M20 变为 ON。即使 X0 变为 OFF，M20 亦保持不变。

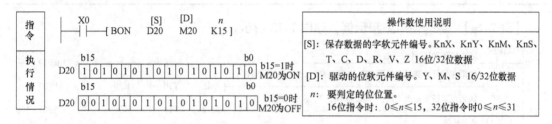

图 7-69　ON 位判别指令应用

6. 平均值 MEAN FNC45

MEAN 指令是求数据的平均值指令。n 个源数据的平均值送到指定目标中。平均值是指 n 个源数据的代数和被 n 除所得的商，余数略去。若元件超出范围，n 的值会自动缩小以取允许范围内元件的平均值。平均值指令如图 7-70 所示。

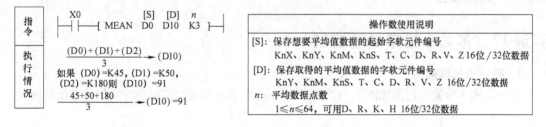

图 7-70　求平均值指令

若指定的 n 值超出 1～64 的范围，则出错。

7. 报警器置位 ANS（FNC46）/报警器复位 ANR（FNC47）

ANS 是对信号报警器用的状态（S900～S999）进行置位用的指令。ANR 是对信号报警器（S900～S999）中已经 ON 的最小编号进行复位。指令表现形式如图 7-71 所示。

图 7-71 中，如果 X10 接通时间超过 15s（判定时间 m = 150×ms），S900 就会置位，如果 X10 接通时间不到 15s 时，X10 断开，定时器会自动复位。

图 7-71　ANS/ANR 指令表形式

如果 X12 接通，把置位的报警状态 S900 复位，如果有多个状态动作，复位编号最新的状态。

ANR 指令要求用脉冲执行！

ANS 指令在使用的时候还会用到以下相关软元件，见表 7-8。

表 7-8　ANS 指令使用相关软元件

软元件	名　称	内　容
M8049	信号报警器有效	M8049 置 ON 后，下面的 M8048 和 D8049 工作
M8048	信号报警器动作	M8049 后，状态 S900～S999 中任一动作的时候，M8048 置 ON
D8049	ON 最小状态编号	保存 S900～S999 动作的最小编号

【例 7-10】　综合使用编程示例，如图 7-72 所示。

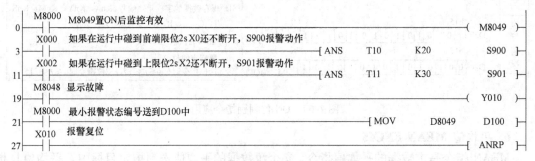

图 7-72　报警指令使用示例

7.3.3　实训项目

实训 17　多站小推车自动控制

1. 实训控制要求

有一小推车位置示意图如图 7-73 所示，小车行走的方向由位置号和呼叫信号相比较决定。

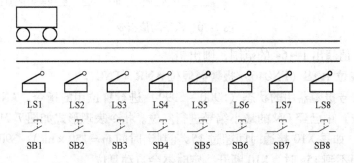

图 7-73　小推车位置示意图

1）当小车所停位置号小于呼叫号时，小车右行至呼叫号处停车；反之同样。小车所停位置号等于呼叫号时，小车原地不动。

2）小车起动前有报警信号，报警 Ts 后方可左行或右行；小车行走时具有左行、右行定向指示、原点不动指示，行走时位置的七段数码管显示。

3）小车具有正反转点动运行功能。

4）小车电动机由变频器驱动。

2. 技能操作指引

（1）I/O 端口分配（见表7-9）

表7-9 I/O 端口分配表

输入	功能	输入	功能	输出	功能	输出	功能
X0 ~ X7	SB1 ~ SB8	X20	点/自动动换	Y0 ~ Y6	数码管 A ~ G	Y13	报警信号
X10 ~ X17	LS1 ~ LS8	X21	点右	Y10	左行箭头	Y14	左行 STR 信号
		X22	点左	Y11	右行箭头	Y15	右行 STF 信号
				Y12	原点指示	Y16	JOG 信号

（2）变频器参数设定

1）在 PU 模式下设定下列参数：

Pr. 7 = 5s；Pr. 8 = 4s；Pr. 15 = 10Hz（点动频率）；Pr. 16 = 2s（点动加减速时间）。

2）设定操作模式 Pr. 79 = 2。

（3）小推车自动控制综合接线（见图7-74）

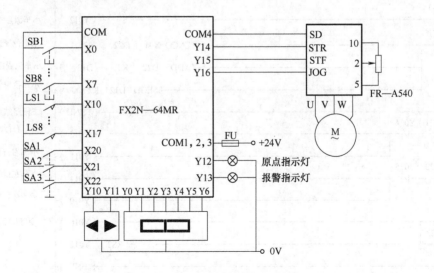

图7-74 小推车自动控制综合接线图

（4）根据控制要求编制小推车自动控制参考程序

1）参考程序一，如图7-75 所示。

2）参考程序二，如图7-76 所示。

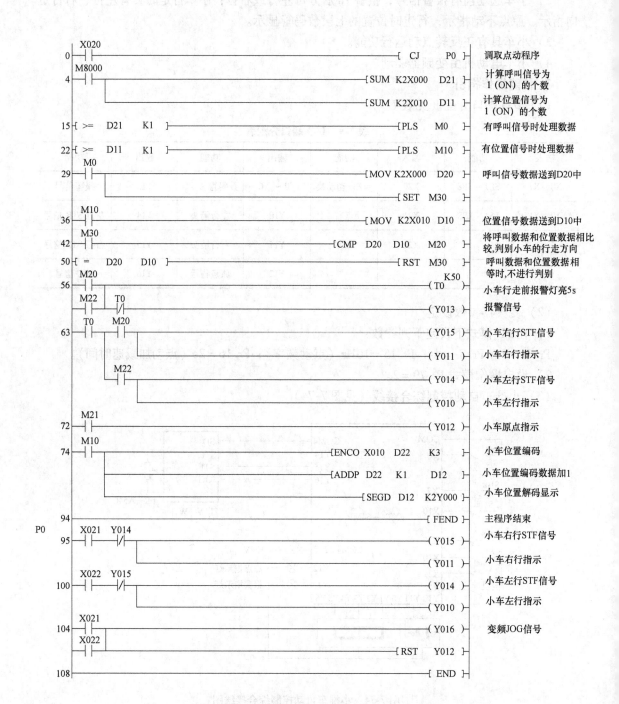

图 7-75　小推车自动控制参考程序一

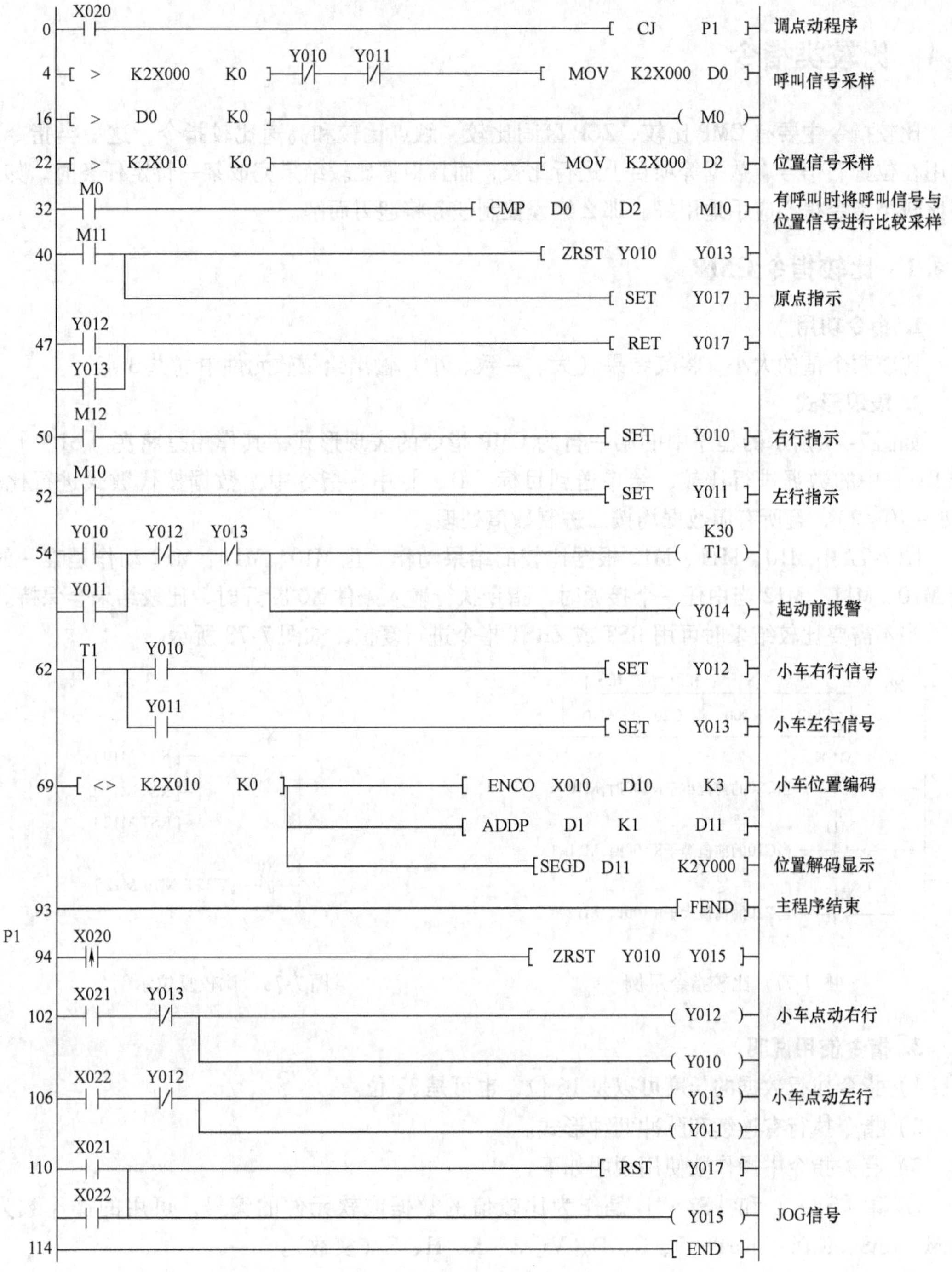

```
        X020
0      ─┤├──────────────────────────────────────[ CJ    P1  ]   调点动程序
              > K2X000  K0    Y010  Y011
4      ─┤         │         ├─┤/├──┤/├─────────[ MOV  K2X000  D0 ]  呼叫信号采样

16     ─┤  > D0        K0  ├───────────────────────────( M0 )
22     ─┤  > K2X010     K0  ├──────────────────[ MOV  K2X000  D2 ]  位置信号采样
        M0
32     ─┤├─────────────────────────────[ CMP   D0    D2    M10 ]  有呼叫时将呼叫信号与
        M11                                                        位置信号进行比较采样
40     ─┤├───────────────────────────────[ ZRST  Y010   Y013 ]
              │                           ──────────[ SET   Y017 ]  原点指示
        Y012  │
47     ─┤├────┴──────────────────────────────────[ RET   Y017 ]
        Y013
        M12
50     ─┤├───────────────────────────────────────[ SET   Y010 ]  右行指示
        M10
52     ─┤├───────────────────────────────────────[ SET   Y011 ]  左行指示
        Y010  Y012  Y013                                   K30
54     ─┤├──┬─┤/├──┤/├──────────────────────────────────( T1 )
        Y011 │
        ─┤├──┘                                        ───( Y014 )  起动前报警
        T1    Y010
62     ─┤├──┬─┤├─────────────────────────────────[ SET   Y012 ]  小车右行信号
              │ Y011
              └─┤├───────────────────────────────[ SET   Y013 ]  小车左行信号
              <> K2X010  K0
69     ─┤         │        ├──┬──────────[ ENCO  X010   D10   K3 ]  小车位置编码
                             ├──────────[ ADDP  D1    K1    D11 ]
                             └──────────[ SEGD  D11   K2Y000 ]  位置解码显示
93     ──────────────────────────────────────────[ FEND ]  主程序结束
P1      X020
94     ─┤↑├──────────────────────────────────[ ZRST  Y010   Y015 ]
        X021  Y013
102    ─┤├──┬─┤/├──────────────────────────────────────( Y012 )  小车点动右行
              └───────────────────────────────────────( Y010 )
        X022  Y012
106    ─┤├──┬─┤/├──────────────────────────────────────( Y013 )  小车点动左行
              └───────────────────────────────────────( Y011 )
        X021
110    ─┤├──┬───────────────────────────────────[ RST   Y017 ]
        X022 │
        ─┤├──┘                                      ───( Y015 )  JOG信号
114    ──────────────────────────────────────────[ END ]
```

图 7-76　小推车控制参考程序二

注：1. 图 7-74 的接线图和表 7-9 中的 I/O 分配不适用参考程序二。

2. 参考程序二的 I/O 口分配如下：

输入　X0 ~ X7：1 ~ 8 位呼叫信号；X10 ~ X17：1 ~ 8 位位置信号；X20：手动/自动切换；

X21：手动右行；X22：手动左行。

输出　Y0 ~ Y6：七段数码管 A ~ G 显示；Y10：左行指示；Y11：右行指示；Y12：STR 信号；

Y13：STF 信号；Y14：报警灯；Y15：点动 JOG 信号；Y17：原点指示。

注意：调试中小车在起动前必须有确定位置。

7.4　比较类指令

比较指令主要有 CMP 比较、ZCP 区间比较、触点比较和高速比较指令，这一类指令通常用在位置、信号、数据等项目上进行比较，而且根据比较结果完成某一特定任务时，如果将比较类指令得心应手地用好，那么编程控制任务将迎刃而解。

7.4.1　比较指令 CMP

1. 指令功用

比较两个值的大小，将其结果（大、一致、小）输出给位软元件中（共 3 点）。

2. 表现形式

如图 7-77 所示的程序中的第一行为 CMP 指令的表现形式，其作用是将源 [S1·] 和 [S2·] 中的数据进行比较，结果送到目标 [D·] 中。指令中源数据按代数式进行比较（如 −10 < 2），且所有源数据均按二进制数值处理。

图 7-77 中 M10、M11、M12 根据比较的结果动作，且 M10、M11、M12 动作是唯一的。当 M10、M11、M12 当中任一个接通时，指令执行输入条件 X0 断开时，比较结果会保持。

当不需要比较结果时可用 RST 或 ZRST 指令进行复位，如图 7-78 所示。

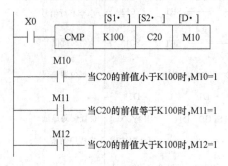
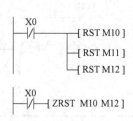

图 7-77　比较指令示例　　　　　　　　图 7-78　比较复位示例

3. 指令使用说明

1）指令执行数据的长度可以是 16 位，也可是 32 位。

2）指令执行有连续和脉冲两种形式。

3）有关指令中操作数使用说明如下：

① 源 [S1·] 和 [S2·] 是作为比较值的数据或软元件的编号，可用的操作数为：KnM、KnS、KnX、KnY、T、C、D、V、Z、K、H、E（实数）。

② 目标 [D·] 是输出比较结果的起始位软元件编号，可用的操作数是 Y、M、S。

③ 一条 CMP 指令用到 3 个操作数，如果只指定了 1 或 2 个操作数，就会出错（出错码 6503），妨碍 PLC 运行。

④ 操作数的软元件超出范围时程序就会出错（出错码：6705）。例如 X、D、T 或 C 被指定作目标时就会出错。

⑤ 如果被指定为操作数（元件）的元件号超出允许范围时出错（出错码：6706）。用变址修改参数时可能会出现这种情况。

4. 应用示例

【例 7-11】　密码锁控制。

用比较器构成密码锁系统。密码锁有 12 个按钮，分别接入 X000 ~ X013，其中 X000 ~ X003 代表第一个十六进制数；X004 ~ X007 代表第二个十六进制数；X010 ~ X013 代表第三个十六进制数。根据设计，每次同时按 4 个键，分别代表 3 个十六进制数，共按 4 次，如与密码锁设定值都相符合，3s 后，密码锁可以开启。且 10s 后，重新锁定。

密码锁的密码由程序设定。假定为 H2A4、H1E、H151、H18A，从 K3X000 上送入的数据应分别和它们相等，就可以用比较指令实现判断，梯形图如图 7-79 所示。

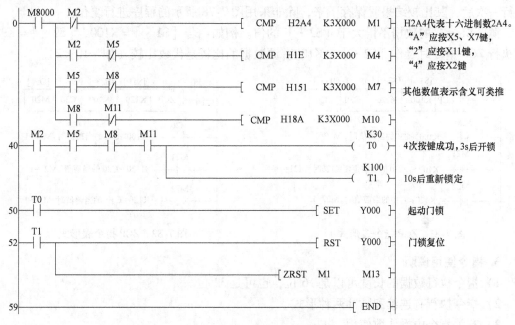

图 7-79　密码锁的梯形图及说明

【例 7-12】　外置数计数器。

PLC 中有许多计数器。但是 PIC 内计数器的设定值是由程序设定的，在一些工业控制场合，希望计数器能在程序外由普通操作人员根据工艺要求临时设定，这就需要一种外置数计数器，图 7-80 就是这样一种计数器的梯形图程序。

在图中，二位拨码开关接于 X000 ~ X007，通过它可以自由设定数值在 0 ~ 99 的整数计数值；X010 为计数器件；X011 为起停开关。

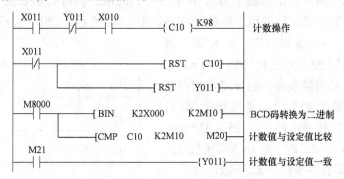

图 7-80　外置数计数器的梯形图及说明

7. 4. 2　区间比较指令 ZCP

1. 指令功能

针对两个值的（区间），将与比较源的值比较得出的结果（上、中、下）输出到位软元件（3 点）中。

2. 指令表现形式

图 7-81 和图 7-82 所示的程序为 ZCP 区间比较指令两种表现形式，图中 M20、M21、M22 的状态取决于比较结果，且比较结果不受输入指令（X0）的 ON/OFF 影响，只要指令执行一次后，其比较结果就保存下来，除非采用图 7-78 所示的程序进行复位。

源 [S1·] 的数据不得大于 [S2·] 的值。例如：若 [S1·] = K100，[S2·] = K90，则执行 ZCP 指令时看作 [S2·] = K100。源数据的比较是代数比较（如 – 10 < 2）。

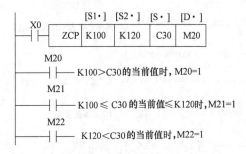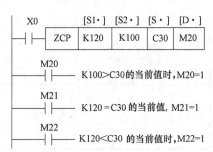

图 7-81　ZCP 指令表形式 1　　　　　图 7-82　ZCP 指令表形式 2

3. 指令使用说明

1）指令执行数据的长度可以是 16 位，也可是 32 位。

2）指令执行有连续和脉冲两种形式。

3）有关指令中操作数使用

① 源 [S1·] 是下侧比较值的数据或软元件的编号，可用的操作数为 KnM、KnS、KnX、KnY、T、C、D、V、Z、K、H。

② 源 [S2·] 是上侧比较值的数据或软元件的编号，可用的操作数为 KnM、KnS、KnX、KnY、T、C、D、V、Z、K、H。

③ 目标 [D·] 是输出比较结果的起始位软元件编号（占用 3 点），可用的操作数是 Y、M、S。不要与控制中其他软元件重复。

④ 指令中源 [S1·] 的数据不得大于 [S2·] 的值，执行结果如图 7-81 所示。但是如果 [S1·] 小于 [S2·] 的值，则执行结果如图 7-82 所示，[S1·] = K120，[S2·] = K100 执行 ZCP 指令时看作 [S1] = K100。源数据的比较是按代数式进行比较（如 – 10 < 2）。

【例 7-13】　某测温系统，温度测量值存于 D10 中，当温度低于 25℃ 时，低温指示 Y0 灯闪烁，闪烁频率每秒钟一次，在 25 ~ 35℃ 时，Y1 正常指示。高于 35℃ 时，起动冷却风机 Y2，试编制程序。编写程序如图 7-83 所示。

【例 7-14】　简易定时报时器

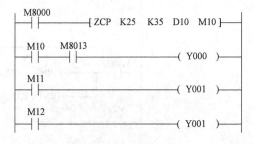

图 7-83　示例程序

应用计数器与比较指令，构成 24h 可设定定时时间的控制器，每 15min 为一设定单位，共 96 个时间单位。

现将此控制器作如下控制：早上 6:30，电铃（Y000）每秒响一次，6 次后自动停止；9:00～17:00，起动住宅报警系统（Y001）；晚上 6 点开园内照明（Y002）；晚上 10:00 关园内照明（Y002）。

假定：X000 为起停开关；X001 为 15min 快速调整与试验开关；X002 为快速试验开关；时间设定值为钟点数 X4。使用时，在 0:00 时起动定时器。

编制梯形图如图 7-84 所示。

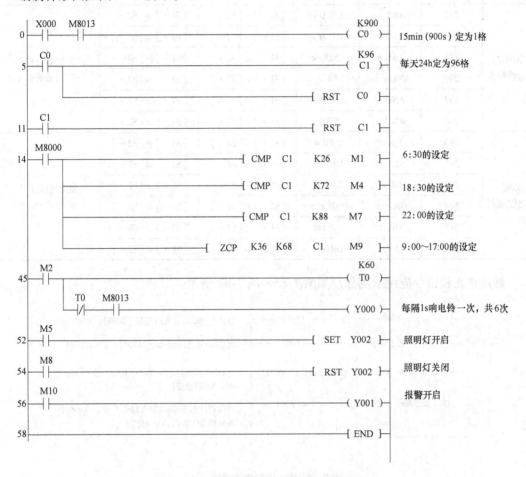

图 7-84　简易定时报时器设计的梯形图

7.4.3　触点式比较指令（线上比较指令）

触点式比较指令不同于以上介绍的比较指令，触点比较指令本身就像触点一样，而这些触点的通/断取决于比较条件是否成立。如果比较条件成立则触点就导通，反之则断开。这样，这些比较指令就可像普通触点一样放在程序的横线上，故又称为线上比较指令。按指令在线上的位置分为以下 3 大类，见表 7-10。

触点类比较指令的操作数［S1］、［S2］可使用的对象软元件有：KnX、KnY、KnM、KnS、T、C、D、R、V、Z、K、H。

表 7-10　触点式比较指令表

类别	功能号	16bit 指令	32bit 指令	导通条件	不导通条件	
LD□类比较触点	224	LD =	LDD =	[S1 ·] = [S2 ·]	[S1 ·] ≠ [S2 ·]	比较触点接到起始总线上的指令
	225	LD >	LDD >	[S1 ·] > [S2 ·]	[S1 ·] ≤ [S2 ·]	
	226	LD <	LDD <	[S1 ·] < [S2 ·]	[S1 ·] ≥ [S2 ·]	
	228	LD < >	LDD < >	[S1 ·] ≠ [S2 ·]	[S1 ·] = [S2 ·]	
	229	LD ≤	LDD ≤	[S1 ·] ≤ [S2 ·]	[S1 ·] > [S2 ·]	
	230	LD ≥	LDD ≥	[S1 ·] ≥ [S2 ·]	[S1 ·] < [S2 ·]	
AND□比较触点	232	AND =	ANDD =	[S1 ·] = [S2 ·]	[S1 ·] ≠ [S2 ·]	比较触点作串联连接的指令
	233	AND >	ANDD >	[S1 ·] > [S2 ·]	[S1 ·] ≤ [S2 ·]	
	234	AND <	ANDD <	[S1 ·] < [S2 ·]	[S1 ·] ≥ [S2 ·]	
	236	AND < >	ANDD < >	[S1 ·] ≠ [S2 ·]	[S1 ·] = [S2 ·]	
	237	AND ≤	ANDD ≤	[S1 ·] ≤ [S2 ·]	[S1 ·] > [S2 ·]	
	238	AND ≥	ANDD ≥	[S1 ·] ≥ [S2 ·]	[S1 ·] < [S2 ·]	
OR□比较触点	240	OR =	ORD =	[S1 ·] = [S2 ·]	[S1 ·] ≠ [S2 ·]	比较触点作并联连接的指令
	241	OR >	ORD >	[S1 ·] > [S2 ·]	[S1 ·] ≤ [S2 ·]	
	242	OR <	ORD <	[S1 ·] < [S2 ·]	[S1 ·] ≥ [S2 ·]	
	244	OR < >	ORD < >	[S1 ·] ≠ [S2 ·]	[S1 ·] = [S2 ·]	
	245	OR ≤	ORD ≤	[S1 ·] ≤ [S2 ·]	[S1 ·] > [S2 ·]	
	246	OR ≥	ORD ≥	[S1 ·] ≥ [S2 ·]	[S1 ·] < [S2 ·]	

触点式比较指令应用示例分别如图 7-85 ～ 图 7-87 所示。

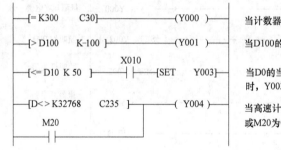

图 7-85　LD 比较触点指令示例

图 7-86　AND 比较触点指令示例

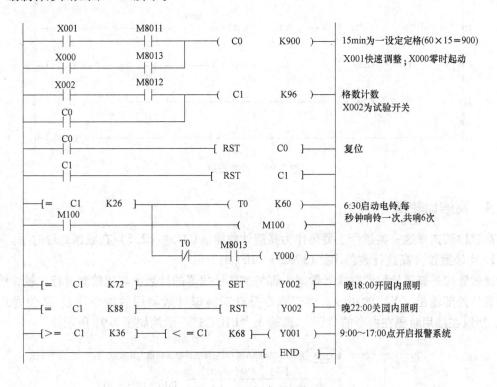

图 7-87　OR 比较触点指令示例

【例 7-15】　控制要求参见【例 7-14】。

假定：X000 为起停开关；X001 为 15min 快速调整与试验开关；X002 为快速试验开关；时间设定值为钟点数 X4。使用时，在 0:00 时起动定时器。

编制梯形图如图 7-88 所示。

（图中梯形图内容）

图中右侧说明文字：
15min 为一设定定格(60×15＝900)
X001 快速调整；X000 零时起动
格数计数
X002 为试验开关
复位
6:30 启动电铃，每秒钟响铃一次，共响 6 次
晚 18:00 开园内照明
晚 22:00 关园内照明
9:00～17:00 点开启报警系统

图 7-88　示例参考程序

【例 7-16】　十字路口交通灯控制。

某十字路口交通灯控制按图 7-89 自动运行。

东西向：Y000—红灯，Y001—绿灯，Y002—黄灯；南北向：Y003—红灯，Y004—绿灯，Y005—黄灯；用触点式比较指令编写控制程序如图 7-90 所示。

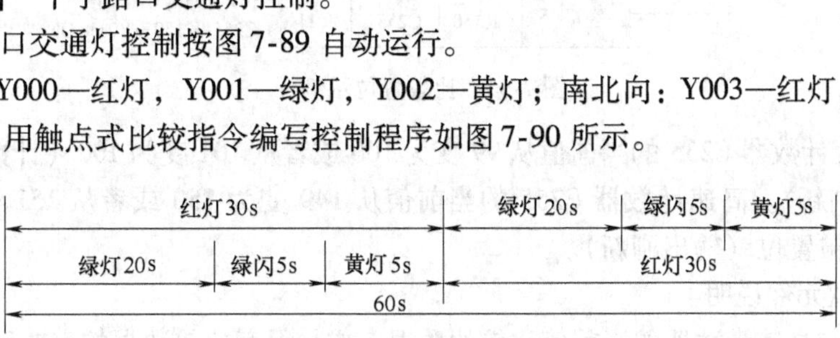

图 7-89　交通灯自动控制运行时间图

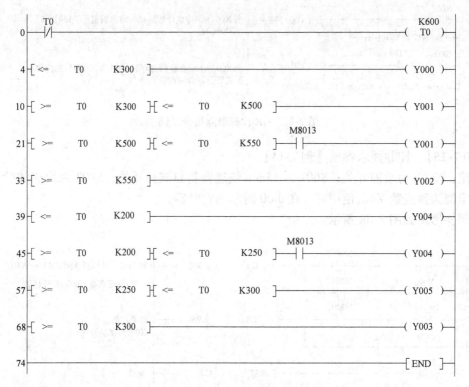

图 7-90　参考程序

7.4.4　高速比较指令

高速比较指令这一类指令主要是作为高速计数器（C235～C255）在数据处理时用。

1. 比较置位（高速计数器用）（FNC53　HSCS）

比较置位是高速计数器每次计数时，都将高速计数器的计数值与比较源进行比较，然后立即置位外部输出（Y）的指令。由于指令是针对高速计数器用的指令（是 32 位专用指令），所以在使用时要在指令前"D"，即输入"DHSCS"。示例如图 7-91 所示。

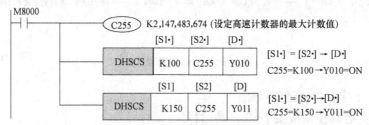

图 7-91　比较置位示例

图中，高速计数器 C255 的当前值从 99 变为 100 或者从 101 变为 100（计数）时，Y010 被置位（输出刷新）。高速计数器 C255 的当前值从 149 变为 150 或者从 151 变为 150（计数）时，Y011 被置位（输出刷新）。

（1）对象软元件说明

［S1·］：与高速计数器的当前值比较的数据，或是保存比较数据的字软元件编号。

［S2·］：高速计数器的软元件编号［C235～C255］。

[D·]：源 S1 和 S2 一致后进行置位（ON）的位软元件编号。

（2）功能和动作说明

32 位运算（DHSCS）时，当［S2·］中指定的高速计数器（C235～C255）的当前值，变成比较值［［S1·］+1，［S1·］］时（比较值 K100 时为 99→100 或 101→100），位软元件［D·］被置位（ON），与扫描周期无关。这个指令是接着高速计数器的计数处理之后执行比较处理的指令。

（3）注意要点

1）计数比较方法的选定：使用该指令时，硬件计数器（C235，C236，C237，C238，C239，C240，C244（OP），C245（OP），C246，C248（OP），C251，C253）会自动地切换成软件计数器，并影响计数器的最高频率以及综合频率。

2）软元件的指定范围：［S·］中可以指定的软元件，仅高速计数器（C235～C255）有效。

比较置位指令只可以使用 32 位运算指令。

2. 比较复位（高速计数器用）（FNC54 HSCR）

高速计数器每次计数时，将高速计数器的计数值和指定值作比较，然后立即复位外部输出（Y）的指令。

比较复位示例如图 7-92 所示。图中 C255 的当前值变为 400 后，立即执行 C255 的复位，当前值为 0，输出触点为 OFF。

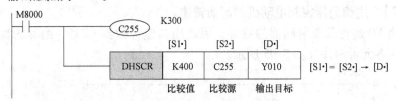

图 7-92　比较复位示例

（1）对象软元件设定数据有关说明

［S1·］：与高速计数器的当前值比较的数据，或是保存比较数据的字软元件编号。

［S2·］：高速计数器的软元件编号［C235～C255］。

［D·］：源 S1 和 S2 一致后进行复位目标位软元件编号。

（2）功能与动作

指令执行与扫描周期无关，指令是接着高速计数器的计数处理之后执行比较处理的指令。

3. 区间比较（高速计数器用）（FNC55 HSZ）

区间比较指的是将高速计数器的当前值和两个值（区间）进行比较，并将比较结果输出（刷新）到位软元件（3 点）中。

区间比较示例如图 7-93 所示。

（1）对象软元件设定数据

［S1·］与高速计数器的当前值进行比较的数据，或是保存比较数据的字软元件编号。

［S2·］与高速计数器的当前值进行比较的数据，或是保存比较数据的字软元件编号。

［S·］高速计数器的软元件编号［C235～C255］。

［D·］输出与比较上限值和比较下限值比较结果的起始位软元件编号。

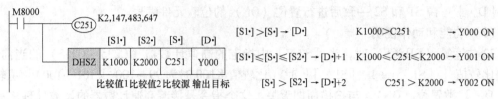

图 7-93　区间比较示例

（2）功能和动作说明

DHSZ 指令 32 位运算时，当［S·］中指定的高速计数器（C235~C255）的当前值和两个比较点（比较值 1，比较值 2）进行区间比较，与扫描周期无关，将比较得出的小、区间内、大的结果使［D·］，［D·］+1，［D·］+2 分别置 ON。

（3）注意要点

1）软元件的指定范围：［S·］中可以指定的软元件，仅高速计数器（C235~C255）有效。

2）由于高速计数器用的指令是 32 位专用指令，只能使用 32 位运算指令，所以要输入"DHSZ"。

3）比较值 1 和比较值 2 的设定数据值时必须［S1·］≤［S2·］。

4）软元件的占用点数：比较值占用［S1·］、［S2·］起始各两点。输出占用［D·］起始的 3 点。

【例 7-17】　用编码器控制电动机的起动转速。

程序中用 X0 进行采集编码器的脉冲，因此用高速计数器 C235。编写的程序如图 7-94所示，程序中各元件时序如图 7-95 所示。

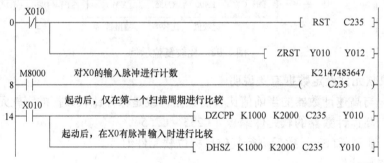

图 7-94　示例程序

7.4.5　实训项目

实训 18　简易四层货梯控制

1. 实训控制要求

1）有一台四层电梯每一楼层均设有召唤按钮 SB1~SB4，每一楼层均装有磁感应位置开关 LS1~LS4；不论轿厢停在何处，均能根据召唤信号自动判断电梯运行方向，然后延时 Ts 后开始运行；

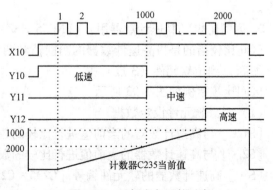

图 7-95　示例中各元件时序

2）响应召唤信号后，召唤指示灯 HL1～HL4 亮，直至电梯到达该层时熄灭；

3）当有多个召唤信号，能自动根据楼层召唤信号停靠层站，经过 Ts 后，继续上升或下降运行，直到所有的信号响应完毕；

4）电梯运行途中，任何反方向召唤均无效，且召唤指示灯不亮；

5）轿厢位置要求用七段数码管显示，上行、下行用上下箭头指示灯显示；

6）使用变频器拖动曳引机，电梯起动加速时间、减速时间由读者自定；

7）要求采用功能指令编程。

2. 技能操作指引

（1）四层电梯控制 I/O 端口分配下：

输入　X1～X4：1～4 层呼叫信号；X11～X14：1～4 层位置信号。

输出　Y1～Y4：1～4 层呼叫指示灯；Y6：电梯上行箭头；Y7：电梯下行箭头；

Y10：电梯上行（STF）；Y11 电梯下行（STR）；Y20～Y26：数码管 A 段～G 段。

（2）变频器简单参数设置

1）进行变频器参数的初始化操作，在帮助模式下，将变频器进行清零；

2）Pr. 79 = 3（外部端子控制运行，PU 面板频率操作）；

3）Pr. 9（设定电动机的额定电流，通常设定在 50Hz 时的额定电流，也即电动机 Ie×100%）。

4）Pr. 7 = 2s，Pr. 8 = 2s。

（3）四层货梯控制综合接线（见图 7-96）

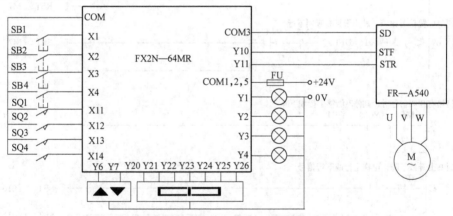

图 7-96　四层货梯控制综合接线图

（4）根据控制要求编制四层货梯控制参考程序

1）参考程序一，如图 7-97 所示。有关程序中屏蔽处理分析见表 7-11。

表 7-11　特殊辅助继电器对反向呼叫信号屏蔽的分析

项目 停楼层	上行时指令：$\dashv$ M6 $\vdash$ —[MOV D10 K1M11]					下行时指令：$\dashv$ M7 $\vdash$ —[MOV D10 K1M2 1]				
	M11	M12	M13	M14	可呼楼层	M21	M22	M23	M24	可呼楼层
停一层	1	0	0	0	2、3、4	1	0	0	0	—
停二层	0	1	0	0	3、4	0	1	0	0	1
停三层	0	0	1	0	4	0	0	1	0	1、2
停四层	0	0	0	1	—	0	0	0	1	1、2、3

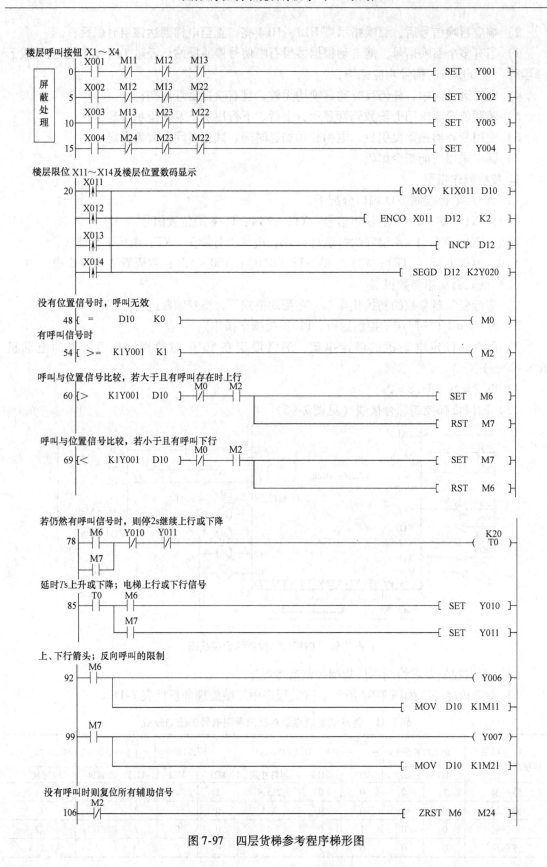

图 7-97　四层货梯参考程序梯形图

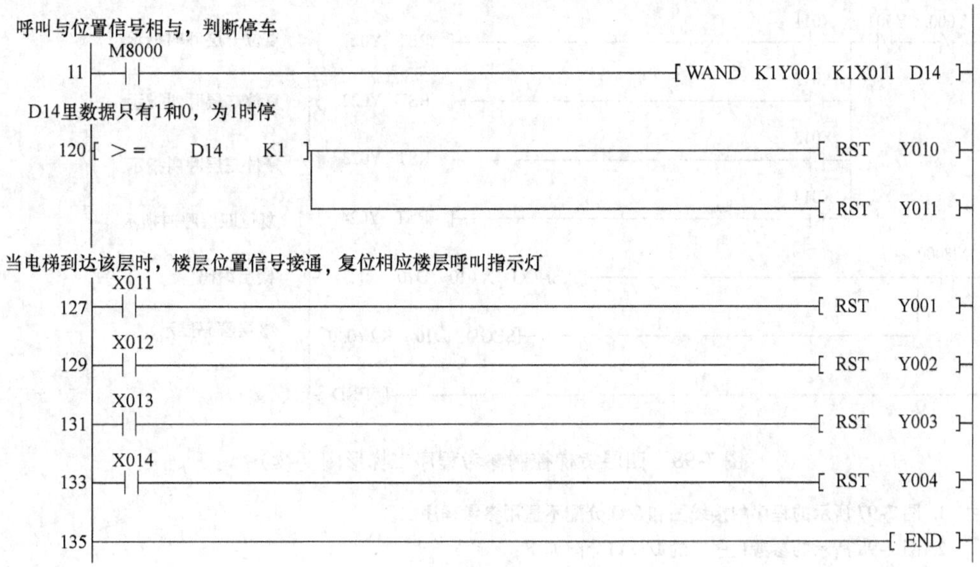

呼叫与位置信号相与，判断停车
M8000
11
WAND K1Y001 K1X011 D14
D14里数据只有1和0，为1时停
120
>= D14 K1
RST Y010
RST Y011
当电梯到达该层时，楼层位置信号接通，复位相应楼层呼叫指示灯
X011
127
RST Y001
X012
129
RST Y002
X013
131
RST Y003
X014
133
RST Y004
135
END

图 7-97　四层货梯参考程序梯形图（续）

2）四层货梯控制参考程序二如图 7-98 所示。

0
<> K2X010 K0
MOV K2X010 D11
楼层位置取样
10
<> K2X000 K0
MOV K2X000 D1
呼叫信号取样
Y011
> D1 D11
K0
呼叫信号与楼层位置相或
Y010
< D1 D11
K0
WOR D1 K2Y020 K2Y020
41
<> K2Y020 K0
CMP K2Y020 D11 M10
有呼叫时，将呼叫和位置进行比较
M10
53
Y010
上行指示
M12
55
Y011
下行指示
M11
57
ZRST Y010 Y011
Y010 Y000 Y001
63
K30
T0
Y011
T0 Y010
70
SET Y000
变频器STF信号（上行）
Y011
SET Y001
变频器STR信号（下行）
77
<> K2X010 K0
WANDP K2Y020 D11 D0
呼叫与位置进行“与”结果送D0
<> D0 K0
M0
M0
95
ZRST Y000 Y001

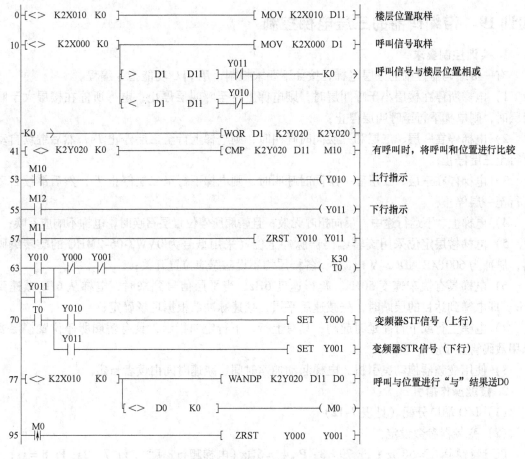

图 7-98　四层货梯控制参考程序二梯形图

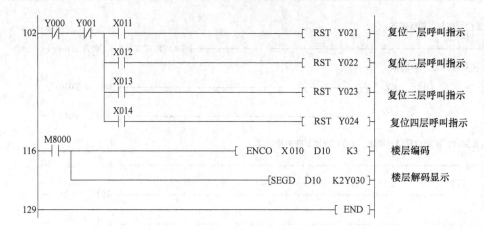

图 7-98　四层货梯控制参考程序二梯形图（续）

注：1. 图 7-97 所示的程序的接线图和 I/O 分配不适用参考程序二。

2. 图 7-98 所示的参考程序二的 I/O 口分配如下：

输入　X1 ~ X4：一 ~ 四层呼叫信号；X11 ~ X14：一 ~ 四层位置信号；

输出　Y0：STF 信号；Y1：STR 信号；Y10：上行指示；Y11：下行指示；

　　　Y21 ~ Y24：一 ~ 四层呼叫指示灯；Y30 ~ Y6：七段数码管 A ~ G 显示。

调试注意：在实验室调试时，电梯在运行前，一定要给一个位置信号，再按呼叫按钮。

实训 19　带编码器的三层电梯控制

1. 实训控制要求

有一带编码器控制的三层电梯，按如下要求控制，用 PLC 功能指令编程。

1）电梯所停在楼层小于呼叫层时，则电梯上行至呼叫层停止；电梯所停在楼层大于呼叫层时，则电梯下行至呼叫层停止；

2）电梯停在一层、二层和三层同时呼叫时，则电梯上行至二层停止 Ts，然后继续自动上行至三层停止；

3）电梯停在三层、二层和一层同时呼叫时，则电梯下行至二层停止 Ts，然后继续自动下行至一层停止；

4）电梯上、下运行途中，反向招呼无效；且轿厢所停位置层召唤时，电梯不响应召唤；

5）电梯楼层定位采用旋转编码器脉冲定位（采用型号为 0VW2-06-2MHC 的旋转编码器，脉冲为 600P/R，DC24V 电源），各楼层均不设磁感应位置开关；

6）电梯具有快车速度 50Hz、爬行速度 6Hz，当平层信号到来时，电梯从 6Hz 减速到 0Hz；即电梯到达目的层站时，先减速后平层，减速脉冲数根据现场确定；

7）电梯上行或下行前延时起动；具有上行、下行定向指示，具有轿厢所停位置楼层要求用数码管显示；

8）使用变频器拖动曳引机，电梯起动加速时间、减速时间由读者自定。

2. 技能操作指引

（1）I/O 端口分配（见表 7-12）。

（2）变频器参数设定

PU 运行频率 f = 50Hz；Pr. 79 = 3；Pr. 4 = 6Hz（电梯爬行速度）；Pr. 7 = 2s；Pr. 8 = 1s；

注：电梯的两段速度即变频器以 50Hz 和 6Hz 速度运行。

表 7-12　I/O 端口分配

输入端口及功能		输出端口及功能			
X0	C235 计数端	Y1 ~ Y3	1 ~ 3 层呼叫指示灯	Y10	电梯上升(STF 信号)
X1 ~ X3	1 ~ 3 层呼叫信号	Y6	上行箭头指示	Y11	电梯下降(STR 信号)
X7	计数强迫复位	Y7	下降箭头指示	Y12	RH 信号(6Hz 信号)
				Y20 ~ Y26	电梯轿厢位置数码显示

（3）电梯编码器脉冲计算相关问题

采用 600P/R 的电梯编码器，4 极电动机的转速按 1500r/min，则 50Hz 时的脉冲个数/秒（P/s）为

$$(1500r/min \div 60s) \times 600P/r = 15000P/s$$

设电梯每两层之间运行 5s，则两层之间相隔 75000 个脉冲，上行在 60000 个脉冲时减速为 6Hz，电梯运行前必须先操作 X7，强制复位。三层电梯脉冲数的计算，假定每层运行 5s，提前 1s 减速，具体方法计算如图 7-99 所示。

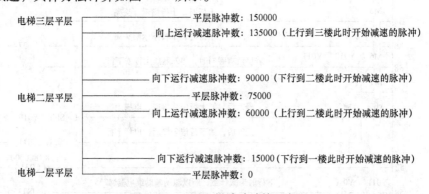

图 7-99　三层电梯脉冲计算示意图

（4）带编码器的三层电梯控制综合接线（见图 7-100）

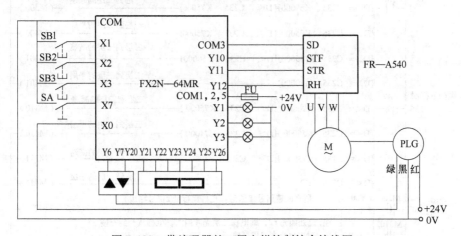

图 7-100　带编码器的三层电梯控制综合接线图

注：1. 上图接线时，编码器 PLG 上的 DC 24V 电源如已内接，就不用再外接。

　　2. 编码器的 0V 一定要和 PLC 的输入端的 COM 相连。

　　3. 编码器上的脉冲 A 或 B 只接其中的一个。

（5）带编码器的三层电梯控制参考程序（见图 7-101）

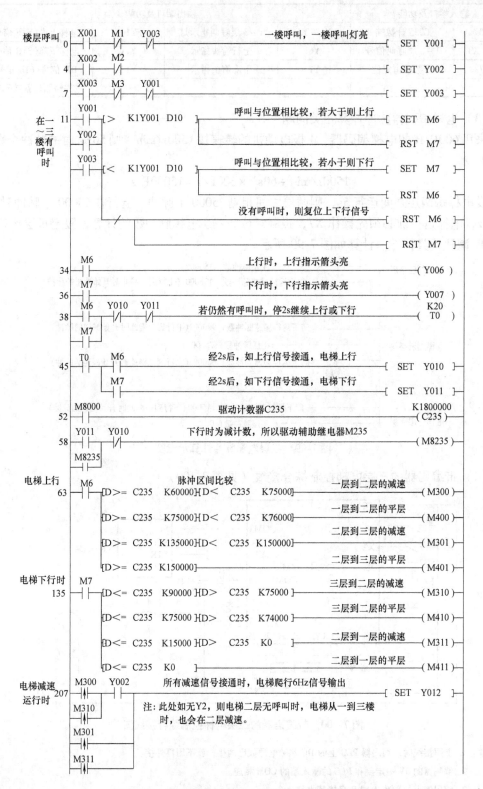

图 7-101　带编码器的三层电梯控制参考程序梯形图

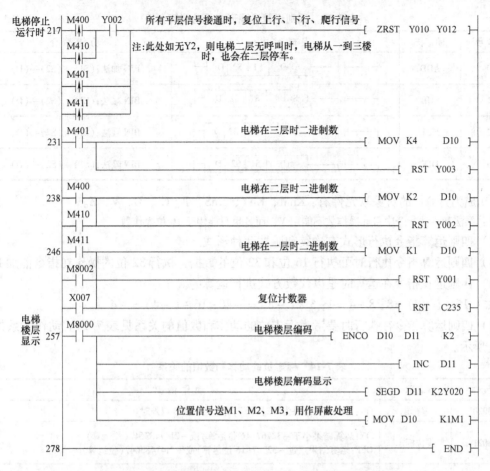

图 7-101　带编码器的三层电梯控制参考程序梯形图（续）

（6）调试中注意事项

1）在运行之前，应首先检查编码器的好坏，接通电路，将 PLC 的运行开关由 STOP 拨至 RUN。拨动电动机轴旋转，观察 PLC 的 X0 端是否闪动。如 X0 不闪动则不能计数，可能为编码器故障。

2）请在电梯运行过程中用 GX-Developer 软件在线监视计数器 C235 数值变化，是否与电梯所在的楼层位置相对应。

7.5　四则及逻辑运算

7.5.1　四则运算指令

1. 概述

四则运算指令通过四则运算实现数据的传送、变化及其他控制功能。四则运算指令表现形式及功能见表 7-13。

2. 指令在使用时，有以下五点共性要求

1）指令中操作数的软元件可使用情况：

① 成为［S1］、［S2］的对象软元件有：KnX、KnM、KnY、KnS、T、C 、D、V、Z、K、H。

表 7-13　四则运算表现形式及功能简介表

FNC 号	助记符	表现形式	功能简介
20	ADD	⊢⊢ ADD S1 S2 D ⊢	BIN 加法;(S1) + (S2)→(D)
21	SUB	⊢⊢ SUB S1 S2 D ⊢	BIN 减法;(S1) − (S2)→(D)
22	MUL	⊢⊢ DIV S1 S2 D ⊢	BIN 乘法;(S1) × (S2)→(D)
23	DIV	⊢⊢ MUL S1 S2 D ⊢	BIN 除法;(S1) ÷ (S2)→(D)

② 成为［D］的对象软元件有：KnM、KnY、KnS、T、C、D、V、Z。

注：乘法和除法指令中目标操作数不能用 V，而 Z 也只能用于 16 位操作数。

2）四则运算指令执行形式有连续和脉冲两种形式。

3）四则运算指令执行时可执行 16 位和 32 位的数据，执行 32 位的操作在指令前加 D。

4）四则运算指令在运算时是以代数方式进行运算的。

如：$16 + (-8) = 8$；$8 - 4 = 4$；$5 × (-8) = -40$；$16 ÷ (-4) = -4$

5）四则运算指令在执行时要考虑标志位的动作和数值的关系见表 7-14。动作关系如图 7-102 所示。

表 7-14　标志位的动作和数值的关系

软元件	名称	动 作 情 况
M8020	零标志	ON:如果运算结果为 0 时;OFF:运算结果为 0 以外时。
M8021	借位标志	ON:运算结果小于 −32767(16 位运算)或 −2147483647(位运算) OFF:运算结果超过 −32767(16 位运算)或 −2147483647(位运算)
M8022	进位标志	ON:运算结果超过 32767(16 位运算)或 2147483647(32 位运算) OFF:运算结果不到 32767(16 位运算)或 2147483647(32 位运算)

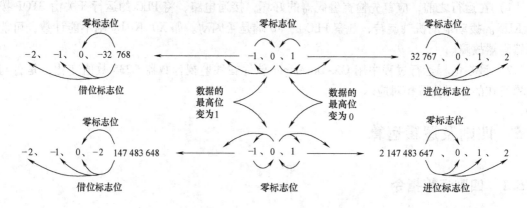

图 7-102　标志位的动作关系

3. 各指令使用介绍

（1）BIN 加法 ADD

图 7-103 所示为 BIN 加法表现形式，指定的源元件中的二进制数相加，结果送到指定的目标元件。每个数据的最高 bit 作为符号位（0 为正，1 为负）。

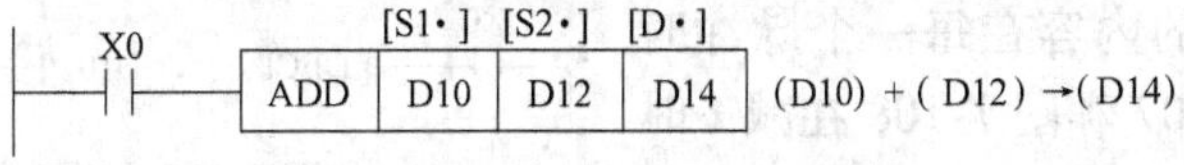

$$X0\quad[S1\cdot]\quad[S2\cdot]\quad[D\cdot]$$

ADD | D10 | D12 | D14　(D10) + (D12) →(D14)

图 7-103　BIN 加法表现形式

在 32bit 运算中，用到字元件时，被指定的字元件是低 16bit 元件，而其下一个元件即为高 16bit 元件。为了避免重复使用某些元件，建议指定操作元件时用偶数元件号。

源和目标可以用相同的元件号，若源和目标元件号相同而且采用连续执行的 ADD/（D）ADD 指令时，加法的结果在每个扫描周期都会改变。如果是用脉冲执行的形式则只在脉冲接通时执行，如图 7-104 所示。

另外，加法经常用到的还有加 1 指令（INC），如图 7-105 所示，指定 [D·] 的数据内容加 1，图中 D10 的内容在每一个脉冲时加 1。

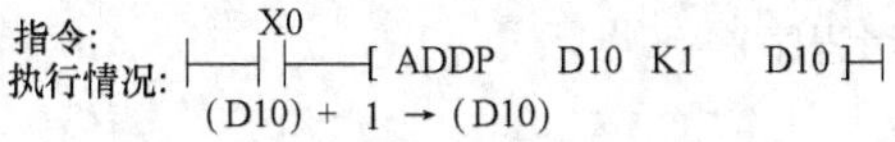

指令:　X0
执行情况:├─┤ ┤─[ADDP　D10　K1　D10]─┤
(D10) + 1 → (D10)

图 7-104　加法指令脉冲执行

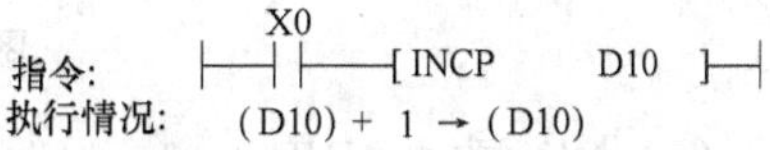

指令:　X0
执行情况:├─┤ ┤─[INCP　D10]─┤
(D10) + 1 → (D10)

图 7-105　加 1 指令表现形式

图 7-104 所示的程序和图 7-105 所示的程序在加 1 时的效果是一样的。

【例 7-18】　有一台投币洗车机，用于司机清洗车辆，司机每投入 1 元可以使用 10min，其中喷水时间为 5min。

参考程序如图 7-106 所示，图中 X0 为投币检测，X1 为喷水按钮，X2 为手动复位按钮，Y0 为喷水电磁阀，Y1 为洗车工具电动机。D10 为喷水时间，D11 为设定使用时间。

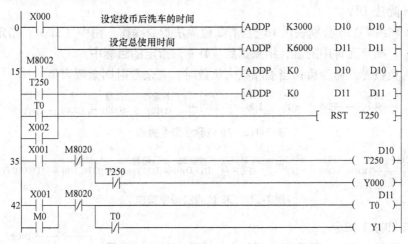

图 7-106　例 7-18 参考程序

（2）BIN 减法 SUB

图 7-107 中表示 32 位减法指令操作，图中 [S1·] 指定元件中的数减去 [S2·] 指定元件中的数，结果送到 [D·] 指定的目标软元件中。

另外，减法经常用到的还有减 1 指令（DEC），如图 7-108 所示，指定 [D·] 的数据

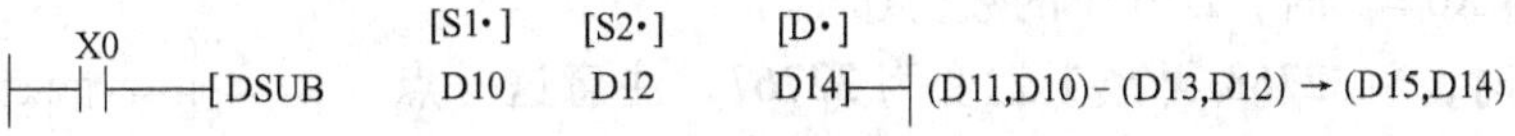

$$X0\quad[S1\cdot]\quad[S2\cdot]\quad[D\cdot]$$

├─┤ ┤─[DSUB　D10　D12　D14]─┤　(D11,D10)-(D13,D12) → (D15,D14)

图 7-107　位的减法指令操作

内容加 1，图中 D10 的内容在每一个脉冲时数据内容减 1。图 7-107 和图 7-108 在减 1 时用法相同且效果相等。

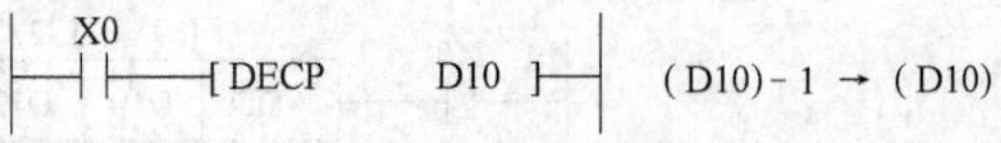

X0 ──┤├──[DECP　D10]── (D10)-1 → (D10)

图 7-108　减 1 指令操作

【例 7-19】　编制倒计时程序，显示定时器 T1 的当前值。参考程序如图 7-109 所示。

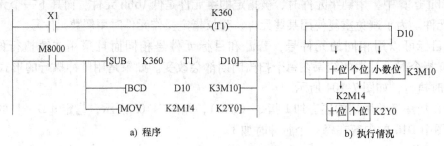

a）程序　　　　　　　　　　b）执行情况

图 7-109　例 7-19 参考程序

（3）BIN 乘法 MUL

图 7-110 和图 7-111 分别表示 16 位和 32 位乘法指令操作，图中 [S1·] 指定元件中的数乘以 [S2·] 指定元件中的数，结果送到 [D·] 指定的目标中。

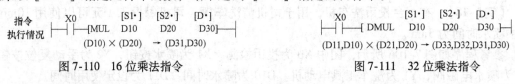

图 7-110　16 位乘法指令　　　　　　图 7-111　32 位乘法指令

（4）BIN 除法 DIV

图 7-112 和图 7-113 分别表示 16 位和 32 位除法指令操作，图中 [S1·] 指定元件中的数除以 [S2·] 指定元件中的数，结果送到 [D·] 指定的目标中。

当除数为负数时，商为负；当被除数为负数时，有余数时则余数为负。

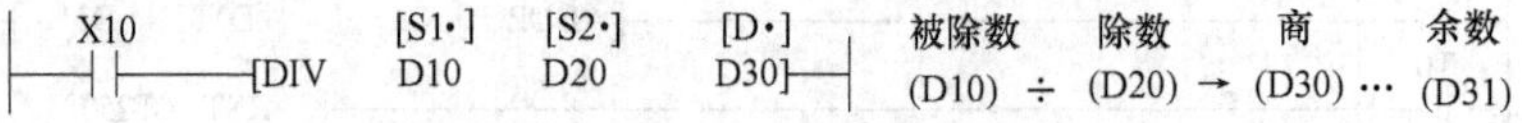

```
      X10      [S1·]  [S2·]  [D·]    被除数    除数      商       余数
  ──┤├──[DIV   D10    D20    D30]    (D10) ÷ (D20) → (D30) … (D31)
```

图 7-112　16 位除法指令操作

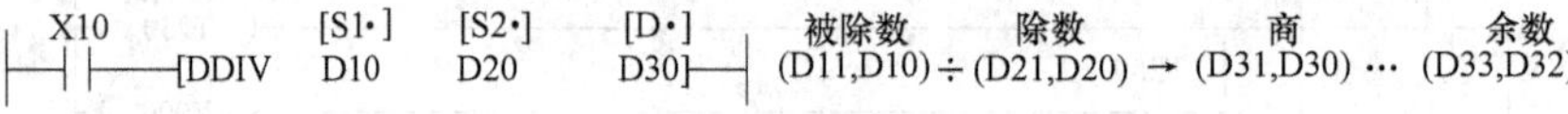

```
      X10      [S1·]  [S2·]  [D·]      被除数        除数         商          余数
  ──┤├──[DDIV  D10    D20    D30]    (D11,D10)÷(D21,D20) → (D31,D30) … (D33,D32)
```

图 7-113　32 位除法指令操作

（5）加 1 和减 1 指令

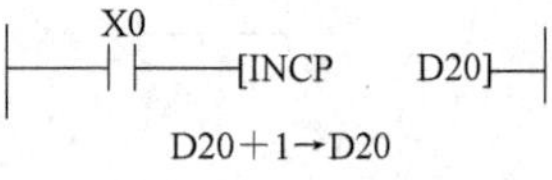

BIN 加 1 指令（INC）用于将（D20）中的数值加 1，结果仍存放在（D20）中。如图 7-114 所示，当 X0 = 1 时，D20 中的数值加 1。

X0 ──┤├──[INCP　D20]──
D20+1→D20

图 7-114　INC 指令

同 ADD 指令相比，INC 指令不会使标志位 M8022 置位，16 位运算时，+32767 再加 1 就变为 -32768，32 位运算时，+2147483467 再加 1 就变为 -2147483468。

BIN 减 1 指令（DEC）用于将（D20）中的数值减 1，结果仍存放在（D20）中。如图 7-115 所示：当 X0 = 1 时，D20 中的数值加 1。

16 位运算时，-32768 再减 1 就变为 32767，注意这一点和减法指令也是不一样的。其标志 M8021 不动作。

X0 ──┤├──[DECP　D20]──
D20-1→D20

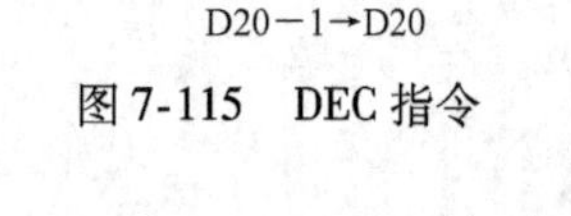

图 7-115　DEC 指令

在 32 位运算时，-2147483648 再减 1 就变为 2147483647，

标志 M8021 也不动作。

【例 7-20】 控制一台三相异步电动机，要求电动机按正转 5s→停止 5s→反转 5s→停止 5s 的顺序并自动循环运行，直到按按钮复位停止运行。

参考程序如图 7-116 所示，图中 X0 为保持性开关。

X0
T0
K50
(T0)
[INCP K1M0]
M1
M0
(Y0)
正转
M1
M0
(Y1)
反转
X0
[ZRST M0 M3]

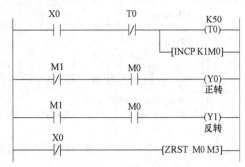

图 7-116　例 7-20 参考程序

7.5.2　四则运算指令编程应用技巧

【例 7-21】 某管道直径数据存在 D4 中，单位 mm，管道中液体的流速为 m/s，试计算管道中液体中流量，流量单位为 mm^3/s。请编制程序。

分析：根据圆的面积计算公式：$S=\pi r^2$，再将面积乘以流速即为流量。编写参考的梯形图程序如图 7-117 所示。

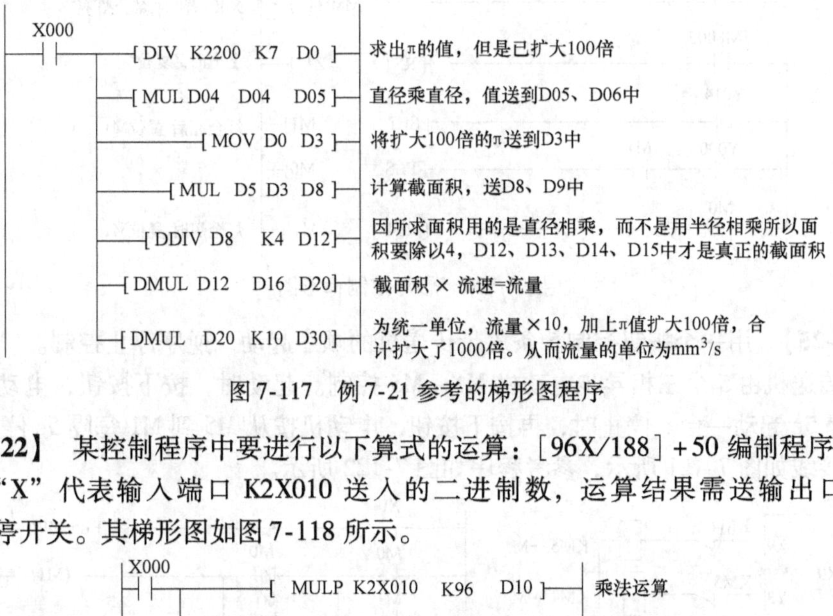

X000
[DIV K2200 K7 D0]
求出π的值，但是已扩大100倍
[MUL D04 D04 D05]
直径乘直径，值送到D05、D06中
[MOV D0 D3]
将扩大100倍的π送到D3中
[MUL D5 D3 D8]
计算截面积，送D8、D9中
[DDIV D8 K4 D12]
因所求面积用的是直径相乘，而不是用半径相乘所以面积要除以4，D12、D13、D14、D15中才是真正的截面积
[DMUL D12 D16 D20]
截面积 × 流速=流量
[DMUL D20 K10 D30]
为统一单位，流量×10，加上π值扩大100倍，合计扩大了1000倍。从而流量的单位为mm³/s

图 7-117　例 7-21 参考的梯形图程序

【例 7-22】 某控制程序中要进行以下算式的运算：[96X/188]+50 编制程序。

式中"X"代表输入端口 K2X010 送入的二进制数，运算结果需送输出口 K2Y010；X000 为起停开关。其梯形图如图 7-118 所示。

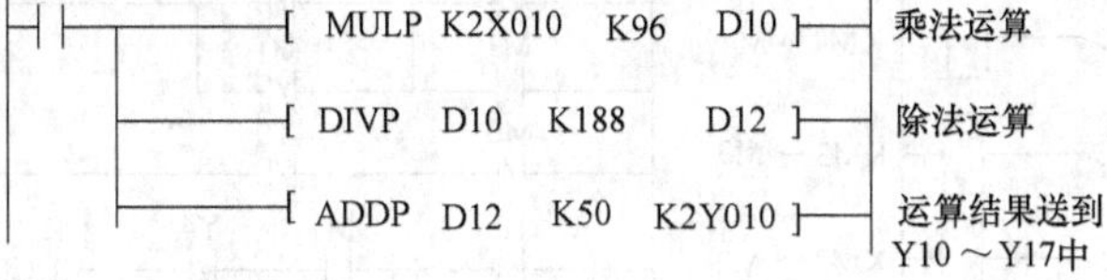

X000
[MULP K2X010 K96 D10]
乘法运算
[DIVP D10 K188 D12]
除法运算
[ADDP D12 K50 K2Y010]
运算结果送到
Y10～Y17中

图 7-118　例 7-22 控制运算参考梯形图

【例 7-23】 使用乘除运算实现灯移位点亮控制。

用乘除法指令实现灯组的移位点亮循环。有一组灯 16 个，接于 Y000 ~ Y017，要求：当 X000 为 ON 时，灯正序每隔 1s 单个移位，并循环；当 X000 为 OFF 时，灯反序每隔 1s 单个移位，至 Y000 为 ON，停止。梯形图如图 7-119 所示。

【例 7-24】 彩灯正序亮至全亮、反序熄灭至全熄灭再循环控制。

彩灯 12 盏，接于 Y000 ~ Y013 用加 1、减 1 指令及变址寄存器实现正序亮至全亮、反序熄灭至全熄灭再循环控制，彩灯状态变化的时间单位为 1s，用秒脉冲 M8013 实现。梯形图如图 7-120 所示，图中 X001 为彩灯的控制开关。

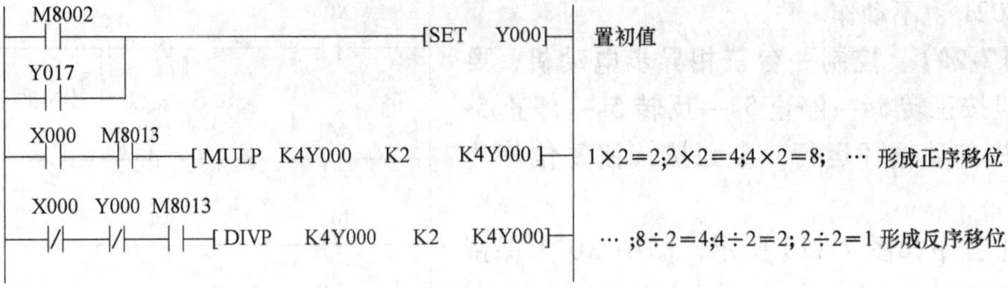

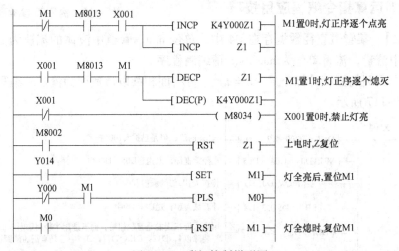

图 7-119 乘除运算实现灯移位点亮控制程序

图 7-120 彩灯控制梯形图

【例 7-25】 用一个按钮控制 5 条皮带传送机的顺序起动，逆序停止控制。

皮带传送机由 5 个三相异步电动机 M1 ~ M5 控制。起动时，按下按钮，电动机按从 M1 到 M5 每隔 5s 起动一台。停止时，再按下按钮，电动机按从 M5 到 M1 每隔 5s 停止一台。

示例接线如图 7-121 所示，参考程序如图 7-122 所示。

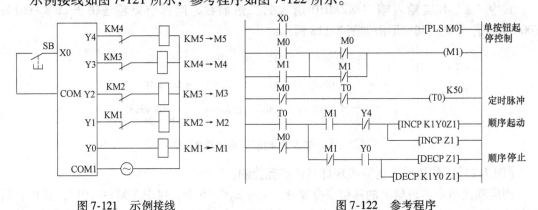

图 7-121 示例接线   图 7-122 参考程序

7.5.3 逻辑运算指令

1. 概述

逻辑运算指令可以实现数据的与、或、异或的操作，指令的表现形式及功能简介见表 7-15。

表 7-15　逻辑运算指令

FNC 号	助记符 (16 位)	助记符 (32 位)	表 现 形 式	功 能 简 介
26	WAND	DAND	⊢⊢─[WAND │ S1 │ S2 │ D]─	逻辑与,(S1)∧(S2)→(D)
27	WOR	DOR	⊢⊢─[WOR │ S1 │ S2 │ D]─	逻辑或,(S1)∨(S2)→(D)
28	WXOR	DXOR	⊢⊢─[WXOR │ S1 │ S2 │ D]─	逻辑异或,(S1)⊕(S2)→(D)

2. 指令在使用时，有以下 4 点共性要求

1）指令中操作数的软元件可使用情况

① 成为［S1］、［S2］的对象软元件有：KnX、KnM、KnY、KnS、T、C 、D、V、Z、K、H。

② 成为［D］的对象软元件有：KnM、KnY、KnS、T、C 、D、V。

2）逻辑运算指令执行形式有连续和脉冲两种形式。

3）逻辑运算指令执行时可执行 16 位和 32 位的数据，执行 32 位的操作时去掉指令助记符前的 W 加 D。

4）逻辑运算指令在运算时是按位执行逻辑运算。逻辑运算规则见表 7-16。

表 7-16　逻辑运算规则

逻辑运算形式	运 算 结 果				运 算 口 诀
与逻辑运算	1∧1=1	1∧0=0	0∧1=0	0∧0=0	有"0"为"0",全"1"为"1"
或逻辑运算	1∨1=1	1∨0=1	0∨1=1	0∨0=0	有"1"为"1",全"0"为"0"
异或逻辑运算	1⊕1=0	1⊕0=1	0⊕1=1	0⊕0=0	相同为"0",相异为"1"

3. 指令使用

1）逻辑与 WAND

假定当（D10）= K27590,（D20）=23159 时执行如图 7-123 所示的程序时，则(D30)=K19014。指令在执行时按照表 7-16 的规则，D10 和 D20 中的数据按二进制对应位进行相与并将结果送到 D30 中。

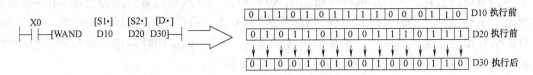

图 7-123　逻辑与 WAND 的表现形式

2）逻辑或 WOR（见图 7-124）

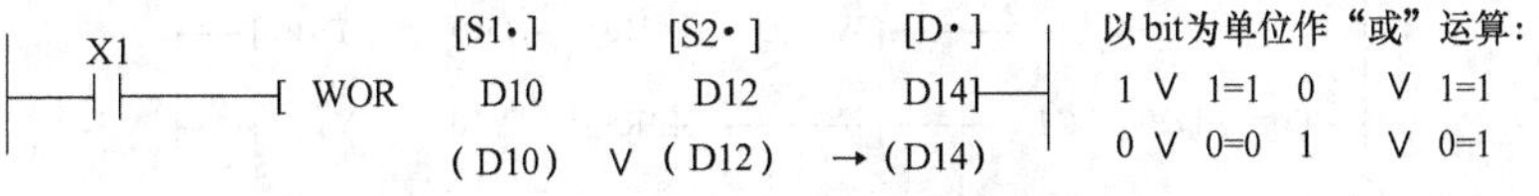

	［S1·］	［S2·］	［D·］	以 bit 为单位作"或"运算:
X1				
⊢ ⊢─ WOR	D10	D12	D14 ─|	1∨1=1　0∨1=1
	（D10）	∨（D12）	→（D14）	0∨0=0　1∨0=1

图 7-124　逻辑或 WOR 的表现形式

3）逻辑异或 WXOR（见图 7-125）

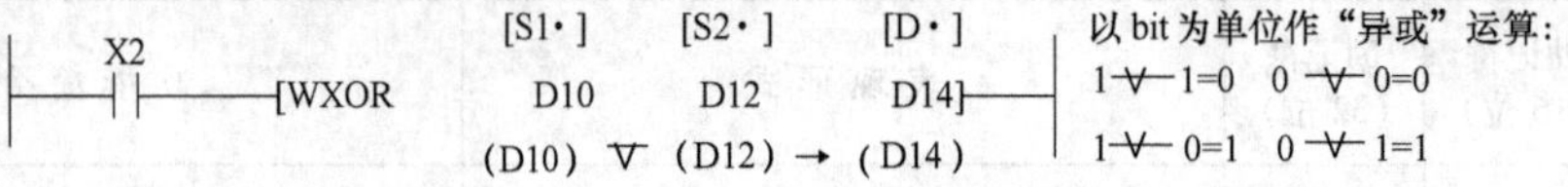

图 7-125　逻辑异或 WXOR 的表现形式

7.5.4　逻辑运算指令编程技巧

【例 7-26】　某测试电路装有 16 只指示灯，用于各种场合的指示，接于 K4Y000。一般情况下总是有的指示灯是亮的，有的指示灯是灭的。但有时候需将灯全部打开，也有时需将灯全部关闭。现需设计一种电路，用一只开关打开所有的灯，用另一只开关熄灭所有的灯。16 只指示灯在 K4Y000 的分布如图 7-126 中所示的开灯字。

先假定第 2、6、11、16 个位的灯为点亮状态。先为所有的指示灯设一个状态字，随时将各指示灯的状态送入。再设一个开灯字，一个熄灯字。开、关灯字内置 1 的位和灯在 K4Y000 中的排列顺序相同。开灯时将开灯字和灯的状态字相"或"，灭灯时将熄灯字和灯的状态字相"与"，即可实现控制要求的功能。参考程序如图 7-127 所示。

Y017　　　　　　　　　　　　　　　　　　　　　　　　　　Y000
| 0 | 1 | 1 | 1 | 1 | 0 | 1 | 1 | 1 | 1 | 0 | 1 | 1 | 1 | 0 | 1 |

开灯字（K31709）

Y017　　　　　　　　　　　　　　　　　　　　　　　　　　Y000
| 1 | 0 | 0 | 0 | 0 | 1 | 0 | 0 | 0 | 0 | 1 | 0 | 0 | 0 | 1 | 0 |

关灯字（K33826）

图 7-126　指示灯在 K4Y000 的分布图

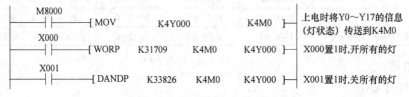

图 7-127　指示灯测试电路梯形图

【例 7-27】　有一八层电梯，设有 8 个呼叫按钮，每层装有一个位置传感器，当电梯的呼叫信号与电梯位置相等时，代表电梯到达该层，此时电梯停止运行。试编制程序。

示例分析，假定一～八层的呼叫按钮用 X0～X7，一～八层位置传感器接至 X10～X17，电梯上、下行信号用 Y10、Y11。将呼叫信号送到 D0 中，将位置信号送到 D10 中，将 D0 和 D10 的信号相与并送到 D20 中，如果 D20 中数据为"1"，则说明呼叫信号和位置信号相同为同一层，否则与的结果是 0。编制程序如图 7-128 所示。

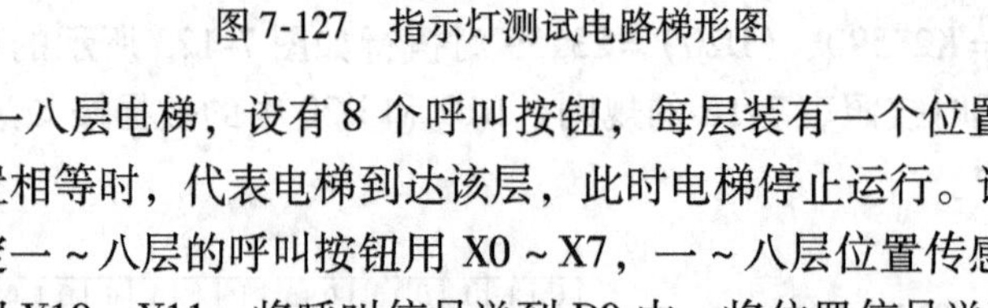

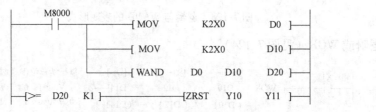

图 7-128　示例参考程序

7.5.5 实训项目

实训 20 物业停车场车位控制

1. 实训控制要求

某物业停车场共有 16 个车位，车场车位布置如图 7-129 所示。

1）在入口和出口处各装设检测传感器，用来检测车辆进入和出去的数目。

2）当车场里尚有车位时，入口栏杆才可以将栏杆开启。让车辆进入停放，并有一指示灯表示尚有车位。

3）当车位已满时，则有一指示灯显示车位已满，且入口栏杆不能开启让车辆进入。

4）要求从 7 段数码管上显示目前停车场共有几部车。并且要求从 7 段数码管上显示目前停车场共剩余车位数。

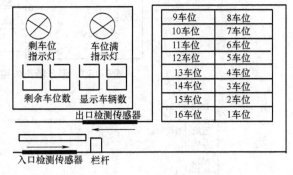

图 7-129 停车场车位控制示意图

5）栏杆电动机由 FR-D720 变频器拖动，栏杆开启和关闭先以 20Hz 速度运行 3s，再以 30Hz 的速度运行，开启到位时有正转停止传感器检测，关闭到位时有反转停止传感器检测。

6）系统设有总起动和解除按钮。

注：本系统不考虑车辆的同时进出。

2. 操作技能指引

（1）PLC 外部输入/输出点（I/O）分配（见表 7-17）

表 7-17 PLC 外部输入/输出点（I/O）分配

PLC 输入端口及功用		PLC 输出端口及功用			
X0	入口检测	Y0	尚有车位指示灯	Y10	显示车辆数十位
X1	出口检测	Y1	车位已满指示灯	Y11	显示剩余车位数十位
X4	正转停止传感器	Y4	栏杆开门（STF 信号）	Y20~27	显示车辆数个位
X5	反转停止传感器	Y5	栏杆关门（STR 信号）	Y30~37	显示剩余车位数个位
X10	系统动作	Y6	变频器的 RH 信号		
X11	系统解除	Y7	变频器的 RM 信号		

（2）根据控制要求设计 PLC 外部接线（见图 7-130）

（3）变频器参数设定

1）变频器参数清零；

2）设置 Pr. 7 = 1s、Pr. 8 = 1s 、Pr. 4 = 20 Hz、Pr. 5 = 30Hz；

3）设置操作模式 Pr. 79 = 3。

（4）参考程序（见图 7-131）

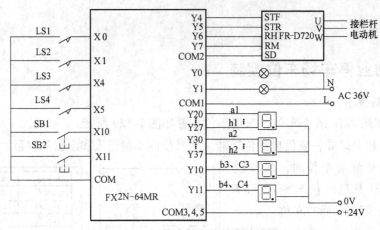

图 7-130　停车场车位控制接线图

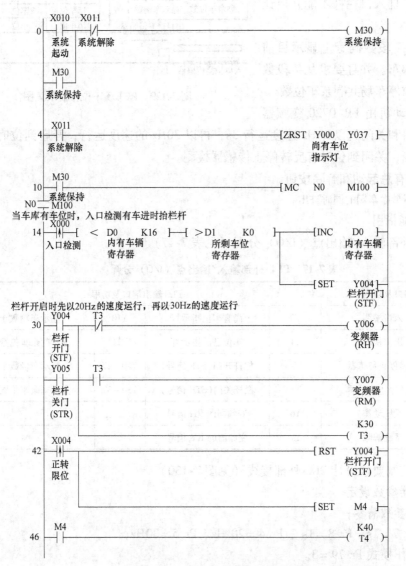

图 7-131　停车场车位控制参考程序

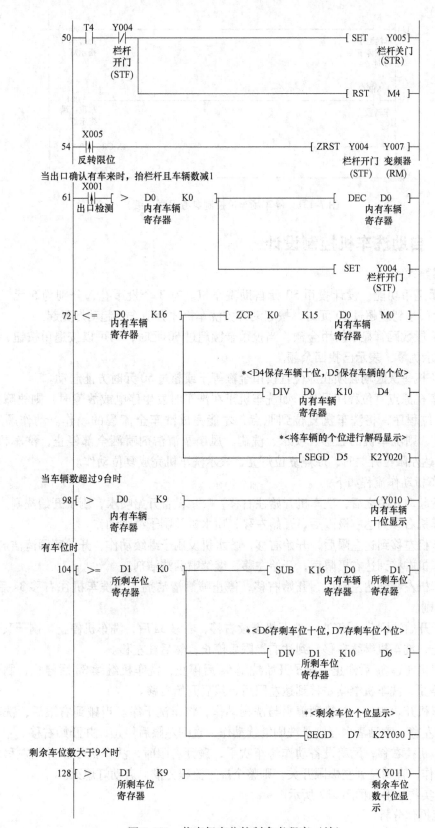

图 7-131　停车场车位控制参考程序（续）

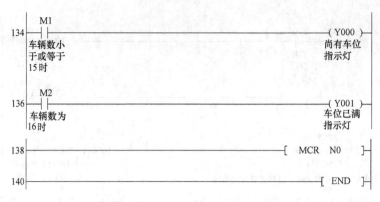

图 7-131 停车场车位控制参考程序（续）

实训 21　自助洗车机控制设计

1. 控制要求

1）投币退币功能：设计投币 50 元自助洗车机。有 3 个投币孔，分别为 5 元、10 元、20 元；当投币达到或超过 50 元时，按起动开关洗车机才会动作，起动灯亮起。

2）用 7 段数码管显示投币金额，当投币金额超过 50 元时，则可以按退币按钮，这时 7 段数码管显示为零，表示已找回余额。

3）洗车机每次起动必须在原位且投币金额等于或超过 50 元时方能起动。

4）洗车机原点复位程序设计：如洗车机正在洗车时发生停电或故障时，则故障排除后使用原点复位程序，将洗车机复位到原点，才能完成洗车全流程的动作。动作顺序为按［复位按钮］，则洗车机的右移、喷水、洗刷、风扇及清洁剂喷洒全部停止，洗车机左移，当洗车机到达左限位开关时，原点复位灯亮，表示洗车机完成复位动作。

5）洗车机动作流程如下：

① 按下起动开关之后，洗车机开始往右移，喷水设备开始喷水，刷子开始洗刷。

② 洗车机右移到达右极限后，开始左移，喷水机及刷子继续动作。

③ 洗车机左移到达左限后，开始右移，喷水机及刷子继续动作，开始喷洒清洁剂。

④ 洗车机右移到达右极限后，开始左移，继续喷洒清洁剂。

⑤ 洗车机左移到达左限后，开始右移，停止喷洒清洁剂，当洗车机往右移 3s 后停止，刷子开始洗刷。

⑥ 刷子开始洗刷 5s 后停止，洗车机继续右移，右移 3s 后，洗车机停止，刷子又开始洗刷 5s 后停止，洗车机继续右移，到达右极限后停止，然后往左移。

⑦ 洗车机左移 3s 后停止，刷子开始洗刷 5s 后停止，洗车机继续 3s 后停止，刷子开始洗刷 5s 后停止，洗车机继续左移到达左限后，然后开始右移。

⑧ 洗车机开始右移，并喷洒清水与洗刷动作，将车洗干净。当碰到右限后，洗车机停止前进并往左移，喷洒清水与刷子洗刷继续动作，直到左限后停止，并开始右移。

⑨ 洗车机往右移，风扇设备动作将车吹干，碰到右限时，洗车机停止并往左移，风扇继续吹干动作，直到碰到左极限开关，则整个洗车流程完成，启动灯熄灭。

洗车机实物外形如图 7-132 所示。

2. 技能操作分析

1）根据控制要求分配输入和输出端口，I/O 口分配见表 7-18。

表 7-18　I/O 口分配表

输入端口分配及作用				输出端口分配及作用			
X0	起动按钮	X4	退币	Y0	洗车机左移	Y4	刷子洗刷动作
X1	复位按钮	X5	5 元投币检测	Y1	洗车机右移	Y5	风扇电动机
X2	左限开关	X6	10 元投币检测	Y2	喷水机喷水	Y6	启动灯
X3	右限开关	X7	20 元投币检测	Y3	喷清洁剂	Y7	原点复位灯

2）设计控制电路接线图如图 7-133 所示。

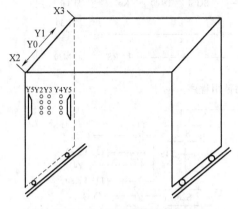

图 7-132　洗车机实物外形

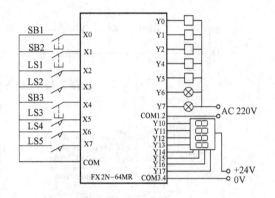

图 7-133　控制电路接线图

3）程序编写

为了读者便于理解，将程序分成投币程序，如图 7-134 所示；钱币显示程序，如图 7-135 所示；退币检测程序，如图 7-136 所示；退各种规格钱币程序，如图 7-137 所示；动作流程程序，如图 7-138 所示等 5 个部分，实训时只要将其汇合一块即可。

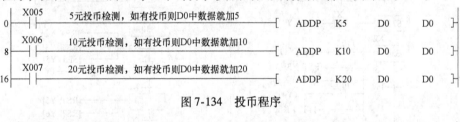

图 7-134　投币程序

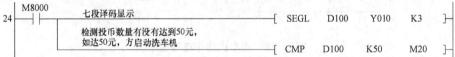

图 7-135　钱币显示程序

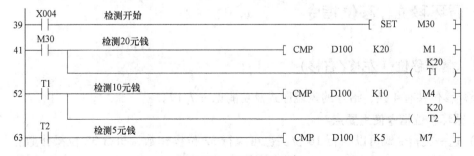

图 7-136　退币检测程序

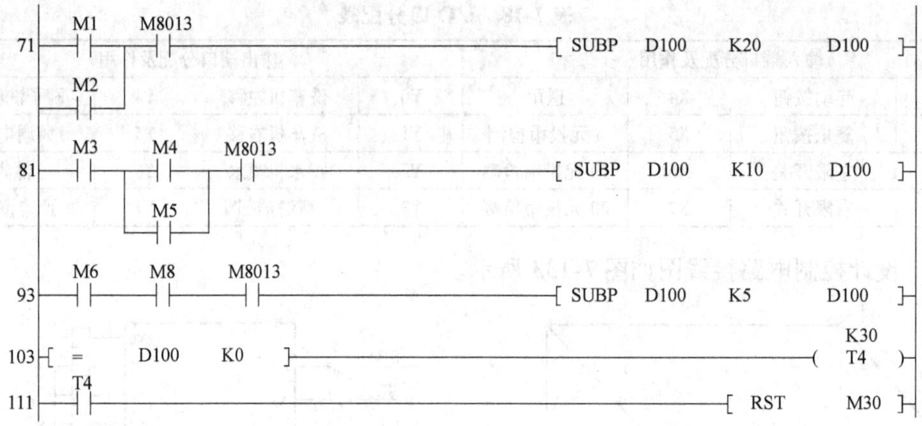

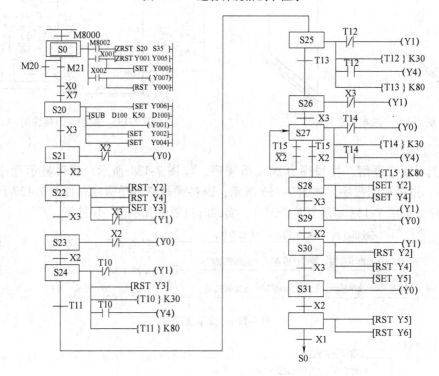

图 7-137　退各种规格钱币程序

图 7-138　洗车机动作流程程序

7.6　循环移位、移位指令

7.6.1　循环移位（左移/右移）

循环移位共有 4 条，指令的表现形式及功能见表 7-19。

1. 循环移位指令使用要点

1）这一类指令既可以执行 16 位，也可执行 32 位操作数，执行 32 位操作数在指令前加 D。

表 7-19　循环移位指令功能表

助记符	表现形式	功能简介
ROR	ROR　D　n	不包括进位标志在内指定位数部分的信息右移、旋转的指令
ROL	ROL　D　n	不包括进位标志在内指定位数部分的信息左移、旋转的指令
RCR	RCR　D　n	包括进位标志在内指定位数部分的信息右移、旋转的指令
RCL	RCL　D　n	包括进位标志在内指定位数部分的信息左移、旋转的指令

2）这一类指令可以采用连续执行方式，也可以采用脉冲执行方式。

注：在使用时建议采用脉冲执行方式。

3）操作数［D］是保存循环左/右移数据的字软元件的编号。其对象软元件为 KnM、KnY、KnS、T、C 、D、R、V、Z。

注：在 16 位运算中，只能使用 K4Y○○○、K4M○○○、K4S○○○。如 K4Y010、K4M20、K4S10 有效，其他非用 K4 组合的无效。

在 32 位运算中，只能使用 K8Y○○○、8M○○○、K8S○○○。如 K8Y000、K8M50、K8S100 有效，其他非用 K8 组合的无效。

4）指令中的 n 为旋转移动的位数。16 位指令时 $n \leqslant 16$，32 位指令时 $n \leqslant 32$。

2. 指令动作说明

（1）左循环（ROL）指令

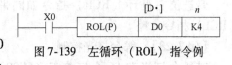

图 7-139　左循环（ROL）指令例

图 7-139 所示为左循环（ROL）指令，每次 X0 由 OFF→ON 时，D0 中各 bit 数据向左旋转 n bit（n = 4），最后移出 bit 的状态存入进位标志 M8022 中。指令执行动作情况如图 7-140 所示。用连续执行指令时，循环移位操作每个周期执行一次。

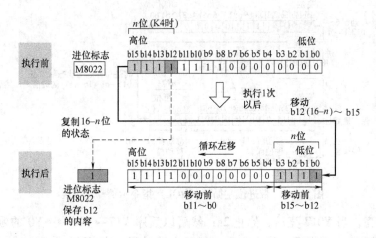

图 7-140　左循环指令动作情况

（2）右循环（ROR）指令

图 7-141 所示为右循环（ROR）指令示例，当 X0 每次由 OFF→ON 时，各 bit 数据向右

旋转 n bit（$n=4$），最后移出 bit 的状态存入进位标志 M8022 中。指令执行动作情况如图 7-142 所示。

（3）带进位左循环（RCL）指令

图 7-143 所示为带进位左循环（RCL）指令示例，当 X0 每次由 OFF→ON 时，各 bit 数据向左旋转 n bit（$n=4$），将进位标志附在左移数据的最前端，最后移出 bit 的状态则存入进位标志 M8022 中。指令执行动作情况如图 7-144 所示。

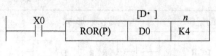

图 7-141　右循环指令示例

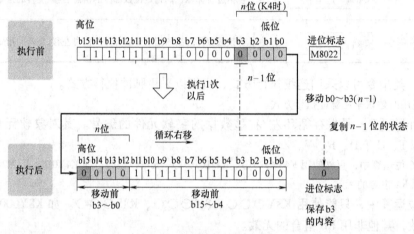

图 7-142　右循环指令执行情况

带进位右循环（RCR）指令如同带进位左循环（RCL）指令，略。

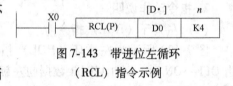

图 7-143　带进位左循环
（RCL）指令示例

【例 7-28】　舞台灯光控制。

某舞台灯光有 16 个灯接于 K4Y000 上，要求当 X000 为 ON 时，灯先以正序 Y0→Y1→…Y17 的顺序

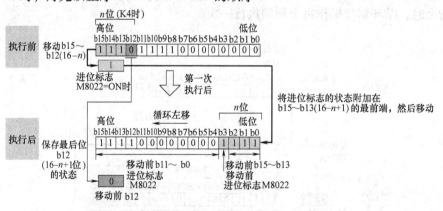

图 7-144　带进位左循环（ROL）指令示例动作情况

每隔 1s 轮流点亮，当 Y017 亮后，停止 2s；然后以反序 Y17→Y16→…Y0 的顺序每隔 1s 轮流点亮，当 Y000 再次点亮后，停止 2.5s，循环上述过程。当 X001 为 ON 时，停止工作。

根据要求编写梯形图如图 7-145 所示。

注：此例中，如果不是 16 只灯时，如用到 K4Y0 时，就要考虑在合适有灯位置停止，否则不能用 K4Y0，因为左/右循环指令在 16 位操作时，只能用 K4Y000。

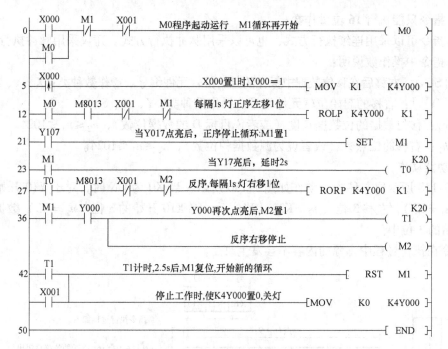

图 7-145　灯组移位控制梯形图

【例 7-29】　一台四相步进电动机按 1-2 相激磁方式控制。可正反转控制，每步为 1s。电动机运行时，指示灯亮，四相步进电动机的 1-2 相激磁方式波形如图 7-146 所示。

参考程序如图 7-147 所示。

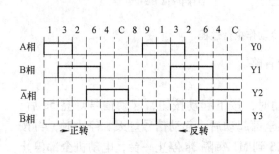

图 7-146　激磁方式波形

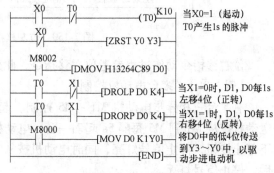

图 7-147　参考程序

7.6.2　位左/右移指令

位左/右移指令是使指定长度的位软元件每次左/右移指定长度。

1. 指令表现形式

位左移指令（SFTL）和位右移指令分别如图 7-148、图 7-149 所示。指令使用说明如下：

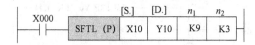

图 7-148　位左移指令表现形式

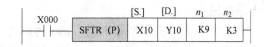

图 7-149　位右移指令表现形式

1）指令只能执行 16 位操作数；

2）指令可以采用连续执行方式，也可以采用脉冲执行方式。建议采用脉冲执行方式。

3）指令中操作数说明：

① [S·]：右移后在移位数据中保存的起始位软元件编号。操作数种类：X、Y、M、S。

② [D·]：右移的起始位软元件编号。操作数种类：Y、M、S。

③ n_1：移位数据的位数据长度（或者说目标 D 的数据位数），$n_2 \leqslant n_1 \leqslant 1024$。

④ n_2：右移的位点数（或者说为源数据的位数），$n_2 \leqslant n_1 \leqslant 1024$。

2. 功能动作

图 7-148 所示位左移指令动作如图 7-150 所示，当 X0 为 ON 时，对于 Y10 开始的 9 位数据（$n_1 = K9$），左移 3 位（$n_2 = K3$），移位后，将 X10 开始的 3 位（$n_2 = K3$）数据传送到 Y10 开始的 3 位中。

指令在执行过程中，源的内容不会发生改变。

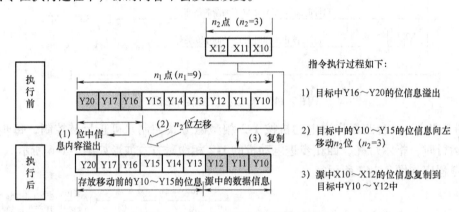

图 7-150　位左移指令动作执行过程

位右移指令动作过程参考位左移指令，此处省略。

【例 7-30】 多台电动机控制。

有 5 台三相异步电动机 M1 ~ M5 控制。起动时，按下起动按钮，起动信号灯亮 5s 后，电动机按从 M1 到 M5 每隔 5s 起动一台，电动机全部起动后，起动信号灯灭。停止时，再按下停止按钮，停止信号灯亮，同时电动机按从 M5 到 M1 每隔 3s 停止一台，电动机全部停止后，停止信号灯灭。

参考程序如图 7-151 所示，图中 I/O 口如下：X0 起动信号，X1 停止，X2 急停，Y0 起动指示，Y1 ~ Y5 为电动机 1 ~ 电动机 5，Y6 停止运行指示。

【例 7-31】 步进电动机控制。

以位移指令实现步进电动机正反转和调速控制。有一三相三拍步进电动机，脉冲列由 Y010 ~ Y012（晶体管输出）送出，作为步进电动机驱动电源功放电路的输入。

程序中采用积算型定时器 T246 为脉冲发生器，设定值为 K2 ~ K500，定时为 2 ~ 500ms，则步进电动机可获得 500 步/s ~ 2 步/s 的变速范围。X000 为正

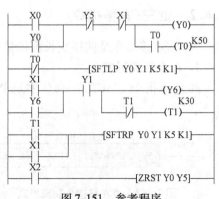

图 7-151　参考程序

反转切换开关（X000 为 OFF 时，正转；X000 为 ON 时，反转），X002 ~ X004 分别为起动、减速、增速按钮。

本例分析：以正转为例，程序开始运行前，设 M0 = 0。M0 提供移入 Y010 ~ Y012 的"1"或"0"，在 T246 的作用下最终形成 011、110、101 的三拍循环。T246 为移位脉冲产生环节，INC 指令及 DEC 指令用于调整 T246 产生的脉冲频率。T0 为频率调整时间限制。

调速时，按住 X003（减速）或 X004（增速）按钮，观察 D0 的变化，当变化值为所需速度值时，释放。梯形图如图 7-152 所示。

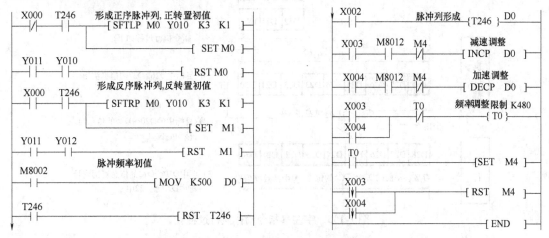

图 7-152　步进电动机控制参考程序

7.6.3　字左/右移指令

字左/右移是将 n_1 个字长的字软元件左/右移 n_2 个字的指令。

1. 指令表现形式

字左移指令（WSFL）和字右移指令（WSFR）分别如图 7-153、图 7-154 所示。指令使用说明如下：

图 7-153　位左移指令表现形式　　　　　　图 7-154　位右移指令表现形式

1）指令只能执行 16 位操作数。

2）指令可以采用连续执行方式，也可以采用脉冲执行方式。建议采用脉冲执行方式。

3）指令中操作数说明：

①［S·］：右移后在移位数据中保存的起始字软元件编号。操作数种类：KnX、KnY、KnM、KnS、T、C、D、U/G。

②［D·］：右移的起始字软元件编号。操作数种类：KnY、KnM、KnS、T、C、D、U/G。

③ n_1：移位数据的字数据长度（或者说目标 D 的数据位数），$n_2 \leqslant n_1 \leqslant 512$。

④ n_2：右移的字点数（或者说为源数据的位数），$n_2 \leqslant n_1 \leqslant 512$。

4）指令中使用组合位软元件时，源和目标中必须采用相同的位数。如图 7-154 中的 K1X0 和 K1Y0，其中的 K1 必须相同。

5）传送源［S］和传送目标［D］不能重复，否则传送会发生错误，错误代码 K6710。

2. 功能动作

图 7-153 所示字左移指令动作如图 7-155 所示，当 X0 为 ON 时，以目标 D10 开始的 9 个字软元件（$n_1 = K9$），左移 3 位（$n_2 = K3$），移位后，将 D10 开始的 3 位（$n_2 = K3$）数据传送到 D20 开始的 3 个数据寄存器中。

指令在执行过程中，源的内容不会发生改变。

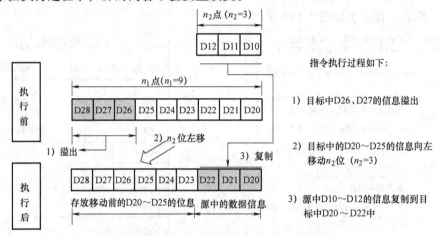

图 7-155　字左移指令动作执行过程

图 7-154 所示的字右移指令动作执行过程如图 7-156 所示，这里的 K1X0 和 K1Y0 对于 n 来说就是 1，也就是一个 K1 代表 4 位。

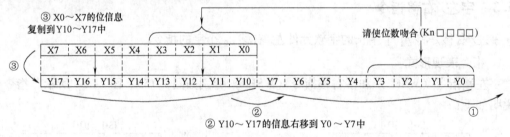

图 7-156　字右移指令动作执行过程

7.6.4　移位写入/移位读出指令

SFWR 移位写入和 SFRD 移位读出分别是控制写入和读出的指令，按照先入先出、后进后出的原则进行控制。

1. SFWR 移位写入

SFWR 移位写入指令表现形式如图 7-157 所示。

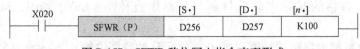

图 7-157　SFWR 移位写入指令表现形式

（1）指令使用说明

1）指令只能执行 16 位操作数；

2) 指令可以采用连续执行方式，也可以采用脉冲执行方式，建议采用脉冲执行方式。

（2）指令中操作数说明

1）［S·］：保存想先入的数据的字软元件编号。操作数种类：KnX、KnY、KnM、KnS、T、C、D、U/G。

2）［D·］：保存数据并移位的起始字软元件编号（目标中首元件用于指针）。操作数种类：KnY、KnM、KnS、T、C、D、U/G。

3）n：保存数据的点数（用于指针时，+1 后的值）。操作数种类：K、H，$2 \leqslant n \leqslant 512$。

4）传送源［S］和传送目标［D］不能重复，否则传送会发生错误。

2. 功能动作

图 7-157 所示移位写入指令动作如图 7-158 所示，当 X20 为 ON 时，每次脉冲执行时，将 D257 中的内容传到 D258 开始的 $n-1$ 点（$100-1=99$）数据寄存器中。其中的 D257 作为指针用来计数，本例中最多能计 $n-1$ 点（99 点）。

由于使用连续执行指令 SFWR 时，每个运算周期都依次被保存，因此本指令用脉冲执行型指令 SFWRP 编程。

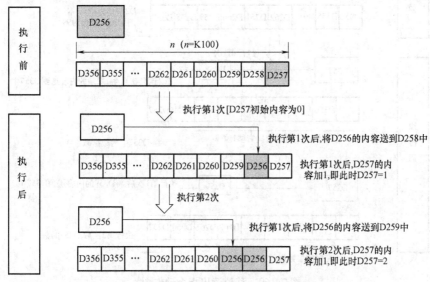

图 7-158　移位写入指令动作示意图

3. 移位读出 SFRD

SFRD 移位读出指令表现形式如图 7-159 所示。

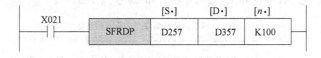

图 7-159　SFRD 移位读出指令表现形式

（1）指令使用说明

① 指令只能执行 16 位操作数；

② 指令可以采用连续执行方式，也可以采用脉冲执行方式。建议采用脉冲执行方式。

（2）指令中操作数说明

1）［S·］：保存想先出的数据的起始字软元件编号（最前端为指针，数据从［S·］+

1 开始）。操作数种类：KnY、KnM、KnS、T、C、D、U/G。

2）[D·]：保存先出数据的字软元件编号。操作数种类：KnY、KnM、KnS、T、C、D、V、Z、U/G。

3）n：保存数据的点数。操作数种类：K、H，2≤n≤512。

(3) 传送源 [S] 和传送目标 [D] 不能重复，否则传送会发生错误。

4. 功能动作

图 7-159 所示移位读出指令动作如图 7-160 所示，当 X21 为 ON 时，每次脉冲执行时，依次将 D258～D356 中的内容读到 D357 中。每执行一次，从 D258+1 开始的 n-1 点数据逐字右移。

由于使用连续执行指令 SFRD 时，每个运算周期都依次被保存，因此本指令用脉冲执行型指令 SFRDP 编程。

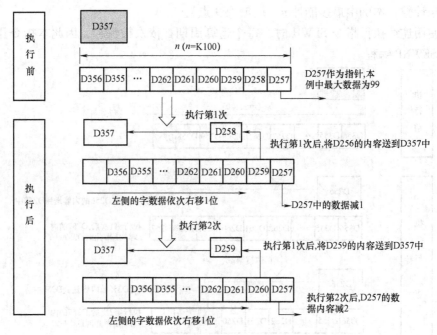

图 7-160　移位读出指令动作图

【例 7-32】　产品出入库控制。

某产品生产线，当入库请求信号接通时，通过 X0～X17 输入产品编号。当出库请求信号接通时，按产品入库先后顺序进行出库并将产品编号显示出来。

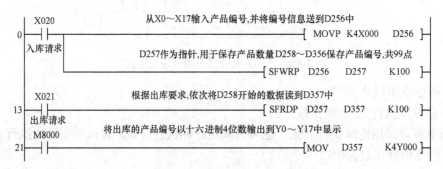

图 7-161　编制参考程序

　　分析：产品入库时，通过 X0～X17 数字式拨码开关，采用 MOV 指令先将数据送到某寄存器中，再采用移位写入和读出指令。从而完成控制要求。编制参考程序如图 7-161 所示。程序执行过程示意如图 7-162 所示。

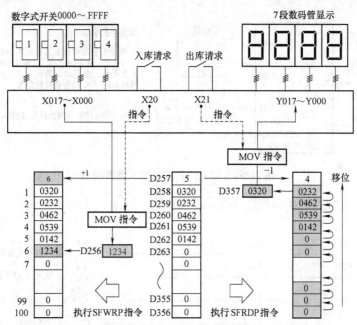

图 7-162　程序执行过程示意图

7.6.5　实训项目

实训 22　灯光广告牌 PLC 控制

1. 实训控制要求

　　某商厦灯光广告牌共有 8 只荧光灯管，24 只流水灯，每 4 只灯为一组，排列如图 7-163 所示，用 PLC 对灯光广告牌进行控制，并实现如下要求：

　　1）广告牌中间 8 个荧光灯管依次从左至右点亮，至全亮，每只点亮时间间隔 1s，全亮后显示 10s；接下来从右至左依次熄灭至全灭，全灭后停亮 2s；再从右至左依次点亮至全亮，每只点亮时间间隔 1s，全亮显示 10s 后；再从左至右依次熄灭至全灭，全灭后停亮 2s，又从开始运行，如此循环不止，周而复始。

　　2）广告牌四周流水灯共 24 只，每 4 只为一组，共分 4 组，每组灯间隔 1s 向前移动一次，移动 24s 后，再反过来移动，如此循环往复。

　　3）系统有单步/连续控制，有起动停止按钮。

2. 技能操作分指引

　　（1）I/O 口分配如下

　　输入：X0 起动（SA1）；X1 停止（SA2）；X2 单步（SA3）；X3 步进控制

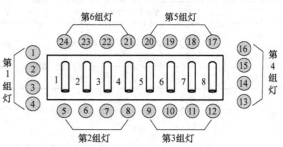

图 7-163　广告牌灯光分布示意图

（SB）。

输出：Y0 ~ Y7 灯管 1 ~ 8 ；Y10 ~ Y15 流水灯泡第 1 ~ 6 组。

（2）据控制要求设计的系统接线（见图 7-164）

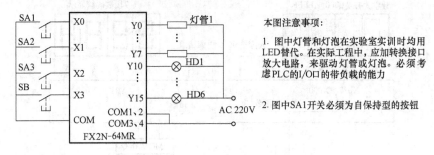

图 7-164　灯光广告牌控制系统接线图

（3）灯光广告牌控制参考程序（见图 7-165）

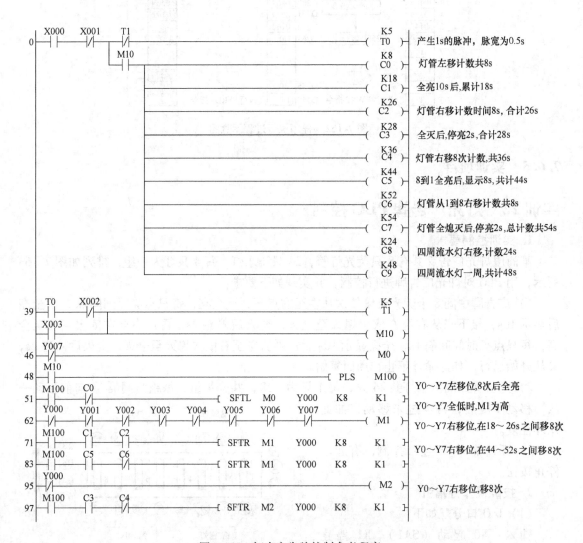

图 7-165　灯光广告牌控制参考程序

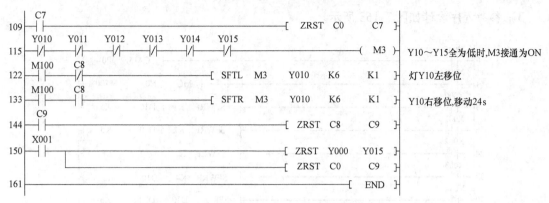

图 7-165　灯光广告牌控制参考程序（续）

实训 23　物业地下室排水控制系统设计

1. 设计要求

某花园地下室排水系统有四个集水坑，每个水坑里装设有一个高水位检测传感器和一个低水位检测传感器，每水坑出口装设有电磁阀，排水系统如图 7-166 所示。

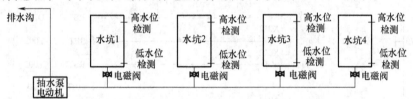

图 7-166　排水系统图

要求按如下控制方式进行排水管理：

1）排水要求有两种方式，两种方式都可以人工切换，同一时期只能用一种排水方式。

2）第 1 种排水方式要求：按水坑 1～水坑 4 的顺序抽取，依次轮询。

3）第 2 种排水方式要求：哪一个水坑水先满就先抽该水坑的水。

4）不管采用两种抽水方式中的任何一种，必须等这个水坑的水抽完，才去响应下一个水坑的抽水。

5）系统采用 PLC 编程控制，编写控制程序并画出控制电路图。

2. 技能操作分析

1）根据控制要求分配 I/O 口，输入/输出端口分配见表 7-20。

2）控制电路设计如图 7-167 所示。

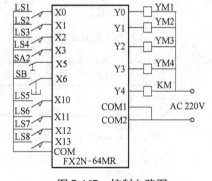

图 7-167　控制电路图

表 7-20　输入/输出端口分配表

输入端口	功　能	输入端口	功　能	输出端口	功　能
X0	1 池满水	X6	起动	Y0	1#电磁阀
X1	2 池满水	X10	1 池没水检测	Y1	2#电磁阀
X2	3 池满水	X11	2 池没水检测	Y2	3#电磁阀
X3	4 池满水	X12	3 池没水检测	Y3	4#电磁阀
X5	方式切换	X13	4 池没水检测	Y4	水泵电动机

3）参考程序设计如图 7-168 所示。

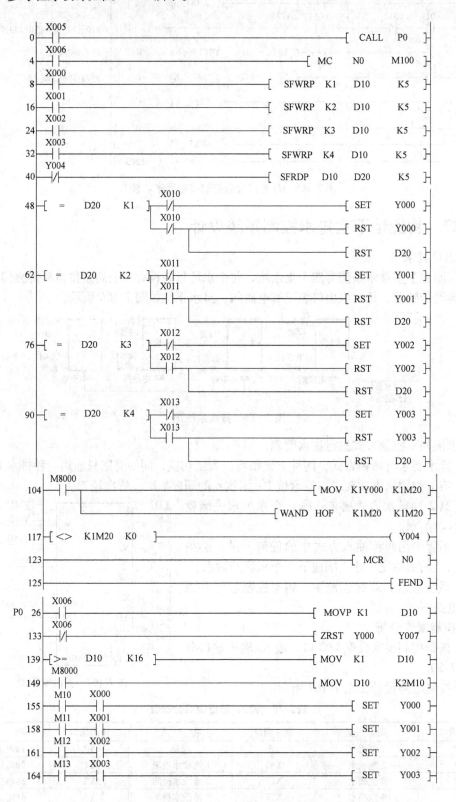

图 7-168　参考程序

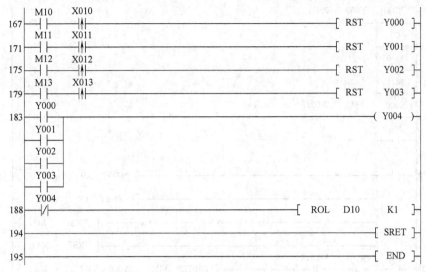

图 7-168 参考程序（续）

实训 24 机工社招牌灯箱控制系统

1. 控制要求

PLC 可用于广告招牌灯自动闪烁控制，而且也可用于工厂、学校、机关、商业等招牌灯的自动闪烁控制。

用 PLC 控制一个广告自动闪烁招牌，其内容如下："机械工业出版社"，这七个字用七个灯点亮并实现闪烁。其闪烁要求为在打开闪烁开关后，首先是"机"字亮 1s，再接着是"械"字亮 1s，…，最后是"社"字亮 1s 后，再以"机械工业出版社"这一组字以 0.5s 的周期闪烁 3 次，然后又是"机"字亮 1s……周而复始循环进行。循环顺序见表 7-21。

表 7-21 商业广告牌循环顺序

亮灯＼步号	1	2	3	4	5	6	7	8
机 Y0	※							※
械 Y1		※						※
工 Y2			※					※
业 Y3				※				※
出 Y4					※			※
版 Y5						※		※
社 Y6							※	※

2. 技能操作指引

（1）I/O 口分配

输入端口：X0：起动，X1：停止。

输出端口：Y0 ~ Y6 输出分别对应"机械工业出版社"这 7 个字。

（2）编制程序

参考程序如图 7-169 所示。

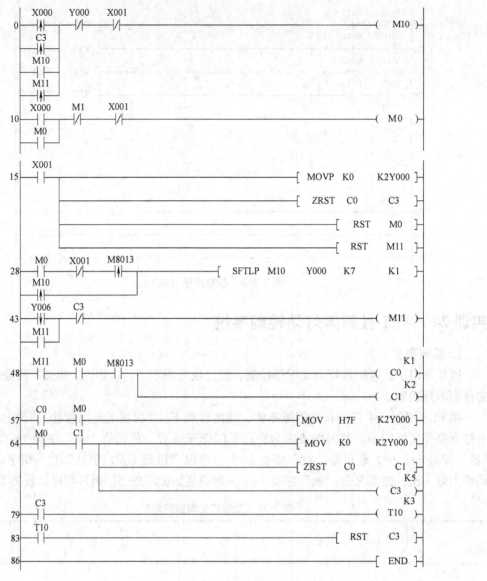

图 7-169　参考程序

7.7　方便指令

方便指令提供了可以用最少的顺控程序实现复杂的控制程序。

7.7.1　初始化状态（IST）

在步进梯形图控制程序中，对初始状态和特殊辅助继电器进行自动设置。IST 指令表现形式如图 7-170 所示。

[S·]:运行模式的切换开关的起始软元件编号,可用X、Y、M
[D1·]:自动模式下实用状态的最小状态编号, 可用S20～S899,S1000～S4095
[D2·]:自动模式下实用状态的最大状态编号,可用S20～S899,S1000～S4095

```
   M8000                [S·]      [D1·]      [D2·]
  ──┤ ├──────[ IST      X0        S20        S27 ]──
```

图 7-170　方便指令 IST 表现形式

1）指令中［S·］为指定操作方式输入的首元件编号，图 7-170 中［S·］具体分配见表 7-22。

表7-22　操作方式分配表

源地址	元件号	开关功能	源地址	元件号	开关功能
［S·］	X0	手动各个操作	［S·］+4	X4	全自动运行
［S·］+1	X1	回原点	［S·］+5	X5	回原点起动
［S·］+2	X2	单步运行	［S·］+6	X6	自动操作起动
［S·］+3	X3	单周期运行(半自动)	［S·］+7	X7	停止

注：1. 表中这些地址分配是自动分配。
　　2. 输入 X0～X4 必须用旋转选择开关，以保证这组输入中不可能有两个输入同时为 ON。
　　3. 选择模式开关不需要全部使用，但不使用的开关，设置为空号（不能作其他用途）。

2）IST 指令执行条件变为 ON 时，表 7-23 所示的辅助继电器自动受控。若执行条件变为 OFF，这些元件的状态仍保持不变。

表7-23　IST 指令相关特殊辅助继电器

软元件	功能	描述（或使用注意事项）
M8040	禁止转移	一旦工作,则所有的状态转移被禁止,在状态内的输出仍继续原来的动作。
M8041	开始转移	从初始化状态开始转移到下一个状态的转移条件。在单步、单周、自动有效
M8042	启动脉冲	仅在按下开始键时的一瞬间动作(或者说它对应着起动按钮和回零起动)
M8043	回原点完成	当用户程序动作到原点时,将 M8043 置位;在 M8041 或者回原点起动时,会自动复位的
M8044	原点条件	检测出原点条件后,使 M8044 为 ON 后,所有模式下都有效的信号
M8045	禁止所有输出复位	在各个、原点回归、自动模式之间切换后,当机械不在原点位置时,所有输出和动状态被复位。但是如先驱动 M8045,则只有动作状态被复位

3）有关 IST 使用事项。

① 本指令只能使用 1 次。

② 当 IST 指令有效后，它自动将 S0 定义为手动初态、S1 定义为回原点初态、S2 定义为自动方式初态。

③ 若不用 IST 指令，状态 S10～S19（用于回原点）可作通用状态。只是在这种情况下，仍需将 S0～S9 作为初始化状态，只是 S0～S2 的用途是自由的。

④ 编程时，IST 指令必须写在 STL 指令之前，即在 S0～S2 出现之前。

4）IST 指令涉及设备的操作方式，大致分为手动和自动方式，它们各自的运行方式如下：

手动 ┬─ 各个操作：用单个按钮接通或切断各负载的工作模式
　　 └─ 原点复归：按下原点复归按钮，使机械手自动复归到原点的模式

自动 ┬─ 单步：每次按起动按钮，前进一个工序
　　 ├─ 循环运行一周：在原点位置上按起动按钮时，进行一次循环自动运行并在原点停止。如中途按停止按钮，工序停止，如再按起动按钮，在停止处继续动作到原点自动停止
　　 └─ 连续运行：在原点位置上按起动按钮时，开始连续运行。如中途按停止按钮，则运转到原点位置后停止

7.7.2　数据搜索（SER）

数据搜索（SER FNC61）是从数据表中检索相同数据、最大值和最小值的指令。SER

指令示例如图7-171所示，指令中操作数使用
说明见表7-24 所示。

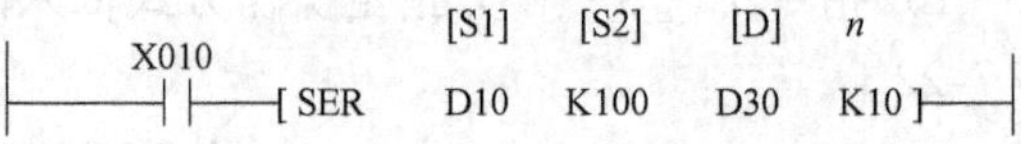

$$\begin{array}{cccc} & [S1] & [S2] & [D] \quad n \\ \hline X010 & & & \\ \dashv\vdash & \text{SER} \quad D10 & K100 & D30 \quad K10 \end{array}$$

对 D10 开始的 10 个数据进行检索，检
索与 K100 相同的数据。并将结果存在 D30 ~

图 7-171　SER 指令示例

D34 中。存在相同结果时，以 D30 开始的 5 个软元件中，保存相同数据的个数、初次/最终
的位置以及最大值、最小值的位置。如果没有相同数据时，则 D30、D31、D32 保存的数据
为 0。执行情况见表 7-25。

表 7-24　SER 指令操作数使用说明

操作数	内　　容	对象软元件	数据类型
[S1]	检索相同数据、最大值、最小值的起始软元件编号	KnX、KnY、KnM、KnS、T、C、D、R	16/32 位
[S2]	检索相同数据、最大值、最小值的参考值或其保存目标软元件的编号	KnX、KnY、KnM、KnS、T、C、D、R、V、Z、K、H	16/32 位
[D]	检索相同数据、最大值、最小值后，保存这些个数的起始软元件的编号	KnX、KnY、KnM、KnS、T、C、D、R	16/32 位
n	检索相同数据、最大值、最小值的个数。 16 位指令时：$1 \leq n \leq 256$；32 位指令时：$1 \leq n \leq 128$	K、H	16/32 位

表 7-25　示例指令执行情况表

检索软元件	[S1]的值（例）	[S2]的值（例）	数据的位置	最大值（D34）	一致（D30）	最小值（D33）	软元件编号	内容	检索结果项目
D10	K100		0		□初次		D30	3	相同数据的个数
D11	K112		1						
D12	K100		2		□		D31	0	相同数据的位置（初次）
D13	K97		3						
D14	K125		4				D32	6	相同数据的位置（最终）
D15	K55	K100	5			□			
D16	K100		6		□最终		D33	5	最小值的最终位置
D17	K95		7						
D18	K225		8	□			D34	8	最大值的最终位置
D19	K88		9						

7.7.3　示教定时器指令（TTMR）

示教定时器指令（TTMR FNC64）是以秒为单位，对指令输入（按键）按下的时间进行
测量，然后乘以倍率后传送到 [D·] 中。[D·] 中的值按下时间是以秒为单位。示例如
图 7-172 所示。

图 7-172 中，D301 对 X10 闭合的时间进行计时，时间单位为 100ms，D300 乘以 n 中指
定的倍数传送到 D300 中。当 X10 断开时，D301 的值将复位，D300 中的数值保持。n 值设
定见表 7-26。

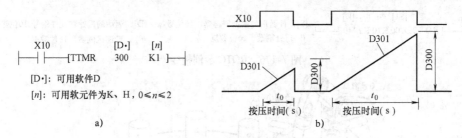

图 7-172　示教定时器指令

a) 指令　b) 动作情况

表 7-26　n 的倍数表

指定 n 的值	倍数	[D] 中的值	例中 [D] 值
0	0.1	[D] × 0.1	D300 × 0.1
1	1	[D] × 1	D300 × 1
2	10	[D] × 10	D300 × 10

7.7.4　特殊定时器（STMR）

特殊定时器（STMR FNC65）指令用于制作延迟定时器、单脉冲定时器、闪烁定时器的指令。

指令示例如图 7-173 所示，STMR 指令是通过源中指定的定时器（T10）按照 m（m = K100）指定的设定值进行定时，控制目标（M10）指定的开始地址连续的 4 个目标输出。动作时序如图 7-174 所示。

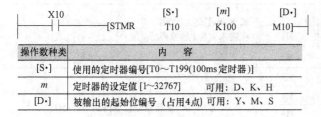

操作数种类	内　　容
[S·]	使用的定时器编号 [T0~T199(100ms 定时器)]
m	定时器的设定值 [1~32767]　　可用：D、K、H
[D·]	被输出的起始位编号（占用 4 点）可用：Y、M、S

图 7-173　STMR 指令示例

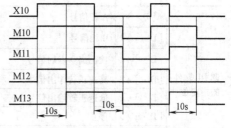

图 7-174　STMR 指令动作时序

7.7.5　交替输出（ALT）

交替输出指令（ALT）相当于前文讲过的二分频电路或单按钮起动停止电路。指令示例如图 7-175 所示。

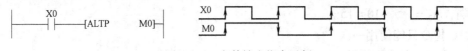

图 7-175　交替输出指令示例

7.7.6　旋转工作台控制（ROTC）

旋转工作台控制指令（ROTC FNC68）如图 7-176 所示。指令的作用是为了取放如图 7-177 所示旋转工作台上的物品，控制工作台的旋转使得被指定的工件以最短的路径转到出口位置。

本指令执行相关说明如下：

（1）操作数使用说明（见表 7-27）。

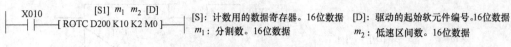

$$\begin{array}{c} X010 \qquad\qquad\qquad [S1]\ m_1\ m_2\ [D] \\ \dashv\vdash\kern-1em\big[\ \text{ROTC}\ \text{D200}\ \text{K10}\ \text{K2}\ \text{M0}\ \big] \end{array}$$

[S]：计数用的数据寄存器。16位数据　　[D]：驱动的起始软元件编号。16位数据

m_1：分割数。16位数据　　　　　　　m_2：低速区间数。16位数据

图 7-176　ROTC 示例指令

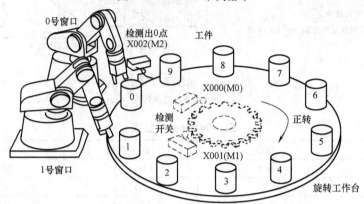

图 7-177　旋转工作台

表 7-27　ROTC 指令操作数使用表

分类	编号	功　能	例中编号	备　　注
调用条件的指定寄存器	[S·]	计数器用寄存器	D200	先用传送指令进行设定，参考程序如图
	[S·]+1	调用窗口编号的设定	D201	M8000　　　[MOV D200 D100] 　　　　　　[MOV D201 D101] 　　　　　　[MOV D202 D102]
	[S·]+2	调用工件编号的设定	D202	
调用条件的指定位	[D·]	A 相信号	M0	编制程度使之与相应输入对应，参考程度如图 　X0　　{M0} 　X1　　{M1} 　X2　　{M1}
	[D·]+1	B 相信号	M1	
	[D·]+2	检测出 0 点的信号	M2	
	[D·]+3	高速正转输出信号	M3	
	[D·]+4	低速正转输出信号	M4	X10 为 ON 时，执行指令自动得到 M3 ～ M7
	[D·]+5	停止	M5	X10 为 OFF 时，M3 ～ M7 全部变为 OFF
	[D·]+6	低速反转输出信号	M6	
	[D·]+7	高速反转输出信号	M7	

　　如果 1 个工件区间旋转信号（M0、M1）脉冲数为 10，则分度数、呼唤位置号、工件位置号都必须乘以 10。如旋转检测信号为 100 脉冲/周，工作台分为 10 个位置，则 $m_1 = 100$，调用窗口编的（即机械手的编号）设定为 0，10，20，30，…，90。要使低速区为 1.5 个位置间隔，$m_2 = 1.5 \times 10 = 15$。

　　ROTC 指令只能使用一次。

　　（2）关于 0 点检测信号

　　指令为 ON 时，0 点检测信号（M2）为 ON，计数用的寄存器 [S·] 内容被清零。预先执行这一步操作后，再开始运行。

7.7.7　数据排序（SORT）

　　数据排序（SORT FNC69）指令是用于将数据（行）和群数据（列）构成的数据表格，以指定的群数据（列）为标准，按照行单位将数据重新升序排列。指令示例如图 7-178 所示。在指令执行过程中，不能改变操作数和数据的内容。再次执行时，须将输入执行条件 OFF 一次（例中的 X0）。

指令只能执行 16 位的操作数，在程序只能使用一次。

[S]：源数据表格的软元件的起始编号（占用$m_1 \times m_2$点）
m_1：数据行数（1～32）
m_2：数据列数（1～6）
[D]：保存运算结果软元件的起始编号（占用$m_1 \times m_2$点）
n：作为排列标准的群数据的列编号（1～m_2）

图 7-178　SORT 指令示例

图 7-178 所示的指令执行情况见表 7-28，例中是排序 PLC 成绩。

表 7-28　示例指令执行情况

	源数据执行前					D10 = K3，指令执行后的情况（升序排列）			
列数 行数	1 学号	2 微机成绩	3 PLC 成绩	4 电子成绩	列数 行数	1 学号	2 微机成绩	3 PLC 成绩	4 电子成绩
1	D100	D105	D110	D115	1	D150	D155	D160	D165
	1001	85	96	73		1003	69	45	92
2	D101	D106	D111	D116	2	D151	D156	D161	D166
	1002	53	76	89		1004	79	68	50
3	D102	D107	D112	D117	3	D152	D157	D162	D167
	1003	69	45	92		1002	53	76	89
4	D103	D108	D113	D118	4	D153	D158	D163	D168
	1004	79	68	50		1005	92	80	76
5	D104	D109	D114	D119	5	D154	D159	D164	D170
	1005	92	80	76		1001	85	96	73

7.7.8　实训项目

实训 25　机械手控制（应用方便指令）

1. 控制要求

有一机械手将工件从甲地移到乙地，机械手操作面板如图 7-179 所示，机械手动作示意如图 7-180 所示，控制方式要求如下：

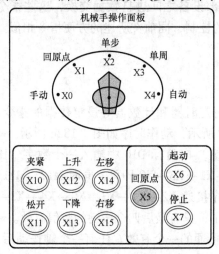

图 7-179　机械手操作面板图

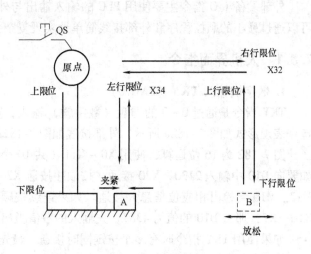

图 7-180　动作示意图

1）点动：按钮操作时不保持。

2）单步：按一次起动按钮执行一步。

3）单周：在原点时，按一次起动按钮，工作一个循环。

4）全自动（连续）：在原点，按一次起动按钮，按工作循环图连续工作。

2. 技能操作

（1）I/O 分配（见表 7-29）

表 7-29　机械手控制系统 I/O 分配表

输入功能分配								输出功能分配	
X0	手动	X5	回原点起动	X12	手动上升	X30	下限	Y0	下降
X1	回原点	X6	自动起动	X13	手动下降	X31	上限	Y1	夹紧/放松
X2	单步	X7	停止	X14	手动左移	X32	右限	Y2	上升
X3	单周运行	X10	手动夹紧	X15	手动右移	X33	右下限	Y3	右移
X4	自动运行	X11	手动松开			X34	左限	Y4	左移

（2）用 IST 指令编写机械手参考程序（见图 7-181）

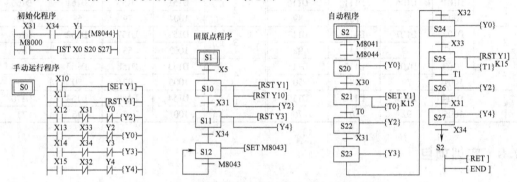

图 7-181　应用方便指令编写机械手控制参考程序

7.8　外部设备 I/O

外部设备 I/O 指令主要使用 PLC 的输入输出与外部设备之间进行数据交换，这些指令可以通过最小的顺控程序和外部接线简单地实现复杂的控制，同前文所述的方便指令相似。

7.8.1　人机界面指令

1. 数字键输入 TKY（FNC70）

TKY 指令是通过 0～9 的键盘（数字键）输入，对定时器和计数器等设定数据的指令。指令表现形式如图 7-182a 所示，外部接线如图 7-182b 所示，动作时序如图 7-182c 所示。

图 7-182 为 16 位运算，使用 X0～X11（共 10 个键）向目标 D10 中输入一个数字。比如要向 D10 中输入 2130，X20 接通，按顺序按通 X2→X1→X3→X0 即可，同时 M12、M11、M13、M10 会检出相应位信息并接通。如果连续按顺序接通 X2→X1→X3→X0→X4→X3→X10→X7，那么 D10 的值为 4387，先输入的数值溢出了，只有最后四个按键的数值有效。

如果使用 TKY 指令时有多个按键同时接通，最先接通的一个有效。任何一个键按动后，仅在按下的时间内键盘检测输出 M20 为 ON。

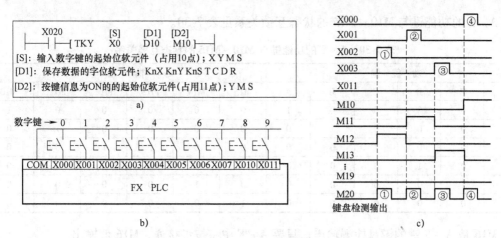

图 7-182　TKY 指令使用

a) 指令及操作数说明　b) TKY 指令外部接线图　c) TKY 指令动作时序图

16 位运算时输入的数字范围是 0 ~ 9999，32 算时输入的数字范围是 0 ~ 99999999。指令在编程时只能使用一次。

2. 十六进制输入 HKY（FNC71）

HKY 是通过 0 ~ F 的键盘（16 键）输入，设定数值（0 ~ 9）及运行条件（A ~ F 功能键）等的输入数据用的指令。当扩展功能为 ON 时，可以使用 0 ~ F 键的十六进制数进行键盘输入。示例指令如图 7-183a 所示，外部接线如图 7-183b 所示。

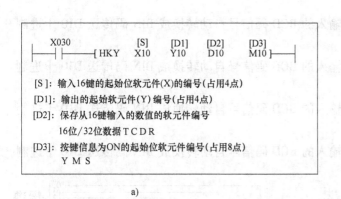

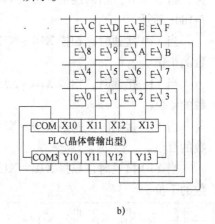

图 7-183　HKY 指令

a) 指令及操作数说明　b) HKY 指令外部接线图

图 7-183HKY 是按照 Y10、Y11、Y12、Y13 循环接通扫描检测 X10、X11、X12、X13 的方式扩展 16 个外接键，其中 10 个是数值输入键 0 ~ 9，有 6 个是互锁输入功能键。完成 Y10、Y11、Y12、Y13 循环扫描需要 8 个扫描周期的时间，完成标志位 M8029 会接通。

比如要向 D10 中输入 2130，X30 接通，按顺序按通 X12→X11→X13→X20 可，同时 M17 会检测按键信息并接通。如果连续按顺序接通 X12→X11→X13→X10→X14→X13→X20→X17，那么 D10 的值为 4387，先输入的数值溢出了，只有最后四个按键的数值有效。

如果使用 HKY 指令时有多个按键同时接通，最先接通的一个有效。

M10 ~ M15 分别对应 A ~ F 键的按键信息。如按下 A，M10 就输出；按下 B，M11 就输出。A ~ F 的功能键与 M10 ~ M15 的状态互锁关系见表 7-30。

表 7-30　A ~ F 的功能键与 M10 ~ M15 的状态互锁关系

功 能 键						输 出					
F	E	D	C	B	A	M15	M14	M13	M12	M11	M10
0	0	0	0	0	1	0	0	0	0	0	1
0	0	0	0	1	0	0	0	0	0	1	0
0	0	0	1	0	0	0	0	0	1	0	0
0	0	1	0	0	0	0	0	1	0	0	0
0	1	0	0	0	0	0	1	0	0	0	0
1	0	0	0	0	0	1	0	0	0	0	0

M16 是 A ~ F 键的键盘检测输出，只要 A ~ F 中有按键接通，M16 就输出。

M17 是 0 ~ 9 键的键盘检测输出，只要 0 ~ 9 中有按键接通，M17 就输出。

16 位运算时输入的数字范围是 0 ~ 9999，32 算时输入的数字范围是 0 ~ 99999999。

指令在编程只能使用一次。如果要使用多个指令时，可使用变址修饰（V、Z）功能编程。

3. 数字开关 DSW（FNC72）

DSW 是读取数字开关设定值的指令。

DSW 指令如图 7-184a 所示，以 X10 开始的连续 4 位（X10 ~ X13）分配为外接数字开关，指定 Y10 开始的连续 4 位（Y10 ~ Y13）为扫描输出。接线如图 7-184b 所示。时序如图 7-184c 所示。

当 Y10 接通时，扫描 X10 ~ X13 输入的 BCD 码信号自动转换成 BIN 码传送 D10 十进制数的个位。

当 Y11 接通时，扫描 X10 ~ X13 输入的 BCD 码信号自动转换成 BIN 码传送 D10 十进制数的十位。

当 Y10 接通时，扫描 X10 ~ X13 输入的 BCD 码信号自动转换成 BIN 码传送 D10 十进制数的百位。

当 Y10 接通时，扫描 X10 ~ X13 输入的 BCD 码信号自动转换成 BIN 码传送 D10 十进制数的千位。

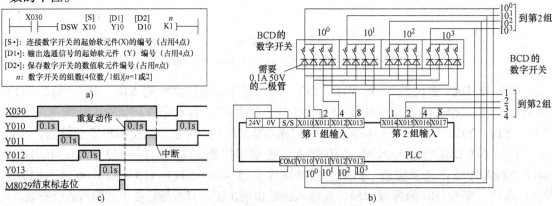

图 7-184　数字开关 DSW 指令

a) 指令及操作数说明　b) DSW 指令外部接线图　c) DSW 指令执行时序图

使用 DSW 指令注意要点：

（1）对于没有使用的位数，选通信号（指定位数用的输出）[D1·] 不需要接线，但是即使有没使用的位数，其输出也已经被这个指令占有了，所以不能用于其他用途，必须将不使用的输出空出。

（2）为了能够连续地读取数字开关的值，建议使用晶体管输出型的 PLC。

（3）有关数字开关请使用 BCD 输出型的数字开关。

（4）当 4 位数为 1 组时 [S·] 被占用 4 点，当 4 位数为 2 组时 [S·] 被占用 8 点。

4. 7 段码译码 SEGD（FNC73）

SEGD 指令是将数据译码后点亮 7 段数码管（1 位数）的指令。

图 7-185 为 7 段解码示例。图中的 [S·] 指定元件的低 4bit 所确定的十六进制数（0～F）经解码驱动 7 段显示器。解码信号存于 [D·] 指定元件。[D·] 的高 8bit 不变。解码表见表 7-31，表中数码管为共阴极，注意使用时要区别数码管是共阴极还是共阳极。

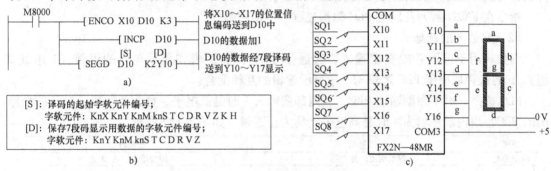

图 7-185　7 段译码 SEGD

a）SEGD 使用参考程序　b）SEGD 指令操作数说明　c）示例接线图

图 7-185a 所示的示例实际上为一个 8 层电梯楼层显示程序（实际上这也是常用程序），图 7-185b 为指令操作数使用说明。其外部接线如图 7-185c 所示，数码管为共阴极，X10～X17 为电梯在各层的限位开关。

表 7-31　7 段解码表

| 源 [S·] | | 七段组合码 | 目标输出 [D·] | | | | | | | | 显示数据 |
十六进制	二进制		B7	B6	B5	B4	B3	B2	B1	B0	
0	0000		0	1	1	1	1	1	1	1	0
1	0001		0	0	0	0	0	1	1	0	1
2	0010		0	1	0	1	1	0	1	1	2
3	0011		0	1	0	0	1	1	1	1	3
4	0100		0	1	1	0	0	1	1	0	4
5	0101		0	1	1	0	1	1	0	1	5
6	0110		0	1	1	1	1	1	0	1	6
7	0111		0	0	1	0	0	1	1	1	7
8	1000		0	1	1	1	1	1	1	1	8
9	1001		0	1	1	0	1	1	1	1	9
A	1010		0	1	1	1	0	1	1	1	A
B	1011		0	1	1	1	1	1	0	0	b
C	1100		0	0	1	1	1	0	0	1	C
D	1101		0	1	0	1	1	1	1	0	d
E	1110		0	1	1	1	1	0	0	1	E
F	1111		0	1	1	1	0	0	0	1	F

注：B0 代表 bit 元件的首位（本例中为 Y10）和字元件的最低位。

5. 七段码时分显示（带锁存的七段显示）**SEGL**（FNC 74）

SEGL 指令是控制 1 组或 2 组 4 位数带锁存的 7 段数码管显示的指令。指令如图 7-186 所示。

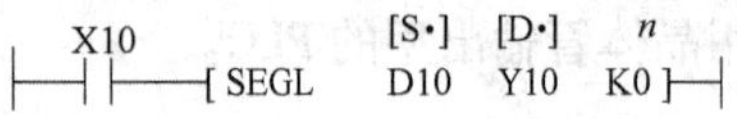

```
  X10              [S·]  [D·]   n
 ─┤├─────[ SEGL    D10  Y10  K0 ]──
```

> [S·]：BCD码转换的起始字软元件编号；
> 　　字软元件：KnX KnY KnM knS T C D R V Z K H
> [D·]：被输出的起始Y编号；
> n：参数编号；K、H（1组时 $n=0\sim3$　2组时 $n=4\sim7$）

图 7-186　SEGL 指令

（1）指令概述

指令用 12 个扫描周期显示 4 位数据，完成 4 位显示后，标志位 M8029 置 1。

指令的执行条件一经接通，指令反复执行。如中途执行条件断开后，指令停止执行。执行条件再次 ON 时，从头开始反复执行。

指令在 FX2N 系列及以上 PLC 编程过程中可使用两次。

（2）参数 n 的选择

参数 n 用于选取 7 段数据输入、选通信号的正/负逻辑和显示单元的组数（1 组或 2 组）。n 的选择取决于 PLC 逻辑与 7 段显示逻辑的互相配合。

PLC 选择：对于漏型输出 PLC，当内部逻辑为 1 时是低电平，称为负逻辑；对于源型输出的 PLC，当内部逻辑为 1 时是高电平，称为正逻辑，如图 7-187 所示。

逻辑	负逻辑	正逻辑
输出形式	漏型输出[−公共端]	源型输出[＋公共端]
输出电路	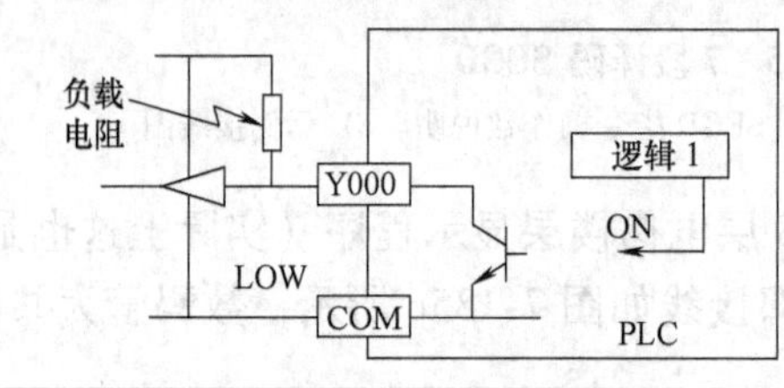 负载电阻　Y000　逻辑1　ON　LOW　COM　PLC	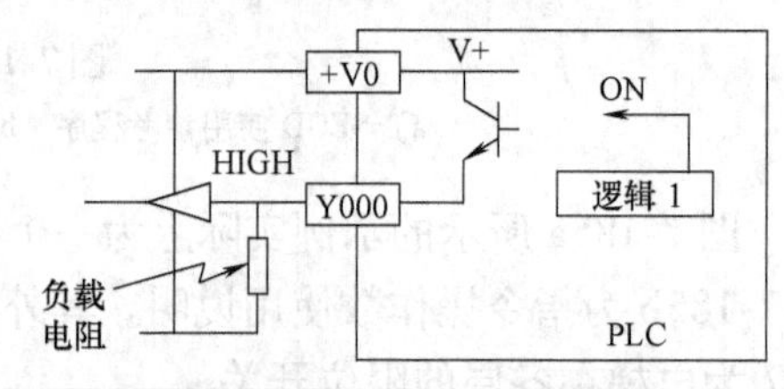 ＋V0　V＋　ON　HIGH　Y000　逻辑1　负载电阻　PLC
说明	由于是晶体管输出(漏型)，所以内部逻辑为1(ON输出)时，输出为低电平(0V)这个称为"负逻辑"	由于是晶体管输出(源型)，所以内部逻辑为1(ON输出)时，输出为高电平(V＋)这个称为"正逻辑"

图 7-187　PLC 输出形式比较

7 段显示逻辑见表 7-32。

表 7-32　7 段显示逻辑规律表

逻　辑	正　逻　辑	负　逻　辑
数据输入	高＝"1"	低＝"1"
选通信号	高电平锁存数据	低电平时锁存数据

根据以上分析，n 的设定见表 7-33。例如，PLC 为负逻辑、显示数据输入为负逻辑（相同）、选通信号为正逻辑（不相同），则 1 组显示 $n=1$，2 组显示 $n=5$。

（3）指令动作执行分析

1）1 组（$n=0\sim3$），外部接线如图 7-188 所示。

执行 SEGL 指令时，目标开始地址为 Y10，指令占用 Y10 ～ Y17，其中 Y10 ～ Y13 分别是源 D10 十进制数的个位、十位、百位和千位的数输出，Y14 ～ Y17 是扫描输出。

表 7-33　n 的设定关系表

PLC 输出类型		8421（BCD 码）数据输入		选通脉冲		n 取值	
正逻辑	负逻辑	正逻辑※	负逻辑※	正逻辑※	负逻辑※	4 位一组	4 位二组
	◎	◎		◎		3	7
	◎	◎			◎	2	6
	◎		◎	◎		1	5
	◎		◎		◎	0	4
◎		◎		◎		0	4
◎		◎			◎	1	5
◎			◎	◎		2	6
◎			◎		◎	3	7

注：◎表示为该项有效。

　　※表示该列正逻辑表示高电平有效，该列负逻辑表示低电平有效。

　　当 Y14 选通时，D10 十进制数的个位数值转换成 BCD 码送到 Y10～Y13 输出；

　　当 Y15 选通时，D10 十进制数的十位数值转换成 BCD 码送到 Y10～Y13 输出；

　　当 Y16 选通时，D10 十进制数的百位数值转换成 BCD 码送到 Y10～Y13 输出；

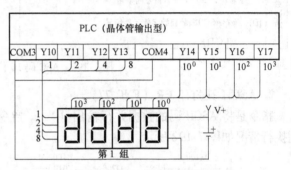

图 7-188　4 位 1 组接线图

　　当 Y17 选通时，D10 十进制数的千位数值转换成 BCD 码送到 Y10～Y13 输出。

　　2）2 组（n = 4～7），外部接线如图 7-189 所示。

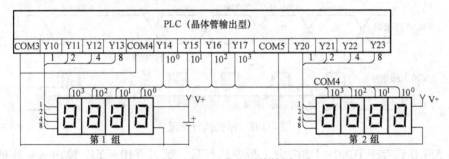

图 7-189　4 位 2 组接线图

　　执行 SEGL 指令时，目标开始地址为 Y10，指令占用 Y10～Y23，其中 Y10～Y13 分别是源 D10 十进制数的个位、十位、百位和千位的数输出，而 Y20～Y23 是源 D11 的十进制数的个位、十位、百位和千位的数输出，Y14～Y17 是扫描输出。

　　当 Y14 选通时，D10 十进制数的个位数值转换成 BCD 码到 Y10～Y13 输出；D11 十进制数的个位数值转换成 BCD 码送到 Y20～Y23 输出；

　　当 Y15 选通时，D10 十进制数的十位数值转换成 BCD 码送到 Y10～Y13 输出；D11 十进制数的十位数值转换成 BCD 码送到 Y20～Y23 输出；

　　当 Y16 选通时，D10 十进制数的百位数值转换成 BCD 码送到 Y10～Y13 输出；D11 十进制数的百位数值转换成 BCD 码送到 Y20～Y23 输出；

当 Y17 选通时，D10 十进制数的千位数值转换成 BCD 码送到 Y10～Y13 输出；D11 十进制数的千位数值转换成 BCD 码送到 Y20～Y23 输出。

7.8.2　ASCII 码指令

1. ASCII 数据输入 ASC（FNC 76）

ASC 是将半角、英文、数字字符串转换成 ASCII 码后，依次传送到目标中。用于外部显示器中选择显示多个消息。16 位运算指令如图 7-190 所示，图中的源数据转换后的 ASCII 码按照低 8 位、高 8 位的顺序，每 2 个字符/1 个字节地保存在 D20～D23 中。

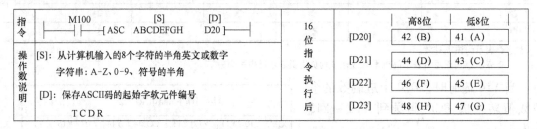

图 7-190　ASC 码 16 位运算指令

2. ASCII 码打印 PR（FNC 77）

指令是将 ASCII 码的数据并行输出（Y）。指令示例、操作数说明如图 7-191 所示，示例执行情况如图 7-192 所示。

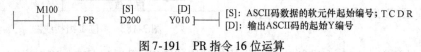

图 7-191　PR 指令 16 位运算

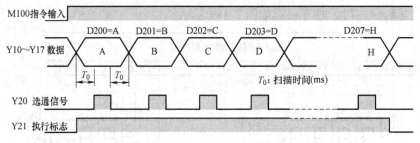

图 7-192　示例执行情况

图中 ASCII 码存于 D200～D207 中，指令执行后，通过 Y10～Y17 输出 A～H 的 ASCII 码。在指令执行过程中，如果 M100 为 OFF，操作停止。M100 再次为 ON 时，从头开始送数。

本指令在程序中只能用两次。指令与扫描时间同步执行。

注：使用本指令时要选用晶体管输出型 PLC。

7.8.3　格雷码变换指令

格雷码的特点：相邻的两个十进数转换成格雷码时，这两个格雷码的二进制只有一位不同。指令主要用在格雷码式编码器作为绝对位置检测。

1. 格雷码变换 GRY（FNC 170）

GRY 是将源中 BIN 值转换成等值格雷码后进行传送的指令。16 位指令示例及执行情况如图 7-193 所示。

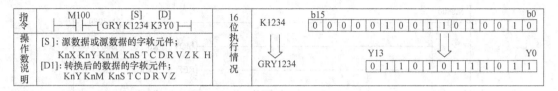

图 7-193　GRY 指令示例及执行情况

对源〔S·〕来说 16 位时 0～32767 有效，32 位时 0～2147483647 有效。

2. 格雷码逆变换 GBIN（FNC 171）

GBIN 是将源中格雷码变换成等值的整数（BIN 码）存在目标中。16 位指令示例及执行情况如图 7-194 所示。在使用格雷码方式的编码器检测绝对位置等情况下使用本指令。

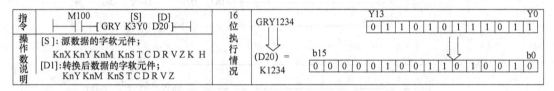

图 7-194　GBIN 指令示例及执行情况

7.8.4　实训项目

实训 26　简易电子计算器设计

1. 控制要求

1）由 PLC 的输入组成的按键，要求输入的数值显示在 7 段数码管上，只限四位数。

2）按加、减、乘、除键时，第一次输入的值被放在缓冲区中，当做加、减、乘、除数，且加、减、乘、除相对应的运算指示灯会亮。

3）接着输入一个数，之后如果按下" ＝ "键，则此加、减、乘、除数存放于另一个缓冲区中，与刚才输入的数据作运算，且相对应的运算指示灯熄灭。

2. 技能操作分析

1）键盘电路接口设计，如图 7-195 所示。

2）编制程序，参考程序如图 7-196 所示。

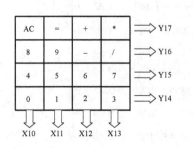

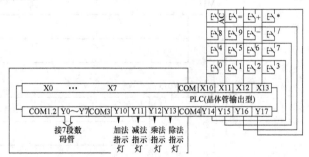

图 7-195　键盘电路接口电路

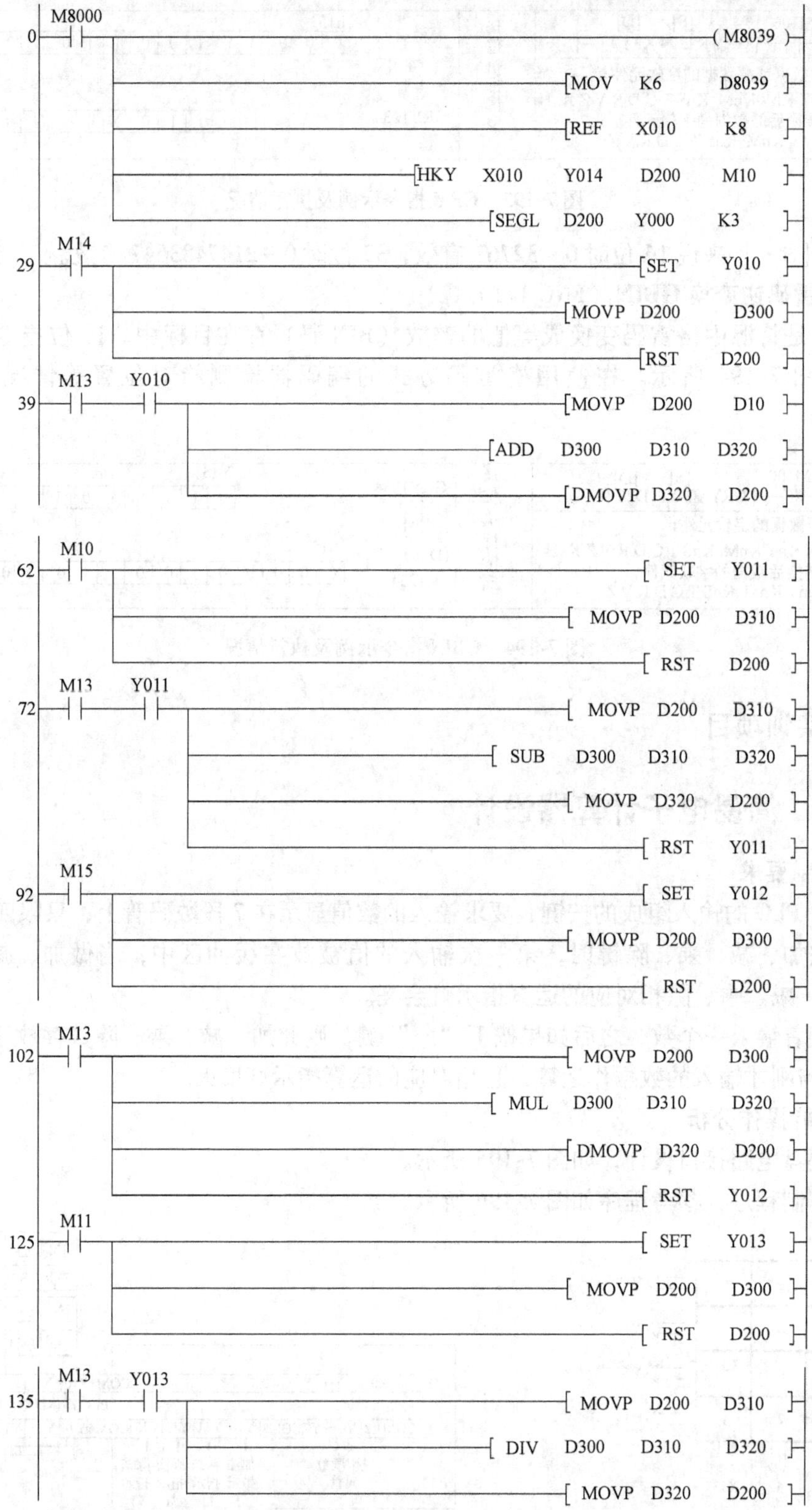

```
      M8000
0     ┤├─────────────────────────────────────────────────( M8039 )
          ├──────────────────────────────────[MOV    K6     D8039 ]
          ├──────────────────────────────────[REF    X010   K8    ]
          ├───────────────────────[HKY    X010   Y014   D200   M10   ]
          └──────────────────────────[SEGL   D200   Y000   K3    ]
      M14
29    ┤├─────────────────────────────────────────[SET    Y010  ]
          ├──────────────────────────────────[MOVP   D200   D300  ]
          └──────────────────────────────────[RST    D200  ]
      M13    Y010
39    ┤├─────┤├─────────────────────────────[MOVP   D200   D10   ]
                ├─────────────────────────[ADD    D300   D310   D320  ]
                └──────────────────────────[DMOVP  D320   D200  ]

      M10
62    ┤├──────────────────────────────────────────[ SET    Y011  ]
          ├─────────────────────────────────[ MOVP   D200   D310 ]
          └─────────────────────────────────[ RST    D200  ]
      M13    Y011
72    ┤├─────┤├────────────────────────────[ MOVP   D200   D310 ]
                ├────────────────────────[ SUB    D300   D310   D320 ]
                ├─────────────────────────[ MOVP   D320   D200 ]
                └─────────────────────────────[ RST    Y011  ]
      M15
92    ┤├──────────────────────────────────────────[ SET    Y012  ]
          ├─────────────────────────────────[ MOVP   D200   D300 ]
          └─────────────────────────────────[ RST    D200  ]

      M13
102   ┤├─────────────────────────────────[ MOVP  D200   D300  ]
          ├───────────────────────────[ MUL   D300   D310   D320 ]
          ├────────────────────────────[ DMOVP  D320   D200 ]
          └──────────────────────────────────[ RST    Y012  ]
      M11
125   ┤├──────────────────────────────────────────[ SET    Y013  ]
          ├─────────────────────────────────[ MOVP   D200   D300 ]
          └─────────────────────────────────[ RST    D200  ]
      M13    Y013
135   ┤├─────┤├────────────────────────────[ MOVP   D200   D310 ]
                ├────────────────────────[ DIV    D300   D310   D320 ]
                └─────────────────────────[ MOVP   D320   D200 ]
```

图 7-196　参考程序

M12
154
ZRSTP D200 D400
ZRST Y010 Y013
165
END

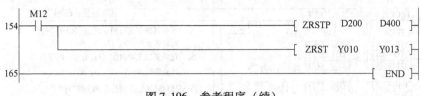

图 7-196　参考程序（续）

7.9　实时时钟处理

这一类指令主要是对时钟数据进行运算、比较，还可以执行 PLC 内置实时时钟的时间校准和时间数据格式转换。

7.9.1　时钟比较指令

1. 时钟数据比较 TCMP（FNC160）

时钟数据比较指令是将基准时间和时间数据进行大小比较，根据比较的结果控制位元件的 ON/OFF。

指令表现形式如图 7-197 所示，当 X0 为 ON 时，源数据［S1·］、［S2·］、［S3·］指定的时间（本例中为 11 时 40 分 20 秒）与［S·］起始的 3 点时间数据（时、分、秒）相比较，比较结果决定［D·］起始的 3 点位软元件（本例中的 M10、M11、M12）的 ON/OFF 状态。

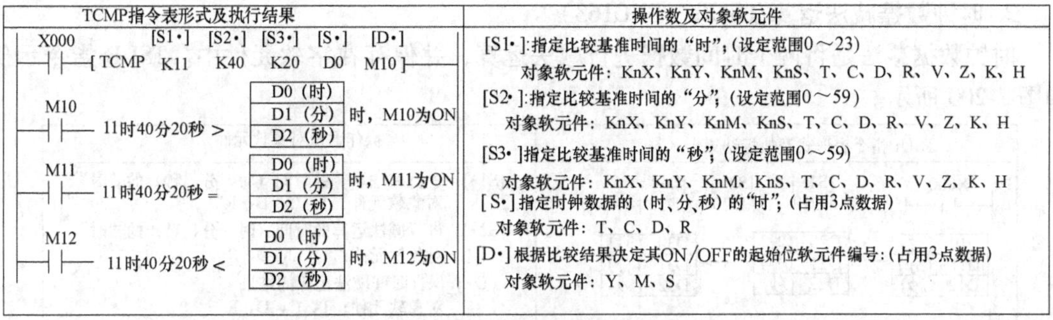

TCMP指令表形式及执行结果
操作数及对象软元件
X000 [S1·] [S2·] [S3·] [S·] [D·]
TCMP K11 K40 K20 D0 M10
M10
11时40分20秒 >
D0（时）
D1（分）
D2（秒）
时，M10为ON
M11
11时40分20秒 =
时，M11为ON
M12
11时40分20秒 <
时，M12为ON
[S1·]:指定比较基准时间的“时”;（设定范围0～23）
对象软元件：KnX、KnY、KnM、KnS、T、C、D、R、V、Z、K、H
[S2·]:指定比较基准时间的“分”;（设定范围0～59）
对象软元件：KnX、KnY、KnM、KnS、T、C、D、R、V、Z、K、H
[S3·]指定比较基准时间的“秒”;（设定范围0～59）
对象软元件：KnX、KnY、KnM、KnS、T、C、D、R、V、Z、K、H
[S·]指定时钟数据的（时、分、秒）的“时”;（占用3点数据）
对象软元件：T、C、D、R
[D·]根据比较结果决定其ON/OFF的起始位软元件编号:（占用3点数据）
对象软元件：Y、M、S

图 7-197　TCMP 指令示例

指令执行结果不受输入条件（X0）的变化而变化。或者说由于执行条件 X0 的断开，M10 ~ M12 保持在 X0 为 OFF 之前的状态。

使用 PLC 的实时时钟数据时，可将［S1·］、［S2·］、［S3·］分别指定 D8015（时）、D8014（分）、D8013（秒）。

2. 时钟数据区间比较 TZCP（FNC161）

将上下两点比较基准时间（时、分、秒）与以［S］开头的 3 点时间数据（时、分、秒）进行比较，根据比较结果使［D］开始的 3 点位软元件 ON/OFF。指令示例如图 7-198 所示。

7.9.2　时钟运算指令

1. 时钟数据加法运算 TADD（FNC162）

时钟数据加法是将两个时间数据进行加法运算，并保存在字软元件中。TADD 指令示例

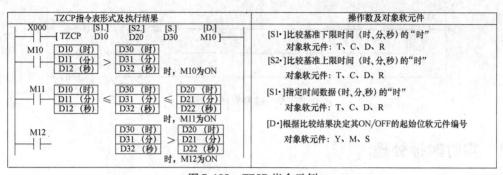

图 7-198　TZCP 指令示例

如图 7-199 所示。

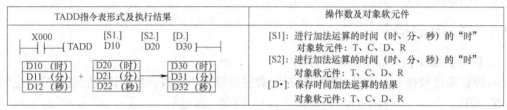

图 7-199　TADD 指令示例

当两个时间数据运算结果超过 24 小时，进位标志变为 ON，此时从单纯的加法运算值中减去 24 小时后，将该时间作为运算结果被保存。运算结果为 0（0 时 0 分 0 秒），零位标志为 ON。

2. 时钟数据减法运算 TSUB（FNC163）

时钟数据减法是将两个时间数据进行减法运算，并保存在字软元件中。TSUB 指令示例如图 7-200 所示。

图 7-200　TSUB 指令示例

当两个时间数据运算结果超过 0 小时，借位标志变为 ON，此时从单纯的减法运算值中加 24 小时后，将该时间作为运算结果被保存。运算结果为 0（0 时 0 分 0 秒），零位标志为 ON。

3. 时、分、秒数据的秒转换 HTOS（FNC164）

如图 7-201 所示，将 D10（时）、D11（分）、D12（秒）的数据换成秒后，结果保存在 D20 中，如指定 5 时 35 分 31 秒，则 D20 = 20131 秒。

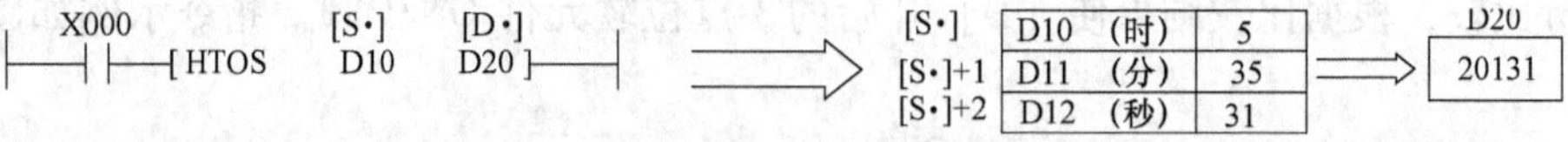

	X000	[S·]	[D·]		[S·]	D10（时）	5		D20
	┤├─┤ HTOS	D10	D20 ├		[S·]+1	D11（分）	35		20131
					[S·]+2	D12（秒）	31		

图 7-201　HTOS 指令

4. 秒数据转换时、分、秒 STOH（FNC165）

如图 7-202 所示，D20 中的秒数据转换成时、分、秒单位的数据，分别保存在 D10

（时）、D11（分）、D12（秒）中，如 D20 = 20131 秒，则转换成时间为 5 时 35 分 31 秒。

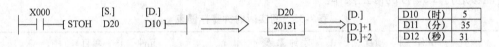

图 7-202　STOH 指令

7.9.3　时钟读写指令

1. 读实时时钟数据 TRD（FNC166）

读实时时钟数据是将 PLC 内时钟数据读出的指令。如图 7-203 所示。

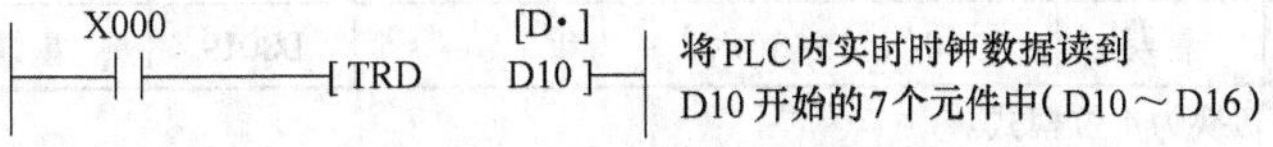

图 7-203　读实时时钟 TRD 指令

图 7-203 中当指令执行时，按照表 7-34 格式将 PLC 内保存实时时钟数据的特殊寄存器（D8013 ~ D8019）中的内容读到 D10 ~ D16 中，表中的顺序是固定不变的。其中 D8018（年）为公历年的后两位，如果读取的数据为 11，则为 1911 年，如果要改为 2011 年，则必须要向 D8018 中写入 2000，写入方法参见 FNC167 TWR。

表 7-34　实时时钟特殊寄存器

元件	项目	时 钟 数 据		元件	项目
D8018	年（公历）	0 ~ 99（公历后两位）	→	D10	年（公历）
D8017	月	1 ~ 12	→	D11	月
D8016	日	1 ~ 31	→	D12	日
D8015	时	0 ~ 23	→	D13	时
D8014	分	0 ~ 59	→	D14	分
D8013	秒	0 ~ 59	→	D15	秒
D8019	星期	0（日）~ 6（六）	→	D16	星期

2. 写实时时钟 TWR（FNC167）

将设定的时钟数据写入 PLC 的实时时钟。如图 7-204 所示，为了写入时钟数据，必须预先用 FNC12（MOV）指令向 [S·] 指定的起始的 7 个字元件写入数据，见表8-35。且表中的 PLC 内的特殊寄存器的顺序是不能改变的。

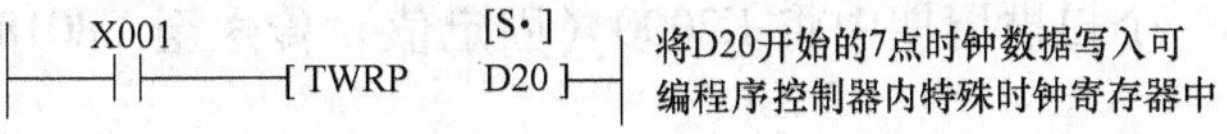

图 7-204　写实时时钟指令

执行 FNC167（TWR）指令后，立即变更实时时钟的时钟数据，变为新时间。因此，请提前数分钟向源数据传送时钟数据，当到达正确时间时，立即执行指令。另外，利用本指令校准时间时，无须控制特殊辅助继电器 M8015（时钟停止和时间校准）。

【例 7-33】　设置 2012 年 1 月 23 日（星期一）20 时 00 分 18 秒时程序。

图 7-205 所示为进行实时时钟的写入程序。在进行时钟设定时，提前几分钟设定时间数

据，当到达正确时间时接通 X000，将设定值写入实时时钟中，修改当前时间。当 X001 接通时，能够进行 ±30 秒的修正操作。

表 7-35　写实时时钟寄存器表

元件	项目	时钟数据		元件	项目	
设定时间用的数据						PLC 内实时时钟用特殊数据寄存器
D20	年(公历)	0～99(公历后两位)	→	D8018	年(公历)	
D21	月	1～12	→	D8017	月	
D22	日	1～31	→	D8016	日	
D23	时	0～23	→	D8015	时	
D24	分	0～59	→	D8014	分	
D25	秒	0～59	→	D8013	秒	
D26	星期	0(日)～6(六)	→	D8019	星期	

注：D8018（年）可以切换为 4 位模式。

读者也可以采用图 7-206 所示的程序，直接向各特殊寄存器中写入时钟数据。

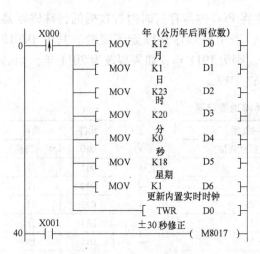

图 7-205　实时时钟设置实例程序 1

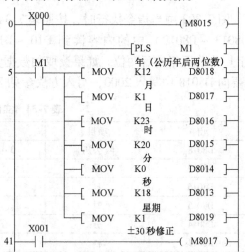

图 7-206　实时时钟设置实例程序 2

当希望以公历 4 位方式表达年份数据时，应追加图 7-207 所示的程序。D8018 在 PLC 运行后的第二个扫描周期开始以公历 4 位方式运行。

PLC 通常按公历后两位方式动作。当 PLC 执行

图 7-207　公历年 4 位方式运行程序

上述指令时，仅在第一个扫描周期中将 K2000（固定值）传送至 D8018（年份）中，即能切换至 4 位模式。

PLC 每次由 STOP 变为 RUN 时执行上述指令，传送 K2000 到 D8018 使显示切换变为公历 4 位，但不会影响当前时间。

采用公历 4 位模式时，设定值 "80～99" 相当于 "1980～1999 年"，"00～79" 相当于 "2000～2079 年"。如 80 = 1980 年；99 = 1999 年 00 = 2000 年；79 = 2079 年。

3. 计时表 HOUR（FNC169）

本指令是以 1 小时为单位，对输入触点持续 ON 的时间进行累加检测，示例如图 7-208 所示。在 [D1·] 指定元件中累计执行条件为 ON 的小时数，当 ON 时数超过 [S·] 指定

的小时数值时，令 [D2·] 指定的元件 ON，以产生报警。

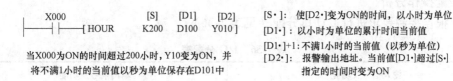

当 X000 为 ON 的时间超过 200 小时时，Y10 变为 ON，并
将不满 1 小时的当前值以秒为单位保存在 D101 中

[S·]：使 [D2·] 变为 ON 的时间，以小时为单位
[D1·]：以小时为单位的累计时间当前值
[D1·]+1：不满 1 小时的当前值（以秒为单位）
[D2·]：报警输出地址。当前值 [D1·] 超过 [S·]
　　　指定的时间时变为 ON

图 7-208　HOUR 示例

　　指令在使用时，[D1] 建议使用停电保持型数据寄存器，这样由于 PLC 断电后，也可使用当前值的数据。

　　报警输出 [D2] 为 ON 后，仍然能够继续计时。当前值达到 16 位或 32 位时停止计时，如需继续计时，则要 [D1] 和 [D1]+1 的值。

　　【例 7-34】　某植物园对 A、B 两种植物进行灌溉，控制要求如下：A 类植物需要定时灌溉，要求在早上 6:00 ~ 6:30 之间，晚上 23:00 ~ 23:30 之间灌溉；B 类植物需要每隔一天的晚上 23:00 灌溉一次，每次 10 分钟。编制的程序如图 7-209 所示。

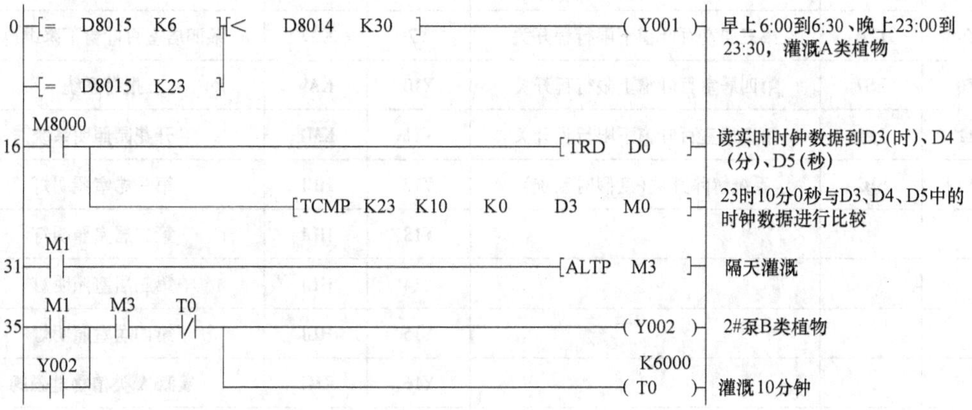

```
 0 ─┤= D8015 K6├┤< D8014 K30├────────────( Y001 )   早上6:00到6:30、晚上23:00到
                                                     23:30，灌溉A类植物
    ─┤= D8015 K23├
    M8000
16 ─┤├──────────────────────────[ TRD   D0 ]        读实时时钟数据到D3(时)、D4
                                                     (分)、D5(秒)
    ├───────────[ TCMP K23 K10 K0 D3 M0 ]            23时10分0秒与D3、D4、D5中的
                                                     时钟数据进行比较
    M1
31 ─┤├──────────────────────────[ ALTP  M3 ]        隔天灌溉
    M1   M3   T0
35 ─┤├──┤├──┤/├─────────────────────────( Y002 )    2#泵B类植物
    Y002                                   K6000
    ─┤├───────────────────────────────( T0 )        灌溉10分钟
```

图 7-209　示例程序

7.9.4　实训项目

实训 27　别墅智能管理系统设计

1. 控制要求

　　某私人别墅在管理时采用智能管理，要求有如下控制要求：

　　1）业主在度假期间：四个居室的百叶窗在白天时打开，在晚上时自动关闭。四个居室的照明灯在晚上 19:00 ~ 23:00 各自轮流接通点亮 1 小时，这样使人感觉有人在居室居住。从而使盗窃分子产生一种错觉，达到居室安全的目的。控制系统由业主在外出时起动。

　　2）自动管理花园灯光和报警系统：每天晚上 6:00 ~ 10:00 开花园的照明灯，白天 9:00 ~ 17:00 起动布防报警系统。如主人外出时全天候起动报警系统。

　　3）花园花木自动灌溉管理：花园共有 A、B 两种植物，控制要求如下：A 类植物需要定时灌溉，要求在早上 6:00 ~ 6:30，晚上 23:00 ~ 23:30 灌溉；B 类植物需要每隔一天的晚上 23:10 灌溉一次，每次 10 分钟。

设计电路，并用 PLC 编程控制。

2. 技能操作分析

（1）根据控制要求进行 I/O 口分配（见表 7-36）

表 7-36　I/O 分配表

输入信号及功能			输出信号及功能		
输入口	代码	功　能	输入口	代码	功　能
X0	SB1	系统起动开关(度假时系统)	Y0	KA1	第一居室百叶窗上升继电器
X1	S1	百叶窗光电开关	Y1	KA2	第一居室百叶窗下降继电器
X2	LS1	第一居室百叶窗上限行程开关	Y2	KA3	第二居室百叶窗上升继电器
X3	LS2	第一居室百叶窗下限行程开关	Y3	KA4	第二居室百叶窗下降继电器
X4	LS3	第二居室百叶窗上限行程开关	Y4	KA5	第三居室百叶窗上升继电器
X5	LS4	第二居室百叶窗下限行程开关	Y5	KA6	第三居室百叶窗下降继电器
X6	LS5	第三居室百叶窗上限行程开关	Y6	KA7	第四居室百叶窗上升继电器
X7	LS6	第三居室百叶窗下限行程开关	Y7	KA8	第四居室百叶窗下降继电器
X10	LS7	第四居室百叶窗上限行程开关	Y10	KA9	报警系统
X11	LS8	第四居室百叶窗下限行程开关	Y11	KM1	开花园照明系统
X12	SB2	系统解除开关(度假时系统)	Y12	HL1	第一居室照明灯
			Y13	HL1	第二居室照明灯
			Y14	HL1	第三居室照明灯
			Y15	HL1	第四居室照明灯
			Y16	KM2	灌溉 A 类植物电磁阀
			Y17	KM3	灌溉 B 类植物电磁阀

（2）电路设计

居室的百叶窗控制利用一光电开关，白天光电开关闭合，晚上断开。设计控制电路如图 7-210 所示。

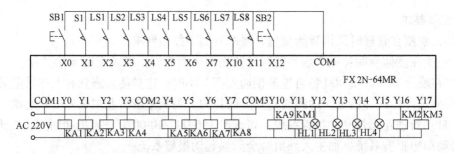

图 7-210　控制电路

（3）编制程序

参考程序如图 7-211 所示。

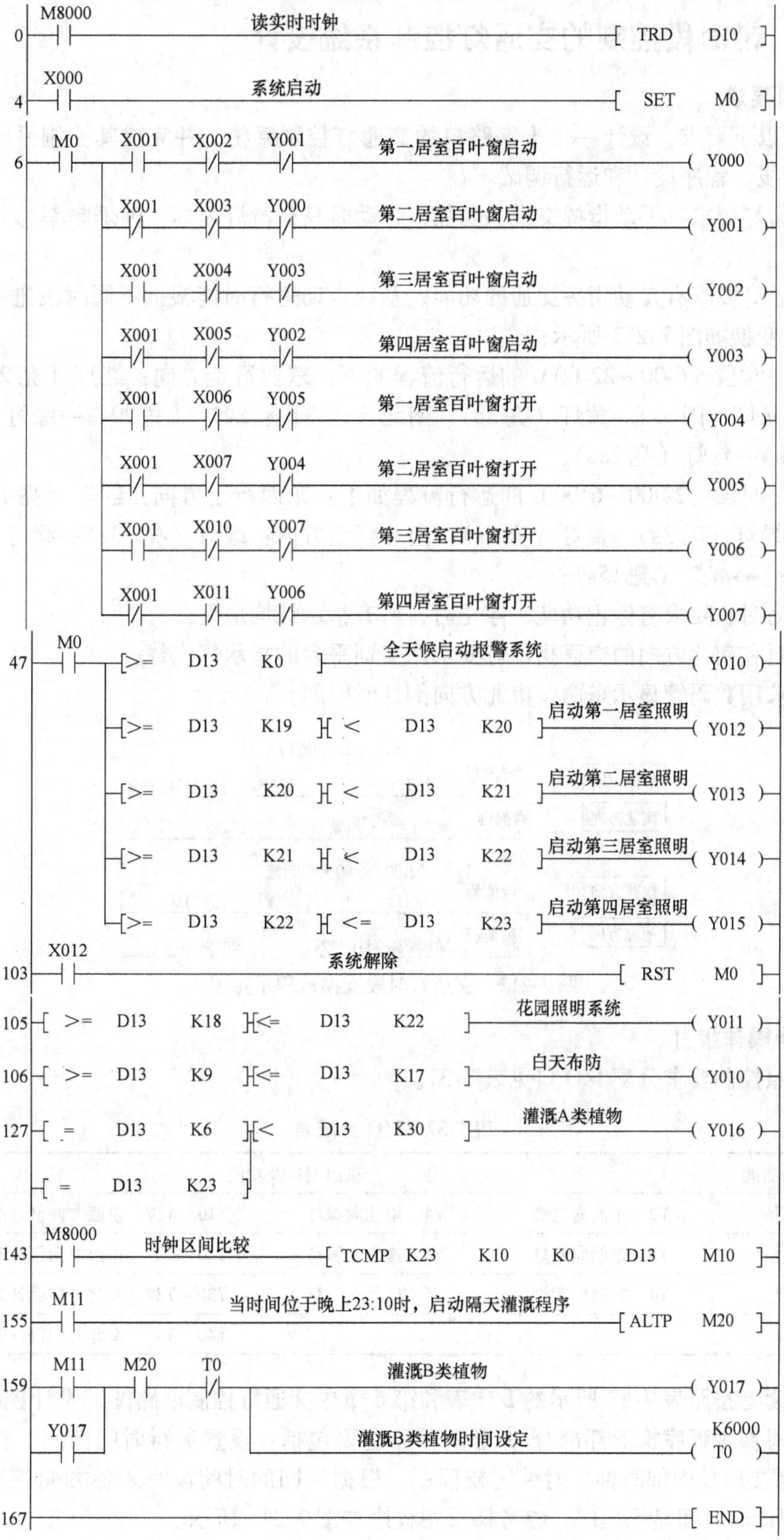

```
 0 ─┤M8000├────────────────读实时时钟────────────────────[ TRD    D10 ]

 4 ─┤X000├─────────────────系统启动─────────────────────[ SET    M0 ]

 6 ─┤M0├─┤X001├─┤/X002├─┤/Y001├───第一居室百叶窗启动──────────( Y000 )
        ├─┤X001├─┤/X003├─┤/Y000├───第二居室百叶窗启动──────────( Y001 )
        ├─┤X001├─┤/X004├─┤/Y003├───第三居室百叶窗启动──────────( Y002 )
        ├─┤/X001├─┤X005├─┤/Y002├───第四居室百叶窗启动──────────( Y003 )
        ├─┤X001├─┤X006├─┤/Y005├───第一居室百叶窗打开──────────( Y004 )
        ├─┤X001├─┤X007├─┤/Y004├───第二居室百叶窗打开──────────( Y005 )
        ├─┤X001├─┤X010├─┤/Y007├───第三居室百叶窗打开──────────( Y006 )
        └─┤X001├─┤X011├─┤/Y006├───第四居室百叶窗打开──────────( Y007 )

47 ─┤M0├─┤[>=  D13   K0 ]──────────全天候启动报警系统────────( Y010 )
        ├─┤[>=  D13   K19 ]┤[<  D13  K20 ]──启动第一居室照明──( Y012 )
        ├─┤[>=  D13   K20 ]┤[<  D13  K21 ]──启动第二居室照明──( Y013 )
        ├─┤[>=  D13   K21 ]┤[<  D13  K22 ]──启动第三居室照明──( Y014 )
        └─┤[>=  D13   K22 ]┤[<=  D13  K23 ]──启动第四居室照明──( Y015 )

103 ─┤X012├────────────────系统解除────────────────────[ RST    M0 ]

105 ─┤[ >= D13  K18 ]┤[<= D13  K22 ]───────花园照明系统───────( Y011 )

106 ─┤[ >= D13  K9 ]┤[<= D13  K17 ]────────白天布防─────────( Y010 )

127 ─┤[ =  D13  K6 ]┤[< D13  K30 ]─────────灌溉A类植物───────( Y016 )
     └─┤[ =  D13  K23 ]

143 ─┤M8000├──────时钟区间比较──────[ TCMP  K23   K10   K0   D13   M10 ]

155 ─┤M11├────当时间位于晚上23:10时,启动隔天灌溉程序────────[ ALTP   M20 ]

159 ─┤M11├─┤M20├─┤/T0├─────────────灌溉B类植物───────────( Y017 )
                                                         K6000
     └─┤Y017├─────────────────灌溉B类植物时间设定────────( T0 )

167 ───────────────────────────────────────────────────[ END ]
```

图 7-211　参考程序

实训 28　带时段控制的交通灯控制系统设计

1. 控制要求

请根据以下要求，设计一个十字路口的交通灯控制系统，并完成其控制系统的设备选型、系统接线、程序设计和运行调试。

1）交通灯要求有手动指挥交通的功能，手动时只有黄灯闪烁，闪烁频率为 n Hz；红绿灯熄灭；

2）交通灯要求有自动指挥交通的功能，系统自动运行时能根据不同时段进行自动流程变换，时间变换如图 7-212 所示；

3）第一时段（6:00~22:00）的运行流程如下：东西行走方向：红灯（亮 28s）→绿灯（亮 20s）→绿灯（闪 5s）→黄灯（亮 3s）；南北行走方向：绿灯（亮 20s）→绿灯（闪 5s）→黄灯（亮 3s）→红灯（亮 28s）；

4）第二时段（22:00~6:00）的运行流程如下：东西行走方向：红灯（亮 15s）→绿灯（亮 10s）→绿灯（闪 3s）→黄灯（亮 2s）；南北行走方向：绿灯（亮 10s）→绿灯（闪 3s）→黄灯（亮 2s）→红灯（亮 15s）；

5）自动时，要求有停止功能，停止时，所有指示灯均熄灭；

6）东西和南北方向的交通指示灯要求用实训平台的指示灯代替。

7）要求用数码管显示东西、南北方向倒计时时间。

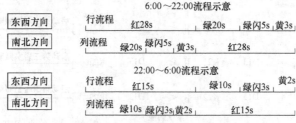

图 7-212　交通灯时段变换流程示意图

2. 技能操作指引

1）按照控制要求分配 I/O 口见表 7-37。

表 7-37　I/O 分配表

输入端口及功能		输出端口及功能		
X0　启动	Y2　东西向红灯	Y4　南北向绿灯	Y10~Y17	东西方向倒计时个位显示
X1　停止	Y3　东西向绿灯	Y5　南北向黄灯	Y20~Y27	东西方向倒计时十位显示
X2　手动	Y4　东西向黄灯	Y6　南北向红灯	Y30~Y37	南北方向倒计时个位显示
			Y40~Y47	南北方向倒计时十位显示

2）请读者按照表 7-37 所示的 I/O 表和第 6 章中交通灯控制电路图，设计控制电路图。

3）编写参考程序梯形部分　梯形图程序主要包括：设置运行时间区间、校准 PLC 时钟程序、读取 PLC 内部时钟、时钟比较程序、根据不同的时间段写入各方向控制交通灯运行时间和倒计时时间显示程序，参考梯形图程序如图 7-213 所示。

4）编写交通灯运行顺控程序，参考顺控程序如图 7-214 所示。

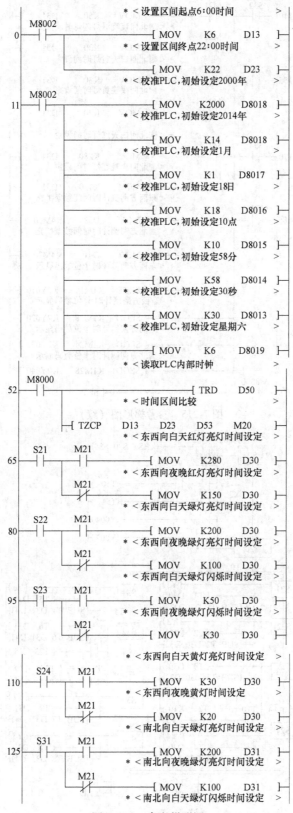

图 7-213　参考梯形图

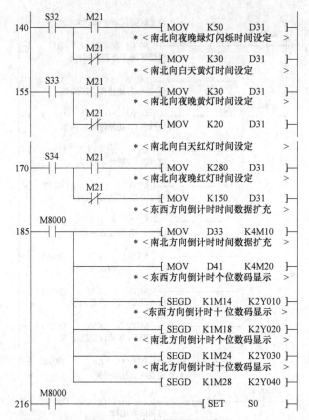

图 7-213　参考梯形图（续）

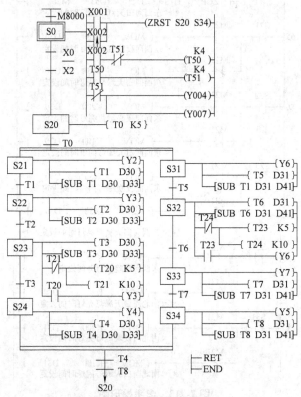

图 7-214　参考顺控程序

第8章 FX系列设备通信设计技术

随着工厂自动化技术的飞速发展，可编程序控制设备已在各种企业大量地使用，如工业控制计算机、PLC、变频器、人机界面、机器人等。将不同厂商的这些设备连接在一个网络上，相互之间进行数据通信，由企业集中管理，已经是很多企业必须考虑的问题，因此学习有关PLC的通信与工厂自动化网络方面的知识已显得尤为重要。

FX系列设备之间数据通信和网络技术的内容十分丰富，在PLC控制系统中，根据对象的不同，PLC通信可分为PLC与外部设备间的通信、PLC与PLC之间的通信、PLC与PLC及外部设备之间的通信等基本类型，在本章中主要讲述有关FX系列设备间的通信。

8.1 PLC通信基础

1. PLC通信的任务

无论是计算机，还是PLC、变频器及触摸屏都是数字设备，它们之间交换的信息是由"0"和"1"表示的数字信号。通常把具有一定编码、格式和位长要求的数字信号称为数据信息。

数据通信就是将数据信息通过适当的传送线路从一台机器传送到另一台机器。这里的机器可以是计算机、变频器、PLC、触摸屏以及远程I/O模块。

数据通信系统的任务是把地理位置不同的计算机和PLC、变频器、触摸屏及其他数字设备连接起来，高效率地完成数据的传送、信息交换和通信处理三项任务。

2. PLC通信的分类

（1）PLC通信的分类

PLC通信，从设备的范围划分，可分为"PLC与外部设备的通信"与"PLC与系统内部设备之间的通信"两大类。具体通信任务分类见表8-1。

表8-1 通信任务的分类

类别	通信形式	内容简述
PLC与外部设备的通信	PLC与计算机之间的通信	实质是计算机与计算机之间的通信。在PLC系统中，PLC与编程、监控、调试用计算机或图形变成器之间的通信，PLC与网络控制系统中上位机的通信等，均属于此类通信的范畴
	PLC与通用外部设备之间的通信	是指PLC与具有通用通信接口（RS-232、RS-422/485等）的外部设备之间的通信。在PLC系统中，PLC与打印机、PLC与条码阅读器、PLC与文本操作及显示单元的通信等，均属于此类通信的范畴
PLC与系统内部设备之间的通信	PLC与远程I/O之间的通信	实质上只是通过通信的手段，对PLC的I/O连接范围进行的延伸与扩展。通过使用串行通信，可省略大量的在PLC与远程I/O之间的本来应直接与PLC I/O模块连接的电缆

（续）

类别	通信形式	内容简述
PLC 与系统内部设备之间的通信	PLC 与其他内部控制装置之间的通信	指 PLC 通过通信接口（RS-232、RS-422/485 等），与系统内部的且不属于 PLC 范畴的其他控制装置之间的通信。在 PLC 系统中，PLC 与变频调速器、伺服驱动器的通信，PLC 与各种温度自动控制与调节装置、各种现场控制设备的通信等，均属于此类通信的范畴
	PLC 与 PLC 之间的通信	主要应用于 PLC 网络控制系统。通过通信连接，使得众多独立的 PLC 有机地连接在一起，组成工业自动化系统的"中间级"（称为 PLC 链接网）。这一"中间级"通过与上位计算机的连接，可以组成规模大、功能强、可靠性高的综合网络控制系统。由于 PLC 控制系统内部的设备众多，通常情况下，需要通过 PLC 现场总线系统，将各装置连接成为网络的形式，以实现集中与统一的管理

（2）FX 系列 PLC 通信分类

FX 系列 PLC 之间通信主要包括链接功能、串行通行功能和 I/O 链接功能三大类，其功能和用途见表 8-2。

表 8-2　FX 系列 PLC 之间通信功能分类

类别	方式	项目	内　　容
链接功能	CC-Link	功能	1. 可以对 MELSEC A、QnA、Q PLC 作为主站的 CC-Link 系统来说，FX PLC 作为远程设备站进行控制 2. 可以构成 FX 系列 PLC 为主站的 CC-Link 系统
		用途	生产线的分散控制和集中管理，与上位网络之间的信息交换
	N:N 网络	功能	可以在 FX 系列 PLC 之间进行简单的数据交换
		用途	生产线的分散控制和集中管理
	并联链接	功能	可以在 FX 系列 PLC 之间进行简单的数据交换
		用途	生产线的分散控制和集中管理
	计算机链接	功能	可以将计算机作为主站，FX 系列 PLC 作为从站进行连接，与计算机一侧的协议对应[计算机链接协议格式 1、格式 4]
		用途	数据的采集和集中管理
	变频器通信	功能	可以通过通信控制三菱变频器 FREQROL
		用途	运行监视、控制值的写入，参数的写入及变更
串行通行功能	无协议通信	功能	可以与具备 RS-232C 或者 RS-485 接口的各种设备，以无协议的方式进行数据交换
		用途	与计算机、条码阅读器、打印机、各种测量仪表之间的数据交换
	编程通信	功能	除了 PLC 标准配备 RS-422 接口以外，还可以增加 RS-232C 和 RS-485 接口
		用途	同时连接两台人机界面或者编程工具等
	远程维护	功能	可以通过调制解调器用电话线连接远距离的 PLC，实现程序的传送和监控等远程访问
		用途	用于对 FX 系列 PLC 的顺控程序维护
I/O 链接功能	CC-Link（FX3U 内置）	功能	可以组成以 FX PLC 为主的 CC-Link/LT 系统
		用途	控制柜内、设备中的省配线网络
	AS-i 系统	功能	可以组成以 FX 系列 PLC 为主的 AS-i 系统
		用途	控制柜内、设备中的省配线网络
	MELSEC I/O LINK	功能	通过在远距离的输入输出设备附近配置远程 I/O 单元，可以实现省配线
		用途	远距离的输入、输出设备的 ON/OFF 控制

8.2　串行数据通信

在实际的工程控制中，PLC 与外部设备之间要进行信息交换，PLC 与 PLC 之间也要进行信息交换，所有这些信息交换均称为数据通信。

8.2.1　数据通信的概念

在数据通信时，按同时传送位数来分，可以分为并行通信与串行通信。通常根据信息传送的距离决定采用哪种通信方式。

1）并行通信：在通信时，数据各位同时发送或接收。并行通信优点是传送速度快，但由于一个并行数据有 n 位二进制数，就需要 n 根传送线，所以常用于近距离的通信，在远距离传送的情况下，导致通信线路复杂，成本高。

2）串行通信：所传送数据按顺序一位一位地发送或接收，所以串行通信突出优点是只需一根到两根传送线。在长距离传送时，通信线路简单，成本低，但与并行通信相比，传送速度慢，故常用于长距离传送而速度要求不高的场合。但近年来，串行通信速度有了很大的提高，甚至可达到近 Mbit/s 数量级，因此在分布式控制系统中得到广泛应用。

8.2.2　串行通信的通信方式

串行通信根据数据通信时，传送字符中的位（bit）数目相同与否，分为同步传送和异步传送。

1. 同步传送

同步传送是采用同步传输时，将许多字符组成一个信息组进行传输，但是需要在每组信息（通常称为帧）的开始处加上同步字符，在没有帧数据传输时，要填上空字符，因为同步传输不允许有间隙。在同步传输过程中，一个字符可以对应 $5\sim8$bit。当然在同一个传输过程中，所有字符对应同样的比特数。

同步传送时，字符与字符之间没有间隙，也不用起始位和停止位，仅在数据块开始时用同步字符来指示。其数据格式如图 8-1 所示。它克服了异步传送效率低的缺点，但同步传送所需的软、硬件价格是异步传送时的 $8\sim12$ 倍。因此，通常在数据传送速率超过 2000bit/s 的系统中，才采用同步传送，它适用于 $1:n$ 点之间的数据传输。

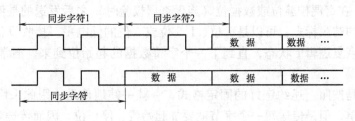

图 8-1　同步传送数据格式

2. 异步传送

在异步传送（也称为起止式传送）中，数据是一帧一帧（包含一个字符代码或一个字节数据）传送的。在帧格式中，一个字符由四部分组成：起始位、数据位、奇偶校验位、停止位。通常在异步串行通信中，收发的每一个字符数据是由四个部分按顺序组成的，如图 8-2 所示。

图 8-2 中各位作用如下：

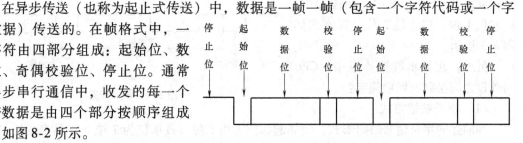

图 8-2　异步串行通信方式的信息格式

1）起始位：指在通信线上没有数据被传送时，处于逻辑 1 状态。当发送设备要发送一个字符数据时，首先发出一个逻辑 0 信号，这个逻辑低电平就是起始位。起始位通过通信线传向接收设备，接收设备检测到这个逻辑低电平后，就开始准备接收数据位信号。起始位所起的作用就是设备同步，通信双方必须在传送数据位前协调同步。

2）数据位：当接收设备收到起始位后，紧接着就会收到数据位。数据位可以是 5、6、7 或 8 位，IBM PC 中，经常采用 7 位或 8 位数据传送。这些数据位接收到移位寄存器中构成传送数据字符。在字符数据传送过程中，数据位从最小有效位开始发送，依此顺序在接收设备中被转换为并行数据。不同系列的 PLC 采用不同的数据位。

3）奇偶校验位：数据位发送完之后，可以发送奇偶校验位。奇偶校验用于有限差错检测，通信双方约定一致的奇偶校验方式。如果选择偶校验，那么组成数据位和奇偶位的逻辑 1 的个数必须是偶数；如果选择奇校验，那么逻辑 1 的个数必须是奇数。

那么怎么来计算奇偶校验呢？

它是对数据传输正确性的一种校验方法。在数据传输前附加一位奇校验位，用来表示传输的数据中 "1" 的个数是奇数还是偶数，为奇数时，校验位置为 "0"，否则置为 "1"，用以保持数据的奇偶性不变。例如，需要传输 "11001110"，数据中含 5 个 "1"，所以其奇校验位为 "0"，同时把 "110011100" 传输给接收方，接收方收到数据后再一次计算奇偶性，"110011100" 中仍然含有 5 个 "1"，所以接收方计算出的奇校验位还是 "0"，与发送方一致，表示在此次传输过程中未发生错误。奇偶校验就是接收方用来验证发送方在传输过程中所传数据是否由于某些原因造成破坏。

具体方法如下：

奇校验：就是让原有数据序列中（包括要加上的一位）1 的个数为奇数。如：1000110（0）就必须添 0，这样原来有 3 个 1，已经是奇数，所以添上 0 之后 1 的个数还是奇数个。

偶校验：就是让原有数据序列中（包括要加上的一位）1 的个数为偶数。如 1000110（1）就必须加 1，这样原来有 3 个 1，要想 1 的个数为偶数就只能添 1。

4）停止位：在奇偶校验位或数据位（当无奇偶校验时）之后发送的是停止位。停止位是一个字符数据的结束标志，可以是 1 位、1.5 位或 2 位的低电平。接收设备收到停止位之后，通信线便又恢复逻辑 1 状态，直到下一个字符数据的起始位到来。通常 PLC 采用 1 位停止位。

异步传送就是按照上述约定好的固定格式，一帧一帧地传送，因此采用异步传送的方式，硬件结构简单，但是传送每一个字节就要加起始、停止位，因而传送效率低，主要用于中、低速的通信。

例如，传送一个 ASCII 字符（7 位），若选用 2 位停止位，那么传送这个 7 位的 ASCII 字符就需要 11 位，其中起始位 1 位，校验位 1 位，停止位 2 位，其格式如图 8-3 所示。

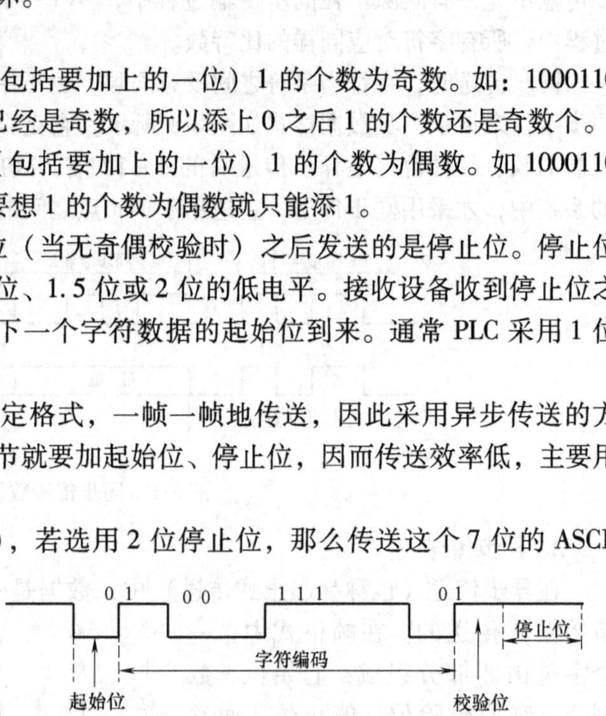

另外，在异步数据传送中，CPU 与外设之间必须有两项规定：

图 8-3　异步传送

（1）字符数据格式

即前述的字符信号编码形式。例如起始位占用 1 位，数据位为 7 位，奇偶校验位占用 1 位，加上停止位 1 位，于是一个字符数据就由 10 位构成；也可以采用数据位为 8 位，无奇偶校验位等格式。

（2）波特率

即数据的传输速率，表示每秒中传送二进制数的位数。其单位是位/秒（bit/s），假如数据传送的格式是 7 位字符，加上奇校验位、一个起始位以及一个停止位，共 10 个数据位，而数据传输速率是 240bit/s，则传输的波特率为

$$10 \times 240 \text{bit/s} = 2400 \text{bit/s}$$

每一位的传送时间即为波特率的倒数

$$T_d = 1 \text{bit}/(2400 \text{bit/s}) \approx 0.416 \text{ms}$$

所以，要想通信双方能够正常收发数据，则必须有一致的数据收发规定。

8.2.3　串行通信数据传送方向

在通信线路上，按照数据传送的方向，可以划分为单工、半双工和全双工通信方式。各自情况见表 8-3。

表 8-3　数据通信方向

通信方式	示　意　图	通信方式情况
单工通信方式	A → B	指信息的传送始终保持同一个方向，而不能进行反向传送。其中 A 端只能作为发送端，B 端只能作为接收端接收数据
半双工通信方式	A ← B	指信息流可以在两个方向上传送，但同一时刻只限于一个方向传送，其中 A 端和 B 端都具有发送和接收的功能，但传送线路只有一条，或者 A 端发送 B 端接收，或者 B 端发送 A 端接收，如 RS-485 通信
全双工通信方式	A ⇄ B	指数据在两个方向上同时发送和接收，A 端和 B 端双方都可以同时一方面发送数据，一方面接收数据，如 RS-232、RS-422 通信

8.2.4　串行通信接口标准

1. RS-232C 串行接口标准

目前，较常用的串行通信总线接口是 1969 年由美国电子工业协会（Electronic Industries Association，EIA）所推荐的 RS-232C。"RS" 是英文 "推荐标准" 一词的缩写，"232" 是标识号，"C" 表示此标准修改的次数。它既是一种协议标准，又是一种电气标准，它规定了终端和通信设备之间信息交换的方式和功能。

（1）电平结构

RS-232C 的每个引脚线的信号规定和电平规定的均是标准化的，RS-232C 采用负逻辑电平，规定了 DC -3 ～ -15V 为逻辑 1，DC +3 ～ +15V 为逻辑 0，如图 8-4 所示。

根据 RS-232C 通信接口的电气特性，其信号电平与通常的 TTL 电平不兼容，所以要外加电路实现电平转换。

目前 RS-232C 是 PC 与通信工业中应用最广泛的一种串行接口。RS-232C 被定义为一种在低速率串行通信的单端标准。RS-232C 以非平衡数据传输（Unbalanced Data Transmission）的界面方式，这种方式是以一根信号线相对于接地信号线的电压来表示一个逻辑状态 Mark 或 Space，图 8-5 为一个典型的连接方式。

（2）特点

RS-232C 是全双工传输模式，具有各自独立的传送（TD）及接收（RD）信号线与一根接地信号线。

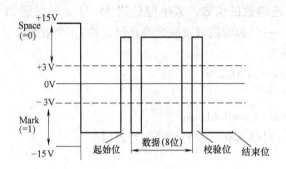

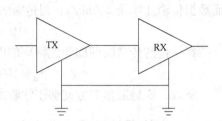

图 8-4　RS-232C 逻辑电平　　　　　　　　　图 8-5　RS-232C 典型的连接方式

RS-232C 可使用 9 针或 25 针的 D 型连接器，表 8-4 列出了 RS-232C 接口各引脚信号定义。PLC 一般采用 9 针的连接器。

表 8-4　RS-232C 接口各引脚信号定义

引脚号（9 针）	引脚号（25 针）	信号	方向	功　　能
1	8	DCD	IN	数据载波检测
2	3	RXD	IN	接收数据
3	2	TXD	OUT	发送数据
4	20	DTR	OUT	数据终端装置（DTE）准备就绪
5	7	GND		信号公共参考地
6	6	DSR	IN	数据通信装置（DCE）准备就绪
7	4	RTS	OUT	请求传送
8	5	CTS	IN	清除传送
9	22	CI（RI）	IN	振铃指示

RS-232C 连接线的长度问题，标准规范是不可超过 50ft（15.24m）或者是电容值不可超过 2500pF。如果以电容值为标准，一般连接线典型电容值的 17pF/ft，则容许的连接线长度为 147ft（约 44m）。如果是有屏蔽的连接线，则它的容许长度会更长。在有干扰的环境连接线的容许长度会减少。

（3）缺点

在通信距离较近、波特率要求不高的场合可以直接采用，既简单又方便。但是，由于 RS-232C 接口采用单端发送、单端接收，所以在使用中有数据通信速率低、通信距离近、抗共模干扰能力差等缺点。由于 RS-232C 接口标准出现较早，难免有不足之处，主要有以下几点：

1）接口的信号电平值较高，易损坏接口电路的芯片。

2）传输速率较低，在异步传输时，波特率为 20kbit/s。

3）接口使用一根信号线和一根信号返回线而构成共地的传输形式，这种共地传输容易产生共模干扰，所以抗噪声干扰性弱，当波特率提高，其抗干扰的能力会成倍数地下降。

4）其传输距离有限。

2. RS-422 串行接口标准

RS-422 与 RS-232C 不一样，数据信号采用差分传输方式，也称作平衡传输，它使用一对双绞线，将其中一线定义为 A，另一线定义为 B，通常情况下，发送驱动器 A、B 之间的正电平在 +2 ~ +6V，是一个逻辑状态，负电平在 −2 ~ −6V，是另一个逻辑状态，RS-422电平如图 8-6 所示。另有一个信号地 C，在 RS-485 中，还有一"使能"端，而在 RS-422 中这是可用可不用的。

"使能"端是用于控制发送驱动器与传输线的切断与连接。当"使能"端起作用时，发送驱动器处于高阻状态，称作"第三态"，即它是有别于逻辑"1"与"0"的第三态，如图 8-7 所示。

在接收器与发送器中，收、发端通过平衡双绞线将 AA 与 BB 对应地相连，当在接收端AB 之间有大于 +200mV 的电平时，输出正逻辑电平，小于 −200mV 时，输出负逻辑电平。接收器接收平衡线上的电平范围通常在 200mV ~ 6V 之间，如图 8-8 所示。

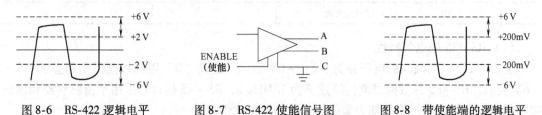

图 8-6　RS-422 逻辑电平　　　　图 8-7　RS-422 使能信号图　　　　图 8-8　带使能端的逻辑电平

RS-422 标准全称是《平衡电压数字接口电路的电气特性》。它定义了接口电路的特性。图 8-9 是典型的 RS-422 四线接口，实际上还有一根信号地线，共 5 根线。由于接收器采用高输入阻抗和发送驱动器有比 RS-232C 更强的驱动能力，因此允许在相同传输线上连接多个接收节点，最多可接 10 个节点，即一个主（Master）设备，其余为从（Salve）设备，从设备之间不能通信，所以 RS-422 支持点对多点的双向通信，RS-422 四线接口由于采用单独的发送和接收通道，因此不必控制数据方向，各装置之间任何必需的信号交换均可以按软件方式（XON/XOFF 握手）或硬件方式（一对单独的双绞线）实现。

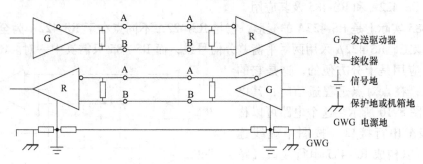

G—发送驱动器

R—接收器

信号地

保护地或机箱地

GWG 电源地

图 8-9　典型 RS-422 连线

RS-422 的最大传输距离为 1219m，最大传输速率为 10Mbit/s。其平衡双绞线的长度与传输速率成反比，在 100kbit/s 速率以下，才可能达到最大传输距离。只有在很短的距离下才能获得最高传输速率。一般 100m 长的双绞线上所能获得的最大传输速率仅为1Mbit/s。RS-422 需要一个终接电阻，要求其阻值约等于传输电缆的特性阻抗。在短距离传输时，可不需终接电阻，即一般在 300m 以下不需终接电阻。终接电阻接在传输电缆的最远端。

3. RS-485 串行接口标准

由于 RS-485 是从 RS-422 基础上发展而来的，所以 RS-485 许多电气规定与 RS-422 相仿。如都采用平衡传输方式、都需要在传输线上接终接电阻等。RS-485 可以采用两线或四线方式，见表 8-5。两线制可实现真正的多点双向通信，其中的使能信号控制数据的发送或接收。

表 8-5　RS-485 引脚说明

RS-485 四线脚号			RS-485 两线脚号		
引脚号	引脚名	说　　明	引脚号	引脚名	说　　明
1	RX −	数据接收信号线 A	1	RX −	数据接收或发送信号线 A
2	RX +	数据接收信号线 B	2	RX +	数据接收或发送信号线 B
3	TX −	数据传输信号线 A	5	GND	接地信号线
4	TX +	数据传输信号线 B			
5	GND	接地信号线			

（1）RS-485 的电气特性

逻辑"1"以两线间的电压差为 +2 ～ +6V 表示；逻辑"0"以两线间的电压差为 −2 ～ −6V 表示，RS-485 的数据最高传输速率为 10Mbit/s，RS-485 接口是采用平衡驱动器和差分接收器的组合，抗共模干扰能力增强，即抗噪声干扰性好。

（2）RS-485 的特点

它的最大传输距离标准值为 1219m，实际上可达 3000m，另外 RS-232C 接口在总线上只允许连接 1 个收发器，即只具有单站能力。而 RS-485 接口在总线上是允许连接多达 128 个收发器，即具有多站能力，这样用户可以利用单一的 RS-485 接口方便地建立起设备网络。因 RS-485 接口具有良好的抗噪声干扰性、长的传输距离和多站能力等优点，故使其成为首选的串行接口。因为 RS-485 接口组成的半双工网络，一般只需两根连线，所以 RS-485 接口均采用屏蔽双绞线传输。

（3）RS-422A 和 RS-485 及其应用

RS-485 实际上是 RS-422A 的变形，它与 RS-422A 不同点在于 RS-422A 为全双工，RS-485 为半双工，RS-422A 采用两对平衡差分信号线，而 RS-485 只需其中一对。RS-485 在多站互连中应用是十分方便的，这是它的明显优点，在点对点远程通信时，其电气连线如图 8-10 所示。这个电路可以构成 RS-422A 串行接口（按图中虚线连接），也可以构成 RS-485 串行接口（按图中实线连接），RS-485 串行接口在 PLC 局域网中应用很普遍。

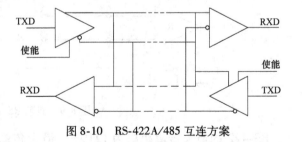

图 8-10　RS-422A/485 互连方案

注意：由于 RS-485 互连网络采用半双工通信方式，故在某一时刻，两个站中只有一个站可以发送数据，而另一个站只能接收数据，因此发送电路必须有使能信号加以控制。

RS-485 串行接口用于多站互连，非常方便，可以节省昂贵的信号线，还可以高速进行远距离传送数据，因此将它们连网构成分布式控制系统非常方便。

（4）RS-232C/422A 转换电路

在工程应用中，有时为把远距离（如数百米）的两台或多台带有 RS-232C 接口的设备连接起来进行通信或组成分散式系统，这时不能直接用 RS-232C 串行接口直接连接，但可以采用 RS-232C/422A 转换电路进行连接，即在现有的 RS-232C 串行接口上附加转换电路，如图 8-11 所示。

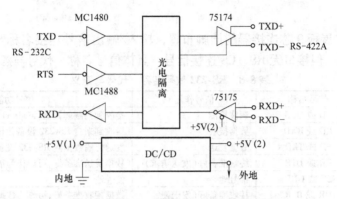

图 8-11　RS-232C/422A 转换装置原理电路

为了更好地理解以上几种通信方式，3 种通信接口特点的比较见表 8-6。

表 8-6　3 种通信接口特点的比较

接口	逻辑形式	高电平/V	低电平/V	传输方向	传输模式	传输距离/m	传输速率/(Mbit/s)
RS-232C	负逻辑	$-15 \sim -3$	$3 \sim 14$	全双工	平衡传输	~15	低
RS-422	正逻辑	$2 \sim 6$	$-2 \sim -6$	全双工	差分传输	1219	10
RS-485	正逻辑	$2 \sim 6$	$-2 \sim -6$	半双工	平衡传输	3000	10

8.3　FX 系列可编程通信接口模块

8.3.1　FX2N-232BD 通信接口模块

1. 概述

FX2N-232BD 通信接口模块用于 RS-232C 的通信板 FX2N-232BD（以后称之为"232BD"）可连接到 FX2N 系列 PLC 的主单元，并可作为下述应用的端口。

1）在 RS-232C 设备之间进行数据传输，如个人计算机、条码阅读机和打印机。

2）在 RS-232C 设备之间使用专用协议进行数据传输。关于专用协议的细节，参考《FX-485PC-IF 用户手册》。

3）连接带有 RS-232 编程器、触摸屏等标准外部设备；当 RS-232BD 用于上述 1）和 2）应用时，通信格式包括波特率、奇偶性和数据长度，由参数或 FX2N 系列 PLC 的 D8120 特殊数据寄存器进行设置。

4）一个基本单元只可连接一个 RS-232BD。相应地，RS-232BD 不能和 FX2N-485BD 或 FX2N-422BD 一起使用。应用中，当需要两个或多个 RS-232C 单元连接在一起使用时，使用于 RS-232C 通信的特殊模块。

RS-232BD 通信接口模块主要性能参数见表 8-7。

表 8-7　RS-232BD 主要性能参数

项目	性能参数	项目	性能参数
接口标准	RS-232C 标准	通信方式	半双工通信、全双工通信
最大传输距离	15m	通信协议	无协议通信、编程协议通信、专用协议通信
连接器	9 芯 D-SUB 型	接口电路	无隔离
模块指示	RXD、TXD 发光二极管指示	电源消耗	DC 5V/60mA，来自 PLC 基本单元

2. 连接要求

232BD 通信扩展板 9 芯连接器的插脚布置，输入/输出信号连接名称与含义与标准 RS-232 接口基本相同，但接口无 RS、CS 连接信号，具体信号名称、代号与意义见表 8-8。

表 8-8　RS-232 信号名称、代号与意义

PLC 侧引脚	信号名称	信号作用	信号功能
1	CD 或 DCD	载波检测	接收到调制解调器（Modem）载波信号时 ON
2	RD 或 RXD	数据接收	接收到来自 RS-232 设备数据
3	SD 或 TXD	数据发送	发送传输数据到 RS-232 设备
4	ER 或 DTR	终端准备好（发送请求）	数据发送准备好，可以作为请求发送信号
5	SG 或 GND	信号地	信号地
6	DR 或 DSR	接收准备好（发送使能）	数据接收准备好，可作为数据发送请求回答信号
7、8、9	空		

8.3.2　FX-485BD 通信模块

1. FX-485BD 通信模块功能

FX-485BD 通信模块如图 8-12 所示。可连接到 FX2N 系列 PLC 的基本单元，用于下述应用中：

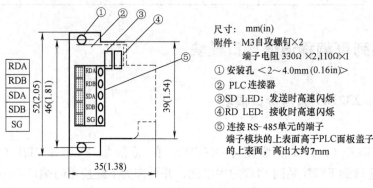

尺寸：　mm(in)
附件：M3自攻螺钉×2
　　　端子电阻 330Ω ×2,110Ω×1
① 安装孔 ＜2～4.0mm(0.16in)＞
② PLC 连接器
③ SD LED: 发送时高速闪烁
④ RD LED: 接收时高速闪烁
⑤ 连接 RS-485 单元的端子
　　端子模块的上表面高于PLC面板盖子
　　的上表面，高出大约7mm

图 8-12　FX-485BD 外部尺寸

（1）使用无协议的数据传送

使用无协议，通过 RS-485（422）转换器，可在各种带有 RS-232C 单元的设备之间进行数据通信，如个人计算机、条码阅读机和打印机。

（2）使用专用协议的数据传送

使用专用协议，可在 1:N 基础上通过 RS-485（422）进行数据传输。

（3）使用并行连接的数据传输

通过 FX PLC，可在 1:1 基础上对 100 个辅助继电器和 10 个数据寄存器进行数据传输。

（4）使用 N:N 网络的数据传输：通过 FX PLC，可在 N:N 基础上进行数据传输。

2. 系统配置

（1）无协议或专用协议

在系统中使用 485BD 时，整个系统的扩展距离为 50m（不用扩展时最大 500m）；使用专用协议时，最多 16 个站，包括 A 系列 PLC。

（2）并行连接

如图 8-13 所示。在系统中使用 485BD 时，整个系统的扩展距离为 50m（不用扩展时最大 500m）但是，当系统中使用 FX2-40AW 时，此距离为 10m。

（3）*N*:*N* 网络连接

如图 8-14 所示。当系统中使用 485BD 时，整个系统的扩展距离为 50m（最大 500m），最多为 8 个站。

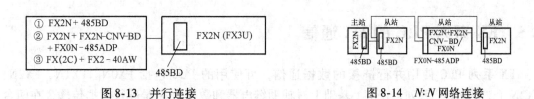

图 8-13　并行连接　　　　　图 8-14　*N*:*N* 网络连接

3. 特性（见表 8-9）

表 8-9　FX2N-485BD 特性

项　目		内　　容
传输标准		遵守 RS-485 和 RS-422
传输距离		最大 50m
LED 指示		SD、RD
通信方法和协议	*N*:*N* 网络	支持的波特率 专用协议和无协议时为 300 ~ 19200bit/s 并行连接时为 19200bit/s *N*:*N* 网络时为 38400bit/s
	专用协议（格式 1 或格式 4）	
	半双工通信	
	并行连接	
	无协议	
电源特性		DC 5V 60mA（PLC 提供的电源）

8.4　PLC 与工控设备之间的通信连接

计算机与三菱 FX 系列 PLC 之间通信必须采用带有 RS-232/422 转换的 SC-09 的专用通信电缆；而 PLC 与 FR 系列变频器之间的通信，由于通信口不相同，所以需在 PLC 主机上装一个 RS-485BD 模块。详细连线如图 8-15 所示。

1）计算机有 RS-232 通信口、USB（通用串行总线）通信口。

2）三菱 FX 系列 PLC 的通信口目前是 RS-422。

3）三菱 FR 系列变频器的通信口是 RS-485。另外，FR-A500 系列变频器可连接 FR-A5NR 通信模块，FR-A700 系列变频器可连接 FR-A7NC 通信模块。

4）F940GOT 触摸屏通信口有两个：RS-232 和 RS-422/485。GT1000 系列触摸屏还有

USB 接口。现在许多触摸屏都有 USB 接口，通过 USB 接口与计算机通信。

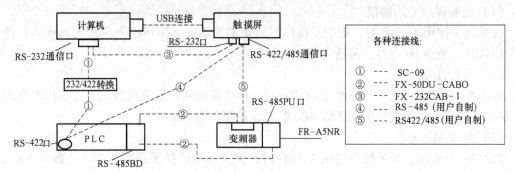

图 8-15　FX 系列 PLC 通信连接及其通信线

8.5　FX 系列 PLC 的 1:1 通信

　　FX 系列 PLC 使用并行链接的数据通信，可使用的 PLC 包括 FX0N、FX1N、FX2N、FX2N（C）、FX3U 系列，在 1:1 基础上对辅助继电器和数据寄存器进行数据传输，在两台 PLC 之间进行自动数据传送。并行通信有普通模式和高速模式两种。

8.5.1　通信规格

　　两台 PLC 按表 8-10 通信规格，执行并行链接功能，不能更改。

表 8-10　并行链接功能通信规格

项目	规格	项目	规格
连接 PLC 的台数	最大 2 台(1:1)	传输速率	19200bit/s
通信标准	符合 RS-422、RS-485	协议方式	并行链接
通信方式	半双工	通信时间	普通模式:70ms,高速模式:20ms

8.5.2　相关软元件分配

1. 通信标志用的特殊辅助继电器

　　在使用 1:1 网络并行通信时，必须设定主、从站的通信模式等，用作通信标志的特殊辅助继电器见表 8-11。

表 8-11　用作通信标志的特殊辅助继电器

类别	编号	名称	作用	设定	读/写
通信设定用软元件	M8070	设定为并联链接的主站	置 ON 时作为主站链接	M	W
	M8071	设定为并联链接的从站	置 ON 时作为从站链接	L	W
	M8162	高速并联链接模式	置 ON 时为高速模式,置 OFF 时为普通模式	M,L	W
	M8178	通道的设定	设定要使用的通信中的通道（使用 FX3U、FX3UC 时）ON 时为通道 2,OFF 时为通道 1	M,L	W
通信确认用软元件	M8072	并联链接运行中	并联正在运行(PLC 运行时 ON)	M,L	R
	M8073	并联链接设定异常	主、从站设定内容有错时 ON	M,L	R
	M8063	串行通信出错 1	当通道 1 的串行通信中出错时 ON	M,L	R
	M8438	串行通信出错 2	当通道 2 的串行通信中出错时 ON（使用 FX3U、FX3UC 时）	M,L	R

　　注：M—表示主站，L—表示从站，R—表示读出专用，W—写入专用。

2. 数据交换软元件

采用1:1网络时，在数据交换时，要使用到辅助继电器和数据寄存器，且并联有普通并联模式和高速并联模式。并行通信链接的软元件按表8-12的规定。

表8-12　并行通信链接软元件

模式 站号	普通并联模式		高速并联模式		适用PLC型号
	位软元件(M)	字软元件	位软元件(M)	字软元件(D)	
主站	M400~M449	D230~D239	—	D230、D231	FX1S、FX0N
从站	M450~M499	D240~D249	—	D240、D241	
主站	M800~M899	D490~D499	—	D490、D491	FX2(C)、FX1N(C)、
从站	M900~M999	D500~D509	—	D500、D501	FX2N(C)、FX3U(C)

8.5.3　通信布线

FX系列PLC作1:1网络链接时，使用RS-485的通信板进行通信，接线时有两种方式：一是单对子布线；二是双对子布线，如图8-16、图8-17所示。

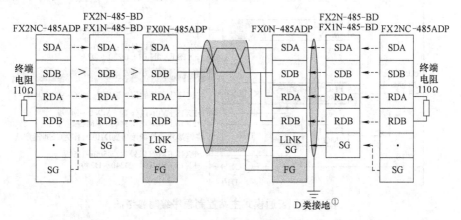

图8-16　单对子布线

① 使用FX3U-485BD或FX3U-485ADP时用双绞电缆的屏蔽层一定要采用D类接地。

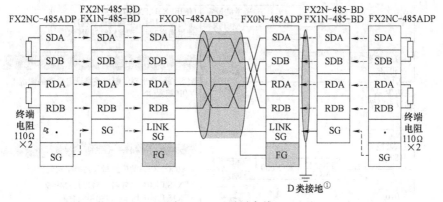

图8-17　双对子布线
① 注释同图8-16。

8.5.4　编程控制实例

1）并联运行普通模式下，主、从站控制程序编制方法（见图8-18、图8-19）。

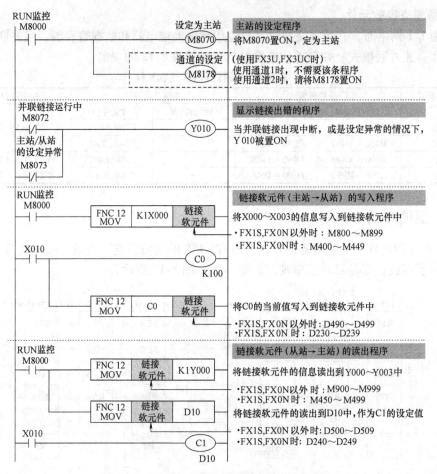

图 8-18 普通模式主站控制程序编写参考图

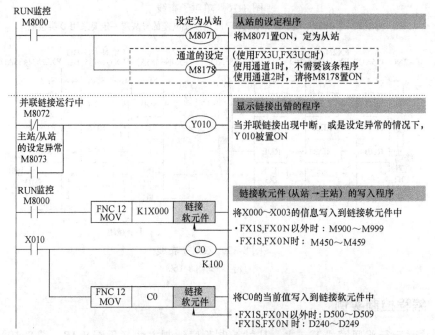

图 8-19 普通模式从站控制程序编写参考图

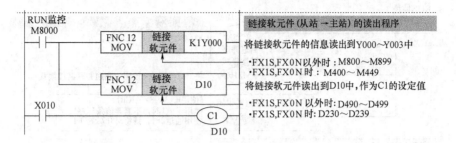

图 8-19　普通模式从站控制程序编写参考图（续）

2）并联运行高速模式下，主、从站控制程序编制方法如图 8-20、图 8-21 所示。

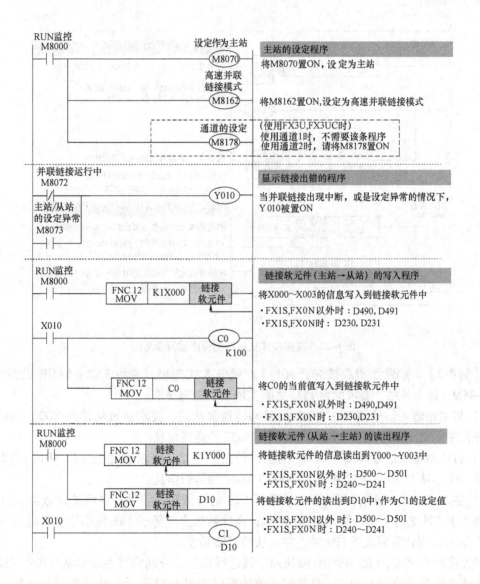

图 8-20　高速模式主站控制程序编写参考图

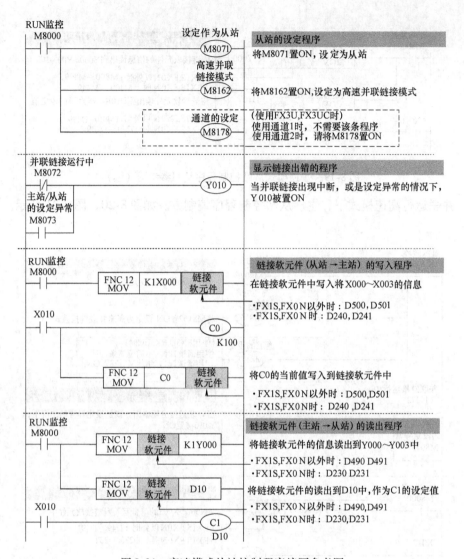

图 8-21　高速模式从站控制程序编写参考图

【例8-1】　有两台 PLC 按并行（1:1）通信方式连接，并将 FX2N-64MR 设为主站，FX2N-48MR 设为从站，要求两台 PLC 之间实现以下控制要求：

1）将主站输入信号 X000 ~ X007 的状态传送到从站，要求通过从站的 Y000 ~ Y017 输出，并且在本站 Y000 ~ Y007 中显示 X000 ~ X007 的运行信息。

2）将从站输入信号 X000 ~ X007 的状态传送到主站，要求通过主站的 Y010 ~ Y017 输出；并且在本站 Y010 ~ Y017 中显示 X000 ~ X007 的运行信息。

3）主、从站的 X010 分别为各站计数器 C20 的计数输入信号。当两站计数器 C20 的计数之和小于 188 之时，主、从站 Y020 动作；当计数值大于等于 188 且小于 199 时，主、从站 Y21 输出；当计数值大于 199 时，主、从站 Y22 输出。

首先将两台 PLC 的 RS-485BD 模块通信线进行连接，分别编写主站和从站的控制程序，并分别传送到各自的 PLC 中。主站控制系统的程序如图 8-22 所示；从站控制系统的程序如图 8-23 所示。

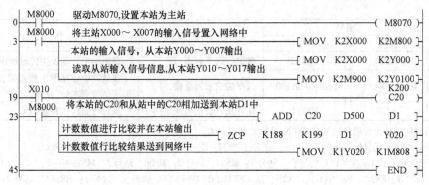

图 8-22 例 8-1 主站梯形图

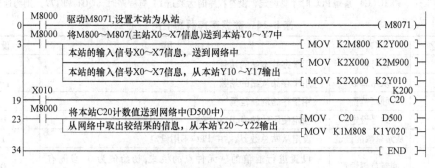

图 8-23 例 8-1 从站梯形图

8.6 FX 系列 PLC $N:N$ 网络通信

8.6.1 $N:N$ 网络特点

当 FX 系列 PLC 多台进行数据传输时，则组成 $N:N$ 网络，且具备以下特点：

1）网络中最多可连接 8 台 PLC，其中一台作为网络中的主站，其他 PLC 作为从站，通过 RS-485 总线控制，实现软元件相互链接、数据共享。数据链接在 8 台 FX 系列 PLC 之间自动更新，可以在主站及所有从站对链接的信息进行监控。

2）网络中各 PLC 总延长距离最大可达 500m。

3）$N:N$ 通信规格符合 RS-485 规律、半双工双向传送数据、波特率为 38400bit/s。

8.6.2 链接的软元件

1. 通信相关的软元件

在使用 $N:N$ 网络通信时，FX 系列 PLC 的部分辅助继电器和数据寄存器被用作通信专用标志。辅助继电器的使用见表 8-13，数据寄存器的使用见表 8-14。

表 8-13 通信标志位继电器的使用

分类	编号		名称	作　用
	①	②		
通信设定用	M8038	M8038	参数设定	确定通信参数标志位
	—	M8179	通道的设定	确定所使用的通信口[5]

（续）

分类	编号 ①	编号 ②	名称	作　用
确认通信状态用	M504	M8183	数据传送系列出错	在主站中数据发生传送错误时置 ON
	M505 ~ M511③	M8184 ~ M8190④	数据传送系列出错	在从站中数据发生传送错误时置 ON，但不能检测本站（从站）出错
	M503	M8191	正在执行数据传送系列	执行数据传送时置 ON

① 本列所对应的软元件编号适用于 FX0N、FX1S 系列 PLC。
② 本列所对应的软元件编号适用于 FX1N、FX2N、FX1N(C)、FX2N(C)、FX3U(C) 系列 PLC。
③ 适用于 FX0N、FX1S 系列 PLC 的场合，站号 1：M505，站号 2：M506，站号 3：M503……站号 7：M511。
④ 适用于 FX1N、FX2N、FX1N(C)、FX2N(C)、FX3U(C) 系列 PLC 的场合，站号 1：M8184，站号 2：M8185，站号 3：M8186……站号 7：M8190。
⑤ 使用 FX3U、FX3U(C) 系列 PLC 时才要设定，没有程序时为通道 1，有程序时（OUT M8179）则为通道 2。

表 8-14　数据寄存器的使用

数据寄存器	名称	作　用	设定值
D8173	站号存储	用于存储本站的站号	
D8174	从站总数	用于存储从站的站数	
D8175	刷新范围	用于存储刷新范围	
D8176	站号设定	设定使用的站号，0 为主站，1 ~ 7 为从站	0 ~ 7
D8177	从站总数的设定	设定从站总数，从站中 PLC 不用设定	1 ~ 7
D8178	刷新范围设置	设置进行通信的软元件点的模式，初始值为 0，当混有 FX0N、FX1S 系列 PLC 时，仅可设定为模式 0	0 ~ 2
D8179	重试次数	用于在主站中设置重试次数，初始值为 3	0 ~ 10
D8180	监视时间设置	主站通信超时时间设置（50 ~ 2550ms），初始值为 5，以 10 ms 为单位	5 ~ 255

2. 数据交换软元件分配

在使用 $N:N$ 网络通信时，FX 系列 PLC 的部分辅助继电器和数据寄存器被用作通信时存放本站的信息，可以在网络上读取信息、实现数据的交换。根据所使用的从站数量不同，占用链接的点数也有所变化。例如，在模式 1 中连接 3 台从站时，占用 M1000 ~ M1223，D0 ~ D33，此后可作为普通的控制软元件使用。表 8-15 为链接模式软元件分配。

表 8-15　链接模式软元件分配

站号		模式 0		模式 1		模式 2	
		位软元件	字软元件	位软元件	字软元件	位软元件	字软元件
主从	编号	0 点	各站 4 点	各站 32 点	各站 4 点	各站 64 点	各站 8 点
主站	站号 0	—	D0 ~ D3	M1000 ~ M1031	D0 ~ D3	M1000 ~ M1063	D0 ~ D7
从站	站号 1	—	D10 ~ D13	M1064 ~ M1095	D10 ~ D13	M1064 ~ M1127	D10 ~ D17
	站号 2	—	D20 ~ D23	M1128 ~ M1159	D20 ~ D23	M1128 ~ M1191	D20 ~ D27
	站号 3	—	D30 ~ D33	M1192 ~ M1223	D30 ~ D33	M1192 ~ M1255	D30 ~ D37
	站号 4	—	D40 ~ D43	M1256 ~ M1287	D40 ~ D43	M1256 ~ M1319	D40 ~ D47
	站号 5	—	D50 ~ D53	M1320 ~ M1351	D50 ~ D53	M1320 ~ M1383	D50 ~ D57
	站号 6	—	D60 ~ D63	M1384 ~ M1415	D60 ~ D63	M1384 ~ M1447	D60 ~ D67
	站号 7	—	D70 ~ D73	M1448 ~ M1479	D70 ~ D73	M1448 ~ M1511	D70 ~ D77

8.6.3　通信连接

在使用 $N:N$ 网络时，采用 1 对接线方式，如图 8-24 所示。

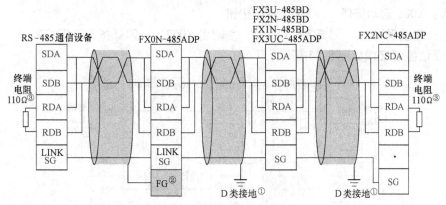

图 8-24　$N:N$ 网络 1 对接线

① FX2N-485BD、FX1N-485BD、FX3U-485BD、FX2NC-485ADP、FX3UC-485ADP 上所连接的电缆屏蔽层必须有 D 类接地。

② FG 端子须接到已经进行了 D 类接地的 PLC 主机接地端子上。

③ 终端电阻必须设置在线路的两端。

8.6.4　实训案例

实训 29　三台电动机的 PLC $N:N$ 网络控制

1. 实训目的

1）掌握 $N:N$ 网络通信中通信标志寄存器和辅助继电器的使用；

2）掌握 $N:N$ 网络通信中链接软元件分配；

3）熟练编写 $N:N$ 网络通信控制程序；

4）能组建小型 $N:N$ 网络，解决实际工程中网络控制问题。

2. 实训设备

FX2N-48MR PLC（带 RS-485BD 通信板）、计算机（安装有 GX-Developer 软件）、实训平台、SC-09 编程电缆、电动机、连接导线等。

3. 实训控制要求

有一小型控制系统，系统有 1 个主站、2 个从站，要求用 RS-485BD 通信板，采用 $N:N$ 网络通信协议控制。按如下要求编写程序进行控制：

1）通信参数：重试次数 4 次，通信超时时间为 30ms，采用模式 1 链接软元件。

2）用主站 0 的 X001 起动、X002 停止，控制从站 1 的电动机甲星-三角起动，丫-△延时时间为 5s，并有灯闪烁指示，闪烁频率为每秒 1 次。

3）用从站 1 的 X001 起动、X002 停止，控制从站 2 的电动机乙星-三角起动，丫-△延时时间为 4s，并有灯闪烁指示，闪烁频率为每秒 1 次。

4）用从站 2 的 X001 起动、X002 停止，控制主站 0 的电动机丙星-三角起动，丫-△延时时间为 4s，并有指示，闪烁频率为每秒 1 次。

5）各站中电动机的丫起动用 Y000，△起动用 Y001，主输出用 Y002，闪烁指示灯 Y003。

4. 操作技能指引

1）按照控制要求，3 个站所使用的 I/O 都一样，均按以下分配：

输入：X001 起动按钮　　　X002 停止按钮

输出：起动 Y000　　　△起动 Y001　　　主输出 Y002　　　闪烁指示灯 Y003

2）通信控制接线如图 8-25 所示。

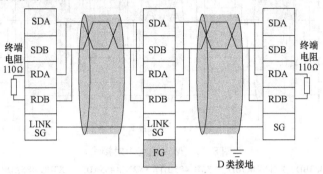

图 8-25　通信控制接线

3）根据控制要求编写程序，编制梯形图如图 8-26（主站）、图 8-27（从站 1）、图 8-28（从站 2）所示。

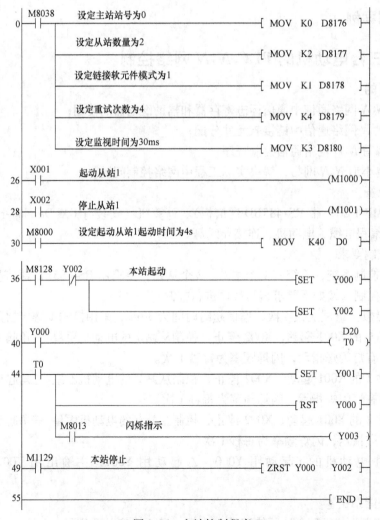

图 8-26　主站控制程序

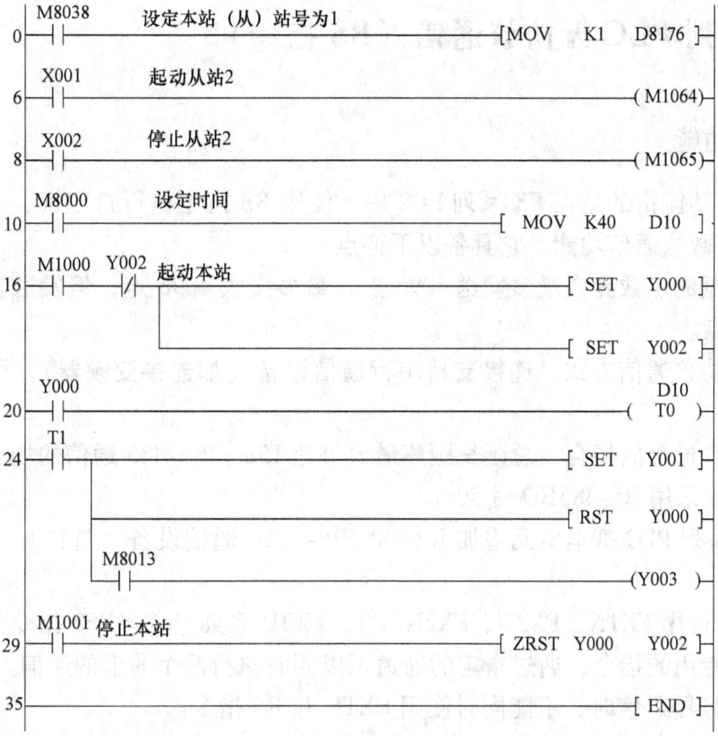

```
        M8038          设定本站(从)站号为1
0       ┤├                                                    ─[ MOV    K1    D8176 ]

        X001           起动从站2
6       ┤├                                                          ─( M1064 )

        X002           停止从站2
8       ┤├                                                          ─( M1065 )

        M8000          设定时间
10      ┤├                                                    ─[ MOV    K40   D10 ]

        M1000  Y002    起动本站
16      ┤├───┤/├                                                  ─[ SET    Y000 ]
             │
             └─────────────────────────────────────────────────[ SET    Y002 ]

        Y000                                                            D10
20      ┤├                                                            ─( T0 )

        T1
24      ┤├────┬──────────────────────────────────────────────────[ SET    Y001 ]
              │
              ├──────────────────────────────────────────────────[ RST    Y000 ]
              │
              │   M8013
              └───┤├─────────────────────────────────────────────────( Y003 )

        M1001  停止本站
29      ┤├                                                  ─[ ZRST   Y000  Y002 ]

35                                                                    ─[ END ]
```

图 8-27　从站 1 控制程序

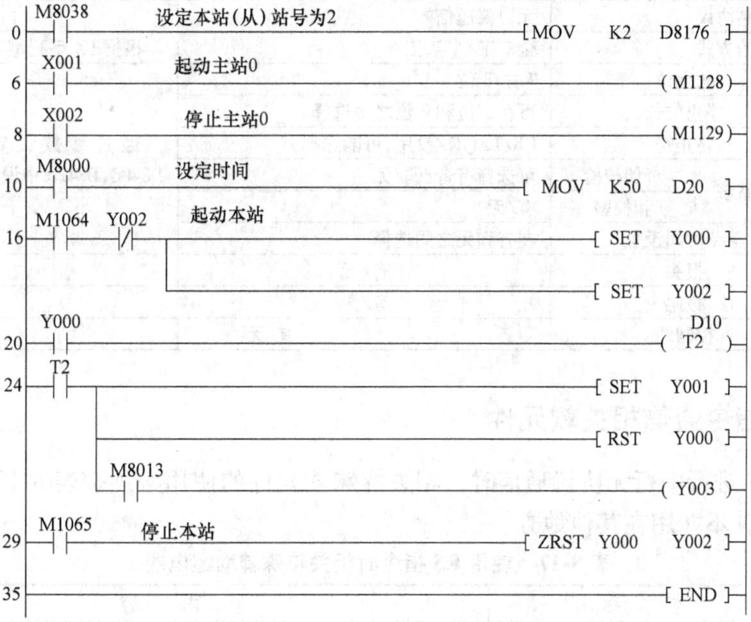

```
        M8038          设定本站(从)站号为2
0       ┤├                                                    ─[ MOV    K2    D8176 ]

        X001           起动主站0
6       ┤├                                                          ─( M1128 )

        X002           停止主站0
8       ┤├                                                          ─( M1129 )

        M8000          设定时间
10      ┤├                                                    ─[ MOV    K50   D20 ]

        M1064  Y002    起动本站
16      ┤├───┤/├────┬─────────────────────────────────────────[ SET    Y000 ]
                    │
                    └─────────────────────────────────────────[ SET    Y002 ]

        Y000                                                            D10
20      ┤├                                                            ─( T2 )

        T2
24      ┤├────┬──────────────────────────────────────────────────[ SET    Y001 ]
              │
              ├──────────────────────────────────────────────────[ RST    Y000 ]
              │
              │   M8013
              └───┤├─────────────────────────────────────────────────( Y003 )

        M1065  停止本站
29      ┤├                                                  ─[ ZRST   Y000  Y002 ]

35                                                                    ─[ END ]
```

图 8-28　从站 2 控制程序

8.7　FX 系列 PLC 无协议通信（RS 指令）

8.7.1　通信功能

无协议通信功能指的是在 FX 系列 PLC 中，使用 RS 指令执行打印机、条码阅读器、变频器控制无协议数据通信功能。它具备以下特点：

1）通信数据的点数允许最多发送 4096 点，最多接收 4096 点，但发送和接收数据点数不能超过 8000 点。

2）采用无协议通信方式，连接支持串行通信设备（如连接变频器），可实现数据的交换通信。

3）RS-232C 通信的场合，总延长距离最大可达 15m。RS-485 通信的场合，总延长距离最大可达 500m，采用 RS-485BD 时 50m。

4）在 FX 系列 PLC 基本单元增加 RS-485/RS-232C 通信设备（选件）后连接实现通信功能。

5）RS 指令适用 FX1N、FX2N、FX2N（C）、FX3U 系列 PLC。RS2 指令是 FX3U、FX3U（C）系列 PLC 专用的指令，通过指定的通道可以同时执行两个通道的通信。

6）在与变频器通信时，不能同时使用 EXTR 和 RS 指令。

7）FX 系列 PLC 在执行 RS 指令时，其通信按表 8-16 规格执行。

表 8-16　使用 RS 指令通信规格

项　目		内　容		备　注
通信规格		RS-485/RS-422	RS-232C	
通信速度		可选择 19200bit/s、9600bit/s、4800bit/s		
控制协议		无协议通信		
通信方式		全双工/半双工		根据 FX 系列型号确定
数据格式	数据位	7 位/8 位		通过参数设定，或在 D8120，D8400，D8420 中设定
	停止位长	可在 1 位和 2 位之中选择		
	终止符	CR/LF（有/没用，可能选择）		
	检验系统 奇偶校验	可选择有奇/偶/无		
	和校验	有/无		
	等待时间设置	在有和无之间选择		
	报头	有/无		
	报尾	有/无		
	控制线	—	有/无	

8.7.2　RS 指令通信相关软元件

在使用 RS 进行串行无协议通信时，相关特殊软元件的使用必须按表 8-17 和表 8-18 所示的规定使用，不能用在其他地方。

表 8-17　使用 RS 指令时相关特殊辅助继电器

编号	名　称	内　容
M 8063	串行通信出错（通道 1）	发生通信出错时置 ON。出错时在 D8063 中保存出错代码
M8120	保持通信设定用	保持通信设定状态
M8121	等待发送标志	发送标志时 ON

（续）

编号	名　称	内　容
M8122	发送请求	设置发送请求后,开始发送
M8123	接收结束标志	接收结束时置 ON,置 ON 时不再接收数据
M8124	载波检测标志位	与 CD 信号同步置 ON
M8129	判断超时标志位	在 D8129 中设定超时时间内,没有收到要接收的数据时置 ON
M8161	8 位/16 位处理模式	8 位/16 位数据处理模式设定:ON 时为 8 位,OFF 时 16 位

表 8-18　使用 RS 指令时相关字软元件

编号	名　称	内　容
D8063	显示出错代码	当串行通信出错(M8063)为 ON 时,在 D8063 中保存出错码
D8120	通信格式的设定	设定 PLC 通信格式(见下述通信格式)
D8122	发送数据剩余点数	保存发送数据剩余点数
D8123	接收点数的监控	保存已接收数据点数
D8124	报头	设定报头用。初始值:STX(H02)
D8125	报尾	设定报尾用。初始值:ETX(H03)
D8129	超时时间设定	设定超时时间用(仅 FX3U、FX3U(C)系列 PLC 有此功能)
D8045	显示通信参数	保存 PLC 中设定的通信参数(仅 FX3U、FX3U(C)系列 PLC 有此功能)
D8149	显示运行模式	保存正在执行的通信功能(仅 FX3U、FX3U(C)系列 PLC 有此功能)

8.7.3　PLC 的通信格式

在 PLC 与其他设备进行通信时,必须确定双方的通信协议,PLC 是没有办法直接设定通信的相关参数,因此必须由 D8120 来设置 PLC 的通信格式,用 PLC 的功能指令“MOV”指令向 D8120 中传送由 D8120 组成的各位设置十六进制数。D8120 除了适用于 FNC80（RS）指令外,还适用于计算机链接通信。所以,在使用 FNC80（RS）指令时,关于计算机链接通信的设定无效。D8120 各位设定项目见表 8-19。

表 8-19　通信格式 D8120

bit 号	名称	内　容		
		0(OFF)	1(ON)	
b0	数据长度	7 位	8 位	
b2,b1	奇偶校验	(0,0):无;　(0,1):奇校验;　(1,1):偶校验		
b3	停止位	1 位	2 位	
b7,b6, b5,b4	传输速率/ (bit/s)	b7,b6,b5,b4 (0,1,0,0):600 (0,0,1,1):4800	b7,b6,b5,b4 (0,1,0,1):1200 (1,0,0,0):9600	b7,b6,b5,b4 (0,1,1,0):2400 (1,0,0,1):19200
b8[1]	起始符	无(0)	有[1],由(D8124)设定初值:STX(02H)	
b9[1]	终止符	无(0)	有[1],由(D8125)设定初值:ETX(03H)	
b10 b11	控制线	无顺序	b11,b10 (0,0):无(RS-232C 接口) (0,1):普通模式(RS-232C 接口) (1,0):互锁模式(RS-232C 接口)[5] (1,1):调制解调器模式(RS-232C、RS-485 接口)[3]	
		计算机链接 通信[4]	b11,b10 (0,0):RS-485 接口;(1,0):RS-232C 接口	

（续）

bit 号	名称	内　　容	
		0(OFF)	1(ON)
b12		不可使用	
b13③	和校验	不附加	附加（计算机连接时）
b14②	协议	不使用	使用（计算机连接时）
b15②	控制顺序	0 为控制顺序方式1	计算机连接时方式控制顺序为方式4

① 起始符、终止符的内容可由用户变更。使用计算机通信时，必须将其设定为0。

② b13～b15 是计算机链接通信连接时的设定项目。使用 FNC80（RS）指令时，必须设定为0。

③ RS-485 未考虑设置控制线的方法，使用 FX2N-485BD、FX0N-485ADP 时，请设定（b11，b10）=（1，1）。

④ 是在计算机链接通信连接时设定，与 FNC80（RS）没有关系。

⑤ 适用机种是 FX2NC 及 FX2N 版本 V2.00 以上。

设置示例：假定用一台 PLC 控制一台条码阅读器，使用无协议通信时，设置 PLC 的通信格式方法如图 8-29 所示。通信格式参照表 8-19 可知：采用 RS 无协议通信方式，数据通信长度为 8 位、偶校验、停止位为 1 位、波特率 9600bit/s、报头无、报尾无、控制线为 RS-485 通信的方式。

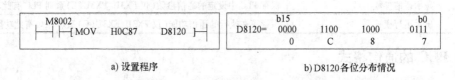

a) 设置程序　　　　　　　　　　　　b) D8120 各位分布情况

图 8-29　PLC 的通信格式设定方法例

8.7.4　串行通信编程指令

1. RS（FNC80）串行数据传送

指令用于安装在 PLC 基本单元上的 RS-232C 或 RS-485 串行通信口进行无协议通信，从而执行发送和接收串行数据的指令。指令表现形式如图 8-30 所示，图中的指令表示当执行条件 M10 接通时，发送 D100 开始的连续 9 点数据（D100～D108），接收数据保存在 D500 开始的 5 点数据中（D500～D504）。

图 8-30　RS 指令示例

（1）使用 RS 指令时需注意以下事项

1）数据通信格式可以通过前面所述的特殊数据寄存器 D8120 设定。RS 指令驱动时，即使改变 D8120 的设定，实际上也不接收。

2）在不进行发送的系统中，请将数据发送元件数设定为"K0"，或在不进行接收的系统中将接收元件数设定为"K0"。

3）指令在使用时涉及的特殊辅助继电器（M）和特殊数据寄存器（D）参见表 8-17、表 8-18 所示。

4）指令在使用时必须设定处理数据是 8 位模式还是 16 位模式，由 M8161 来设定，且后续所讲的 HEX、ASCII、CCD 等指令在使用也一定要进行数据模式的设定。

5）RS 指令在程序中可无数次使用，但是在同一时刻只能由一个 RS 指令驱动。

6）在 RS 指令补驱动后，即使更改 D8120 的设置，也不能被接收。应断开 RS 指令，使 D8120 为 0 后，重新设定。

7）使用了 RS 指令后不能再使用其他通信指令。

（2）使用 RS 指令的编程格式

PLC 程序格式一般分为基本指令、数据传送、数据处理 3 个部分。使用 RS 指令发收信息的基本程序如图 8-31 所示。基本指令用于定义传送的数据地址、数据数量等，数据传送部分用于写入传送内容，数据处理部分用于将接收到（对于数据接收工作）的数据通过指令写入指定的存储器区域。

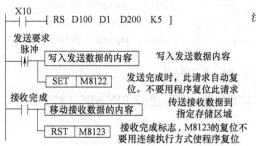

注1：发送请求 M8122：RS 指令的驱动输入 X10 变为 ON 状态时，PLC 就进入接收等待状态。在接收等待状态或接收完成状态时，用脉冲指令置位 M8122，就开始发送从 D200 开始的 D1 个字长的数据，发送结束时 M8122 自动复位

注2：接收完成 M8123：接收完成标志 M8123 ON 后，先把接收数据传送到其他存储地址后，再对 M8123 进行复位。M8123 复位后，则再次进入接收等待状态。M8123 的复位如前面所述，请由程序执行。RS 指令的驱动输入 X10 进入 ON 状态后，PLC 变为接收等待状态

图 8-31　用 RS 指令发收信息的程序

2. ASCII（FNC82）

本指令是将 HEX 转换成 ASCII 的指令。转换模式有 8 位模式和 16 位模式；

（1）16 位运算

M8161 = OFF 时执行，16bit 变换模式。ASCII 指令表现形式及操作数的说明如图 8-32 所示。

```
   M8000
   ─┤/├──────────────────────(M8161)─        本条指令为 RS、CCD、HEX、ASCII 指令共用
   X010                                        使用 M8000 的常闭触点，决定 M8161 为 16bit 处理模式
   ─┤ ├──[ASCI    D100    D200    K4]─
                  [S·]    [D·]     n
```

操作数种类	内　　　容
[S·]	保存要转换的 HEX 的软元件的起始编号（KnX、KnY、KnM、KnS、T、C、D、V、Z、K、H）
[D·]	保存要转换后的 ASCII 的软元件的起始编号（KnY、KnM、KnS、T、C、D）
n	要转换的 HEX 的字符数（位数）[设定范围 1～256]（D、K、H）

图 8-32　HEX→ASCII 变换指令 16 位表现形式

图中［S·］的 HEX 数据的各位由低位到高位顺序转换成 ASCII，向［D·］的高 8 位、低 8 位分别传送。转换的字符数用 n 指定。［D·］目标文件首地址分为低 8 位、高 8 位，存储 ASCII 数据。

假定［S·］指定起始元件为（D100）= 0ABCH（D101）= 1234H（D102）= 5678H；图 8-32 程序转换情况见表 8-20。

表 8-20　ASCII 指令 16 位模式转换后 [D ·] 元件中的内容

n 转换的点数 [D ·] 指定起始元件	K1	K2	K3	K4	K5	K6	K7	K8	K9
D200 低位	[C]	[B]	[A]	[0]	[4]	[3]	[2]	[1]	[8]
D200 高位		[C]	[B]	[A]	[0]	[4]	[3]	[2]	[1]
D201 低位			[C]	[B]	[A]	[0]	[4]	[3]	[2]
D201 高位				[C]	[B]	[A]	[0]	[4]	[3]
D202 低位					[C]	[B]	[A]	[0]	[4]
D202 高位	不变化					[C]	[B]	[A]	[0]
D203 低位							[C]	[B]	[A]
D203 高位								[C]	[B]
D204 低位									[C]

当 n = K4 时，位的构成如图 8-33 所示。

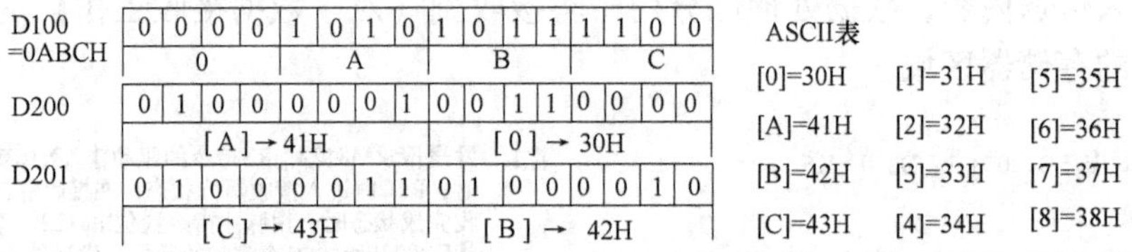

D100
=0ABCH　0 0 0 0 1 0 1 0 1 0 1 1 1 1 0 0
　　0　　　A　　　B　　　C

D200　0 1 0 0 0 0 0 1 0 0 1 1 0 0 0 0
　　[A] → 41H　　[0] → 30H

D201　0 1 0 0 0 0 1 1 0 1 0 0 0 0 1 0
　　[C] → 43H　　[B] → 42H

ASCII表
[0]=30H　[1]=31H　[5]=35H
[A]=41H　[2]=32H　[6]=36H
[B]=42H　[3]=33H　[7]=37H
[C]=43H　[4]=34H　[8]=38H

图 8-33　当 n = K4 时，位的构成

使用打印等输出 BCD 码数据时，在执行本指令前，需要进行 BIN→BCD 的变换。

（2）8 位运算

M8161 = ON 时，执行 8 位变换模式。

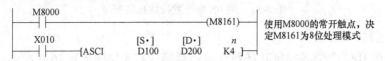

图 8-34　HEX→ASCII 变换示例 8 位表现形式

图 8-34 中 [S ·] HEX 数据的各位转换成 ASCII，分别向 [D ·] 的低 8 位传送。转换的字符数用 n 指定。[D ·] 的高 8 位为 0，低 8 位存放 ASCII。

当指定 [S ·] 起始元件为 （D100）= 0ABCH　（D101）= 1234H　　（D102）= 5678H

图 8-34 转换情况见表 8-21。

表 8-21　8 位模式转换后 [D ·] 元件中的内容

n 转换的点数 [D ·] 指定起始元件	K1	K2	K3	K4	K5	K6	K7	K8	K9
D200	[C]	[B]	[A]	[0]	[4]	[3]	[2]	[1]	[8]
D201		[C]	[B]	[A]	[0]	[4]	[3]	[2]	[1]
D202			[C]	[B]	[A]	[0]	[4]	[3]	[2]
D203				[C]	[B]	[A]	[0]	[4]	[3]
D204					[C]	[B]	[A]	[0]	[4]
D205						[C]	[B]	[A]	[0]
D206	不变化						[C]	[B]	[A]
D207								[C]	[B]
D208									[C]

当 $n = $ K2 时，位的构成如图 8-35 所示。

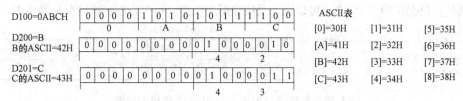

图 8-35　当 $n = $ K2 时，位的构成

3. HEX（FNC83）ASCII 转换成 HEX

HEX 指令是将 ASCII 转换为十六进制数（HEX），传送到指定单元存放。

指令执行形式有 16 位和 8 位两种表现形式，指令操作数见表 8-22。16 位表现形式如图8-36所示，16 位执行情况如图 8-38 所示。8 位表现形式如图 8-37 所示，执行情况如图 8-39 所示。

表 8-22　HEX 指令操作数说明

操作数	内　　容	可用软元件
S	保存要转换的 ASCII 的软元件的起始编号	KnX KnY KnM KnS T C D　R K H
D	保存转换后的 HEX 的软元件的起始编号	KnY KnM KnS D
n	要转换的 ASCII 的字符数	D K H

图 8-36　16 位表现形式　　　　　图 8-37　8 位表现形式

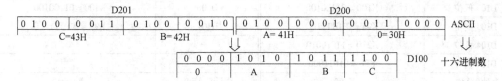

图 8-38　16 位指令执行情况（$n = $ K4）

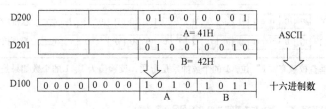

图 8-39　8 位指令执行情况（$n = $ K2）

4. CCD/校验码

本指令用于通信时出错校验。将 [S·] 指定的元件开始的 n 字节组成堆栈（D 的高字节、低字节拆开），将各字节数值的总和送到 [D·] 指定的元件，而将堆栈中垂直奇偶校验值送到 [D·]+1 中。指令表现形式及操作数说明如图 8-40 所示。

（1）当 M8161 = OFF 时的 16 位模式

如图 8-40 所示，以 D100 指定的元件为起始的 10 字节数据的总和存储于 D0 中，垂直奇偶校验数据存储于 D1 中，可以用于通信数据的校验。示例转换情况见表 8-23。

（2）当 M8161 = ON 时的 8 位模式

如图 8-41 所示，以 D100 指定的元件为起始的 10 个元件的低字节数据的总和存储于 D0 中，垂直奇偶校验数据存储于 D1 中，可以用于通信数据的校验。示例程序转换情况见表 8-23。

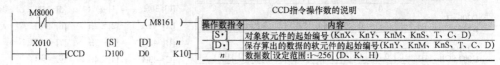

图 8-40　校验码 CCD 指令应用于 16 位模式示例

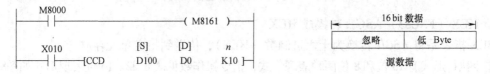

图 8-41　校验码 CCD 指令应用于 8 位模式示例

表 8-23　16 位/8 位模式总和校验情况

16 位模式总和校验情况		8 位模式总和校验情况	
[S·]	数据内容	[S·]	数据内容
D100 低位	K100 = 01100100	D100	K100 = 01100100
D100 高位	K111 = 0110111①	D101	K111 = 0110111①
D101 低位	K100 = 01100100	D102	K100 = 01100100
D101 高位	K98 = 01100010	D103	K98 = 01100010
D102 低位	K123 = 0111101①	D104	K123 = 0111101①
D102 高位	K66 = 01000010	D105	K66 = 01000010
D103 低位	K100 = 01100100	D106	K100 = 01100100
D103 高位	K95 = 0101111①	D107	K95 = 0101111①
D104 低位	K210 = 11010010		
D104 高位	K88 = 01011000		
合计（总和）	K1091	合计（总和）	K1091
垂直校检	1000010 ①	垂直校检	1000010 ①

D0　0 0 0 0 0 1 0 0 0 0 1 0 0 0 0 1 1　⟸　总和1091
D1　0 0 0 0 0 0 0 0 1 0 0 0 0 1 0 1　⟸　垂直校验

注：表中标①的是垂直校验有 "1" 位，1 的个数如果是奇数，校验值为 1，1 的个数如果是偶数，校验值为 0。

8.8　FX 系列 PLC 与三菱变频器通信

变频器的通信功能就是通过 RS-485 通信方式实现 FX 系列 PLC 与变频器的通信，最多可以对 8 台变频器进行监控，并具有进行各种参数的读出和写入控制功能。如果使用 RS 指令无协议通信，FX 系列 PLC 最多可以和 32 台变频器进行通信。

8.8.1　通信接线

变频器连接通信可采用 PU（RS-485）接口，也可用 FR-A5NR、FR-A7NC 变频器选件。图 8-42 所示为变频器主机一侧各针脚信号排列，图 8-43 所示为 FR-A5NR 选件端子排列。

PLC 与单台变频器 PU 接口连接时的接线如图 8-44 所示，与多台变频器 PU 接口连接时的接线如图 8-45 所示。与 FR-A5NR 选件连接参考 PU 接口连接图进行接线。

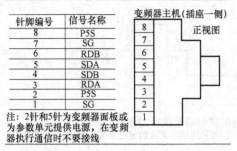

针脚编号	信号名称
8	P5S
7	SG
6	RDB
5	SDA
4	SDB
3	RDA
2	P5S
1	SG

注：2针和5针为变频器面板或为参数单元提供电源，在变频器执行通信时不要接线

图 8-42　变频器 PU 接口端子排列

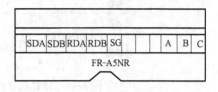

图 8-43　FR-A5NR 变频器选件端子排列

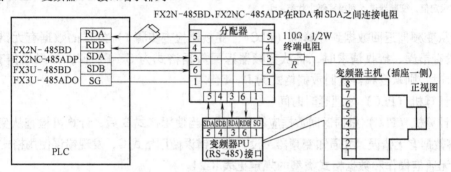

图 8-44　PLC 与单台变频器 PU 接口接线

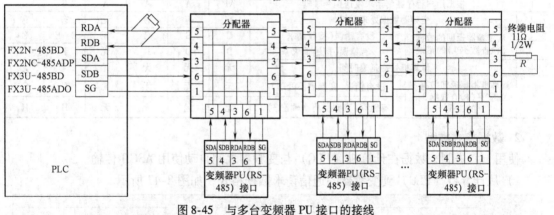

图 8-45　与多台变频器 PU 接口的接线

8.8.2　通信协议

1. 通信过程

计算机（PLC）与变频器之间的数据通信执行过程如图 8-46 所示。

数据通信协议执行过程分 5 个步骤进行，具体过程分析如下：

1）从计算机（PLC）发送数据到变频器：数据写入时根据需要，选择使用格式 A、A1，数据读出时，使用格式 B 进行。

2）变频器数据处理时间，即变频器的等待时间，根据变频器参数 Pr. 123 选择。Pr. 123 = 9999，由通信数据设定其等待时间；Pr. 123 = 0～150ms 由变频器参数设定其等待时间。

发送数据
计算机
变频器
发送（数据流）
变频器
计算机
接收（数据流）
1)
2)
3)
4)
5)
①
②
时间
接收数据

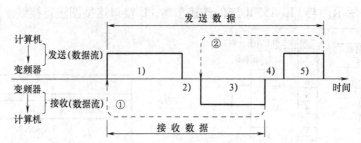

图 8-46　计算机（PLC）与变频器的数据通信执行过程

①如果发现数据错误并且进行再试，从用户程序执行再试操作。如果连续再试次数超过参数设定值，变频器进入到报警停止状态。

②发生接收一个错误数据时，变频器给计算机（PLC）返回“再试数据”。如果连续数据错误次数达到或超过参数设定值，变频器进入到报警停止状态。

3）从变频器返回数据到计算机（PLC），变频器检查步骤 1）发送的数据有无错误，如果通信没有错误、接收请求时，将从变频器返回数据格式为 C、E、E′；如果通信有错误、拒绝请求时，则从变频器返回数据格式为 D、F；

4）计算机（PLC）处理延时时间；

5）计算机（PLC）根据返回数据应答变频器，当使用格式 B 后，计算可检查从变频器返回的应答数据有无错误，并通知变频器，没有发现错误使用格式 G，发现错误使用格式 H。

有/无通信操作和数据格式类型的规定见表 8-24。

表 8-24　有/无通信操作和数据格式类型的规定

序号	操作		运行指令	运行频率	参数写入	变频器复位	监视	参数读出
1	根据用户程序通信请求发送到变频器		A1	A	A	A	B	B
2	变频器数据处理时间		有	有	有	无	有	有
3	从变频器返回的数据（检查数据 1）的错误	没有错误（接收请求）	C	C	C	无	E　E′	E
		有错误（拒绝请求）	D	D	D	无	F	F
4	计算机处理延迟时间		无	无	无	无	无	无
5	计算机根据返回数据 3 的应答（检查数据 3）的错误	没有错误（变频器不处理）	无	无	无	无	G	G
		有错误（变频器再次输出 3）	无	无	无	无	H	H

2. 数据格式类型

使用十六进制，数据在计算机（PLC）与变频器之间自动使用 ASCII 传输。

1）从计算机（PLC）到变频器的通信请求数据格式，如图 8-47 所示。

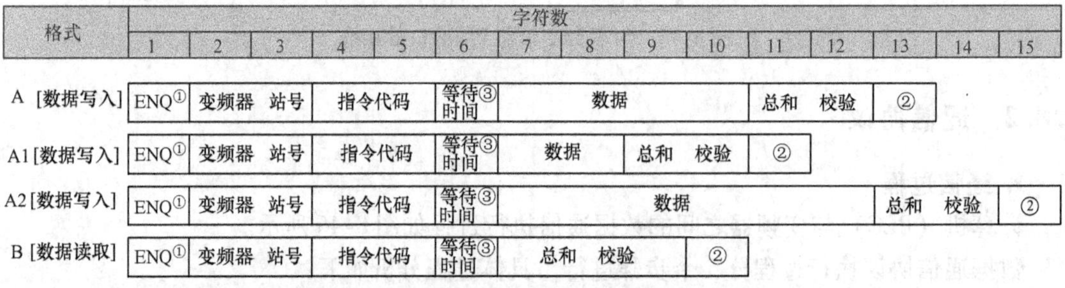

格式
字符数
1 2 3 4 5 6 7 8 9 10 11 12 13 14 15
A［数据写入］ ENQ① 变频器 站号 指令代码 等待③时间 数据 总和 校验 ②
A1［数据写入］ ENQ① 变频器 站号 指令代码 等待③时间 数据 总和 校验 ②
A2［数据写入］ ENQ① 变频器 站号 指令代码 等待③时间 数据 总和 校验 ②
B［数据读取］ ENQ① 变频器 站号 指令代码 等待③时间 总和 校验 ②

图 8-47　计算机到变频器的通信请求数据格式

① 表示控制代码。

② 表示 CR（回车符）或 LF（换行符）代码；当数据从计算机（PLC）传输到变频器时，在有些计算机中代码 CR（回车符）和 LF（换行符）自动设置到数据组的结尾，因此变频器的设置也必须根据计算机来确认，并且可通过变频器的 Pr. 124 选择有无 CR 和 LF 代码。

③ Pr. 123［响应时间设定］不设定为 9999 的场合下，数据格式的“响应时间”字节没有，作成通信请求数据（字符数减少一个）。

2）使用格式 A 和格式 A1 后，从变频器返回的应答数据，如图 8-48 所示。

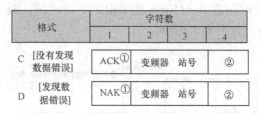

图 8-48　C 和 D 格式

①、②含义同图 8-47。

3）使用格式 B 后，从变频器返回的应答数据，如图 8-49 所示。

图 8-49　格式 E、E′、F

①、②含义同图 8-47。

4）使用格式 B 后，检查从变频器返回的应答数据有无错误，并通知变频器，如图 8-50 所示。

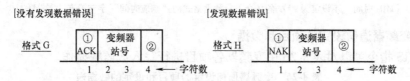

图 8-50　格式 G、H

①、②含义同图 8-47。

3. 数据定义

1）控制代码：见表 8-25。

表 8-25　控制代码数据定义

代码	ASCII	说　明	代码	ASCII	说　明
STX	H02	正文开始(数据开始)	ACK	H06	承认(没有发现数据错误)
ETX	H03	正文结束(数据结束)	LF	H0A	换行
ENQ	H05	询问(通信请求)	CR	H0D	回车
			NAK	H15	不承认(发现数据错误)

2）变频器站号：规定与计算机（PLC）通信的站号，在 H00 ~ H1F（00 ~ 31）之间设定。

3）指令代码：由计算机（PLC）发给变频器，指明程序要求（例如：运行、监视），因此通过响应的指令代码，变频器可进行各种方式的运行和监视。

4）数据：表示与变频器传输的数据，例如频率、电压、电流等参数，依照指令代码确认数据的定义和设定范围。

5）等待时间：规定变频器收到从计算机（PLC）来的数据和传输应答数据之间的等待时间；根据计算机的响应时间在 0 ~ 150ms 之间设定等待时间，最小设定单位为 10ms（例如：1 = 10ms，2 = 20ms），如图 8-51 所示。

计算机
发送
变频器
10ms
变频器数据处理时间=等待时间+数据校验时间
（设定值×10ms）（12ms）
变频器
接收
计算机

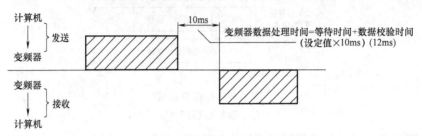

图 8-51　等待时间

6）总和校验。总和校验代码是由被校验的 ASCII 数据的总和（二进制）的最低一个字节（8 位）表示的两个 ASCII 数字（十六进制），图 8-52 所示为总和校验示例。

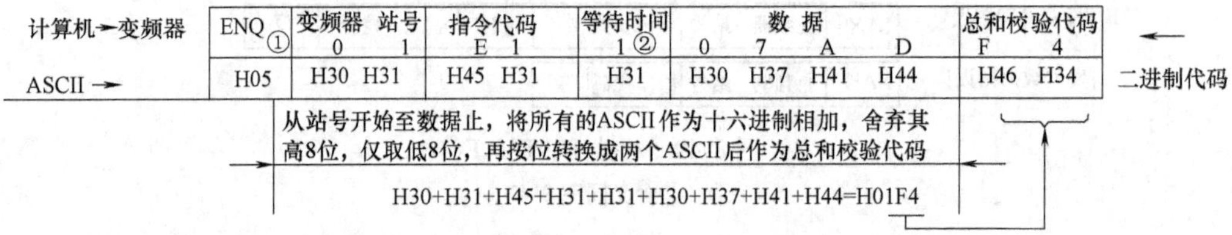

计算机→变频器
ENQ ①
变频器 站号
0 1
指令代码
E 1
等待时间
1 ②
数 据
0 7 A D
总和校验代码
F 4
ASCII →
H05
H30 H31
H45 H31
H31
H30 H37 H41 H44
H46 H34
二进制代码
从站号开始至数据止，将所有的ASCII作为十六进制相加，舍弃其高8位，仅取低8位，再按位转换成两个ASCII后作为总和校验代码
H30+H31+H45+H31+H31+H30+H37+H41+H44=H01F4

图 8-52　总和校验示例

① 表示控制代码。

② Pr. 123［响应时间］不设定为 9999 的场合下，数据格式的“响应时间”字节没有，字符数减少一个。

4. 与变频器通信设定的项目和数据

运用 RS 指令可以对表 8-26 中变频器各项目进行写入或监视操作。

表 8-26　变频器通信设定的项目和设定的数据表

项目	读出内容	指令代码	说　明
变频器运行监视（PLC 读取变频器中数据）	运行模式	H7B	H0000：通信选项运行；H0001：外部操作；H0002：通信操作（PU 接口）
	输出频率（速度）	H6F	H0000 ~ HFFFF：输出频率（十六进制）最小单位 0.01Hz
	输出电流	H70	H0000 ~ HFFFF：输出电流（十六进制）最小单位 0.1A
	输出电压	H71	H0000 ~ HFFFF：输出电压（十六进制）最小单位 0.1V
	特殊监控	H72	H0000 ~ HFFFF：指令代码 HF3 选择监视数
	特殊监控选择编号	H73	H01 ~ H0E　监视数据选择参见变频器使用手册
	异常内容	H74	H74 ~ H77 都是异常内容的指令代码
	变频器状态监控	H7A	b7 … b0：0 1 1 1 1 0 1 0 b0：变频器正在运行　b2：反转　b4：过负荷　b6：频率达到 b1：正转　b3：频率达到　b5：瞬时停电　b7：发生报警
	读出设定频率 EEPROM	H6E	读出设定频率（RAM）或（E^2PROM）。H0000 ~ H9C40：最小单位 0.01Hz（十六进制）
	读出设定频率 RAM	H6D	

（续）

项目	读出内容	指令代码	说　明
变频器 运行控制 （PLC 写入 数据到变 频器中）	运行模式	HFB	H0000：通信选项运行；H0001：外部操作； H0002：通信操作（PU 接口）
	特殊监控选择编号	HF3	H01 ~ H0E　　　监视数据选择见表 8-27
	运行指令	HFA	<table><tr><td>b7</td><td></td><td></td><td></td><td></td><td></td><td></td><td>b0</td></tr><tr><td>0</td><td>1</td><td>0</td><td>0</td><td>1</td><td>1</td><td>0</td><td>0</td></tr></table>　b1：正转（STF）H02 b2：反转（STR）H04
	写入设定频率 EEPROM	HEE	H0000 ~ H9C40：最小单位 0.01Hz（十六进制）（0 ~ 400.00Hz）频繁改变运行频率时，请写入到变频器的 RAM （指令代码：HED）
	写入设定频率 RAM	HED	
	变频器复位	HFD	H9696：复位变频器。当变频器有通信开始由计算机复位 时，变频器不能发送回应答数据给计算机
	异常内容清除	HF4	H9696：报警履历的全部清除
	清除全部参数	HFC	根据设定的数据不同，有 4 种清除操作方式；当执行 H9696 或 H9966 时，所有参数被清除，与通信相关的参数设 定值也返回到出厂设定值，当重新操作时，需要设定参数
	用户清除	HFC	H9669：进行用户清除

表 8-27　监视数据选择表

监视名称	设定数据	最小单位	监视名称	设定数据	最小单位
输出频率	H01	0.01Hz	再生制动	H09	0.1%
输出电流	H02	0.01A	电子过电流保护负荷率	H0A	0.1%
输出电压	H03	0.1V	输出电流峰值	H0B	0.01A
设定频率	H05	0.01Hz	整流输出电压峰值	H0C	0.1V
运行速度	H06	1r/min	输入功率	H0D	0.01kW
电动机转矩	H07	0.1%	输出功率	H0E	0.01kW

8.8.3　与变频器通信的相关参数

　　FX 系列 PLC 和变频器之间进行通信，通信规格必须在变频器的初始化中设定，如果没有进行初始设定或有一个错误的设定，数据将不能进行传输。但是在设定参数前，须先分清变频器的系列和连接变频器的接口（PU 接口、FR-A5NR 选件和内置 RS-485 端子），不同系列的变频器和不同端口的通信参数会有所不同。表 8-28 表示与 FR-A500（或 V500、F500）变频器 PU 接口连接时的通信参数，表 8-29 表示连接 FR-A500（V500、F500）的 FR-A5NR 选件时或 RD-D700 内置 PU 接口通信参数。表 8-30 表示与 FR-S700 内置 RS-485连接时的通信参数。

表 8-28　连接变频器 PU 接口通信相关参数

参数号	名称	设定值	说　明
117	站号	00 ~ 31	确定从 PU 通信的站号
118	通信速率	48	4800bit/s
		96	9600bit/s
		192	19200bit/s
119	停止位长 /字节长	8 位时设 0 或 1	设为 0 时，停止位长 1 位；设为 1 时，停止位长 2 位
		7 位时设 10 或 11	设为 10 时，停止位长 1 位；设为 11 时，停止位长 2 位

（续）

参数号	名称	设定值	说　明
120	奇偶校验有/无	0	无
		1	奇校验
		2	偶校验
121	通信再试次数	0～10	设定发生数据接收错误后允许次数，如果连续发生次数超过允许值，变频器将报警停止
		9999 （65535）	如果通信错误发生，变频器没有报警停止，这时变频器可通过输入 MRS 或 RESET 信号，变频器（电动机）滑行到停止
122	通信校验时间间隔	0	不通信
		0.1～999.8	设定通信校验时间秒间隔
		9999	如果无通信状态持续时间超过允许时间，变频器进入报警停止状态
123	等待时间设定	0～150ms	设定数据传输到变频器和响应时间
		9999	用通信数据设定
124	CR,LF 有/无选择	0	无 CR/LF
		1	有 CR、无 LF
		2	有 CR/LF
342	E²PROM 写入有无	0	从计算机实施参数写入到 E²PROM
		1	从计算机实施参数写到 RAM（频繁变更参数时，请设为1）。写入到 RAM 时，变频器断电，则已更变的参数内容丢失

注：每次参数初始化设定后，需要复位变频器（可以采用断电再上电复位的方式进行），如果改变与通信相关的参数后，变频器没有复位，通信将不能进行。

表 8-29　变频器通信相关参数（连接 FR-A5NR 选件时）

参数号	名称	设定值	说　明
331	站号	00～31	最多可连接 8 台
332	通信速率	48/96/192	4800bit/s/9600bit/s/19200bit/s
333	停止位长/字节长	10	数据长 7 位，停止位长 1 位
334	奇偶校验有/无	0/1/2	无/奇校验/偶校验
336	通信校验时间间隔	0	不通信
		0.1～999.8	设定通信校验时间秒间隔
		9999	如果无通信状态持续时间超过允许时间，变频器进入报警停止状态
337	等待时间设定	0～150ms	设定数据传输到变频器和响应时间
		9999	用通信数据设定
341	CR,LF 有/无选择	0	无 CR/LF
		1	有 CR、无 LF
		2	有 CR/LF
340	链接启动模式	1	计算机控制

表 8-30　与 FR-S700 内置 RS-485 接口通信参数

参数功能	参数号	设置值	说　明
扩张功能显示选择	Pr.30	1	显示全部参数
操作模式	Pr.79	1	
站号	n1	0	变频器站号为 0
通信速率	n2	192	
数据位/停止位长	n3	11	停止位为 2 位，数据长 7 位
奇偶校验选择	n4	2	偶校验

（续）

参数功能	参数号	设置值	说　明
通信再试次数	n5	—	发生通信通信错误时，变频器不停止
通信校验间隔	n6	—	通信校验终止
通信等待时间	n7	—	由通信数据决定
运行控制权	n8	0	运行控制权由 RS-485 控制
速度控制权	n9	0	速度控制权由 RS-485 控制
连网启动模式选择	n10	1	由连网起动模式
停止符选择	n11	0	无 CR、LF

8.8.4　实训案例

实训 30　PLC 与变频器 RS-485 通信控制

1. 实训设备

FX2N-64MR PLC、F940GOT 触摸屏、FR-A540 变频器（或 FR-F700 变频器）、FX2N-485BD 模块、计算机（安装有 GX Developer 编程软件和 GT Designer 画面制作软件）、实训台、通信线、连接线。

2. 实训控制要求

使用触摸屏通过 PLC RS-485 总线，利用变频器的数据代码表进行以下通信控制，各部分连接如图 8-53 所示。

1）控制变频器正转、反转、停止。

2）在运行中直接修改变频器的运行频率，例如：10Hz、24Hz、32Hz、46Hz、50Hz 或根据实际要求修改。

3）在触摸屏上显示变频器的运行电压、运行电流、输出频率。

附三菱 FR-A540 变频器（部分）数据代码如下：

正转：指令代码 HFA，数据内容 H02；反转指令代码 HFA 数据内容 H04。

停止：指令代码 HFA，数据内容 H00；运行频率写入指令代码 HED 数据内容 H0000～H1388。

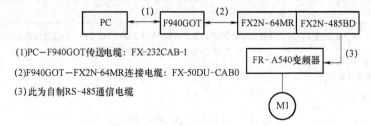

(1)PC—F940GOT传送电缆：FX-232CAB-1

(2)F940GOT—FX2N-64MR连接电缆：FX-50DU-CAB0

(3)此为自制RS-485通信电缆

图 8-53　FX2N-485BD 通信控制连接

3. 操作技能指引

1）通信线的制作

PLC 的 FX2N-485BD 与 FR-A540 变频器进行通信时，必须要自制图 8-54 所示的通信线。

2）PLC 通过 RS-485 总线与 FR-A540 变频器进行通信时，必须设定表 8-31 所示变频器参数。设定变频器参数前，请将变频器进行初始化操作。

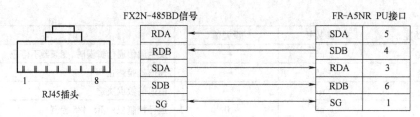

图 8-54　FX2N-485BD 与 FR-A540 变频器的通信接线

注意：1. 变频器参数设定完成后，请将变频器停电，否则不能通信！

　　　　2. 视变频器不同和连接方式不同，设置参数不一样，请参考表 8-28 ~ 表 8-30。

表 8-31　PLC 与 FR-A540 变频器 PU 接口通信参数设定

变频器参数代码	通信参数的意义	设定值	备注
Pr. 79	操作模式	1	计算机通信模式
Pr. 1	上限频率	50	
Pr. 3	基底频率	50	
Pr. 19	基底频率电压	380	
Pr. 77	参数写入禁止	2	即使运行时，也可写入参数
Pr. 117	变频器站号	0	变频器站号 0
Pr. 118	通信速度	192	通信波特率为 19.2kbit/s
Pr. 119	停止位长度	1	停止位为 2 位
Pr. 120	奇偶校验是/否	2	偶校验
Pr. 121	通信重试次数	9999	通信再试次数
Pr. 122	通信检查时间间隔	9999	无通信等待
Pr. 123	等待时间设置	20	变频器设定
Pr. 124	CR,LF 是/否选择	0	无 CR，无 LF

3）PLC 通信格式 D8120 = H009F 设定。

数据长度：8 位 ASCII；奇偶校验：偶校验；停止位：2 位；波特率：19200bit/s；起始位和停止位：无；既可发送数据，又可接收数据；使用 RS 无协议通信。

根据以上分析，确定 PLC 通信格式，设定数据存储器 D8120 的值为 0000000010011111 = H009F。

4）编制参考程序 1 梯形图如图 8-55 所示，编制参考程序 2 梯形图如图 8-56 所示。

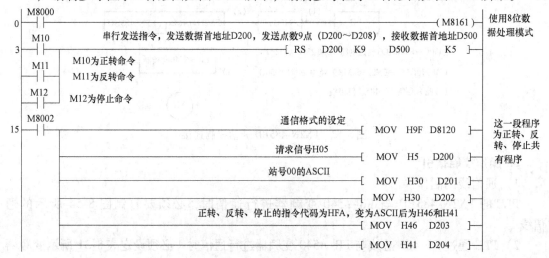

图 8-55　参考程序 1 梯形图

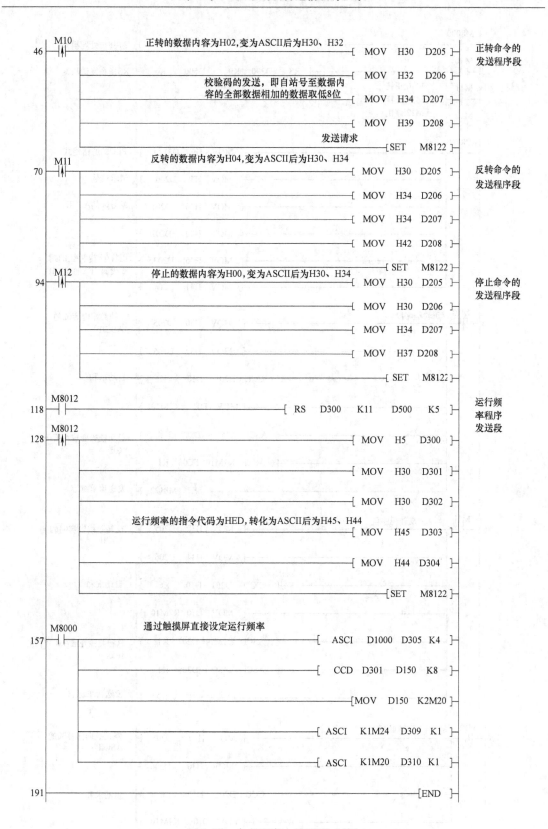

图 8-55　参考程序 1 梯形图（续）

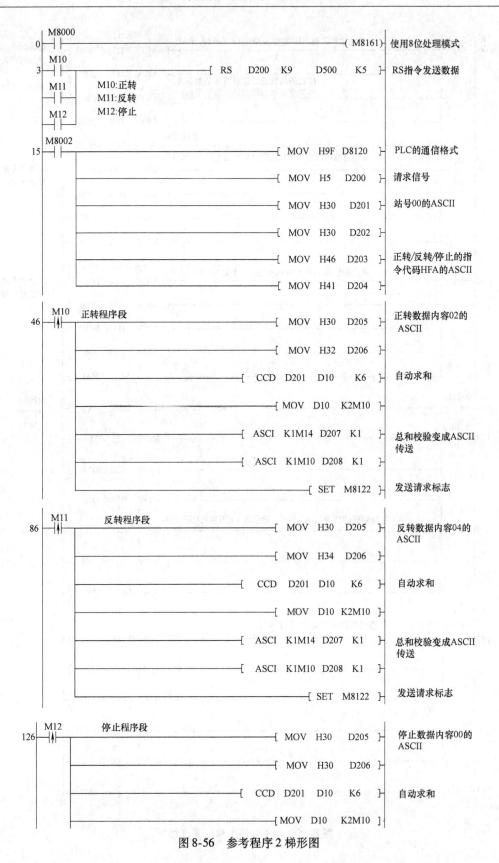

图 8-56　参考程序 2 梯形图

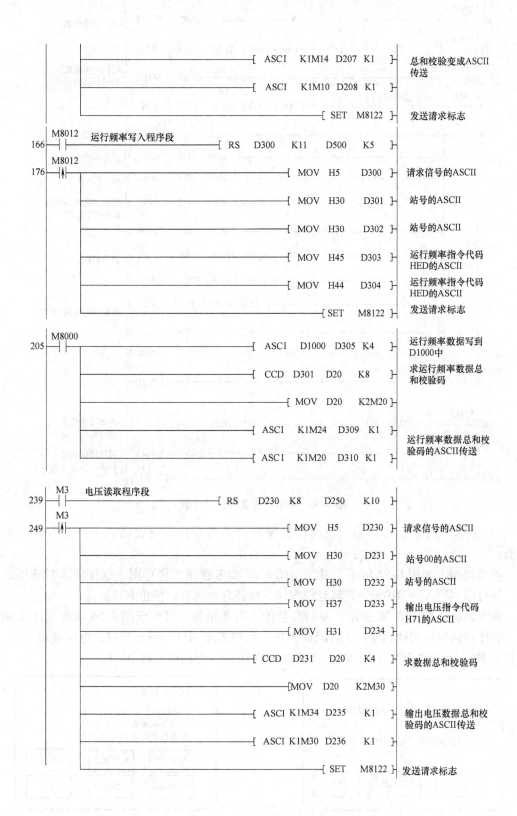

图 8-56　参考程序 2 梯形图（续）

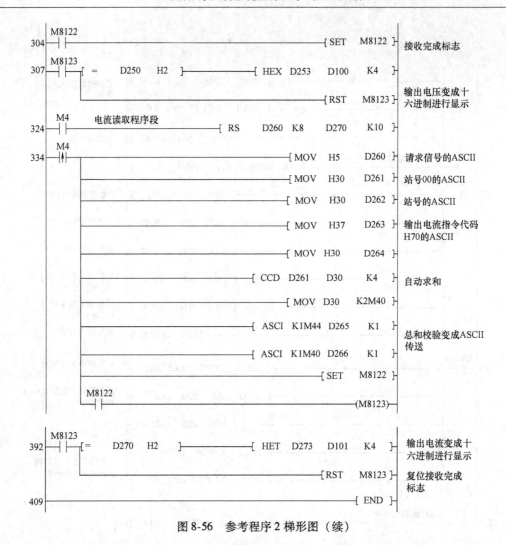

图 8-56　参考程序 2 梯形图（续）

5）触摸屏通信参考画面。根据控制要求及参考程序、完成功能不同，制作了两个画面。

参考画面 1 如图 8-57 所示，对应于图 8-55 参考程序 1 梯形图。制作画面时所用软元件：运行频率写入为 D1000，正转起动 M10，反转起动 M11，停止 M12。

参考画面 2 如图 8-58 所示，画面在功能上有所增加，对应于图 8-56 参考程序 2 梯形图。制作画面时所用软元件：正转起动 M10，反转起动 M11，停止 M12，电压读取 M3，电流读取 M4，运行频率写入 D1000，当前电压值 D100，当前电流值 D101。

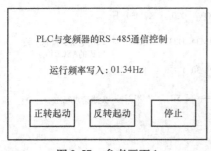

图 8-57　参考画面 1

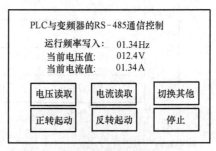

图 8-58　参考画面 2

☞1）如果不能起动电动机，请检查 FX2N 485BD 上的 RD 和 SD 指示灯是否正常工作。

2）检查画面所用软元件是否正确及程序是否正确。

3）如果没有触摸屏，用 PLC 的 I/O 接口起动电动机，如何修改程序？

4）请读者制作触摸屏画面。

8.9　网络通信知识

8.9.1　网络通信系统的协议模型

为了保证通信的正常运行，除需具有良好、可靠的通信信道外，还需通信各方遵守共同的协议，才能保证高效、可靠的通信。通信协议一般采用分层设计的方法。对于局域网来说，分层设计非常重要，因为对某层协议的修改不会影响其他层，甚至也不会影响相邻层的工作，各层相互独立，通过接口发生联系。

1979 年国际标准化组织（ISO）提出了开放系统互连参考模型（Open System Interconnection/Reference Model，OSI/RM）。该模型规定了 7 个功能层。每层都使用自己的协议，目的就是使各终端设备、PLC、操作系统各层之间互相交换信息的过程能逐步实现标准化。凡遵守这一标准的系统可以互相连接使用，而不对相应的信息变换和通信加上任何控制。

网络结构问题不仅涉及信息的传输路径，而且涉及链路的控制。对于一个特定的通信系统，为了实现安全可靠的通信，必须确定信息从源点到终点所要经过的路径，以及实现能通信所要进行的操作。在计算机通信网络中，对数据传输过程中进行管理的规则称为协议。

对于一个计算机通信网络来说，连接到网络上的设备是各种各样的，这就需要建立一系列有关信息传递的控制、管理和转换的手段和方法，并要遵守彼此公认的一些规则，这就是网络协议的概念，这些协议是有层次的。为了实现网络的标准化，ISO 提出了开放系统互连参考模型（ISO/OSI/RM）。

1. OSI/RM

网络开放系统或 OSI/RM 是一个抽象的概念，在 OSI/RM 中，采用了体系结构、服务定义和协议规范三级抽象层次，如图 8-59 所示。ODI 体系结构也就是 OSI 参考模型，是网络系统在功能和概念上的抽象，是协调各层标准制定的概念性框架；OSI 服务定义了每一层提供的服务，某一层的服务是指该层及其以下各层提供给上一层的服务，层间的服务通过定义好的层间抽象接口完成，交换时使用服务术语，各种服务不考虑服务的具体实现；OSI 协议规范说明控制信息的内容。

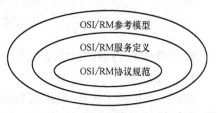

图 8-59　OSI/RM 的三个抽象层次

2. 模型层次划分的原则

在层次的划分上，既不能太多，也不能太少。层次太多会造成整个系统结构的繁冗；层次太少又会使不同的功能集中在一个层内，不便于层次的描述，造成层次不清。一般将同一类型的功能群抽象到一个层次，层次间的信息交换量尽量减小。OSI/RM 中整个网络分为 7 层，在层次划分中，还具有下列特点：

1）网络各节点都有相同的层次，相同层次具有同样的功能；

2）同一节点内相邻层次间通过接口通信；

3）每层使用下层提供的服务，并向上层提供服务；

4）不同节点的同等层按照协议实现对等层之间的通信。

3. OSI/RM 的结构

自下而上，ISO OSI/RM 的 7 层依次为：物理层（Physical Layer）、数据链路层（Data Link Layer）、网络层（Network Layer）、传输层（Transport Layer）、会话层（Session Layer）、表示层（Presentation Layer）和应用层（Application Layer），如图 8-60 所示。

层次越靠上，其与信息处理的关系越密切，层次越靠下，其与通信的关系越密切。资源子网的节点（端节点）具有 7 层的全部功能，通信子网中节点（交换节点）可以简化为只有下面的 3 层。两个端节点通信时，上层使用下层提供的服务，同一层次通过对应的协议通信，所以同一层次通信时，并不关心下层的具体实现，就好像其下层不存在一样，这就是网络通信中"透明"的概念。

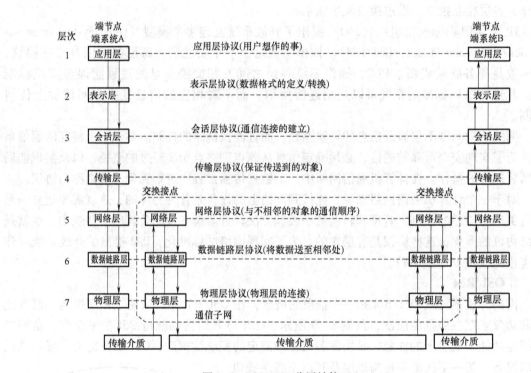

图 8-60　OSI/RM 分层结构

4. OSI/RM 各层的结构及作用

（1）物理层

物理层在信道上传送未经处理的信息，该层协议涉及通信双方的机械、电气和连接规程。如接插件型号，每根线的定义，"1"、"0"电平规定，位脉宽，传送方向规定，以及通信介质、传输介质等、如何进行建立初始连接，如何拆除连接等。前面介绍的 RS-232、RS-422、RS-485 等均为物理层协议。

（2）数据链路层

通信链路是许多节点共享的。数据链路层的任务是将可能有差错的物理链路，改造成对于网络层来说是无差错传送线路。它把输入的数据组成数据帧，并在接收端检验传送的正确性。若正确，则发送确认信息；若不正确，则抛弃该帧，等待发送端超时重发。帧上链路层传输信息的基本单位由若干个字节组成，除了信息本身之外，还包括表示帧开始与结束的标志段、地址段、控制段及校验段等。

（3）网络层

网络层也称为分组层，在一个通信网络中，两个节点之间可能存在多条通信路径。它的任务是使网络中传送分组。它规定了分组在网络中是如何传送的。网络层控制网络上信息的切换和路由的选择，因此本层要为数据从源点到终点建立物理和逻辑的连接。如果通信系统中只有一个网络组成，节点之间只有唯一的一条路径，那么就不需要这层协议。

（4）传输层

传输层的基本功能是从会话层接收数据，把它传到网络层，并保证这些数据正确地到达目的地。该层控制端到端数据的完整性，确保高质量的网络服务，起到网络层和会话层之间接口作用。其中，包括信息的确认、误码的检测、信息的重发、信息的优先级调度等。

（5）会话层

它控制一个通信会话进程的建立和结束。该层检查并确定一个正常的通信是否会发生。如果没有发生，该层必须在不丢失数据的情况下，恢复会话，或根据在会话不能正常发生的情况下终止会话。

（6）表示层

实现不同信息格式和编码之间的转换。常用的转换方式有正文压缩，例如：将常用的词用缩写字母或特殊数字编码，消去重复的字符和空白等，提供加密、解密，不同计算机之间文件格式的转换，不相容终端输入、输出格式的转换等。

（7）应用层

应用层的内容，要根据对系统的不同要求而定。严格地说，这一层不是通信协议结构中的内容，它的作用是召唤低层协议为其服务。它规定了在不同情况下，所允许的报文集合和对每个报文所采取的动作。这一层负责与其他高级功能通信，如分布式数据库和文件传送。

8.9.2　三菱 PLC 的网络通信简介

1. 网络概要

在现代化的生产现场，为了实现高效的生产、科学的管理，使用 PLC 组成各种网络是十分重要的。三菱网络系统如图 8-61 所示。

三菱 PLC 提供清晰的三层网络即信息与管理层的以太网、管理与控制层的局域令牌网、控制设备层的 CC-Link 开放式现场总线。这样可针对各种用途配备最合适的网络产品。如信息层的以太网，能使产品信息在世界各地进行传输；ELSECNET/10 令牌网，PC 至 PC 网络，用于 A 系列的 PLC 网络，提供 10Mbit/s 的高速数据传送；ELSECNET/H 令牌网，PC 至 PC 网络，用于 Q 系列的 PLC 的高速网络系统，提供 25Mbit/s 的高速数据传送；CC-Link 开放式现场总线，提供安全、高速、简便的连接，传输速率最高可达 10Mbit/s；另外，采用其他网络模块如 Profibus、DeviceNet、Modbus、AS-I 等，可以进行 RS-232/RS-422/RS-485 等串行数据通信，通过数据专线、电话线进行数据传送等多种通信方式。

本书主要就三菱 CC-Link 网络作一个简要介绍，其他网络请参考相关网络教材。

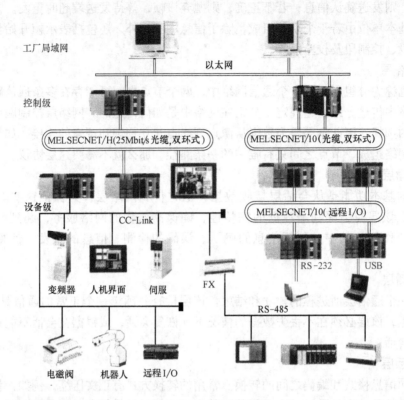

图 8-61　三菱网络系统

2. CC-Link 开放式现场总线

CC-Link 开放式现场总线是一种节省配线、信息化的网络，不但具备高实时性、分散控制、与智能设备通信、RAS 等功能，而且还提供了开放式的环境；提供安全、高速、简便的连接。CC-Link 网络传输速度：1.2km 为 156Kbit/s，100m 为 10Mbit/s。采用双

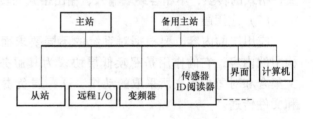

图 8-62　CC-Link 网络系统

绞线组成总线网，PLC 与 PLC 之间可一次传送 128 位元件和 16 字符，可加置备用主站，且具有网络监控功能，可进行远程编程，图 8-62 为 CC-Link 网络系统。

（1）CC-Link 通信的简介

CC-Link 网络是总线型网络，是利用总线把所有的设备连接起来。设备包括 PLC、变频器、远程 I/O、传感器、触摸屏等人机界面，它们共享一条通信传送链路，因此在同一时刻，网络上只允许一个设备发送信息。多个 PLC 只能一个为主站，其余为从站。

（2）CC-Link 网络的特点

1）远程 I/O 站通信：执行只有开关量的通信（远程输入 RX 和远程输出 RY）。

2）远程装置站通信：执行有开关量（远程输入 RX 和输出 RY）和数字量（远程寄存器）的通信。

3）主站和本地站之间的通信：在 $N:N$ 中，执行与开关量（远程输入 RX 和远程输出 RY）和数字量（远程寄存器）有关的主站和本地站之间的数据通信。

4）形成高速传输：

① 当设定传输速率为10Mbit/s时，即使连接最多64个站时，链接扫描（主站与远程站/本地站之间的通信）仍然能保持高速。

② 远程 I/O（RX，RY），2048 点，4ms。

③ 远程寄存器（RW_W，RW_R），512 点，7ms。

5）链接点数，在一个系统中可用于通信的点数为

远程输入（RX）：2048 点，远程输出（RY）：2048 点，远程寄存器（RW_W RW_R）：512 点。

对于一个远程站或本地站可处理的点数为

远程输入（RX）：32 点，远程输出（RY）：32 点，远程寄存器（RW）：8 点（RW_W：4 点，RW_R：4 点）。

6）防止系统瘫痪（站断开功能）：因为系统使用总线方式，即使有一个远程站或本地站由于电源断开等原因瘫痪，它也不会影响其他运行的远程站/本地站，并且模块使用两个端子块，模块可在数据链接期间更换。

7）预留站功能：通过设定使某站作为预留站而不实际连接（计划将来连接的站）。此站将不被处理为一个故障站。

8）错误无效站功能：因为电源断开等原因使站不能完成数据链接，在主站和本地站中能被作为不同于一个"数据链接故障站"处理。

9）RAS 功能：

① 自动返回功能。当由于断电等原因，一个站从链接状态断开后，重新恢复到正常状态时，此站能自动加入到链接中；

② 链接状态检测。利用在缓冲寄存器中的链接用特殊继电器（SB）和链接特殊寄存器（SW），可以检测当前的数据链接状态；

③ 诊断功能。用开关设置，可以检测硬件和电缆的情况。

8.9.3　FX PLC 作为 CC-Link 主站通信

1. 系统配置

系统配置如图 8-63 所示。FX2N-16CCL-M 是将 FX PLC 作为 CC-Link 主站通信模块，FX2N-16CCL-M 最多可以连接 7 个远程 I/O 站和 8 个远程设备站。

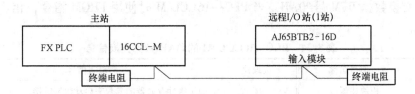

图 8-63　系统配置

2. 模块设置

1）主站设置：主站站号开关设置为"00"，模式开关设置为"0"，传输速率设置为"0"，条件设定全部为"0"。

2）远程 I/O 站设置：AJ65BTB2-16D 模块站号设置开关为"01"，传输速率/模式开关

全部设置为"0"。

3. 编程

1）FX-16CCL-M 缓冲寄存器（BFM）分配见表 8-32。其中，FX PLC 的 I/O 信号被分配到 FX-16CCL-M 模块的 BFM 的#AH 和#BH 中，通过 FROM 和 TO 指令进行读写交换数据。主从站交换数据分配见表 8-33 和表 8-34。

表 8-32　FX-16CCL-M 缓冲寄存器（BFM）分配

BFM 分配		内容	描述	读/写属性
十六进制	十进制			
#0H ~ 9H	#0 ~ 9	参数信息区域	存储信息（参数）进行数据链接	R/W
#AH ~ BH	#10 ~ 11	I/O 信号	控制主站 I/O 信号	R/W
#CH ~ 1BH	#12 ~ 27	参数信息区域	存储信息（参数）进行数据链接	R/W
#1CH ~ 1EH	#28 ~ 30	主站模块控制信号	控制主站模块信号	R/W
#20H ~ 2FH	#32 ~ 47	参数信息区域	存储信息（参数）进行数据链接	R/W
#E0H ~ FDH	#224 ~ 253	远程输入（RX）	存储来自远程站的输入状态	R
#160H ~ 17DH	#352 ~ 381	远程输入（RY）	输出状态存储到远程站	W
#1E0H ~ 21BH	#480 ~ 538	远程寄存器（RWw）	将传送的数据存储到远程站	W
#2E0H ~ 31BH	#736 ~ 795	远程寄存器（RWr）	存储来自远程站接收的数据	R
#5E0H ~ 5FFH	#1504 ~ 1535	链接特殊寄存器（SB）	存储数据链接状态	R/W
#600H ~ 7FFH	#1536 ~ 2047	链接特殊寄存器（SW）	存储数据链接状态	R/W

注：本表没有列出的 BFM 区域为禁止用户使用区。

表 8-33　PLC←16CCL-M 的#0AH 数据交换信息

读取位	输入信号名称	读取位	输入信号名称
b0	模块错误	b6	通过缓冲存储器的参数来启动数据链接的正常完成
b1	主站数据链接状态	b7	通过缓冲存储器的参数来启动数据链接的异常完成
b2	参数设定状态	b8	通过 E^2PROM 的参数来启动数据链接的正常完成
b3	其他站的数据链接状态	b9	通过 E^2PROM 的参数来启动数据链接的异常完成
b4	接收模块复位完成	b10	将参数记录到 E^2PROM 中去的正常完成
b5	禁止使用	b11	将参数记录到 E^2PROM 中去的异常完成
		b15	模块准备就绪

说明：交换数据 BFM 号#0AH，当 PLC←16CCL-M 时使用 FROM 指令，相当于 Q 系列 PLC 中的 X。

表 8-34　PLC→16CCL-M 的#0AH 数据交换信息

读取位	输入信号名称	读取位	输入信号名称
b0	模块错误	b6	通过缓冲存储器的参数来启动数据链接
b4	要求模块复位	b8	通过 E^2PROM 的参数来启动数据链接
		b10	将参数记录到 E^2PROM 中

说明：交换数据 BFM 号#0AH，当 PLC→16CCL-M 时使用 TO 指令，相当于 Q 系列 PLC 中的 Y。

2）编写的参考程序梯形图如图 8-64 所示。

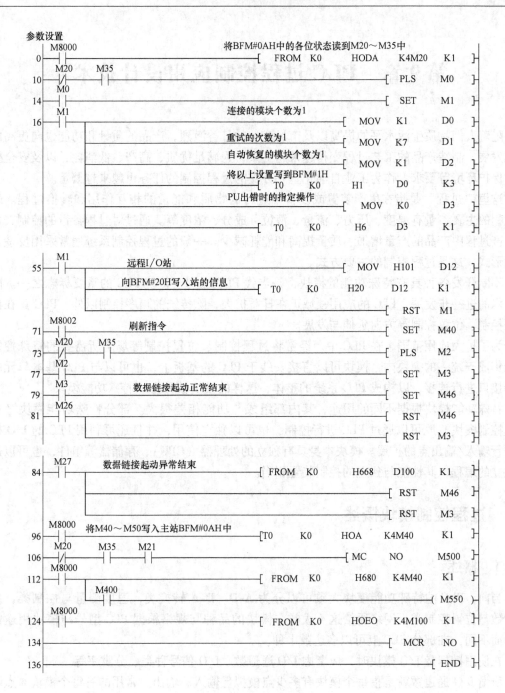

参数设置

```
       M8000                        将BFM#0AH中的各位状态读到M20～M35中
  0    ─┤├─────────────────────────[ FROM   K0     H0DA    K4M20   K1 ]
       M20   M35
 10    ─┤/├──┤├─────────────────────────────────────────[ PLS    M0 ]
       M0
 14    ─┤├─────────────────────────────────────────────[ SET    M1 ]
       M1                           连接的模块个数为1
 16    ─┤├───────────────────────────────────[ MOV    K1     D0 ]
                                     重试的次数为1
                                  ──[ MOV    K7     D1 ]
                                     自动恢复的模块个数为1
                                  ──[ MOV    K1     D2 ]
                                     将以上设置写到BFM#1H
                                  ──[ T0     K0     H1     D0     K3 ]
                                     PU出错时的指定操作
                                  ──[ MOV    K0     D3 ]
                                  ──[ T0     K0     H6     D3     K1 ]

       M1                           远程I/O站
 55    ─┤├───────────────────────────────────[ MOV    H101   D12 ]
                                     向BFM#20H写入站的信息
                                  ──[ T0     K0     H20    D12    K1 ]
                                  ──[ RST    M1 ]
       M8002                        刷新指令
 71    ─┤├─────────────────────────────────────────────[ SET    M40 ]
       M20   M35
 73    ─┤├──┤├─────────────────────────────────────────[ PLS    M2 ]
       M2
 77    ─┤├─────────────────────────────────────────────[ SET    M3 ]
       M3                           数据链接起动正常结束
 79    ─┤├─────────────────────────────────────────────[ SET    M46 ]
       M26
 81    ─┤├─────────────────────────────────────────────[ RST    M46 ]
                                  ──[ RST    M3 ]

       M27                          数据链接起动异常结束
 84    ─┤├───────────────────────────────────[ FROM   K0     H668   D100   K1 ]
                                  ──[ RST    M46 ]
                                  ──[ RST    M3 ]
       M8000  将M40～M50写入主站BFM#0AH中
 96    ─┤├───────────────────────[ T0     K0     H0A    K4M40   K1 ]
       M20   M35   M21
106    ─┤/├──┤├──┤├─────────────────────────────────────[ MC     N0     M500 ]
       M8000
112    ─┤├───────────────────────────────────[ FROM   K0     H680   K4M40   K1 ]
                M400
             ──┤├──────────────────────────────────────────( M550 )
       M8000
124    ─┤├───────────────────────────────────[ FROM   K0     H0E0   K4M100  K1 ]
134    ───────────────────────────────────────────────[ MCR    N0 ]
136    ───────────────────────────────────────────────[ END ]
```

图 8-64　参考程序梯形图

第 9 章 PLC 过程控制应用设计技术

随着人们物质生活水平的提高以及市场竞争的日益激烈，产品的质量和功能也向更高的档次发展，制造产品的工艺过程变得越来越复杂，为满足优质、高产、低消耗，以及安全生产、保护环境等要求，作为工业自动化重要分支的过程控制的任务也越来越繁重。

这里"过程"是指在生产装置或设备中进行的物质和能量的相互作用和转换过程。表征过程的主要参量有温度、压力、流量、液位、成分、浓度等。通过对过程参量的控制，可使生产过程中产品的产量增加、质量提高和能耗减少。一般的过程控制系统通常采用反馈控制的形式，这是过程控制的主要方式。

不断开发各种具有特殊功能的模块，是当代 PLC 区别于传统 PLC 的重要标志之一。随着技术的进一步发展，PLC 的应用领域正在日益扩大，除传统的顺序控制以外，PLC 正在向过程控制、位置控制等方向延伸与发展。

为了扩大应用范围，在 PLC 中，经常将过程控制、位置控制等场合所需要的特殊控制功能集成于统一的模块内，模块可以直接安装于 PLC 的基板上，也可以与 PLC 基本单元的扩展接口进行连接，以构成 PLC 系统的整体，这样的模块被称为"特殊功能模块"。

特殊功能模块根据不同的用途，其内部组成与功能相差很大。部分特殊功能模块（如位置控制模块）既可以通过 PLC 进行控制，也可以独立使用，并且还可利用 PLC 的 I/O 模块进行输入/输出点的扩展。模块本身具有独立的处理器（CPU）、存储器等组件，也可以进行独立的编程，其性能与独立的控制装置相当。

9.1 过程控制模块概述

9.1.1 概述

当前，PLC 的特殊功能模块大致可以分为 A-D、D-A 转换类，温度测量与控制类，脉冲计数与位置控制类，网络通信这 4 大类。模块的品种与规格根据 PLC 型号与模块用途的不同而不同，在部分 PLC 上可以多达数十种。

在使用模拟量 I/O 模块时，应考虑 I/O 通道数、I/O 信号种类、分辨率等。

所谓 I/O 通道数就是指每个模块有多少点模拟量输入、输出。常用的有每个模块 4 点隔离 I/O、8 点 I/O 或 16 点 I/O，16 点的常用多路切换器输入，构成多路数据采集系统。

模拟量 I/O 信号有电压和电流两种。电压信号电平有 $-10 \sim +10\text{V}$、$0 \sim 10\text{V}$、$-5 \sim +5\text{V}$、$0 \sim 5\text{V}$ 等几种。电流信号有 $4 \sim 20\text{mA}$、$0 \sim 20\text{mA}$、$0 \sim 10\text{mA}$ 等几种。常用的模拟 I/O 信号为 $0 \sim 5\text{V}$ 或 $4 \sim 20\text{mA}$。

在进行 A-D 或 D-A 转换时，使用的数字位数越多，能识别的模拟信号值越小，即分辨率越高。

（1）模拟量输入模块

模拟量输入信号大多是从传感器经过变换后得到的，按照国际电工委员会（IEC）的标准，模拟量输入信号为 4 ~ 20mA 电流信号，或 – 10 ~ + 10V、0 ~ 10V 的直流电压信号。输入模块接收这种模拟信号后，把它转换成 8 位、10 位或 12 位的二进制数字信号（最大值分别为 255、1023、4095），经过光电隔离，送给 PLC 的中央处理器（CPU）进行运算和处理。因此，模拟量输入模块又叫 A-D 转换输入模块。

（2）模拟量输出模块

模拟量输出模块是将中央处理器（CPU）的二进制数字信号（如 4095 等）转换成 4 ~ 20mA 的电流信号，或 1 ~ 5V、0 ~ 10V 的直流电压信号，以提供给执行机构。因此模拟输出模块又叫 D-A 转换输出模块。

通常，模拟输出模块有 2、4、8、16 路输出通道，这些通道既可设置为单端输出模式，也可设置为差分输出模式。当要求每个通道隔离输出时，常采用差分输出模式。

每个模拟输出通道与 CPU 之间，或每个模拟输出通道之间都有电隔离，从而防止由于输出过电压而损坏系统。

模拟输出模块是否需要外部电源（或用户电源），这取决于用户设备的类型。现在大多数模块都由 PLC 自身的电源系统提供电源，因而在计算电流负载时，要予以考虑。

那么到底如何解决过程控制中的问题呢？其实是解决下列单一问题，然后对单一问题进行有机的连接，即可完成过程控制任务。

1）过程控制中各设备的特性是怎样的；

2）过程控制中设备如何连接；

3）过程控制中设备的模拟量与数字量的转换关系是怎样的；

4）程序是怎么控制的。

9.1.2　模拟量模块工作原理

PLC 原是从继电器控制系统的产品基础上发展而成的。主要的控制对象是机电产品，以开关量居多。但许多实际生产控制中，控制对象往往既有开关量又有模拟量，因而 PLC 必须有处理模拟量的能力。如第 7 章介绍的 PLC 有许多功能指令，可以处理各种形式的数字量（16/32bit，整数/实数）。只需加上硬件的 A-D、D-A 接口，实现模-数转换，PLC 就可以方便地处理模拟量了。图 9-1 为模拟量处理的流程。从流程中可以看出，实际上用户程序中处理的就是与模拟量成比例的数字量。

将模拟量输入模块解析就是图 9-2 所示的系统框图。按上面流程图，要组成模拟量处理系统，我们要逐一解决以下问题：

1）可以接入 PLC 系统的模块接口的型号及主要技术数据；

2）怎样确定特殊功能模块的块号；

3）模拟量输入/输出信号怎样接线；

4）模拟量输入/输出单元中缓冲寄存器 BFM 的分配；

5）A-D、D-A 转换中的比例关系，以便处理工程单位与读入数值之间的换算；

6）怎样编写用户程序。

9.1.3　模块扩展连接的原则

特殊功能作为 FX 系列 PLC 的扩展模块时，通过模块自带扁平连接线和 PLC 的扩展接口相连接就可以，不需要作其他的连接。同样模块与模块之间的连接也只需要用模块自带的连

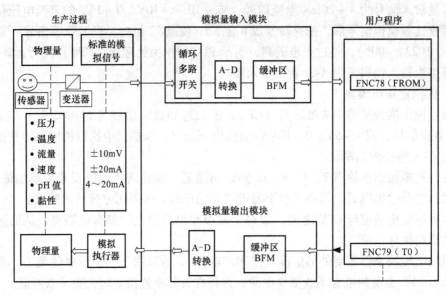

图 9-1　模拟量处理流程

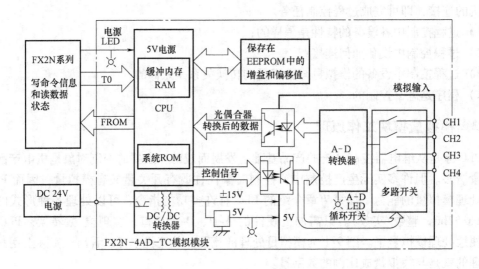

图 9-2　模拟量输入模块框图

接线进行连接。例如模拟输入模块，模拟输出模块和高速计数模块等，可以直接连接到 FX2N PLC 的主单元，或者连接到其他扩展模块或单元的右边。扩展模块连接示意如图 9-3 所示。

特殊模块扩展时必须符合以下两个原则：

1）扩展最多可以连接 8 个特殊模块；

2）扩展时系统 I/O 总点数不能超过 256 点。

图 9-3　扩展模块连接示意图

扩展模块编号是根据模块紧靠主单元的程度，每个特殊模块从主单元旁边开始依次从0~7进行编号。

9.2 PLC 过程控制编程指令

在 PLC 控制系统中，特殊功能模块一般作为 PLC 的扩展单元使用，模块的控制与检测需要通过 PLC 的程序进行。

为了能够方便地实现 PLC 对特殊功能模块的控制，并减少应用指令的条数，统一应用指令的格式，在三菱 PLC 的特殊功能模块中设置了专门用于 PLC 与模块间进行信息交换的缓冲存储器（Buffer Memory，BFM）。缓冲存储器数据中包括了模块控制信号位、模块参数等控制条件，以及模块的工作状态信息、运算与处理结果、出错信息等内容。

PLC 对模块的控制，只需要通过 PLC 的数据输出（TO，FNC79）指令在模块缓冲存储器的对应控制数据位中写入控制信号即可。同样 PLC 对模块的状态检测，也只需要通过 PLC 的数据阅读（FROM；FNC78）指令、读出对应的模块缓冲存储器数据即可。

对于 FX2N 系列以上版本的 PLC，还可采用模拟量读出指令（RD3A；FNC176）和模拟量写入指令（WR3A；FNC177），对 FX0N-3A、FX2N-5A 和 FX2N-2AD 模块编程。

因此，对于所有的特殊功能模块，PLC 的编程事实上只是不断利用 PLC 的读写指令对模块缓冲存储器进行读/写操作而已。为此，正确使用 PLC 的读写指令，是特殊功能模块编程的前提条件。

9.2.1 BFM 读/写指令

1. BFM 读出 FROM（FNC78）

FROM 是将特殊功能单元/模块的缓冲存储区（BFM）中的内容读入 PLC 的指令。图 9-4 是读特殊功能模块 FROM 指令的表现形式，其功能是将靠主单元的第 3 个（m_1 = K2）位置特殊功能模块的缓冲寄存器（BFM）K10（m_2 = K10）开始的 6 个（n = K6）数据读入基本单元并存于 D10 ~ D15 中（或者说：当 X10 为 ON 时，将 2 号特殊功能模块内 10 号缓冲寄存器 BFM#10 开始的 6 个数据读到基本单元，并存入 D10 ~ D15 中。若 X00 为 OFF，FROM 指令不执行）。

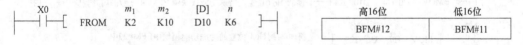

图 9-4　读特殊功能模块 FROM 指令　　　　　图 9-5　缓冲寄存器 32 位指定

图 9-4 中各操作数使用说明：

1）m_1：特殊功能模块位置编号（范围 0 ~ 7）。接在 FX2N 基本单元右边扩展总线上的功能模块（例如模拟量输入单元、模拟量输出单元、高速计数器等），从最靠近基本单元那个开始顺次编为 0 ~ 7 号。用户可使用的对象软元件有：D、R、K、H。

2）m_2：传送源缓冲寄存器首元件号（范围 0 ~ 32767）。在 32 位指令处理 BFM 时，指定的 BFM 为低 16 位，编号相连的 BFM 为高 16 位，如图 9-5 所示。用户可使用的对象软元件有：D、R、K、H。

3）n：待传送数据的字数（范围 1 ~ 32767）。用户可使用的对象软元件有：D、R、K、H。

4）D：传送目标软元件编号。用户可使用的对象软元件有：KnY、KnM、KnS、T、C、

D、R、V、Z。

图 9-4 所示的指令传送示意如图 9-6 所示。

m_2
[D·]
n个字
特殊单元的BFM
FX2N CPU的字元件

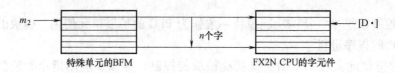

图 9-6　读特殊功能模块传送示意图

2 . BMF 写入 TO（FNC78M）

TO 指令是将数据从 PLC 中写入到特殊功能单元/模块的缓冲存储器区（BFM）中的指令。用本指令一次向多个缓冲区写入数据，但有可能发生看门狗定时器出错。

图 9-7 是写特殊功能模块 TO 指令的表现形式，是将基本单元从［S·］元件开始的 n 个字的数据，写到特殊功能模块 m_1 中编号为 m_2 开始的缓冲寄存器中。具体地讲：当 X11 为 ON 时，将 D20 的内容写入 2 号特殊模块的 10 号缓冲寄存器（BFM#10）中。

X11
TO
m_1
H2
模块位置号
m_2
K10
BFM号
[S]
D20
传送源
n
K1
传送点数

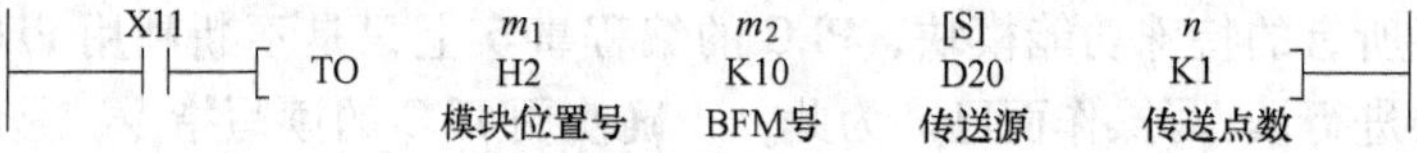

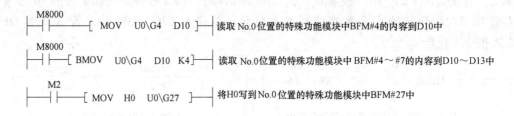

图 9-7　写特殊功能模块指令

m_1、m_2、n：使用同 FROM 指令时所讲的 m_1、m_2、n。

S：传送源数据软元件编号。用户可使用的对象软元件有：KnX、KnY、KnM、KnS、T、C、D、R、V、Z。

如用户在使用 FX3U 系列 PLC 时，也可使用 MOV、BMOV 指令，采用图 9-8 所示的程序进行读写操作。

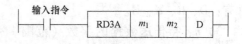

M8000
MOV　U0\G4　D10
读取 No.0位置的特殊功能模块中BFM#4的内容到D10中
M8000
BMOV　U0\G4　D10　K4
读取 No.0位置的特殊功能模块中 BFM#4～#7的内容到D10～D13中
M2
MOV　H0　U0\G27
将H0写到No.0位置的特殊功能模块中BFM#27中

图 9-8　写数据示例程序

9.2.2　模拟量模块读/写

1. 模拟量模块读出 RD3A（FNC176）

RD3A 是读取 FX0N-3A 块和 FX2N-2AD 模块的模拟量输入值的指令。图 9-9 为模拟量模块读出指令的表现形式。各操作数使用要点如下：

1）m_1：特殊模块编号。对于 FX3U 及以下版本型号的 PLC 可连接的模块编号为 K0 ~ K7；对于 FX3U（C）PLC 可连接的模块编号为 K1 ~ K7，其中的 K0 为内置的 CC-Link/LT 主站。

输入指令
RD3A
m_1
m_2
D

图 9-9　RD3A 模拟量模块读取指令表现形式

2）m_2：模拟量输入通道的编号。对于连接的 FX0N-3A 模块：K1 为通道 1，K2 为通道 2；对于连接的 FX2N-2AD 模块：K21 为通道 1，K22 为通道 2。

3）D：保存从模拟量模块中读出数据的数值。FX0N-3A 模块：0 ~ 255（8 位）；FX2N-2AD 模块：0 ~ 40995（12 位）。

2. 模拟量模块写入 WD3A（FNC177）

WD3A 是向 FX0N-3A 及 FX2N-2AD 模拟量模块写入数字值的指令。图 9-10 为模拟量模块的读出指令的表现形式。各操作数使用要点如下：

图 9-10　WD3A 模拟量模块写入指令表现形式

1）m_1：特殊模块编号。对于 FX3U 及以下版本型号的 PLC 可连接的模块编号为 K0 ~ K7；对于 FX3U(C) PLC 可连接的模块编号为 K1 ~ K7，其中的 K0 为内置的 CC-Link/LT 主站。

2）m_2：模拟量输入通道的编号。对于连接的 FX0N-3A 模块：K1 为通道 1，K2 为通道 2；对于连接的 FX2N-2AD 模块：K21 为通道 1，K22 为通道 2。

3）S：指定输出到模拟量模块的数值。FX0N-3A 模块：0 ~ 255（8 位）；FX2N-2AD 模块：0 ~ 40995（12 位）。

9.2.3　变量指令

1. VRRD 读变量（FNC85）

VRRD 是电位器数值读取指令。电位器数值读取指令可以通过 FX2N-8AV-BD 型模拟量功能扩展板将 8 个 8 位二进制数（0 ~ 255）传送到 PLC 中，FX2N-8AV-BD 型模拟量功能扩展板上有 8 个可调电位器 VR0 ~ VR7，旋转 VR0 ~ VR7 的可调电位器旋钮，可以调整输入的数值，数值在 0 ~ 255 之间，如果需用大于 255 以上的数值，可以用乘法指令将数值变大。

图 9-11 是指令的使用示例及操作数说明。

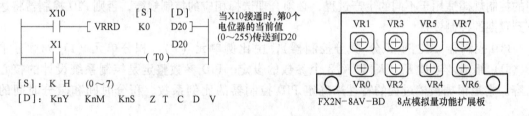

图 9-11　VRRD 指令示例

【例 9-1】　用 FX2N-8AV-BD 型模拟量功能扩展板设定 8 个定时器 T10 ~ T17 的设定值。

首先将 FX2N-8AV-BD 型模拟量功能扩展板安装在 FX2N 型 PLC 的基本单元上。旋转扩展板上的可调电位器旋钮 VR0 ~ VR7，以 VR0 ~ VR7 的刻度值分别作为 T0 ~ T7 的外部输入设定值。参考程序如图 9-12 所示。

2. VRSC 变量整标（FNC86）

VRSC 电位器刻度读取指令，可以把模拟量功能扩展板作为 8 个选择开关来使用。

图 9-13 是指令的使用示例及说明。

9.2.4　PID 控制指令

工业生产过程中，对于生产装置的温度、压力、流量、液位等工艺变量常常要求维持在

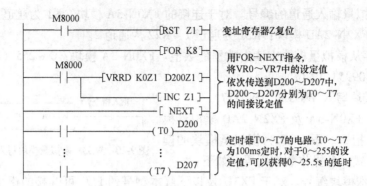

图 9-12　示例参考程序

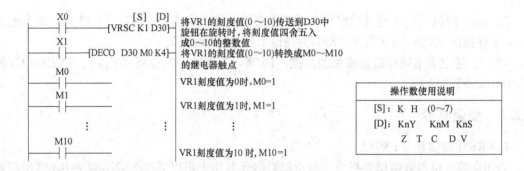

图 9-13　VRSC 指令使用示例

一定的数值上，或按一定的规律变化，以满足生产工艺的要求。PID 控制器是根据 PID 控制原理对整个控制系统进行偏差调节，从而使被控变量的实际值与工艺要求的预定值一致。不同的控制规律适用于不同的生产过程，必须合理选择相应的控制规律，否则 PID 控制器将达不到预期的控制效果。

PID 控制器（比例-积分-微分控制器），由比例单元（P）、积分单元（I）和微分单元（D）组成。通过 K_p、K_i 和 K_d 3 个参数的设定。PID 参数整定是控制系统设计的核心内容。它是根据被控过程的特性来确定 PID 控制器的比例系数、积分时间和微分时间的大小。

（1）PID 指令说明

PID 运算指令可进行 PID 回路控制的 PID 运算程序。在达到采样时间后的扫描时进行 PID 运算，指令是将当前过程值［S2］与设定值［S1］之差送到 PID 环中计算，得到当前输出控制值送到目标单元中。或者说 PID 指令是为了接近目标值（SV）而组合 P（比例动作）、I（积分动作）、D（微分动作），从测定值（PV）计算输出值（MV）的指令。PID 指令的控制框图如图 9-14 所示。指令表现形式如图 9-15 所示。

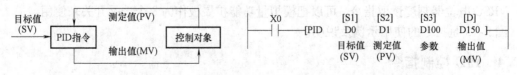

图 9-14　PID 指令控制框图　　　　　　　　图 9-15　PID 指令表现形式

（2）参数设定

1）控制参数的设定：控制用参数设定值需在 PID 运算开始前，通过 MOV 指令预先写入。若使用停电保持型数据寄存器，在 PLC 断电后，设定值保持，就不需要再重复地写入处理了。

该指令中［S3］指定了 PID 运算的参数表首地址。共占用 25 个数据寄存器。参数设定内容如下。

D100：采样时间（Ts）　设定范围为 1 ~ 32767ms（若设定值比扫描周期短，则无法执行）

D101：动作方向（ACT），D101 各位指定意义如下：

bit0 = 0 正向动作　　　　　　　bit0 = 1 反向动作

bit1 = 0 无输入变化量报警　　　bit1 = 1 输入变化量报警有效

bit2 = 0 无输出变化量报警　　　bit2 = 1 输出变化量报警有效

bit3　不可使用

bit4 = 0 不执行自动调节　　　　bit4 = 1 执行自动调节

bit5 = 0 不设定输出值上下限　　bit5 = 1 输出上下限设定有效

bit6 ~ bit15 不可使用

另外，bit2 和 bit5 不能同时为 1。

D102：输入滤波常数（α）设定范围　0 ~ 99%　　　　　　　0 时无输入滤波

D103：比例增益（K_p）　设定范围　1 ~ 32767%

D104：积分时间（T_i）　设定范围　0 ~ 32767（ × 100ms）　0 时作为 ∞ 处理（无积分）

D105：微分增益（K_d）　设定范围　0 ~ 100%　　　　　　　0 时无积分增益

D106：微分时间（T_n）　设定范围　0 ~ 32767（ × 100ms）　0 时无微分处理

D107 ~ D119：PID 运算的内部处理占用，用户不能使用

D120：输入变化量（增量方向）报警设定值：0 ~ 32767　　（D101 的 bit1 = 1 时有效）

D121：输入变化量（减量方向）报警设定值：0 ~ 32767　　（D101 的 bit1 = 1 时有效）

D122：输出变化量（增量方向）报警设定值：0 ~ 32767　　（D101 的 bit2 = 1，bit5 = 0 时有效）

另外，输出上下限设定值：−32768 ~ 32767（D101 的 bit2 = 1，bit5 = 1 时有效）

D123：输出变化量（减量方向）报警设定值　0 ~ 32767（D101 的 bit2 = 1，bit5 = 0 时有效）

另外，输出上下限设定值：−32768 ~ 32767（D101 的 bit2 = 1，bit5 = 1 时有效）

D124：报警输出

bit0 = 1 输入变化量（增量方向）溢出报警；bit1 = 1 输入变化量（减量方向）溢出报警；

bit2 = 1 输出变化量（增量方向）溢出报警；bit3 = 1 输出变化量（减量方向）溢出报警；

注 1：D101 的 bit1 = 1 或 bit2 = 1 时溢出报警有效。

注 2：有关 D101 的 bit0 动作方向设定意义如图 9-16、图 9-17 所示。

正动作：D101 的 bit0 = 0 为正向动作。针对目标值（SV），随着测定值（PV）的增加，输出（MV）也增加。例如：制冷正动作，如图 9-16 所示。

逆动作：D101 的 bit0 = 1 为逆动作。针对目标值（SV），随着测定值（PV）的减少，输出（MV）也增加。例如：加热逆动作，如图 9-17 所示。

正动作/逆动作和测定值、输出值、目标值三者之间的关系如图 9-18 所示。

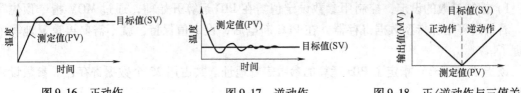

图 9-16　正动作　　　　　　　图 9-17　逆动作　　　　　　图 9-18　正/逆动作与三值关系

2）控制参数说明：可以同时多次执行（循环次数无限制），但要注意，用于运算的源（S3）或目标（D）软元件号码不得重复。

PID 指令在定时器中断、子程序、步进梯形图，跳转指令中也可使用，但需在执行 PID 指令前清除［S3］+7 单元后再使用，如图 9-19 所示。

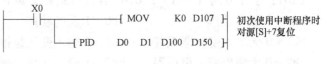

图 9-19　PID 指令使用说明图

采样时间 T_s 的最大误差为：$-$（1 个扫描周期 $+1$ms）$\sim +$（1 个扫描周期），采样时间 T_s 较小时，要用恒定扫描模式，或在定时器中断程序中编程。

如果采样时间 T_s 小于等于 1 个扫描周期，则发生下述的运算错误（错误代码为 K6740），并以 $T_s =$ 1 个扫描周期执行 PID 运算，在此种情况下，建议最好在定时器中断（I6□□～I8□□）中使用 PID 指令。

输入滤波常数具有使测定值平滑变化的效果。

微分增益具有缓和输出值剧烈变化的效果。

3）输入、输出变化量报警设定　使［S3］+1（Act）的 bit1 = 1，bit2 = 1 时，用户可任意检测输入/输出变化量的检测。检测按［S3］+20～［S3］+23 的值进行。超出设定的输入/输出变化值时，作为报警标志［S3］+24 的各位在其 PID 指令执行后立即为 ON。

变化量：变化量 = 上次的值 − 本次的值。

（3）自动调节功能

使用自动调节功能可以得到最佳的 PID 控制，用阶跃反应法自动设定重要常数（动作方向（［S3］+1）的 bit0）、比例增益（［S3］+3）、积分时间（［S3］+4）、微分时间（［S3］+6）。

自动调节方法：

1）传送自动调节用的（采样时间）输出值至（D）中，这个自动调节用的输出值应根据输出设备在输出可能最大值的 50% ～100% 范围内选用。

2）设定自动调节的采样时间、输入滤波、微分增益以及目标值等。为了正确执行自动调节，目标值的设定应保证自动调节开始时的测定值与目标值之差要大于 150 以上。若不能满足大于 150 以上，可以先设定自动调节目标值，待自动调节完成后再次设定目标值。

自动调节时的采样时间必须大于 1s 以上。并且要远大于输出变化的周期时间。

3）设 D101 的 bit4 = 1，则自动调节开始。自动调节开始时的测定值达到目标值的变化量 1/3 以上时自动调节结束，bit4 自动为 0。

注意：自动调节应在系统处于稳态时进行，如在不稳定状态开始，否则不能正确进行自动调节。

（4）PID 控制器的参数整定方法

PID 控制器的参数整定是控制系统设计的核心内容。一般多是先确定采样周期，再确定比例系数 K_p，然后是积分常数 K_i，最后是微分常数 K_d。而且这些参数的选定多数靠人们的经验积累，在现场调试中具体确定。大体步骤如下：

1）选择合适的采样周期让系统工作

对于温度系统，一般为 $10 \sim 20s$。

对于流量系统，一般为 $1 \sim 5s$，优先考虑 $1 \sim 2s$。

对于压力系统：一般为 $3 \sim 10s$，优先考虑 $6 \sim 8s$。

对于液位系统：一般为 $6 \sim 8s$。

以上数据也仅仅是一个参考数据。

2）选定合适的比例带、积分常数、微分常数使系统运行。

在实际调试中，只能先大致设定一个经验值，然后根据调节效果修改。

对于温度系统：P：$20 \sim 60$，I：$3 \sim 10$，D：$0.5 \sim 3$

对于流量系统：P：$40 \sim 100$，I：$0.1 \sim 1$

对于压系统：P：$30 \sim 70$，I：$0.4 \sim 3$

对于液位系统：P：$20 \sim 80$，I：$1 \sim 5$

3）在实际中有人总结 PID 调整方法经验如下，供读者参考。

参数整定找最佳，从小到大顺序查。

先是比例后积分，最后再把微分加。

曲线振荡很频繁，比例度盘要放大。

曲线漂浮绕大弯，比例度盘往小扳。

曲线偏离恢复慢，积分时间往下降。

曲线波动周期长，积分时间再加长。

曲线振荡频率快，先把微分降下来。

动差大来波动慢，微分时间应加长。

理想曲线两个波，前高后低 4 比 1。

【例 9-2】　温度闭环控制系统如图 9-20 所示。用 FX2N-48MR 基本单元的输出驱动电加热器给温度箱加温，由热电偶检测温度箱温度的模拟信号经模拟输入模块 FX2N-4AD-PT 进行模数转换，PLC 执行程序，调节温度箱温度保持在 $+50℃$。

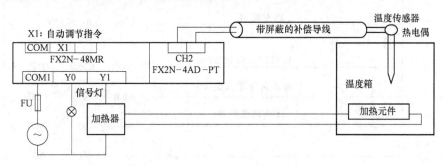

图 9-20　温度闭环控制系统图

　　试编制程序，控制系统稳定运行。

　　示例分析，首先要确定系统中 PID 所需的参数，本例所设定的 PID 参数见表 9-1。确定编制参考程序如图 9-21 所示。

表 9-1　PID 参数设定表

目标值	设定内容		软　元　件	自动调节	PID 控制
参数设定	温度	（S1）	D200	500（50℃）	500（50℃）
	采样时间（T_s）	（S3）	D210	3000（ms）	500（ms）
	输入滤波（α）	（S3）+2	D212	70%	70%
	微分增益（K_D）	（S3）+5	D215	0%	0%
	输出值上限	（S3）+22	D222	3000（ms）	500（ms）
	输出值下限	（S3）+23	D223	0	0
动作方向（ACT）	输入变化量报警	（S3）+1bit1	D211	bit1=1（无）	bit1=1（无）
	输出变化量报警	（S3）+1bit2		bit2=1（无）	bit2=1（无）
	输出值上下限设定	（S3）+1bit5		bit5=1（有）	bit5=1（有）
输出值		[D]	Y1	1800（ms）	根据运算

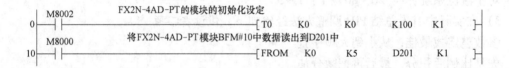

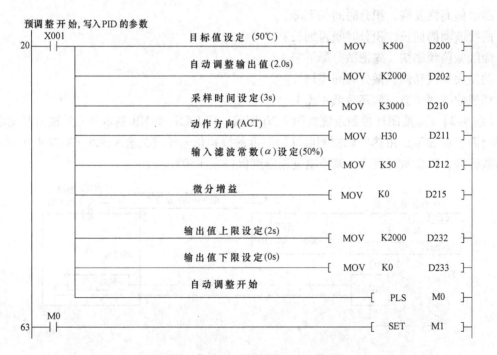

图 9-21　参考程序

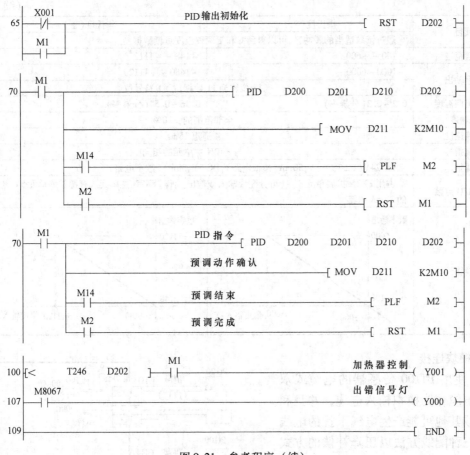

图 9-21　参考程序（续）

9.3　模拟量 I/O 模块

9.3.1　FX2N-4AD-PT 模拟量输入模块

1. 概述

FX2N-4AD-PT 模拟特殊模块将来自 4 个铂温度传感器（PT100，3 线，100Ω）的输入信号放大，并将数据转换成 12 位的可读数据，存储在主处理单元（MPU）中。摄氏度和华氏度数据都可读取。

所有的数据传输和参数设置都可以通过 FX2N-4AD-PT 的软件控制来调整；由 FX2NPC 的 TO/FROM 应用指令来完成。

2. 性能规格

主要性能指标见表 9-2。

表 9-2　FX2N-4AD-PT 性能指标

项目	摄氏度（℃）	华氏度（℉）
	通过读取适当的缓冲区，可以得到℃和℉两种温度可读数据	
传感器电流	1mA 传感器：100Ω PT100	

（续）

项目	摄氏度（℃）	华氏度（℉）
	通过读取适当的缓冲区，可以得到℃和℉两种温度可读数据	
补偿范围	−100 ~ +600	−148 ~ +1112
数字输出	−1000 ~ 6000	−1480 ~ +11120
	12 位转换 11 数据位 + 1 符号位	
最小可测温度	0.2 ~ 0.3（分辨率）	0.36 ~ 0.54（分辨率）
总精度	全部范围的±10%	
转换速度	4 通道 15ms	
环境指标	与 FX2N 主单元的相同	
电源指标	DC 24V（1±10%）V,50mA（模拟电路）；DC 5V,30mA（数字电路）	
占用 I/O 点数	占用 FX2N 扩展单元 8 点（可分配成输入或输出）消耗 FX2N 主单元或有源扩展单元 5V 电源槽的 30mA 电流	
转换特性	数字输出 +6000 −100 −1000 +600 温度输入/℃	数字输出 +11120 −148 −1480 +11120 温度输入/℉

3. 模块连接

1）使用 PT100 传感器的电缆或双绞屏蔽电缆作为模拟输入电缆，并且和电源线或其他可能产生电气干扰的电线隔开。三种配线方法以压降补偿的方式来提高传感器的精度。

2）如果存在电气干扰，将外壳地线端子（FG）连接 FX2N-4AD-PT 的接地端与主单元的接地端。可行的话，在主单元使用 3 级接地。

3）PLC 的外部或内部的 24V 电源都可使用。接线如图 9-22 所示。

4. 缓冲存储器（BFM）分配

FX2N-4AD-PT 缓冲存储器共有 31 个，常用 BFM 分配见表 9-3。表中带 * 号的缓冲存储器属性为可读可写；不带 * 号的缓冲存储器属性为只读。

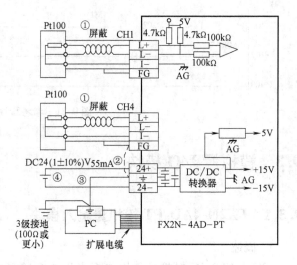

图 9-22　FX2N-4AD-PT 接线图

表 9-3　FX2N-4AD-PT 模块常用 BFM 分配表

BFM	内　　容	说　　明
* #1-#4	CH1 ~ CH4 的采样点数设定值（1 ~ 4096），默认值 =8	被平均的采样值被分配给 BFM#1 ~ #4。只有 1 ~ 4096 的范围是有效的。溢出的值将被忽略
* #5-#8	CH1 ~ CH4 在 0.1℃ 单位下的平均温度	平均摄氏温度数据保存在 BFM 的#5 ~ #8 中
* #9-#12	CH1 ~ CH4 在 0.1℃ 单位下的当前温度	摄氏温度的当前数据保存在 BFM 的#9 ~ #12 中
* #13-#16	CH1 ~ CH4 在 0.1℉ 单位下的平均温度	平均华氏温度数据保存在 BFM 的#13 ~ #16 中
* #17-#20	CH1 ~ CH4 在 0.1℉ 单位下的当前温度	华氏温度的当前数据保存在 BFM 的#9 ~ #12 中
#30	识别号 K2040	可依此判断模块是否在线

5. 编程实例

【例 9-3】　某测温系统中，FX2N-4AD-PT 模块占用特殊模块 1 的位置（这是第 2 个紧靠 PLC 的单元）。平均数量是 200。输入通道 CH1～CH4 以℃表示的平均值分别保存在数据寄存器 D20～D23 中。

1）当 CH2、CH3 温差大于 35℃时高温指示灯 Y2 就会闪烁（每秒 1 次）；

2）当 CH2、CH3 温差小于或等于 25℃时低温指示灯 Y0 就会闪烁（每秒 1 次）；

3）当 CH2、CH3 温差 25～35℃时 Y1 指示灯会输出。

编制程序如图 9-23 所示。

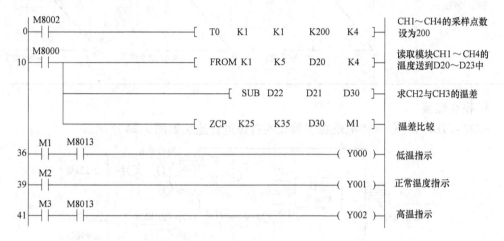

图 9-23　实例程序

9.3.2　FX2N-2DA 模拟量输出模块

1. 概述

FX2N-2DA 输出模块的功能是把 CPU 的数字信号量转换为模拟量，将 12 位的数字值转换成 2 点模拟输出（电压输出和电流输出），以便控制现场设备。转换的输出的通道数有两个。

使用 FROM/TO 指令与 PLC 进行数据传输。

2. 性能规格

FX2N-2DA 性能规格见表 9-4。

表 9-4　输出特性

项　　目	电压输出	电流输出
模拟输出范围	出厂时，对于 DC 0～10V 的模拟电压输出，调整的数字范围是 0～4000。当使用 FX2N-2DA 并通过电流输入或通过 DC 0～5V 输出时，就有必要通过偏置和增益调节器进行再调节	
	DC 0～10V，DC 0～5V（外部负载阻抗为 2kΩ～1MΩ）	4～20mA（外部负载阻抗≤500Ω）
数字输入	12 位	
分辨率	2.5mV（10V/4000）1.2mV（5V/4000）	4μA（4～20 mA 时）/4000
集成精度	±1%（全范围 0～10V）	±1%（全范围 4～20mA）
处理时间	4ms/1 通道（顺序程序和同步）	
电源特性	DC 24（1±10%）V 50mA（模拟电路），来自于主电源的内部电源供应 DC 5V 20mA（数字电路），来自于主电源的内部电源供应	

（续）

项　目	电压输出	电流输出
占用 I/O 点数	模块占用 8 个输入或输出点（可为输入或输出）	
隔离	在模拟电路和数字电路之间用光耦合器进行隔离；主单元的电源用 DC/DC 转换器进行隔离；模拟通道之间不进行隔离（FX2N-2DA 消耗 DC 5V 电源 20mA 的电流）	
输出特性	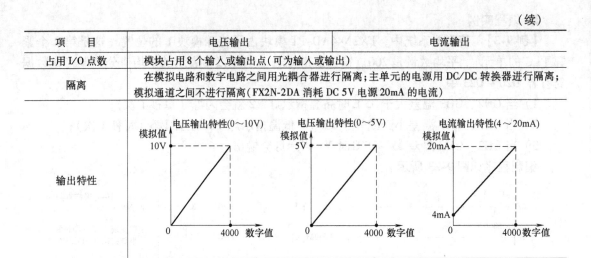	

3. 模块连接

FX2N-2DA 和主单元用电缆在主单元的右边进行连接如图 9-24 所示。

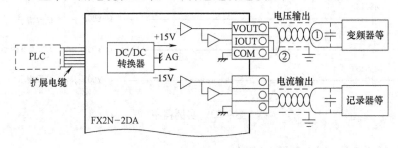

图 9-24　FX2N-2DA 接线图

①当电压输出存在波动或有大量噪声时，在该处连接 0.1～0.47μF DC 25V 的电容。

②对于电压输出，必须对 IOUT 和 COM 进行短路，如图所示。

4. 编程与控制

缓冲存储器（BFM）分配见表 9-5。

表 9-5　FX2N-2DA 缓冲存储器分配表

BFM 编号	b15 ~ b8	b7 ~ b3	b2	b1	b0
#0 ~ #15	保留				
#16	保留	输出数据的当前值（8 位数据）			
#17	保留		通过将 1 改变成 0，D-A 低 8 位数据保持	通过将 1 改变成 0，通道 1D-A 转换开始	通过将 1 改变成 0，通道 2D-A 转换开始
#18 或更大	保留				

编程时注意：

BFM#16：由 BFM#17（数字值）指定的通道的 D-A 转换数据被写。D-A 数据以二进制形式，并以下端 8 位和高端 4 位两部分的顺序进行写。

FX2N-2DA 模块在转换数据是 12 位数据，转换时当前值只能保持 8 位数据，所以在编制程序时，必须分两次传输，即先传送低 8 位，并用程序使低 8 位保持，再传送高 4 位。

5. 编程实例

【例 9-4】　FX2N-2DA 模块连接在 FX2N 系列 PLC 的 No：0 号位置，当 X000 和 X001 接通时，分别执行通道 1 和通道 2 的数字到模拟的转换。

编制程序如图 9-25 所示（实际本程序是 FX2N-2DA 模块输出规则的程序）。

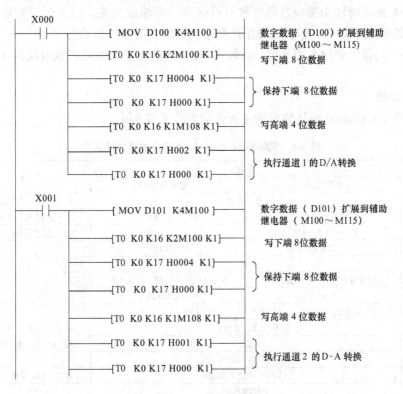

图 9-25　程序实例

6. 检查

（1）接线检查

1）确认 FX2N-2DA 的输出布线和扩展电缆的连接是否正确。

2）确认"与 PLC 的连接"中所描述的条件是否满足。

3）当产品出厂时，其输出特性调整为 DC 0～10V。如果需要不同的输出特性，请根据需要进行调整。

4）电压输出和电流输出的混合使用也是可以的。

（2）错误检查

当 FX2N-2DA 不能进行正常工作时，确认下述各项。

1）确认电源 LED 的状态。

亮起：扩展电缆已正确连接；灭或闪烁：确认扩展电缆的正确连接与否。

2）确认是否外部布线正确。

3）确认连接到模拟输出端子的外部设备，其负载阻抗是否对应于 FX2N-2DA 的要求。

4）使用电压确认输出电压值和输出电流值。确认输出特性的数字到模拟的转换。当已转换的 D-A 值不适合于输出特性时，根据表 9-4 的输出特性进行调整，对偏置和增益进行再调整。出厂时，其输出特性为 DC 0～10V。

9.3.3　A-D、D-A 转换一体化模块

FX 系列特殊功能模块中还有一种一体化模块，如 FX0N-3A、FX2N-5A 等。

1. 概述

FX0N-3A 模拟特殊功能块有两个输入通道和一个输出通道。输入通道接收模拟信号并将模拟信号转换成数字值。输出通道采用数字值并输出等量模拟信号。

FX0N-3A 的最大分辨率为 8 位。在输入/输出基础上选择的电压或电流由用户接线方式决定。

2. 性能规格

1）FX0N-3A 模块的 A-D 转换的主要性能参数见表 9-6。

表 9-6　FX0N-3A 模块 A-D 转换主要性能参数

项目	参数		备　　注
	电压输入	电流输入	
输入点数	2 点（通道）		2 通道输入方式必须一致
输入要求	DC 0 ~ 10V	DC 4 ~ 20mA	2 通道输入方式必须一致
输入极限	DC −0.5 ~ 15V	DC −2 ~ +60mA	输入超过极限可能损坏模块
输入阻抗	≤200kΩ	≤250kΩ	
数字输出	8 位		0 ~ 255
分辨率	40mV（DC 0 ~ 10V 输入）	64μA（DC 4 ~ 20mA 输入）	
转换精度	±0.1V	±0.16mA	
处理时间	2 × TO 指令执行时间 + 1 × FROM 指令执行时间		
调整	偏移调节/增益调节		电位器调节
输出隔离	光耦合		模拟电路与数字电路间
占用 I/O 点数	占用 I/O 点数 8 点		
消耗电流	24V/90mA；5V/30mA		需要 PLC 供给
编程指令	FROM/TO		

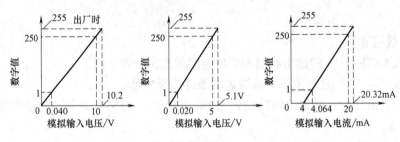

2）FX0N-3A 模块的 D-A 转换的主要性能参数见表 9-7。

表 9-7　FX0N-3A 模块 D-A 转换主要性能参数

项目	参数		
	电压输出	电流输出	
输出点数	1 点（通道）		
输出范围	DC 0 ~ 10V	DC 4 ~ 20mA	
负载阻抗	≥1kΩ	≤500Ω	
数字输入	8 位		0 ~ 255
分辨率	40mV（DC 0 ~ 10V 输出）	64μA（DC 4 ~ 20mA 输入）	

（续）

项目	参数		
	电压输出	电流输出	
转换精度	±0.1V	±0.16mA	
处理时间	3×TO 指令执行时间		
调整	偏移调节/增益调节	电位器调节	
输出隔离	光电耦合	模拟电路与数字电路间	
输出特点	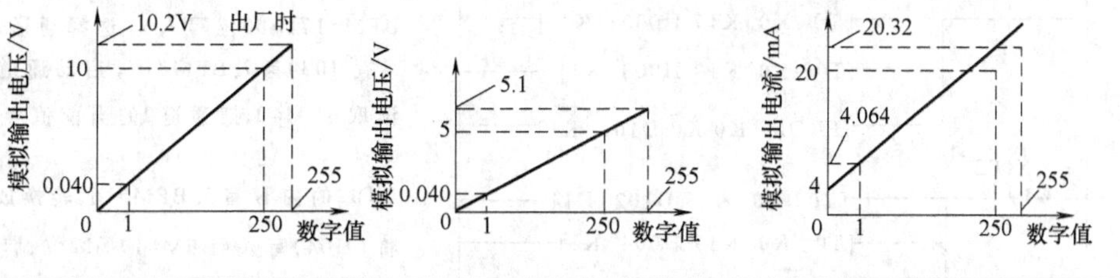		

3. 模块连接

FX0N-3A 模块通过扩展电缆与 PLC 基本单元或扩展单元相连接，通过 PLC 内部总线传送数字量，接线如图 9-26 所示。

注：选用电流输入时，将端子 VIN 和 IN 相连接；作电流输出时不要将 VOUT 和 IOUT 连接。

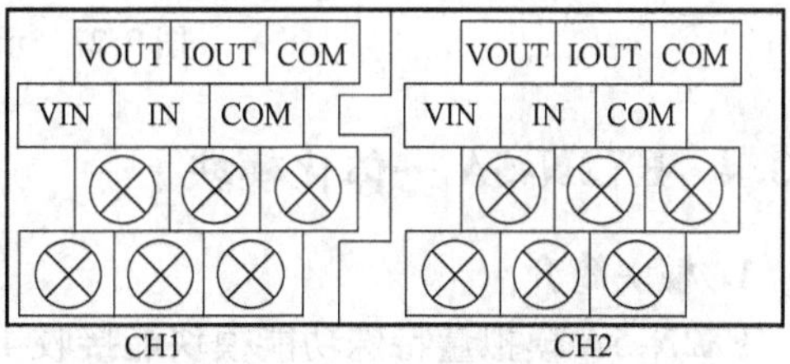

4. 编程与控制

FX0N-3A 模块的使用与编程与前述的

图 9-26　FX0N-3A 模块接线图

A-D、D-A 转换模块一样，只需要通过 PLC 的 TO 指令（FNC79）、FROM 指令（FNC78）进行控制信号的写入和数字量的读出即可。FX0N-3A 模块存储器（BFM）分配见表 9-8。

表 9-8　FX0N-3A 模块存储器（BFM）分配表

BFM 编号	b15～b8	b7～b3	b2	b1	b0
#0	保留	通过 BFM#17 的 b0 选择的 A-D 通道的当前值输入数据（以 8 位数据存储）			
#16		在 D-A 通道上的当前值输出数据（以 8 位数据存储）			
#17	保留		D-A 启动	A-D 启动	A-D 通道
#1～#5,#18～#31	保留（不给用户使用）				

BFM#17：通道选择与转换启动信号，通过 TO 指令来设定。其中 b0～b2 的位指定意义如下：

b0：A-D 转换通道选择，b0==0 选择通道 1，b0==1 选择通道 2；

b1：由 0 改为 1 启动 A-D 转换（先将 b1 位用程序写入 0，再用程序将 b1 位写入 1）；

b2：由 0 改为 1 启动 D-A 转换（先将 b2 位用程序写入 0，再用程序将 b2 位写入 1）。

5. 编程实例

【例 9-5】　假设某系统的控制要求如下，使用 FX0N-3A 模块进行以下操作。

当输入 X0 为 1 时，需要将模拟量输入 1 进行 A-D 转换，并且将转换结果读入到 PLC 的数据寄存器 D100 中；

当输入 X1 为 1 时，需要将模拟量输入 2 进行 A-D 转换，并且将转换结果读入到 PLC 的数据寄存器 D101；

当输入 X2 为 1 时，需要将 PLC 的数据寄存器 D102 中的数字量转换为 DC 0～10V 的模拟量输出。

编制 PLC 控制程序如图 9-27 所示。

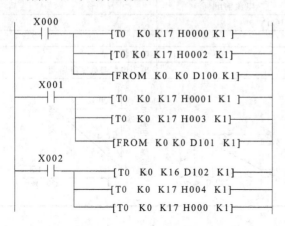

X000		
[T0 K0 K17 H0000 K1]	BFM#17的b0位写入0，选择通道1
[T0 K0 K17 H0002 K1]	BFM#17的b1位写入1，启动通道1的A-D转换
[FROM K0 K0 D100 K1]	读取BFM#0，把通道1的当前值存入D100
X001	
[T0 K0 K17 H0001 K1]	BFM#17的b0位写入1，选择通道2
[T0 K0 K17 H003 K1]	将（H03）写入BFM#17，启动通道2的A-D转换
[FROM K0 K0 D101 K1]	读取BFM#0，把通道2的当前值存入D101
X002	
[T0 K0 K16 D102 K1]	D102的内容写入BFM#16，转换成模拟输出
[T0 K0 K17 H004 K1]	将（H04）写入#BFM#17的b2位，启动D-A转换
[T0 K0 K17 H000 K1]	恢复控制字

图 9-27　示例 PLC 控制程序

9.3.4　FX2N-5A 一体化模块

1. 模块简介

FX2N-5A 模拟量特殊功能模块能接收 4 路输入通道的模拟量和输出 1 路通道的模拟量。

输入通道使用 PLC 主单元 TO 指令设定有效选择接收电压输入或电流输入信号，并将模拟量信号转换成相应的数字值。用指令来选择每个通道的不同模拟量输入信号的类型。

输出通道获取一个数值并且输出一个相应的模拟量信号，使用 PLC 指令选择输出类型。

2. 性能规格

（1）FX2N-5A 模块的电流/电压输入规格（见表 9-9）

表 9-9　FX2N-5A 模块电流/电压输入规格性能表

项目	电压输入	电流输入
模拟量输入范围	DC −10 ~ 10V（输入电阻:200kΩ）	DC −20 ~ +20mA，DC +4 ~ +20mA（输入电阻:250Ω）
最大绝对输入	±15V	±30mA
数字量输出	带符号16位的二进制数	带符号15位的二进制数
分辨率	5mV	10μA
输入特性（常用部分）		

（2）FX2N-5A 模块的电流/电压输出规格（见表9-10）

表 9-10　FX2N-5A 模块电流/电压输出规格性能表

项目	电压输出	电流输出
输出范围	DC－10～10V（输入电阻：200kΩ）	DC 0～+20mA, DC +4～+20mA（输入电阻：250Ω）
数字输出	带符号12位的二进制数	10 位的二进制数
分辨率	5mV	10μA
输出特性（常用部分）	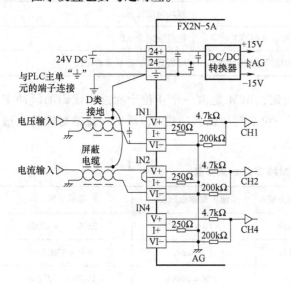	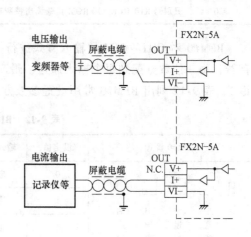

3. 模块连接

FX5N-5A 模块通过扩展电缆与 PLC 基本单元或扩展单元相连接，通过 PLC 内部总线传送数字量。输入和输出接线如图 9-28、图 9-29 所示。选择输入和输出方式时，同时编写的 PLC 程序设置也要与之对应。

图 9-28　FX5N-5A 模块输入接线图　　　　　图 9-29　FX5N-5A 模块输出接线图

4. BFM 分配及说明

FX2N-5A 模块的使用与编程与前述的 A-D、D-A 转换模块一样，只需要通过 PLC 的 TO 指令（FNC79）、FROM 指令（FNC78）进行控制信号的写入和数字量的读出即可。FX2N-5A 模块存储器（BFM）共有 250 个（编号从 0～249），表 9-11 介绍常用的 BFM 分配。

表 9-11 FX2N-5A 模块常用 BFM 分配表

BFM	内 容	说 明
#0	指定 CH1～CH4 的输入模式,出厂默认值 = H0000	通道初始化说明见表 9-12
#1	指定输出通道的输出方式,出厂默认值 = H0000	通道初始化说明见表 9-13
#2	CH1 的平均次数 设定范围:1～256 次,初始值 8	用 TO 指令写入
#3	CH2 的平均次数 设定范围:1～256 次,初始值 8	用 TO 指令写入
#4	CH3 的平均次数 设定范围:1～256 次,初始值 8	用 TO 指令写入
#5	CH4 的平均次数 设定范围:1～256 次,初始值 8	用 TO 指令写入
#6	CH1 数据（在设定采样点下的平均数据）	用 FROM 指令读取
#7	CH2 数据（在设定采样点下的平均数据）	用 FROM 指令读取
#8	CH3 数据（在设定采样点下的平均数据）	用 FROM 指令读取
#9	CH4 数据（在设定采样点下的平均数据）	用 FROM 指令读取
#10	CH1 数据（即时数据）	用 FROM 指令读取
#11	CH2 数据（即时数据）	用 FROM 指令读取
#12	CH3 数据（即时数据）	用 FROM 指令读取
#13	CH4 数据（即时数据）	用 FROM 指令读取
#14	D-A 输出数据	模块输出通道
#19	BFM 0、1、18、20 等被保护,不能更改:K2,可以更改:K1	出厂设定为 K1
#30	识别码 K1010（使用 FROM 指令读出特殊功能模块的识别号）	可据此判别模块是否在线

BFM#0 对 CH1～CH4 的输入方式进行指定，BFM 是由一个 4 位十六进制代码的缓冲寄存器，每一位数分配到每个输入通道，最高一位数对应输入通道 4，最低一位数对应输入通道 1，表 9-12 列出 BFM#0 常用设置参数方法。

表 9-12 BFM#0 常用设置参数

BFM#0 设置				设定值	输入方式	输入模拟量范围	显示范围
H □ □ □ □ CH4 CH3 CH2 CH1 通道设定 通道设定 通道设定 通道设定				0	电压	-10～+10V	-32000～+32000
				1	电流	4～20mA	0～+32000
				2	电流	-20～20mA	-32000～+32000
				3	电压	-100～+100mV	-32000～+32000
				F	通道一直返回为 0		

BFM#1 是模拟量输出通道的输出方式进行指定，BFM 是由一个 4 位十六进制代码的缓冲寄存器，其中只有最低一位数分配到模拟量输出通道，最高一位数对应输入通道 4，最低一位数对应输入通道 1，最高 3 位数被忽略，表 9-13 列出 BFM#1 常用设置参数方法。

表 9-13　BFM#1 常用设置参数

BFM#0 设置	设定值	输出方式	输入模拟量范围	显示范围
	0	电压	−10 ~ +10V	−32000 ~ +32000
	1	电压	−10 ~ +10V	−2000 ~ 2000
	2	电流	4 ~ 20mA	0 ~ +32000
	3	电流	4 ~ 20mA	0 ~ +1000
	4	电流	0 ~ 20mA	0 ~ +32000
	5	电流	4 ~ 20mA	0 ~ +1000
	B ~ F	无效		

无效，被忽略　　　输出方式区分

5. 编程示例

【例 9-6】　有一 FX2N-5A 模块接入 PLC 第一个主单元，现要求输入和输出均为 4 ~ 20mA，并用输出电流来控制变频器运行频率，请编制程序。

根据要求编写程序如图 9-30 所示。程序中 D4 的数据控制变频器的频率。

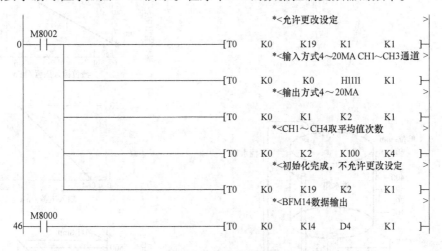

图 9-30　控制示例参考程序

9.4　实训案例

1. 实训目的

1）熟悉 A-D、D-A 模块的连接、操作、调整和程序编写的基本方法；
2）掌握 A-D 和 D-A 综合应用设计技术；
3）掌握 PLC 过程控制相关指令的运用；
4）掌握特殊功能模块在工业实际中应用设计技术。

2. 实训设备

PLC（FX2N-64MR）、FX2N-4AD-PT、FX2N-2DA 模块、FX0N-3A、FX2N-5A、电压表、电位器；按钮指示灯挂板、计算机（已安装 GX-Developer 软件）、导线若干。

实训 31　水箱水位 PID 控制

1. 控制要求

工业控制系统中有一小型液位控制装置，液体从上部加入，经加工装置加工后由下部出水管供给下一工位再加工。进水有较大的波动。要求如下：

1）要求液面保持在（450 ± 1）mm 范畴内波动，自动实现水位恒定控制。

2）把手动阀打开 20% 左右，启动控制装置。要求在 1min 内水位恒定（300 ± 1）mm 位置，并保持该状态在 90s 内水位波动不超过规定范围。

3）将扰动电磁阀打开 5s 内关闭，系统从受扰状态进入新的平衡状态时间不超过 45s，且装置的超调量不超过 4mm、波动次数不超过两次。

水箱系统控制工艺如图 9-31 所示。系统配置压力传感器 HC-800，压力传感器转换特性如图 9-32 所示。

试用 PLC 编程控制，并设计控制电路接线图。

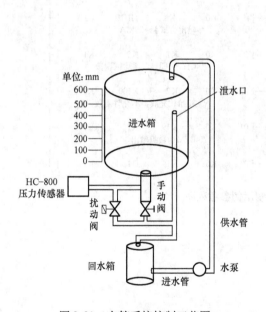

图 9-31　水箱系统控制工艺图

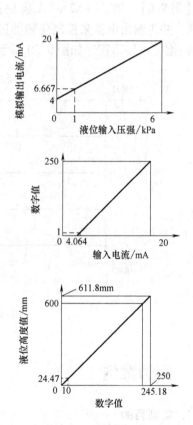

图 9-32　压力传感器转换特性图

附注：有关 HC-800 压力传感器相关技术特性

HC-800 压力传感器在本系统中主要用于测量水箱中的液位高度。主要用来测量液体、气体和蒸汽等流体的压力，测量液位参数转换成 4 ~ 20mA 标准电流信号输出，该输出可作为指示、记录和调节器的输入信号。

工作电源 DC 12 ~ 36V，工作温度为 25 ~ 80℃。

2. 技能操作分析

1）设计电路接线图，如图 9-33 所示。

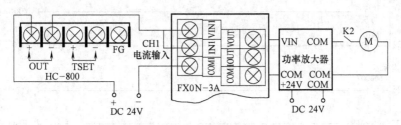

图 9-33　电路接线图

2）编制程序，参考程序如图 9-34 所示。

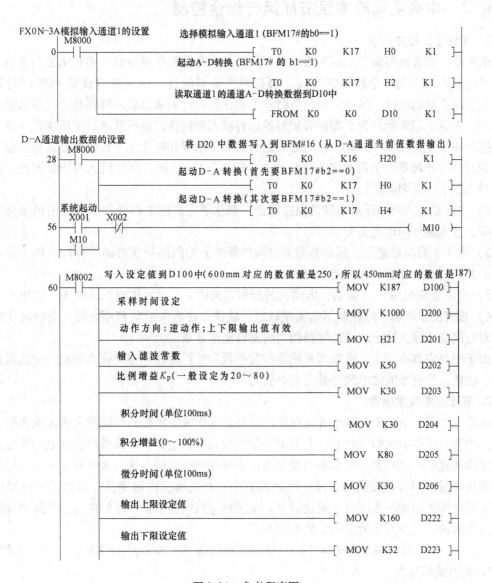

图 9-34　参考程序图

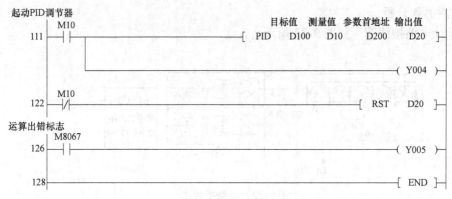

图 9-34　参考程序图（续）

实训 32　中央空调冷冻泵节能运行综合控制

1. 节能控制相关知识

近年来，随着高层楼宇、写字楼以及工厂厂房大量使用中央空调，但是随之而来节能问题越来越被人们提到一个重要的高度。根据相关资料统计，中央空调设备 95% 的时间在 70% 负载以下波动运行，所以，实际负载总不能达到设计的满负载，特别是冷气需求量少的情况下，主机负载量低，为了保证有较好的运行状态和较高的运行效率，主机能在一定范围内根据负载的变化加载和卸载，但与之相配套的冷却水泵和冷冻水泵却仍在高负荷状态下运行（泵功率是按峰值冷负荷对应水流量的 1.2 倍选配），这样，存在很大的能量损耗，同时还会带来以下一系列问题：

1）水流量过大使循环水系统的温差降低，恶化了主机的工作条件、引起主机热交换效率下降，造成额外的电能损失。

2）由于水泵流量过大，通常都是通过调整管道上的阀门开度来调节冷却水和冷冻水流量，因此阀门上存在着很大的能量损失。

3）水泵通常采用丫-△起动，电动机的起动电流较大，会对供电系统带来一定冲击。

4）传统的水泵起、停控制不能实现软起、软停，在水泵起动和停止时，会出现水锤现象，对管网造成较大冲击，增加管网阀门的跑冒滴漏现象。

由于中央空调冷却水、冷冻水系统运行效率低、能耗较大，存在许多弊端，并且属长期运行，因此，进行节能技术改造是完全必要的。

2. 节能控制技术原理

在冷冻水循环系统中，PLC 通过温度传感器及温度模块将冷冻水泵的出水温度和回水温度读入内存，根据回水和出水的温差值来控制变频器的转速，从而调节冷冻水泵的流量，控制热交换的速度。温差大，说明室内温度高，应提高冷冻泵的转速，加快冷冻水泵的循环速度以增加流量，加快热交换的速度；反之温差小，则说明室内温度低，可降低冷冻泵的转速，减缓冷冻水的循环速度以一般化流量，减缓热交换的速度，以节约电能。实际中冷冻泵节能从下面的公式中看出最多可节能 87.5% 。

$$\text{冷冻泵节电率} = [1 - (\text{变频器运行频率} \div 50\text{Hz})^3] \times 100 \tag{9-1}$$

3. 实训控制要求

某中央空调循环水系统设有冷冻水泵和冷却水泵，用冷冻泵的进水和回水温度的温差来控制冷冻泵的运行工况。试用 PLC 编程控制，并设计控制电路，实现下述控制要求。

1）以 50Hz 频率起动冷冻泵，30s 后自动转入温差自动控制，冷冻泵在频率为 20 ~ 25Hz 运行时，会出现严重的振荡现象，要求变频器避免在此段频率区域运行。

2）冷冻泵运行频率要求能进行手动和自动切换，自动时冷冻泵的进水和回水温度的温差来控制；手动时要求用触摸屏调节变频器的运行频率，并且在 30 ~ 50Hz 内任意调节，每次调节量为 0.5Hz。

3）冷冻泵进水与出水温度差和变频器输出频率及 D-A 转换数字量对应关系可参考表 9-14。表中 D-A 转换数字量均为参考值，实际 D-A 转换数字量应根据变频器输出频率进行调整。

4）用触摸屏进行上述要求的控制和操作。

表 9-14 D-A 转换数字量对应关系表

冷冻泵进水与出水温度差/℃	变频器输出频率/Hz	D-A 转换数字量
0 ~ 1	30	2400
1 ~ 1.5	32.5	2600
1.5 ~ 2	35	2800
2 ~ 2.5	37.5	3000
2.5 ~ 3	40	3200
3 ~ 3.5	42.5	3400
3.5 ~ 4	45	3600
4 ~ 4.5	47.5	3800
>4.5	50	4000

4. 技能操作指引

1）I/O 端口及触摸屏数据单元分配，见表 9-15。

表 9-15 I/O 端口及触摸屏数据单元分配表

PLC 输入/输出端口		触摸屏和 PLC 通信数据单元	
X0	冷冻泵自动/手动调速切换	D1	冷冻泵进水温度
X1	冷冻泵起动	D2	冷冻泵回水温度
X2	冷冻泵停止	D10	冷冻泵温差
X3	冷冻泵转速上升	D100	D-A 转换数字量
X4	冷冻泵转速下降		
Y0	冷冻泵起动输出		

2）设置变频器下列参数：

① Pr.1 = 50　　　　Pr.7 = 3　　　　Pr.8 = 5（基本参数）

② Pr.31 = 20　　　Pr.32 = 25　　　（变频器 20 ~ 25Hz 频率跳变设置）

③ Pr.73 = 0　　　　（D-A 模块输出电压给变频器端子 2、5 的输入电压为 0 ~ 10V）

④ Pr.79 = 2　　　　（操作模式）

3）PLC、变频器及模块等主设备接线如图 9-35 所示。

4）中央空调冷冻泵节能运行系统控制线路如图 9-36 所示。

5）编写程序，冷冻泵节能运行控制参考程序梯形图如图 9-37 所示。

6）参考表 9-15 制作触摸屏监视运行控制画面如图 9-38 所示。

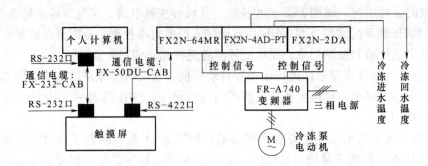

图 9-35　中央空调冷冻泵节能运行主设备接线图

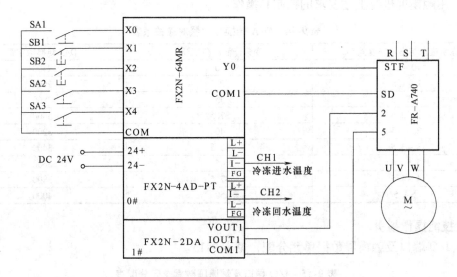

图 9-36　冷冻泵节能运行系统控制线路图

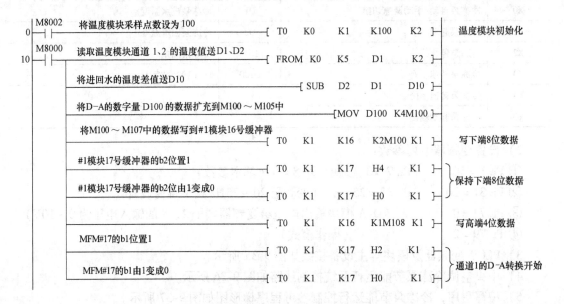

图 9-37　冷冻泵节能运行控制参考程序梯形图

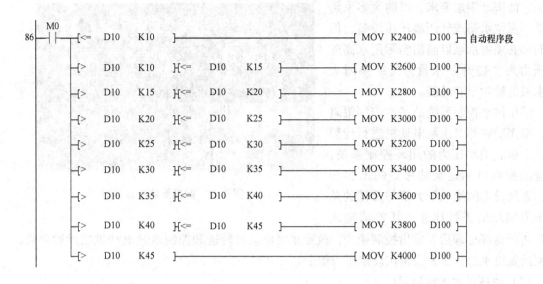

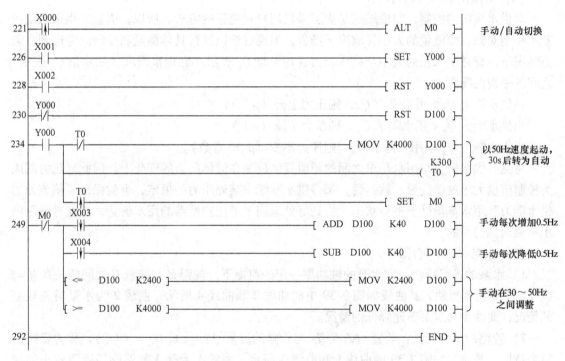

图 9-37　冷冻泵节能运行控制参考程序梯形图（续）

1）本实训控制是利用 PT100 检测进冷冻泵的进回水温度，如在触摸屏上无温度显示，请及时检查 PT100 的好坏及接线是否正确。

2）如果冷冻泵不能进行手动转速改变，请检查画面软元件设置的正确性。

实训 33　PLC 恒压供水（PID）控制

1. 恒压供水相关知识

（1）变频器在供水系统的节能应用

城市自来水管网的水压一般规定保证 6 层以下楼房的用水，其余上部各层均须"提升"

水压才能满足用水要求。以前大多采用水塔、高位水箱或气压罐增压设备，但它们都必须由水泵以高出实际用水高度的压力来"提升"水量，其结果增大了水泵的轴功率和耗能。

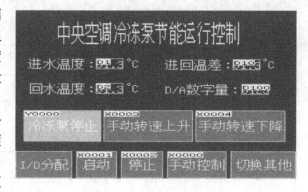

图 9-38　触摸屏监视画面图

恒压供水控制系统的基本控制策略是：采用变频器对水泵电动机进行变频调速，组成供水压力的闭环控制系统，系统的控制目标是泵站总管的出水压力，系统设定的给水压力值与反馈的总管压力实际值进行比较，其差值输入CPU进行运算处理后，发出控制指令，改变水泵电动机转速和控制水泵电动机的投运台数，从而达到给水总管压力稳定在设定压力值上。

（2）恒压供水的控制目的

对供水系统的控制，归根结底是为了满足用户对流量的需求。所以，流量是供水系统的基本控制对象。而流量的大小又取决于扬程，但扬程难以进行具体测量和控制。考虑到在动态情况下，管道中水压的大小与供水能力（由流量 Q_g 表示）和用水需求（用水量 Q_u 表示）之间的平衡情况有关。

当供水能力 Q_g > 用水需求 Q_u，则压力上升（$p\uparrow$）；

当供水能力 Q_g < 用水需求 Q_u，则压力下降（$p\downarrow$）；

当供水能力 Q_g = 用水需求 Q_u，则压力不变（p = 常数）。

可见，供水能力与用水需求之间的矛盾具体反映在流体压力的变化上。因此，压力就成为控制流量大小的参变量。就是说，保持供水系统中某处压力的恒定，也就保证了使该处的供水能力和用水流量处于平衡状态，恰到好处地满足了用户所需的用水流量，这就是恒压供水所要达到的目的。

（3）水泵调速节能原理

1）水泵的扬程特性：在水泵的轴功率一定的前提下，扬程 H 与流量 Q 之间的关系 $H=f(Q)$，称为扬程特性。其曲线如图 9-39 中的曲线 2 和曲线 4 所示。曲线 2 为水泵转速较高的情况，曲线 4 为水泵转速降低的情况。

2）管路的阻力特性：装置的扬程 H_C 与管路的流量 Q 的关系 $H_C = f(Q)$，称为管路的阻力特性。其曲线如图 9-39 的曲线 1 和曲线 3 所示。曲线 1 为开大管路阀门管阻较小的情况，曲线 3 为关小管路阀门管阻较大的情况。

3）调节流量的方法

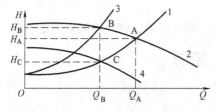

曲线1：开大管路阀门管阻较小的情况
曲线2：水泵额定转速时的扬程特性
曲线3：为关小管路阀门管阻较大的情况
曲线4：水泵转速降低的情况

图 9-39　水泵的流量调节

如果图 9-39 中曲线 1 表示阀门全部打开时，供水系统的阻力特性；曲线 2 是水泵额定转速时的扬程特性。这时供水系统工作在 A 点：流量为 Q_A，扬程为 H_A。电动机的轴功率与面积 OQ_AAH_A 成正比。要将供水流量调整为 Q_B，有两种方法：

① 转速不变，将阀门关小。

工作点移至 B 点，流量为 Q_B，扬程为 H_B。电动机的轴功率与面积 OQ_BBH_B 成正比。

② 阀门的开度不变，降低转速。

阀门的开度不变，降低转速后扬程特性曲线如图 9-39 中的曲线 4 所示，工作点移至 C 点，流量仍为 Q_B，扬程为 H_C。电动机的轴功率与面积 OQ_BCH_C 成正比。

将上述两种方法加以对比，可明显地看出，采用调节转速的方法来调节流量，电动机所取用的功率将大为减少。

（4）变频调速恒压供水系统的组成

变频调速恒压供水系统的组成如图 9-40 所示。

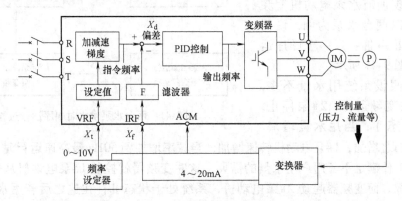

图 9-40　变频调速恒压供水系统的组成框图

由图 9-40 可知，变频器有两个控制信号：

1）目标信号 X_t：即给定端 VRF 上得到的信号，该信号是一个与压力的控制目标相对应的值，通常用百分数表示。目标信号也可由键盘直接给定，而不必通过外接电路给定。

2）反馈信号 X_f：是压力变送器 BP 反馈回来的信号，该信号是一个反映实际压力的信号。

为保证供水流量需求，管网通常采用多台水泵联合供水。为节约设备投资，往往只用一台变频器控制多台水泵协调工作。因此现在的供水专用变频器几乎都是将普通变频器与 PID 调节器以及 PLC 控制器集成在一起，组成供水管控一体化系统，只需加一只压力传感器，即可方便地组成供水闭环控制系统。传感器反馈的水压信号直接送入变频器自带的 PID 调节器输入口，而压力设定既可使用变频器的键盘设定，也可采用一只电位器以模拟量的形式送入。每日可设定多段压力运行，以适应供水压力的需要。也可设定指定日供水压力。面板可以直接显示压力反馈值（MPa）。

（5）检测设备

1）压力变送器：压力变送器输出信号是随压力而变的电压或电流信号。当距离较远时，应取电流信号以消除因线路压降引起的误差。通常取 4～20mA，以利于区别零信号和无信号（零信号：信号系统工作正常，信号值为零；无信号：信号系统因断路或未工作而没有信号）。压力变送器一般选取在离水泵出水口较远的地方，否则容易引起系统振荡。

2）远传压力表：远传压力表的基本结构是在压力表的指针轴上附加了一个能够带动电位器滑动触点的装置。因此，从电路器件的角度看，实际上是一个电阻值随压力而变的电位器。使用时可将远传压力表与变频器直接连接。

（6）系统的工作过程

图 9-40 中，X_t 和 X_f 两者是相减的，其合成信号 $X_d = X_t - X_f$ 经过 PID 调节处理后得到频率给定控制信号，决定变频器的输出频率 f_x。

当用水流量减少时，供水能力 Q_g > 用水流量 Q_u，则供水压力上升，$X_f \uparrow \rightarrow$ 合成信号 $(X_t - X_f) \downarrow \rightarrow$ 变频器输出频率 $f_x \downarrow \rightarrow$ 电动机转速 $n_x \downarrow \rightarrow$ 供水能力 $Q_g \downarrow \rightarrow$ 直至压力大小回复到目标值，供水能力与用水流量重新平衡（$Q_g = Q_u$）时为止；反之，当用水量增加 $Q_g < Q_u$ 时，则，$X_f \downarrow \rightarrow (X_t - X_f) \uparrow \rightarrow f_x \uparrow \rightarrow n_x \uparrow \rightarrow Q_g \uparrow \rightarrow Q_g = Q_u$，又达到新的平衡。

如果管网系统采用多台水泵供水，变频器可控制其顺序循环运行，并且可以实现所有水泵电动机变频软起动。现以两台水泵为例，说明系统按 Ⅰ → Ⅱ → Ⅲ → Ⅳ → Ⅰ 顺序运行过程，如图 9-41 所示。

开始时假设系统用水量不多，只有 1#泵在变频运行，2#泵停止，系统处于状态 Ⅰ；当用水量增加，

图 9-41　两台水泵供水时顺序运行过程

变频器频率随之增加，1#泵电动机转速增加，当频率增加到 50Hz 最高速运行时，意味着只有一台水泵工作满足不了用户用水量的需要，这时变频器就控制 1#泵电动机从变频电源切换到工频电源，而变频器起动 2#泵电动机，系统处于状态 Ⅱ；在这之后若用水量减少时，变频器频率下降，若降到设定的下限频率时，即表明一台水泵即可满足用户而需要，此时在变频器的控制下，1#工频运行的水泵电动机停机，2#泵电动机变频运行，系统过渡到状态 Ⅲ；当用水量又增加，变频器频率达到 50Hz 时，系统过渡到状态 Ⅳ；系统处于状态 Ⅳ时，若用水量又减小，变频器频率下降到设定下限频率时，系统又从 Ⅳ 过渡到 Ⅰ，如此循环往复。

（7）经济效益分析

从流体力学原理知道，水泵供水流量与电动机转速及电动机功率有如下关系：

$$Q_1 / Q_2 = n_1 / n_2 \tag{9-2}$$

$$H_1 / H_2 = (n_1 / n_2)^2 \tag{9-3}$$

$$P_1 / P_2 = (n_1 / n_2)^3 \tag{9-4}$$

上面三式中，Q 为供水流量，H 为扬程，P 为电动机轴功率，n 为电动机转速。

假定设计系统共有两台 7.5kW 的水泵电动机，假设按每天运行 16h，其中 4h 为额定转速运行，其余 12h 为 80% 额定转速运行，一年 365 天节约电能为

$$W = 7.5\text{kW} \times 12\text{h/天} \times [1 - (80/100)^3] \times 365\text{天} = 16031\text{kW} \cdot \text{h}$$

若每 1kW·h 电价为 0.60 元，一年可节约电费为

$$(0.60 \times 16031)\text{元} = 9618.6\text{元}$$

可见，对传统供水系统进行改造，按现在的市场价格，一年即可收回投资。以后多年运行经济效益十分可观。

传统供水系统采用变频调速后，彻底取代了高位水箱、水池、水塔和气压罐供水等传统

的供水方式，消除水质的二次污染，提高了供水质量，而且具有节省能源、操作方便、自动化程度高等优点；其次，供水调峰能力明显提高；同时大大减少了开泵、切换和停泵次数，减少对设备的冲击，延长使用寿命。与其他供水系统相比，节能效果达 20% ~40%。该系统可根据用户需要任意设定供水压力及供水时间，无需专人值守，故障自动诊断报警。由于无需高位水箱、压力罐，节约了大量钢材及其他建筑材料，大大降低了投资。该系统既可用于生产、生活用水，亦可用于热水供应、恒压喷淋等系统。因此这一设计具有广阔的应用前景。

2. 设计控制要求

设计一恒压供水控制系统，要求如下：

1）设计两台水泵分别由 M1、M2 电动机拖动，按要求一台运行，一台备用，自动运行时泵运行累计 100h 轮换一次，手动时不切换；

2）切换后起动和停电后的起动前有 5s 报警，运行异常可自动切换到备用泵，并报警；

3）程序要求采用 PLC 的 PID 调节指令；

4）用触摸屏显示设定水压、实际水压、水泵的运行时间、转速、报警信号等；水压在 0 ~6kgf 可调，用三菱 F940 触摸屏输入调节；

5）变频器（使用三菱 FR-A740）采用 PLC 的特殊功能单元 FX0N-3A 的模拟输出，调节电动机的转速；电动机额定转速为 2880r/min，由 KM1、KM2 控制；

6）变频器的其余参数自行设定。

3. 操作技能指引

1）变频器参数设置。

Pr. 1 =50Hz，Pr. 2 =30Hz，Pr. 3 =50Hz，Pr. 7 =3s，Pr. 8 =3s，Pr. 13 =10Hz，Pr. 73 =0 ，Pr. 79 =2 。

2）按控制要求进行 I/O 分配，分配触摸屏和 PLC 通信数据单元，见表 9-16。

表 9-16 I/O 分配、触摸屏和 PLC 通信数据单元

PLC 输入/输出分配		触摸屏数据单元		触摸屏输入控制信号	
X0	1 号泵水流开关	D101	当前水压	M500	自动起动
X1	2 号泵水流开关	D102	电动机的转速	M100	手动 1 号泵
X2	过电压保护	D500	水压设定	M101	手动 2 号泵
Y0	KM1	D502	泵累计运行时间	M102	停止
Y1	KM2			M103	运行时间复位
Y4	报警器			M104	清除报警
Y10	变频器 STF				

3）触摸屏控制画面设计。制作的参考画面如图 9-42 所示。

4）根据要求设计控制系统接线图如图 9-43 所示。

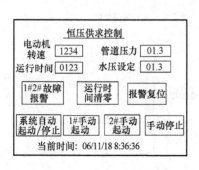

图 9-42 触摸屏控制画面

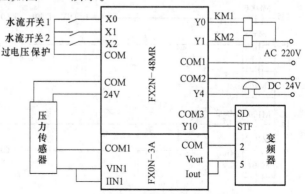

图 9-43 控制系统接线图

5）根据控制要求，编制 PLC 程序如图 9-44 所示。

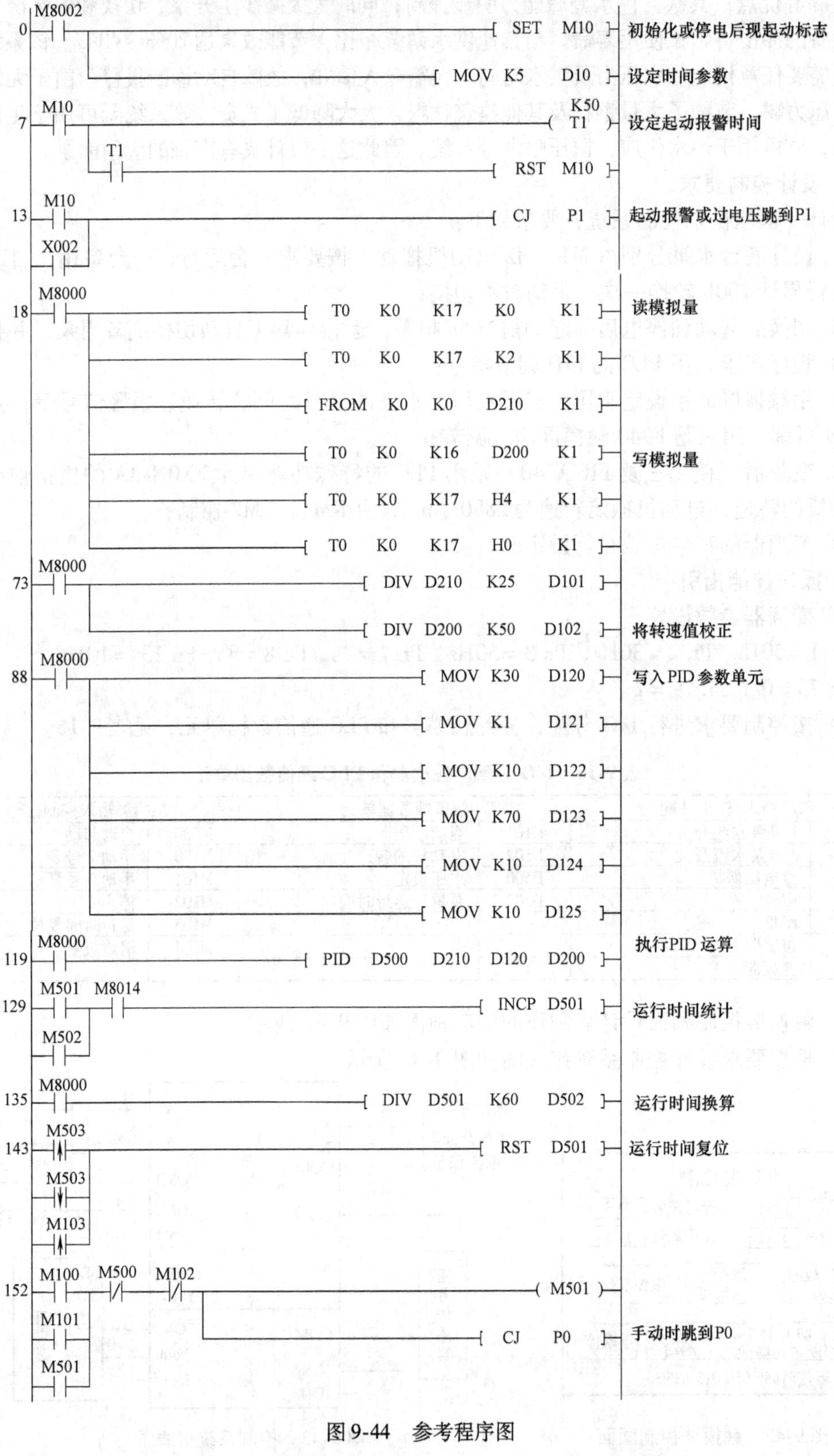

```
        M8002
0       ─┤├──────────────────────────────────[ SET    M10 ]    初始化或停电后现起动标志

                                              [ MOV    K5    D10 ]  设定时间参数

        M10                                                K50
7       ─┤├──────────────────────────────────(        T1 )    设定起动报警时间

              T1
             ─┤├───────────────────────────────[ RST    M10 ]

        M10
13      ─┤├──────────────────────────────────[ CJ     P1 ]    起动报警或过电压跳到P1
        X002
        ─┤├

        M8000
18      ─┤├──────────────────[ T0    K0    K17   K0    K1 ]    读模拟量

                             [ T0    K0    K17   K2    K1 ]

                             [ FROM  K0    K0    D210  K1 ]

                             [ T0    K0    K16   D200  K1 ]    写模拟量

                             [ T0    K0    K17   H4    K1 ]

                             [ T0    K0    K17   H0    K1 ]

        M8000
73      ─┤├──────────────────[ DIV   D210  K25   D101 ]

                             [ DIV   D200  K50   D102 ]    将转速值校正

        M8000
88      ─┤├──────────────────[ MOV   K30   D120 ]    写入PID参数单元

                             [ MOV   K1    D121 ]

                             [ MOV   K10   D122 ]

                             [ MOV   K70   D123 ]

                             [ MOV   K10   D124 ]

                             [ MOV   K10   D125 ]

        M8000
119     ─┤├──────────────[ PID   D500  D210  D120  D200 ]    执行PID运算

        M501  M8014
129     ─┤├───┤├─────────────────────────────[ INCP   D501 ]    运行时间统计
        M502
        ─┤├

        M8000
135     ─┤├──────────────────[ DIV   D501  K60   D502 ]    运行时间换算

        M503
143     ─┤↓├─────────────────────────────────[ RST    D501 ]    运行时间复位
        M503
        ─┤↓├
        M103
        ─┤├

        M100  M500  M102
152     ─┤├───┤/├──┤/├──────────────────────────( M501 )
        M101
        ─┤├─────────────────────────────────────[ CJ     P0 ]    手动时跳到P0
        M501
        ─┤├
```

图 9-44　参考程序图

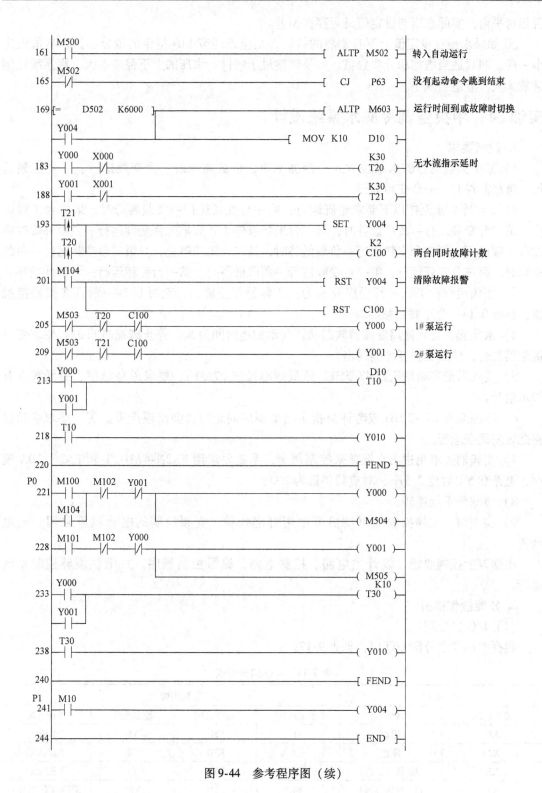

图 9-44 参考程序图（续）

6) 系统调试。

① 将 PLC 运行开关保持 ON，设定水压调整为 3kg/cm²。

② 按手动起动按钮，设备应正常起动，观察各设备运行是否正常，变频器输出频率是

否相对平衡，实际水压与设定值是否存在偏差。

③ 如果水压在设定值上下有剧烈的抖动，则应该调节 PID 指令的微分参数，将值设定小一些，同时适当增加积分参数值。如果调整过于缓慢，水压的上下偏差很大，则系统比例常数太大，应适当减小。

实训 34　中央空调冷冻水系统设计

1. 控制要求

1）某中央空调冷冻水系统有 3 台冷冻水泵，负载高峰时一台变频运行，一台工频运行；负载低谷时，一台变频运行。

2）3 台冷冻水泵按以下要求轮流运行：第一台变频运行→负载高峰时，第一台工频运行，第二台变频运行→负载低谷时，第一台工频泵停止，只第二台变频运行→负载高峰时第二台工频运用，第三台变频运行→负载低谷时，第二台工频停止，只第三台变频运行→负载高峰时，第三台工频运行，第一台变频运行→负载低谷时，第一台变频运行……如此循环。

3）变频运行转工频运行顺序要求为：变频器停止输出，延时 0.2s→断开变频器接触器，延时 0.1s→合工频接触器。

4）水泵起动必须使用变频器软起动，起动加速时间为 5s，停止减速时间 3s。要求变频接触器先合，然后变频器才能输出。

5）变频器最高频率设定 47.5Hz，最低频率设定 27.5Hz，要求最高频率、最低频率有指示信号。

6）冷冻泵在 15～22Hz 或考评员指定的范围区间运行，会出现严重振荡，要求变频器在此区间跳变运行。

7）变频器要求用进出水温差来控制调速，系统要求用 FX2N-4AD-PT 和 FX2N-2DA 模块，温差 0.5℃对应 2.5Hz，对应数字量为 200。

8）冷冻泵不能逆转。

9）实训时，工频控制的电动机可以用灯泡代替，变频控制的电动机可并用一台电动机。

根据以上控制要求，设计主电路、控制电路，编写控制程序，并用触摸屏控制系统运行。

2. 技能操作指引

（1）I/O 口分配

根据控制要求分配 I/O 口，见表 9-17。

表 9-17　I/O 口分配表

输入端口		输出端口			
输入地址	功能分配	输出地址	功能分配	输出地址	功能分配
X1	起动	Y1	KM1	Y6	KM6
X2	停止	Y2	KM2	Y0	上限指示
X3	SU（频率到达）	Y3	KM3	Y7	下限指示
X4	FU（频率检测）	Y4	KM4	Y10	STF（正转信号）
		Y5	KM5	Y11	MRS

（2）变频器参数设置（见表 9-18）

表 9-18　变频器参数表

参数号	设定值	说明	参数号	设定值	说明
Pr. 1	50Hz	上限频率	Pr. 41	27.5Hz	频率检测下限值(SU 端)
Pr. 2	0Hz	下限频率	Pr. 42	47.5Hz	频率检测上限值(FU 端)
Pr. 7	3s	加速时间	Pr. 73	0	转换特性为 0～10V
Pr. 8	3s	减速时间	Pr. 78	1	变频器不能逆转
Pr. 31	15Hz	频率跳变 1A	Pr. 79	2	外部操作模式
Pr. 32	22Hz	频率跳变 1B	Pr. 191	5	设定 SU 端为频率检测

（3）D-A 转换数字量对应关系

根据控制要求分析冷冻泵进出水温差、变频器输出频率和 D-A 转换数字量对应关系见表 9-19。

表 9-19　D-A 转换数字量对应关系

冷冻泵进水与出水温度差/℃	变频器输出频率/Hz	D/A 转换数字量	冷冻泵进水与出水温度差/℃	变频器输出频率/Hz	D/A 转换数字量
≤0.5	27.5	200	0.5	27.5	2200
0.6～1.0	27.5	400	0.5～1	30	2400
1.1～1.5	27.5	600	1～1.5	32.5	2600
1.6～2.0	27.5	800	1.5～2	35	2800
2.1～2.5	27.5	1000	2～2.5	37.5	3000
2.6～3.0	27.5	1200	2.5～3	40	3200
3.1～3.5	27.5	1400	3～3.5	42.5	3400
3.6～4.0	27.5	1600	3.5～4	45	3600
3.6～4.0	27.5	1800	4～4.5	47.5	3800
4.0～4.5	27.5	2000	>4.5	47.5	4000

（4）接线图

1）设计主电路接线图如图 9-45 所示。

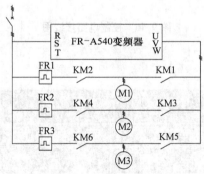

图 9-45　主电路接线图

2）设计控制电路接线图如图 9-46 所示。

（5）触摸屏监控画面（见图 9-47）。

（6）参考程序

程序设计时，分为梯形图程序（见图9-48）和顺控程序（见图9-49）两部分，输入计算机时，将这两部分合在一块即为本实训程序。

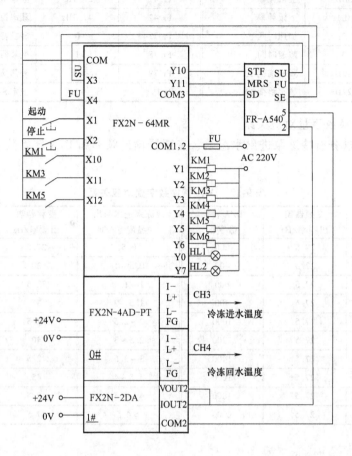

图 9-46　控制电路接线图

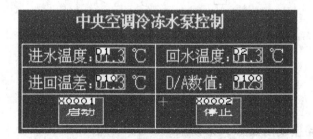

图 9-47　触摸屏监控画面

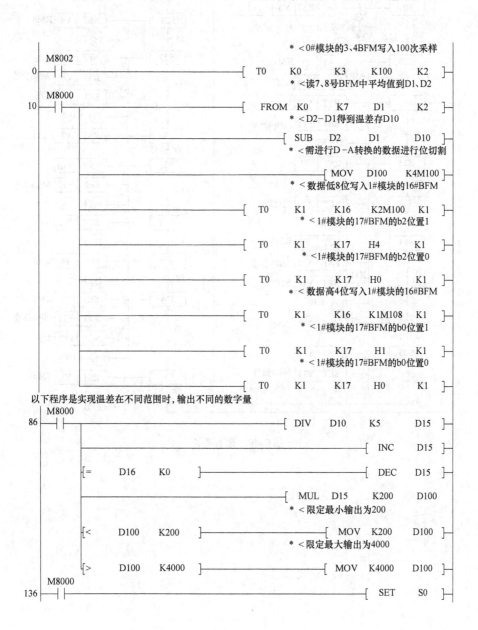

　　以下程序是实现温差在不同范围时, 输出不同的数字量

图 9-48　梯形图程序

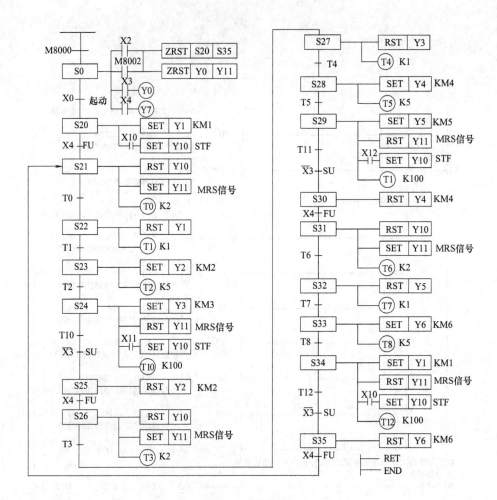

图 9-49　顺控程序

第 10 章　PLC 运动控制设计技术

10.1　运动控制技术概述

10.1.1　PLC 运动控制技术

运动控制技术是自动化技术与电气控制技术的有机融合，利用 PLC 作为运动控制器的运动控制技术就是 PLC 运动控制技术。

采用 PLC 作为运动控制器的运动控制，是将预定的目标转变为期望的机械运动，使被控制的机械实现准确的位置控制、速度控制、加速度控制、转矩或力矩控制以及这些被控制机械量的综合控制。

由于运动控制技术涉及的知识面广，应用领域广，自适应控制、最优控制、模糊控制、神经网络控制和现代各种智能控制等。本章限于篇幅仅介绍 PLC 运动控制在定位控制、速度控制等方面的应用知识。

10.1.2　PLC 运动控制系统组成

1. PLC 运动控制系统的控制目标

PLC 运动控制系统的控制目标一般为位置、速度、加速度和力矩控制等。

位置控制系统是将某负载从某一确定的空间位置按照一定的运动轨迹移动到另一确定的空间位置。如伺服或步进控制的机械手系统、机器人控制系统等。

速度和加速度控制是使负载按某一确定的速度曲线进行运动。如数控加工系统、激光雕刻机等。

转矩控制系统则是通过转矩的反馈来维持的恒定或遵守某一规律的变化。如轧钢机、造纸机和传送带的张力控制等。

2. PLC 运动控制系统的组成

图 10-1 所示为典型 PLC 运动控制系统组成结构框图，各部分作用如图 10-2 所示。

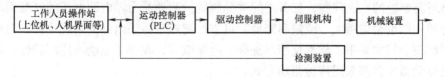

图 10-1　典型 PLC 运动控制系统组成结构框图

（1）工作人员操作站

工业现场操作的工作人员使用的设备就称为工作人员操作站，它提供运动控制系统与工作人员的完整接口，通过工作人员的操作来实现各种控制调节和管理功能。

操作站一般采用 PC 装载组态软件，工作人员通过专用键盘、鼠标进行各种操作。在小型运动控制系统中可以采用触摸屏作为工作人员操作站。

运动控制系统还可以通过工作人员操作站与企业信息网络连接，以便实现系统的网络通信控制。

（2）运动控制器

运动控制器是运动控制系统的核心，可以是专用控制器，但一般都是采用具有通信能力的智能装置，如工业控制计算机（IPC）或 PLC 等。对于 PLC 运动控制系统，都选用 PLC 作为运动控制器。

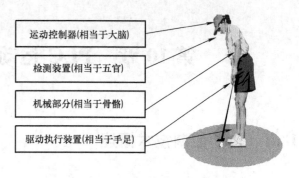

图 10-2　运动控制系统作用形象图

运动控制器的控制目标值是由上一级工作人员操作站提供的，在恒速系统中速度是给定的，在伺服系统中是速度与时间关系曲线，即一条运动轨迹。

运动控制器可实现控制算法，如 PID 算法、模糊控制算法及各类校正算法等。总之，现代运动控制器可实现各种先进的控制算法。

PLC 作为通用控制装置，以其高可靠性、功能强、体积小、可以在线修改程序、易于与计算机连接、能对模拟量进行控制等优异性能，在工业控制领域中得到大量运用，现已成为现代工业三大支柱之首。PLC 已在流水线、包装线、机械手、立体仓库等设备上得到广泛的应用，这些应用都属于运动控制的范畴。

（3）驱动器

驱动器是指将运动控制器输出的小信号放大以驱动伺服机构的部件。对于不同类别的伺服机构，驱动器有电动、液动、气动等类型。

采用 PLC 作为运动控制器系统，通常驱动器为变频器、伺服电动机驱动器、步进电动机环形驱动器等。

在一些对速度、位置的控制精度要求不高的场合，在运动控制系统中可以采用变频器控制交流电动机的方式来完成。在交流异步电动机的诸多调速方法中，变频调速的性能最好，调速范围大、静态稳定性好、运行效率高。采用通用变频器对交流异步电动机进行调速控制，由于使用方便、可靠性高，并且经济效益显著，这种方案逐步得到推广。

步进驱动系统（步进电动机与驱动器组成的系统）主要应用在开环、控制精度及响应要求不太高的运动控制场合，如程序控制系统、数字控制系统等。步进驱动系统的运行性能是电动机与驱动器两者配合所反映出来的综合效果。效率、可靠性和驱动能力是步进电动机驱动电路所要解决的三大问题，三者之间彼此制约。驱动能力随电源电压的升高而增大，但电路的功耗一般也相应增大，使效率降低。可靠性则随着驱动电路的功耗增大、温度升高而降低。恒流驱动技术采用了能量反馈，提高了电源效率，改善了电动机矩频特性，国内外步进电动机驱动器大多都采用这种驱动方式。

交流伺服电动机的驱动装置采用了全数字式控制技术后，使得驱动装置硬件结构简单，参数调整方便，输出的一致性、可靠性增加。同时，驱动装置可以集成复杂的电动机控制算法和智能控制功能，如增益自动调整、网络通信等功能，大大提高了交流伺服系统的适用范围。

（4）伺服机构

伺服机构是 PLC 运动控制系统的重要组成部分，选择运动控制系统的伺服机构首先应该是在整个工作过程中都能拖动负载，其次是选择伺服机构必须考虑它的性能对控制系统的影响，最后要考虑的就是在低速运行时必须平衡而且扭矩脉动变化小，在高速运行时振动噪声应该小。

运动控制系统伺服机构按工作介质可分为电动伺服机构、液压伺服机构和气动伺服机构。在中、小功率的运动控制系统中，电动伺服机构的应用比较广泛。伺服电动机具有：高可靠性、高精度、快速性、经济性、环境适应性强等优点。

目前控制电动机大多采用步进电动机或全数字化交流伺服电动机。

（5）检测装置

在运动控制系统中是通过传感器获取系统中的几何量和物理量的信息，再将这些信息提供给运动控制器，为实现控制策略提供依据。

运动控制系统中的测量和反馈部分的核心是传感器。以传感器为核心的检测装置向操作人员或运动控制器反映系统状况，同时也可以在闭环控制系统中反馈回路，将指定的输出量馈给运动控制器，而控制器则根据这些信息进行控制决策。运动控制系统中的传感器用于测量运动参数（如位置、速度和加速度等）和力学参数（如力和转矩等），也可以用于测量电气参数（如电压和电流等）。传感器是利用各种物理学，如电磁感应、光电效应、光栅效应、霍尔效应等，实现各物理量的检测。

运动控制系统中的传感器在采用新原理、新工艺、新材料，并与先进的电子技术结合的基础上，朝着高精度、高可靠性和高速的方向发展。没有信息反馈的控制是盲目的，而错误的信息反馈也会导致控制的失误。检测装置的测量反馈部分与电动机、驱动器、运动控制器一样，是运动控制系统的主要组成部分。准确性和实时性是控制系统对测量反馈的基本性能要求，前者在一定程度上由传感器和为核心的测量静态特性进行描述，而后者则取决于其动态特性。

（6）机械装置

机械装置是指电动机的负载，如工业系统中的风机、水泵及流体，轧机中的传送机构，轧辊和轧制中的钢材，机床中的主轴、刀架和工件，机械手和机器人的手臂，行走机构和施力对象等。机构装置作为电动机的负载，不仅包括机构系统的工作部分，如刀具和工件等也包括机敏系统中的机械传动链，如齿轮箱、传送带和滚珠丝杠等。运动控制系统中的机械装置由于其力学特性对系统施加影响，对整个运动控制系统进行分析时，机械装置是不可忽略的组成部分。

10.2　运动控制设备

10.2.1　三菱伺服电动机及其驱动

1. 概述

伺服电动机又称执行电动机，如图 10-3 所示。其功能是将输入的电压控制信号转换为轴上输出的角位移和角速度，驱动控制对象。伺服电动机可控性好，反应迅速。是自动控制系统和计算机外围设备中常用的执行元件。

三菱交流伺服主要有 MR-J2、MR-E、MR-H 等系列产品，本书以下主要介绍 MR-J2 系列产品的使用。

　　三菱交流伺服系统的控制模式有位置控制，速度控制和转矩控制 3 种模式。还有位置/速度控制、速度/转矩控制、转矩/位置控制这些切换控制方式可供选择。本伺服放大器应用领域广泛，不但可用于工作机械和一般工业机械等需要高精度位置控制和平稳速度控制的应用，也可用于速度控制和张力控制的领域。

图 10-3　伺服电动机

　　此外，还有 RS-232C 和 RS-422 串行通信功能。通过安装有伺服设置软件和个人计算机，就能进行参数设定、试运行、状态显示和增益调整等操作。

　　MELSERVO-J2-Super 系列的伺服电动机编码器采用了分辨率为 131072 脉冲/转的绝对位置编码器，所以比 MELSERVO-J2 系列具有进行更高精度控制的能力。只要在伺服放大器上另加电池，就能构成绝对位置系统，这样在原点经过设置后，当电源重新投入使用时或发生报警后，不需要再次原点复归也能继续工作。

　　MR-J2S 系列伺服电动机接线根据控制的功能不同有不同的接线，有位置、速度、转矩控制 3 种模式。其中位置控制模式的接线如图 10-4 所示。

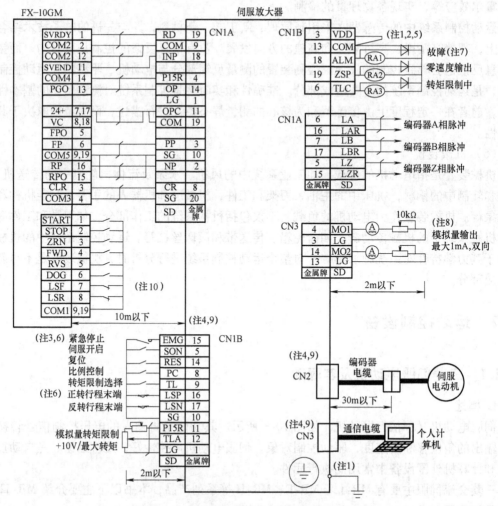

图 10-4　三菱伺服系统位置控制模式接线图

图 10-4 中各标注如下：

1）为防止触电，须将伺服放大器保护接地（PE）端子连接到控制柜保护接地端子。

2）二极管的方向不能接错，否则紧急停止和其他保护电路可能无法正常工作。

3）必须安装紧急停止开关（常闭）。

4）CN1A、CN1B、CN2 和 CN3 为同一形状，如果将这些接头接错，可能会引起故障。

5）外部继电器线圈中的电流总和应控制在 80mA 以下。如果超过 80mA，I/O 接口使用的电流应由外部提供。

6）运行时，异常情况下紧急停止信号（EMG）、正向/反向行程末端（LSP、LSN）与 SG 端之间必须接通（常闭触点）。

7）故障端子（ALM）在无报警（正常运行）时与 SG 之间的接通的，OFF（发生故障）时请通过程序停止伺服放大器的输出。

8）同时使用模拟量输出通道 1/2 和个人计算机通信时，请使用维护用接口卡（MR-J2CN3TM）。

9）同名信号在伺服放大器内部是接通的。

10）指令脉冲串的输入采用集电极开路的方式，差动驱动方式为 10m 以下。

2. I/O 信号

三菱 MR-J2 系列伺服控制器信号端子分布如图 10-5 所示。各端子符号名称见表 10-1 所示，有关信号的名称及相关功用的详细阐述请读者参考伺服电动机使用手册。

表 10-1　三菱 MR-J2 系列伺服端子符号名称

符号	信 号 名 称	符号	信 号 名 称	符号	信 号 名 称
SON	伺服开启	TC	模拟量转矩指令	OP	编码器 Z 相脉冲（集电极开路）
LSP	正转行程末端	RS1	正转选择	MBR	电磁制动器连锁
LSN	反转行程末端	RS2	反转选择	LZ	编码器 Z 相脉冲（差动驱动）
CR	清除	PP		LZR	
SP1	速度选择 1	NP	正向/反向 脉冲串	LA	编码器 A 相脉冲（差动驱动）
SP2	速度选择 2	PG		LAR	
PC	比例控制	NG		LB	编码器 B 相脉冲（差动驱动）
ST	正向转动开始	TLC	转矩限制中	LBR	
ST2	反向转动开始	VLC	速度限制中	VDD	内部接口电源输出
TL	转矩限制选择	RD	准备完毕	COM	数字接口电源输入
RES	复位	ZSP	零速	OPC	集电极开路电源输入
EMG	外部紧急停止	INP	定位完毕	SG	数字接口公共端
LOP	控制切换	SA	速度到达	P15R	DC 15V 电源输出
VC	模拟量速度指令	ALM	故障	LG	控制公共端
VLA	模拟量速度限制	WNG	警告	SD	屏蔽端
TLA	模拟量转矩	BWNG	电池警告		

3. 伺服电动机控制参数

三菱伺服电动机参数根据参数的安全系数和使用频度，分为基本参数、扩展参数 1（No. 20 ~ No. 49）和扩展参数 2（No. 50 ~ No. 84）。出厂状态下，用户可以修改基本参数，不能修改扩展参数。只是在必须进行增益调整等细微调整时，修改参数 No. 19 后，才可以对扩展参数进行修改。三菱伺服电动机基本参数见表 10-2。

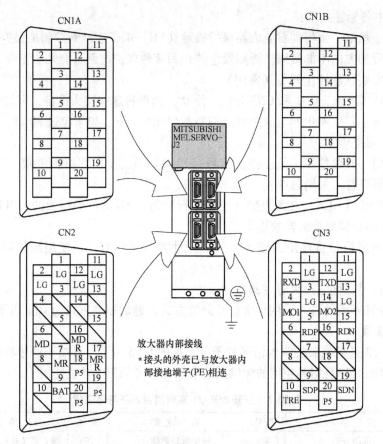

图 10-5　三菱 MR-J2 系列伺服控制器信号端子分布图

三菱伺服电动机的参数可以通过三菱伺服设置软件 SETUP-154C 进行设置。

注意：

1）用户不能过频地调整和改变伺服电动机的参数，有可能导致伺服运行不稳定。

2）在表中带有 * 的参数在修改后一定要将电源断开，并重新接通电源，修改的参数才会生效。

3）表 10-2 中控制栏中记号的内容表示如下：P—位置控制模式；S—速度控制模式；T—转矩控制模式。

表 10-2　三菱伺服电动机基本参数表

类型	No	符号	名　　称	控制模式	初始值	单位
基本参数	0	* STY	控制模式，再生制动选件选择	P. S. T	0000	—
	1	* OPI	功能选择 1	P. S. T	0002	—
	2	ATU	自动调整	P. S	0105	—
	3	CMX	电子齿轮（指令脉冲倍率分子）	P	1	—
	4	CDV	电子齿轮（指令脉冲倍率分母）	P	1	—
	5	INP	定位范围	P	100	脉冲
	6	PG1	为止环增益 1	P	35	rad/s
	7	PST	位置指令加减速时间常数	P	3	ms
	8	SC1	内部速度指令 1	S	100	r/min
			内部速度限制 1	T	100	r/min

（续）

类型	No	符号	名　称	控制模式	初始值	单位
基本参数	9	SC2	内部速度指令 2	S	500	r/min
			内部速度限制 2	T	500	r/min
	10	SC3	内部速度指令 3	S	1000	r/min
			内部速度限制 3	T	1000	r/min
	11	STA	加速时间常数	S. T	0	ms
	12	STB	减速时间常数	S. T	0	ms
	13	STC	S 字间减速时间常数	S. T	0	ms
	14	TQC	转矩指令时间常数	T	0	ms
	15	*SNO	站号设定	P. S. T	0	—
	16	*BPS	通信波特率选择，报警履历清除	P. S. T	0000	—
	17	MOD	模拟量输出选择	P. S. T	0000	—
	18	*DMD	状态显示选择	P. S. T	0000	—
	19	*BLK	参数范围选择	P. S. T	0000	—

注：1. 设定值"0"对应伺服电动机额定速度。
　　2. 伺服放大器不同时初始值也不同。

　　现将表中常用参数简单介绍如下：

1）No. 0 用于选择控制模式和再生制动，各位设置意义如图 10-6 所示。

图 10-6　参数 No. 0 各位设置意义

2）No. 3 和 No. 4：电子齿轮分子和分母的设定。

① 电子齿轮的概念：对于输入的脉冲，可以乘上任意的倍率使电动机运行。示意如图 10-7 所示。

电子齿轮的设定范围为 1/50 < CMX/CDV < 500。否则会导致伺服电加减速时发出噪声，或者不按照设定的速度和加减速时间常数运行电动机。

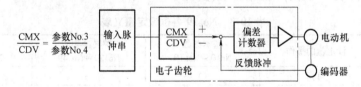

图 10-7　电子齿轮的概念示意图

② 计算示例。

【例 10-1】　如图 10-8 所示，1 个脉冲相当于 $10\mu m$ 进给量的场合。机械规格如下：滚珠丝杆进给量 $Pb = 10mm$，减速比 $n = 1/2$；伺服电动机编码器分辨率 $Pt = 131072$ 脉冲/转，则电子齿轮的计算方法如下。

$$\frac{CMX}{CDV} = \Delta\ell_0 \cdot \frac{Pt}{\Delta S} = \Delta\ell_0 \times \frac{Pt}{n \cdot Pb} = 10 \times 10^{-3} \times \frac{131072}{1/2 \times 10} = \frac{262144}{1000} = \frac{32768}{125}$$

根据计算，所以设定 CMX = 32768，CDV = 125。

式中　Pb——滚珠丝杆进给量；

　　　n——减速比；

　　　$\Delta\ell_0$——每次脉冲进给量（mm/脉冲）；

　　　ΔS——电动机每转对应的进给量（mm/转）；

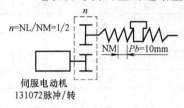

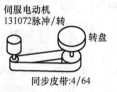

图 10-8　例 10-1 图　　　　　　　　　　图 10-9　例 10-2 图

【例 10-2】　如图 10-9 所示，1 个脉冲相当于 0.01°进给量的场合。机械规格如下：转盘 360°/转，减速比为 $n = 4/64$，伺服电动机编码器分辨率 $Pt = 131072$（脉冲/转），则电子齿轮的计算的方法如下。

$$\frac{\text{CMX}}{\text{CDV}} = \Delta\theta° \cdot \frac{Pt}{\Delta\theta} = 0.01 \times \frac{131072}{4/64 \times 360} = \frac{65536}{1125}$$

因为 CMX 的值超出了设定范围，所以将 CMX 和 CDV 约分，直到两个值在设定范围以内，小数点后面四舍五入。

$$\frac{\text{CMX}}{\text{CDV}} = \frac{65536}{1125} = \frac{26214.4}{450} \approx \frac{26214}{450}$$

所以设定：CMX = 26214，CDV = 450。

式中　Pt——伺服电动机编码器分辨率（脉冲/转）；

　　　$\Delta\theta°$——每脉冲对应有角度（°/脉冲）；

　　　$\Delta\theta$——每转对应的角度（°/转）。

3）No. 15 站号设定：用于设定串行通信时的站号，每一台伺服放大器应设定一个唯一的站号。如果多个伺服放大器设定为同一站号时，不能进行正常的通信。通常首台伺服放大器站号设为"0"站。

4）No. 19 参数范围选择：用于选择参数的可读范围和可写范围。设定值的意义见表 10-3，其中带○的表示可操作的参数。建议设为 000E。

表 10-3　No. 19 各位设定意义表

设定值	设定值的操作	基本参数 No. 0 ~ No. 19	扩展参数 1 No. 20 ~ No. 49	扩展参数 2 No. 50 ~ No. 84
0000 （初始值）	可读	○	—	—
	可写	○	—	—
000A	可读	仅 No. 19	—	—
	可写	仅 No. 19	—	—
000B	可读	○	○	—
	可写	○	○	—
000C	可读	○	○	—
	可写	○	○	—
000E	可读	○	○	○
	可写	○	○	○

其他参数的名称和功能读者请参考使用手册。

4. MR-J2 系列伺服放大器控制操作

MR-J2 系列伺服放大器通过伺服放大器上面的 5 位 7 段 LED 显示器，可进行状态显示和参数设定。显示器可用以设定运行参数、故障诊断及确认运行状态。

按一次"MODE"、"UP"、"DOWN"开关，按图 10-10 所示操作流程画面进行操作。

扩展参数的读写，可通过参数 No. 19（参数范围选择）的设定，使读出和写信号生效。

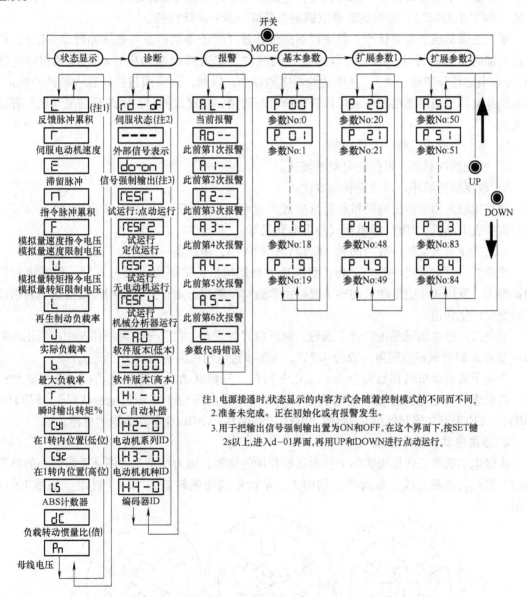

图 10-10　伺服放大器操作流程画面

运行时 5 位 7 段 LED 显示器显示伺服的状态，并通过 UP/DOWN 按钮可以任意改变显示的内容。选取了显示器的内容后，就会出现相应的符号，这时按 SET 按钮，数据就会显示出来。此外在各模式之间切换可以按 MODE 键。

10.2.2　步进电动机

1. 概述

步进电动机作为执行元件，是一种控制用的特种电动机，步进电动机利用其没有积累误差（精度为达 100%）的特点，广泛应用于各种开环控制。

步进电动机是一种用电脉冲信号进行控制，并将电脉冲信号转换成相应的角位移的执行器。当步进驱动器接收到一个脉冲信号，它就驱动步进电动机按设定的方向转动一个固定的角度（称"步距角"），它的旋转是以固定的角度一步一步运行的。

步进电动机通过控制脉冲个数来控制角位移量（转子角位移量与电脉冲数成正比），从而达到准确定位的目的；同时可以通过控制脉冲频率来控制电动机转动的速度和加速度（转速与电脉冲频率成正比），从而达到调速的目的。因此，只要通过控制输入脉冲的数量、频率以及电动机绕组通电相序就可以获得所需的转角、转速及转向。因此步进电动机具有以下特点：

1）来一个脉冲，转一个步距角。

2）控制脉冲频率，可控制电动机转速。

3）改变脉冲顺序，可改变转动方向。

现在比较常用的步进电动机包括反应式步进电动机（VR）、永磁式步进电动机（PM）、混合式步进电动机（HB）和单相式步进电动机等。

永磁式步进电动机一般为两相，转矩和体积较小，步距角一般为 7.5° 或 15°；

反应式步进电动机一般为三相，可实现大转矩输出，步距角一般为 1.5°，但噪声和振动都很大。反应式步进电动机的转子磁路由软磁材料制成，定子上有多相励磁绕组，利用磁导的变化产生转矩。

混合式步进电动机是指混合了永磁式和反应式的优点。它又分为两相和五相：两相步距角一般为 1.8° 而五相步距角一般为 0.72°，这种步进电动机的应用最为广泛。

感应子式电动机以相数可分为：二相电动机、三相电动机、四相电动机、五相电动机等。以机座号（电动机外径）可分为：42BYG（BYG 为感应子式步进电机代号）、57BYG、86BYG、110BYG（国际标准），而像 70BYG、90BYG、130BYG 等均为国内标准。

2. 步进电动机工作原理

步进电动机的工作原理实际上是电磁铁作用的原理，磁力线总是力图从磁阻最小的路径通过，因此会在磁力线扭曲时产生切向力，从而形成磁阻转矩，使转子转动。如图 10-11 所示。

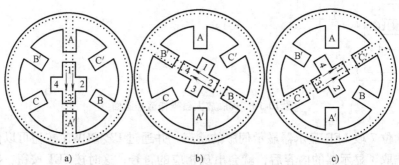

a)　　　　　　　　　　b)　　　　　　　　　　c)

图 10-11　步进电动机工作原理

在图 10-11a 中，线圈 A-A′得电而产生电磁力，该电磁力将电枢上的齿 1-3 与 A-A′对齐。在图 10-11b 中，线圈 B-B′通电而产生电磁力，由于之前图 10-11a 中离 B-B′最近的齿为 2-4，所以在电磁力的作用下，使电枢齿 2-4 与 B-B′对齐。于是步进电动机电枢转动了一个角度。在图 10-11c 中：线圈 C-C′得电而产生电磁力，由于之前图 10-11b 中离 C-C′最近的齿为 1-3，所以在 C-C′电磁力的作用下，电枢齿 1-3 与 C-C′对齐，于是步进电动机又转过了一个角度。如此按照 A-B-C 的相序不停的轮流导通，转子便不停地沿顺时针方向转动；如果通电相序发生改变，按照 A-C-B 的相序工作。

3. 步进电动机的技术指标

（1）步进电动机的静态指标及术语

1）相数：产生不同对极 N、S 磁场的激磁线圈对数。常用 m 表示。

2）拍数：完成一个磁场周期性变化所需脉冲数或导电状态用 n 表示，或指电动机转过一个齿距角所需脉冲数，以四相电动机为例，有四相四拍运行方式即 AB-BC-CD-DA-AB，四相八拍运行方式，即 A-AB-B-BC-C-CD-D-DA-A。

3）步距角：对应一个脉冲信号，电动机转子转过的角位移用 θ_s 表示。

$$\theta_s = \frac{360°}{Z_r mc}$$

式中　Z_r——转子齿数；

　　　c——状态系数；

　　　m——每个通电循环周期的拍数。

当采用单三拍或双三拍运行时，$c=1$；当采用单、双六拍运行时，$c=2$。

以常规二、四相，转子齿为 50 齿电动机为例。四拍运行时步距角为 $\theta = 360°/(50 \times 4) = 1.8°$（俗称整步），八拍运行时步距角为 $\theta = 360°/(50 \times 8) = 0.9°$（俗称半步）。

实用步进电动机步距角多为 3° 和 1.5°。为获得小步距角，电动机的定子、转子都做成多齿。

（2）步进电动机常用动态指标及术语

1）步距角精度：步进电动机每转过一个步距角的实际值与理论值的误差。步距角精度用百分比表示为误差/步距角 ×100%。不同运行拍数其值不同，按四拍运行时应在 5% 之内，八拍运行时应在 15% 以内。

2）失步：电动机运转时运转的步数，不等于理论上的步数，称之为失步。

3）失调角：转子齿轴线偏移定子齿轴线的角度，电动机运转必定存在失调角，由于失调角所产生的误差，采用细分驱动是不能解决的。

4）最大空载起动频率：电动机在某种驱动形式、电压及额定电流下，在不加负载的情况下，能够直接起动的最大频率。

5）电动机正反转控制：当电动机绕组通电时序为 AB-BC-CD-DA 时为正转，通电时序为 DA-CD-BC-AB 时为反转。

4. PLC 运动控制技术控制对策

当步进驱动器接收到一个脉冲信号，它就驱动步进电动机按设定的方向转动一个固定的角度，它的旋转是以固定的角度一步一步运行的。

因此在驱动时，可以通过控制脉冲的数量来控制角位移量，从而来达到精确定位的目的。同时可以通过控制脉冲频率来控制电动机转动的速度和加速度，从而达到控制调速的目的。改变脉冲顺序，可改变转动方向。控制框图如图 10-12 所示。

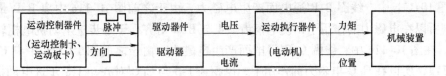

图 10-12　步进电动机控制框图

在三菱 FX 系列 PLC 中有两个脉冲发生器，分别为 Y0 与 Y1，它们所产生的是一串串频率与数量可调的脉冲串（方波），如图 10-13 所示，如果我们直接用 PLC 输出的脉冲串去控制步进电动机，很显然是不能实现步进电动机的每相绕组轮流得电。如果每相绕组不能轮流得电，当然步进电动机就不会转动。为了解决这个问题，于是便出现了步进驱动器这个器件。

图 10-13　PLC 可调脉冲串

步进驱动器：步进驱动器的功能简单地说就是从外部控制器接收脉冲信号和方向信号（DIR），然后进行脉冲分配和驱动放大，最后将处理好的信号输出给步进电动机。另外步进电动机在停止时通常有一相绕组得电，电动机的转子被锁住，所以当需要转子松开时可以使用脱机信号（FREE）或让步进驱动器断电。步进电动机驱动器连接如图 10-14 所示。

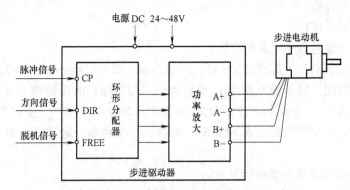

图 10-14　步进电动机驱动器连接图

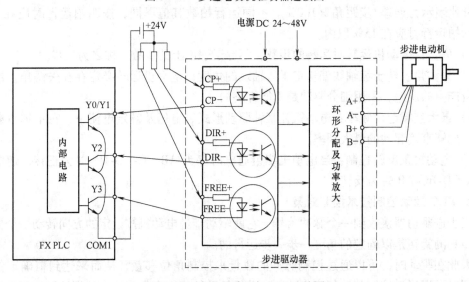

图 10-15　步进电动机与 PLC 连接图

当用 PLC 来控制步进电动机时，在程序中主要控制 3 点：分别是脉冲数量的多少来决定步进电动机转动的角度，方向信号的有无来控制步进电动机的转动方向（电动机正向运行时给方向信号，反向运行时不用给方向信号），脉冲的频率来控制步进电动机转动的速度。步进电动机与 PLC 连接如图 10-15 所示。

10.3　运动控制指令使用技巧

定位控制指令主要有两类指令，即脉冲输出控制指令和定位控制指令。

10.3.1　脉冲输出控制指令

1. 脉冲密度（FNC56 SPD）

采用中断输入方式对指定时间内的输入脉冲进行计数的指令。根据版本不同，该指令的功能有可能会不同。图 10-16 所示为脉冲密度指令示例，指令动作时序如图 10-17 所示。

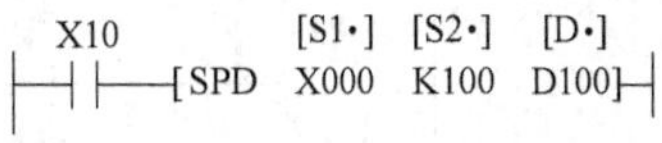

```
X10          [S1·] [S2·]  [D·]
─┤├──[SPD   X000  K100  D100]─
```

图 10-16　脉冲密度指令表现形式

（1）对象软元件设置数据

[S1·] 输入（X）脉冲的软元件编号，只能指定 X000 ~ X007。

[S2·] 时间数据或是保存数据的字软元件编号，时间数据单位为 ms；对象软元件：KnX、KnY、KnM、KnS、T、C、D、V、Z、K、H。

[D·] 保存脉冲密度数据的起始字软元件编号。对象软元件有：T、C、D、V、Z。

（2）功能和动作说明

16 位运算（SPD），在 [S2·]×1ms 时间内对输入 [S1·] 的脉冲进行计数，测定值保存到 [D·]，当前值保存到 [D·]+1，剩余时间保存到 [D·]+2（ms）中。重复这个操作，可以在测量值 [D·] 中得到脉冲密度（也就是与转速成比例的值）。

图 10-16 中当 X10 接通时，在 X0 接通 100ms 的时间内，对 X0 的脉冲进行计数，D102 为倒计时时间，在计时时间内，D100 中保存总的脉冲数。如果 D102 计时时间没有到，而中断了输入，D101 中保存当前的计数脉冲，D102 中则保存剩余的时间。

【例 10-3】　在图 10-18 所示的测速装置中，齿轮转动一周，接近开关读到 n 个脉冲（假定为 30 个），可以使用 SPD 指令算出齿轮转速。计算公式如下，参考程序如图 10-19 所示。

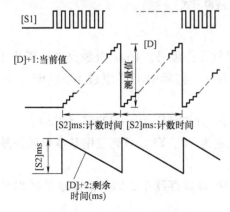

图 10-17　SPD 指令动作时序

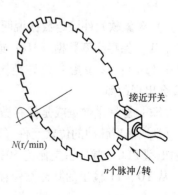

图 10-18　测速装置

$$N = \frac{60 \times [D]}{nt} \times 10^3$$

式中　[D]——是 SPD 指令中的目的操作数 [D] 的值；

　　　　n——每转是脉冲个数；

　　　　t——是 SPD 指令中的源 [S2] 操作数的值。

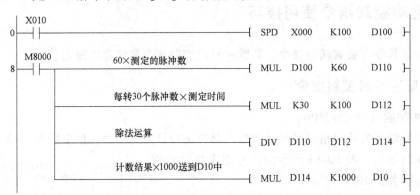

图 10-19　转速测定示例程序

（3）注意要点

1）源 [S1·] 输入的 X000 ~ X007 不能与高速计数器、输入中断、脉冲捕捉、DSZR（带 DOG 搜索的原点回归）指令、DVIT（中断定位）指令、ZRN（原点回归）指令的用途重复使用。

2）16 位运算以 [D·] 为起始占用软元件 3 点；32 位运算以 [D·] 为起始占用软元件 6 点，使用 32 位运算时写作：DSPD。

2. 脉冲输出（FNC57 PLSY）

PLSY 指令是用于产生指定数量的脉冲。图 10-20 所示为从输出 Y [D·] 中输出 [S2·] 个频率为 [S1·] 的脉冲串（16 位运算）。

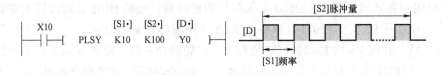

图 10-20　PLSY 指令表现形式

1）对象软元件设定数据说明：

[S1] 保存频率数据（Hz）或是保存数据的字软元件编号。16 位指令允许范围为 1 ~ 32767（Hz）；32 位指令允许范围为 1 ~ 200000（Hz），实际中不要超过 100000Hz，否则 PLC 会出现故障。

[S2] 脉冲量数据或是保存数据的字软元件编号。允许范围为 1 ~ 32767（PLS）。

[D] 输出脉冲的位软元件（Y）编号，允许设定为 Y0、Y1。只有使用基本单元为晶体管输出型 PLC。脉冲占空比为 50%。

从 Y0、Y1 输出的脉冲数保存在表 10-4 所示的特殊寄存器中，如要清除这些数据可采用 MOV 指令进行操作，如├┤├─┤[MOV K0 D8140]├。

表 10-4　脉冲数保存寄存器

软元件		存放内容	指令使用情况
高位	低位		
D8141	D8140	Y0 输出数脉冲数累计	使用 PLSR、PLSY 指令从 Y0 输出的脉冲数
D8143	D8142	Y1 输出数脉冲数累计	使用 PLSR、PLSY 指令从 Y1 输出的脉冲数
D8137	D8136	Y0、Y1 输出数脉冲数累计总和	使用 PLSR、PLSY 指令从 Y0、Y1 输出的脉冲数总累计数

2）如果希望脉冲的输出数量没有限制时，可将［S2］设定为 K0，可无限制发出脉冲，如图 10-21 所示。

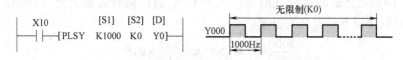

图 10-21　无限制发出脉冲示例

3）指令使用注意事项：

① 指定脉冲数完成后，M8029 置 1。当 PLSY 指令从 ON 到 OFF 时，M8029 复位。

② 指令执行过程中，执行条件断开，脉冲输出也随之停止。执行再次变为 ON 时，脉冲再次输出，脉冲数重新开始计算。

③ 不能同下述的 PWM 指令指定的输出编号重复。

④ 同一输出点（Y0 和 Y1）的脉冲输出指令不能同时驱动。

3. 脉宽调制（FNC58 PWM）

指定脉冲的周期和 ON 时间脉冲输出的指令。图 10-22 为 16 位运算脉宽调制指令的表现形式所示。［D］中输出的是以［S1］为脉冲宽度、［S2］为脉冲周期的脉冲。在指令执行过程中，允许改变［S1］和［S2］的值，并且指令会执行新的参数输出。

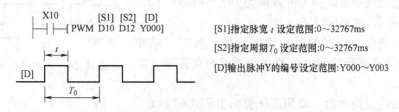

图 10-22　脉宽调制指令的表现形式

指令使用注意点：

1）脉宽［S1］设定要求小于或等于周期［S2］。如果［S1］>［S2］时，PLC 就会出现错误。

2）指令在程序中只能使用一次。

4. 带加减速的脉冲输出（FNC59 PLSR）

该指令是按指定的加/减速时间、指定的频率和指定的脉冲量控制脉冲输出指令。

图 10-23 为 16 位运算带加减速的脉冲输出指令的表现形式所示。它表示从［D］输出脉冲，脉冲最高频率为［S1］，执行［S3］ms 时间的加减速，输出脉冲数为［S2］。

指令使用注意事项：

1）［S1］的最高频率不要超过 100000kHz，同时指定的频率不能使驱动步进电动机失步。

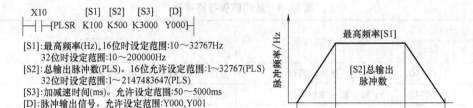

图 10-23　加减速的脉冲输出指令的表现形式

2）[S2] 的脉冲数不能低于 110（PLS），否则脉冲不能正常输出；

3）[S3] 的加减速时间取值范围要求大于 10 倍的扫描时间最大值（D8012），且小于 500ms。通常可以按以下经验公式设定：

$$\frac{9000}{[\mathrm{S1}]} \times 5 \le [\mathrm{S3}] \le \frac{[\mathrm{S2}]}{[\mathrm{S1}]} \times 818$$

4）从 Y0、Y1 输出的脉冲数保存寄存器同 PLSY 指令的讲述。

10.3.2　定位控制指令

这一类指令提供了使用 PLC 内置的脉冲输出功能进行定位控制功能。主要用作控制伺服放大器和步进电动机。

指令在脉冲输出过程中，不能在 PLC 运行时写入程序。使用时有以下注意事项：

1）不能同时驱动同一输出继电器（Y0、Y1）的定位指令。建议如要用到定位指令时，在其他指令中就慎用 Y0、Y1。

2）定位指令驱动触点 OFF 后，再次驱动时必须经过一个运算周期后，才能驱动。因前一次驱动的定位指令所使用的脉冲监控 [Y0：（M8147），Y1：（M8148）] OFF 后，要经过一个运算周期后，才能驱动。

3）脉冲输出端子 Y0、Y1 的规格为 DC 5～24V、10～100mA、输出频率 100kHz 以下。

4）在执行定位运行时的脉冲输出信号，按照 [脉冲列＋符号] 的方式进行控制。脉冲列的逻辑为负逻辑。如图 10-24 所示。

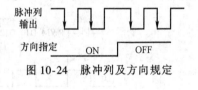

图 10-24　脉冲列及方向规定

5）在使用定位指令时，要用晶体管输出形式的 PLC。

6）与定位指令相关的软元件作用见表 10-5。

表 10-5　与定位指令相关的软元件作用

软元件	属　性	作　　用
D8140（低位） D8141（高位）	初始值为 0,32 位	Y0 输出的当前值寄存器（32 位） 用 PLSV、DRVI、DRVA 时,对应旋转方向增减当前值 用 PLSY、PLSR 时为当前值的脉冲数的累加值
D8142（低位） D8143（高位）	初始值为 0,32 位	Y1 输出的当前值寄存器（32 位） 用 PLSV、DRVI、DRVA 时,对应旋转方向增减当前值 用 PLSY、PLSR 时为当前值的脉冲数的累加值
D8145	初始值为 0,16 位	执行 ZRN、DRVI、DRVA 指令时的基底速度
D8146（低位） D8147（高位）	初始值为 100000, 32 位	执行 ZRN、DRVI、DRVA 指令时的最高速度
M8145	可驱动	Y0 输出脉冲停止（立即停止）
M8146	可驱动	Y1 输出脉冲停止（立即停止）
M8147	读取专用标志	Y0 脉冲输出中（监控）
M8148	读取专用标志	Y1 脉冲输出中（监控）

以下就定位指令使用进行介绍。

1. 带 DOG 搜索的原点回归（DSZR）

DSZR（FNC 150）执行原点回归，使机械位置与 PLC 内当前值寄存器一致。这条指令解决了 ZRN 不支持的 DOG 搜索功能。指令表形式如图 10-25 所示。

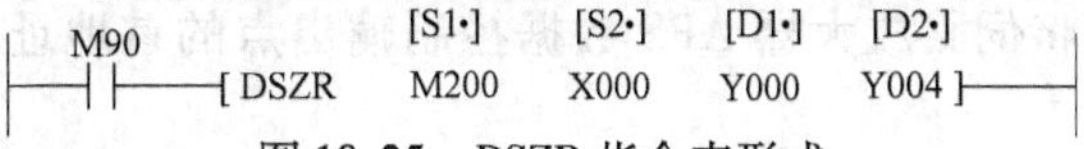

```
      M90            [S1·]   [S2·]   [D1·]   [D2·]
──┤├──┤├──── [ DSZR  M200    X000    Y000    Y004 ]
```

图 10-25　DSZR 指令表形式

指令中各操作数相关说明：

1）［S1·］：指定输入近点信号（DOG）的软元件编号。可使用的软元件有：X、Y、M。

2）［S2·］：指定输入零点信号的输入编号。设定范围为 X0～X7。

3）［D1·］：指定输出脉冲的输出软元件。要使用晶体管输出型 PLC 的基本单元 Y0、Y1、Y2，或者是高速输出特殊适配器的 Y0、Y1、Y2、Y3。

注：高速输出特殊适配器不能连接在 FX3UC-32MT-LT 上。使用继电器输出型的 PLC 时，必须使用高速输出特殊适配器。

4）［D2·］：指定旋转方向信号输出的对象编号。在不使用高速输出特殊适配器时，输出一定要用晶体管型的 PLC。使用 PLC + 高速输出特殊适配器时，输出按表 10-6 中的规定。

表 10-6　连接特殊适配器时输出分配表

高速输出特殊适配器的连接位置	脉冲输出的指定	旋转方向的输出
第 1 台	［D1］= Y000 用	［D2］= Y004
	［D1］= Y001 用	［D2］= Y005
第 2 台	［D1］= Y002 用	［D2］= Y006
	［D1］= Y003 用	［D2］= Y007

2. 中断定位（DVIT）

DVIT（FNC151）是执行单速中断定长进给令。指令表现形式如图 10-26 所示。

图 10-26 中各操作数使用事项如下：

1）［S1·］：指定中断后的输出脉冲数。16 位运算时设定范围为 −32768～32767（0 除外）；32 位运算时设定范围为：−999999～999999（0 除外）。

2）［S2·］：指定输出脉冲频率值。16 位运算时设定范围为 10～32767Hz；32 位运算时设定范围为 10～100000。

3）［D1·］：指定输出脉冲的输出软元件。使用晶体管输出型 PLC 的基本单元 Y0、Y1、Y2，或者是高速输出特殊适配器的 Y0、Y1、Y2、Y3。

注：高速输出特殊适配器不能连接在 FX3UC-32MT-LT 上。使用继电器输出型的 FX3U PLC 时，必须使用高速输出特殊适配器。

4）［D2·］：指定旋转方向信号输出的对象编号。

3. 当前绝对值读取（ABS）

ABS（FNC155）是当前 ABS 绝对值读出指令。这条指令是专门针对三菱公司型号为 MR-H、MR-J2（S）、MR-J3 的伺服放大器（带绝对位置检测功能）连接后，以脉冲换算值形式读出绝对位置数据的指令。指令表现形式如图 10-27 所示。指令是 32 位指令，所以要在指令前加 D。

（1）指令中操作数相关说明

1）［S·］：指定来自伺服放大器 ABS 数据输出信号的输入首地址，共占用 3 点，本例中为 X0、X1、X2。

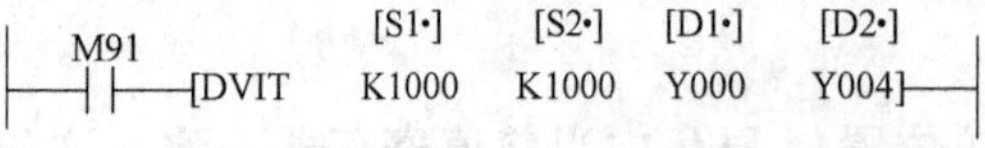

```
    M91                    [S1·]   [S2·]   [D1·]   [D2·]              M100              [S·]    [D1·]   [D2·]
 ──┤├──────[DVIT  K1000   K1000   Y000   Y004]─┤      ──┤├──────[DABS  X000   Y004   D8140]─┤
```

图 10-26　DVIT 指令表现形式 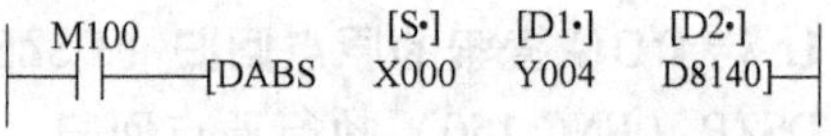　　　　　　　　图 10-27　ABS 指令表现形式

2）［D1·］：指定将伺服放大器 ABS 数据控制输出点的首地址，共占用 3 点，本例中为 Y4、Y5、Y6。

3）［D2·］：指定从伺服放大器读取的 ABS 数据（32 位）存放的目标软元件，因当前值必定存在（D8141，D8140）中，故通常［D2·］直接指定 D8140。

（2）指令使用注意事项

1）执行条件：指令执行条件（M100）由 OFF 变 ON 时读入绝对位置，读取完成后，完成标志 M8029 置 1，如读入中途过程中 M100 变为 OFF，则读取动作停止。通常执行条件用 M8000（运行监控），即使读取完成后也不应使其变 OFF。因为如指令的执行条件在读取完成后 OFF，伺服放大器的 ON 信号（SON）也会跟着 OFF，伺服放大器不会工作。

2）回原点操作：虽然伺服放大器具有绝对位置读取功能，但在系统最初启动时执行一次回原点操作（ZRN）。

3）上电顺序：系统在设计时保证伺服放大器先于 PLC 上电，或者说最起码同时得电。
PLC 与伺服放大器连接时，使用 ABS 指令接线如图 10-28 所示。

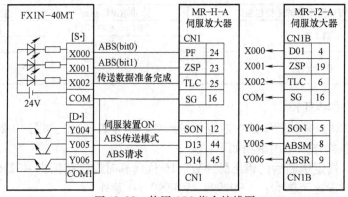

图 10-28　使用 ABS 指令接线图

4. 原点回归（ZRN）

ZRN（FNC156）是执行原点回归使机械位置与 PLC 内的当前值寄存器一致的指令。指令表现形式如图 10-29 所示。

当 PLC 执行了 DRVI 和 DRVA 指令使机器运动时，当前位置会增加或减少，但 PLC 会存储这些值，也就知道机器的当前位置。但当 PLC 数据失电时这些位置数据

```
    M104                 [S1·]    [S2·]   [S3·]   [D·]
 ──┤├──────[ZRN  K1000   K100   X004   Y000]─┤
```

图 10-29　ZRN 指令表现形式

就会丢失，要解决这类问题，机器启动时必须执行回原点操作，以校准机械原点。

（1）指令操作数使用说明

1）［S1·］：指定开始原点回归的速度。16 位运算时设定范围为 10～32767Hz；32 位运算时设定范围为 10～100000Hz。

2）［S2·］：指定爬行速度，接近点（DOG）信号 ON 后的低速。设定范围为 10～32767Hz。

3）［S3·］：指定要输入近点（DOG）的输入软元件编号。建议用 X，以免受扫描周期影响加大原点误差。

4）[D·]：指定脉冲输出软元件编号。仅能使用晶体管输出型 PLC 基本单元：Y0、Y1、Y2。

（2）指令使用说明

1）RUN 中写入程序问题：指令在执行脉冲输出过程中，不要在 RUN 中写入程序。如果执行了 RUN 中写入，脉冲会减速停止。

2）清零信号：如果在执行 ZRN 指令之前使 M8140 置1，则可以使 PLC 回原点操作完成后向伺服放大器输出清零信号，清零信号必须使用漏型晶体管输出，负载能力大于 200mA。清零信号如下：

脉冲输出为 Y0，清零输出为 Y2；脉冲输出为 Y1，清零输出为 Y3。

3）因为 ZRN 指令本身不具备 DOG 搜索功能，所以回原点前必须在 DOG 前方位置。如需要 DOG 搜索功能时，则要使用 DSZR 指令。

4）配用三菱 MR-H 或 MR-J2S 型伺服放大器，停电时机械可保持当前位置，而且可用 ABS 读取机械的绝对位置，所以只需在首次起动时执行回原操作，以后断电操作中不必再回原点。

回原点指令执行情况如图 10-30 所示。

5. 可变速脉冲输出（PLSV）

PLSV（FNC 157）是输出带旋转方向的可变速脉冲的指令（所谓变速输出指的是在脉冲输出过程中可自由改变输出脉冲频率）。指令表形式如图 10-31 所示。

1）[S·]：指定脉冲输出频率。16 位运算时设定范围为 10～32767Hz；32 位运算时设定范围为 10～100000Hz。

2）[D1·]：指定脉冲输出的软元件编号。仅能使用晶体管输出型 PLC 基本单元的 Y0、Y1、Y2。

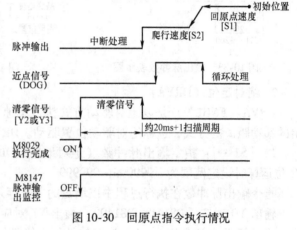

图 10-30　回原点指令执行情况

3）[D2·]：指定旋转方向信号输出控制点的软元件编号。[D2·] 为 ON 时正转，[D2·] 为 OFF 时反转。

6. 相对定位（DRVI）

DRVI（FNC158）是以相对驱动方式执行单速定位的指令。用带有正/负的符号指定从当前位置开始移动距离的方式，也称增量（相对）驱动方式。指令表形式如图 10-32 所示。

```
  M101        [S·]      [D1·]    [D2·]              M102        [S1·]    [S2·]    [D1·]    [D2·]
──┤├──┤ PLSV  K32767   Y000    Y004├──        ──┤├──┤ DRVI  K3000   K2000   Y000    Y004├──
```

图 10-31　PLSV 指令表形式 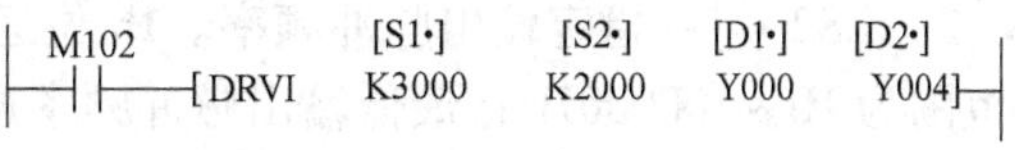　　　　　　　　图 10-32　DRVI 指令表形式

1）[S1·]：指定输出脉冲数（相对地址）。16 位运算时设定范围为 −32767～32767；32 位运算时设定范围为 −999999～999999；指定输出的脉冲数是指由当前位置到目标位置之间应输出的脉冲数，或者说是当前位置与目标位置之间的距离（以脉冲为单位），如图 10-33 所示，图中脉冲数 +／− 表示运动方向。

指令输出脉冲数在执行过程中以增量的方式存入当前寄存器对中，输出 Y0 对应 [D8141，D8140]；输出 Y1 对应 [D8143，D8142]；正转时数值增加，反转时数值减少。

2）［S2·］：指定输出脉冲频率。16 位运算时设定范围为 10 ~ 32767Hz；32 位运算时设定范围为 10 ~ 100000Hz。

最低脉冲输出频率不低于式（10-1）中计算频率，若输出频率［S2］的值指定低于式1的计算结果值，实际输出频率等于式（10-1）的计算结果值。

$$输出脉冲最低频率 = \sqrt{最高速度[D8147, D8146] \div \{2 \times 加速时间[D8148]ms \div 1000\}}$$

$$(10-1)$$

3）［D1·］：指定脉冲输出的软元件编号。仅能使用晶体管输出型 PLC 基本单元的 Y0、Y1、Y2。

4）［D2·］：指定旋转方向信号输出控制点的软元件编号。［D2］= ON 时为正转，［D2］= OFF 时为反转。

旋转方向的正或反向由［S1·］的正负决定。增量驱动设置值与速度曲线如图 10-34 所示。

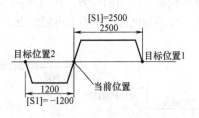

图 10-33　输出脉冲数表示图

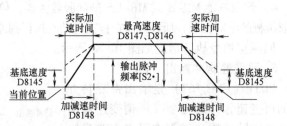

图 10-34　增量驱动设置值与速度曲线

7. 绝对定位（DRVA）

DRVA（FNC159）是以绝对驱动方式执行单速定位的指令。用指定从原点（零点）开始的移动距离的方式，也称绝对驱动位置驱动。DRVA 指令表现形式如图 10-35 所示。

1）［S1·］：指定输出脉冲数（绝对地址）。16 位运算时设定范围为 – 32767 ~ 32767；32 位运算时设定范围为 – 999999 ~ 999999。

指令输出脉冲数在执行过程中以增量的方式存入当前寄存器对中。

输出 Y0 对应［D8141，D8140］；输出 Y1 对应［D8143，D8142］。

绝对值驱动方式中，［S1］指定的是目标位置与原点的距离，即目标的绝对位置。如图 10-36 所示。

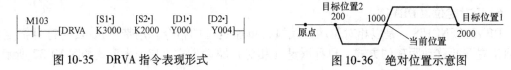

图 10-35　DRVA 指令表现形式　　　　　　　图 10-36　绝对位置示意图

2）［S2·］：指定输出脉冲频率。16 位运算时设定范围为 10 ~ 32767Hz；32 位运算时设定范围为 10 ~ 100000Hz；最低输出脉冲频率遵守 DRVI 中的［S2·］规定。

3）［D1·］：指定脉冲输出的软元件编号。仅能使用晶体管输出型 PLC 基本单元的 Y0、Y1、Y2。

4）［D2·］：指定旋转方向信号输出控制点的软元件编号。［D2］= ON 时为正转，［D2］= OFF 时为反转。

10.4　运动控制技术综合实训

本章节以深圳技师学院和浙江天煌科技实业公司联合开发的运动控制实训平台作为实训

设备。本套设备作为深圳市可编程序控制系统设计师教学考核平台。

10.4.1　运动控制实训平台简介

1. 实训平台组成

实训平台如图 10-37 所示，主要配置见表 10-7 所示。

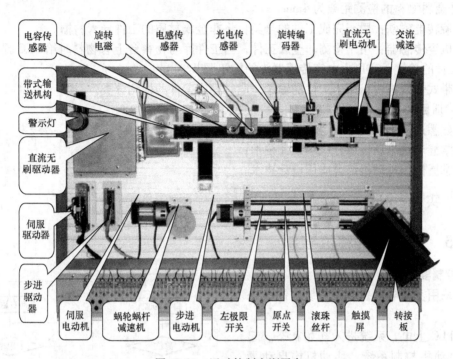

图 10-37　运动控制实训平台

表 10-7　实训平台设备配置表

序号	名　称	规　格	数量
1	PLC 模块	三菱 FX2N-32MT	1 件
2	变频器模块	FR-A700；三相 380V 供电；功率 0.75kW	1 件
3	按钮模块	转换开关、复位按钮、自锁按钮、24V 指示灯、急停按钮、蜂鸣器	1 件
4	上料单元	由井式工件库、光电传感器、笔形气缸、磁性传感器、电磁阀等组成	1 套
5	带式输送检测单元	带式传送带、旋转编码器、颜色传感器、电感传感器、电容传感器、旋转电动机。传输带行程：460mm	1 套
6	气动机械手搬运单元	由回转气缸、滑块治具缸、平行机械夹、磁性传感器、电磁阀等组成	1 套
7	滚珠丝杆单元	由步进电动机驱动器、步进电动机、滚珠丝杆、刻度装置、限位开关、接近开关、移动导块等组成。位置控制水平位移：270mm，重复精度：0.1mm，步进电动机驱动器：相数：2，步距角：1.8	1 套
8	蜗轮蜗杆减速机单元	由交流伺服电动机驱动器、交流伺服电动机、蜗轮蜗杆减速机、刻度装置等组成。超低噪声，体积小，主要可以完成转台的精确定位控制	1 套
9	触摸屏模块	5.7in[①]　256 色	1 套
10	工件	含金属、塑料工件	1 套
11	PLC 编程电缆	配套 SC-09 通信编程电缆	1 根

①　1in = 25.4mm。

2. 实训平台各部分功能

1）直流减速电动机：用于驱动带式输送单元，可与直流无刷电动机互换。

2）直流无刷电动机：用于驱动带式输送单元，可与直流减速电动机互换。

3）旋转编码器：用于检测传送带的移动距离、电动机转速等。

4）光电传感器：用于检测工件有无。当有工件时给 PLC 提供输入信号。工件的检测距离可由光电传感器头的旋钮调节，调节检测范围 1～30cm。

5）电感传感器：用于检测金属工件，当工件库与物料台上有物料时给 PLC 提供输入信号。对非金属物料的检测距离为 4mm。

6）旋转电磁铁：用于完成工件的分类，将非金属材质的工件导入料槽。

7）电容传感器：用于检测非金属工件，当工件库与物料台上有物料时给 PLC 提供输入信号。工件的检测距离可由电容传感器头的旋钮调节。

8）带式输送机构：用于工件的输送，同时完成工件的检测分类。

3. 实训目的

1）熟悉运动控制技术指令和程序编写的基本方法；

2）掌握步进电动机综合应用设计技术；

3）掌握伺服电动机综合应用设计技术。

10.4.2　实训案例

实训 35　滚珠丝杆移位控制

1. 控制要求

1）采用步进电动机控制系统控制滚珠丝杆。

2）PLC 上电，系统进入初始状态。起动步进电动机控制系统，移动机构自动复位到原点位置；延时 10s 运动机构向右运动；运行到右限位限位开关处后，延时 1s 向左运动；运行到左限位限位开关处后，延时 1s 向右运动；运行到右限位限位开关处后，延时 1s 向左运动；运行到原点位置后，延时 1s 向右运动；运行到右限位限位开关后，延时 1s 向左运动；运行到左限位限位开关处后，延时 1s 向右运动；运行到原点位置后，延时 1s 向左运动；运行到左限位限位开关处后，延时 1s 向右运动；运行到原点位置后停止。延时 10s 后重复以上运动轨迹。系统控制流程如图 10-38 所示。

3）能进行手动控制和自动控制切换，手动控制要求在触摸屏画面上直接输入移动位移量，及选择移动方向，并且位移量任意可调。

4）在自动控制模式下能选择手动控制，完成一周期后进入手动控制模式状态。

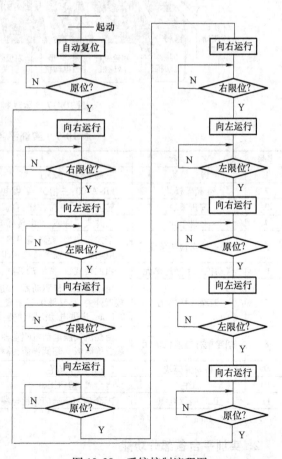

图 10-38　系统控制流程图

2. 操作技能分析

（1）I/O 分配（见表 10-8）

（2）PLC 控制步进电动机参考原理接线（见图 10-39）

表 10-8　I/O 分配表

输　入　端　口				输　出　端　口	
输入地址	功能分配	输入地址	功能分配	输出地址	功能分配
X0	手动/自动	X4	右限	Y0	脉冲输出
X1	起动	X5	原点	Y2	方向控制
X2	停止	X6	手动左移		
X3	左限	X7	手动右移		

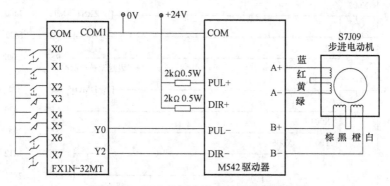

图 10-39　PLC 控制步进电动机原理接线图

（3）参考程序

按控制要求编写参考程序 1，如图 10-40 所示。参考程序 2 如图 10-41 所示（注：参考程序 1 适用 FX 全系列 PLC，参考程序 2 不适用 FX2N 系列 PLC）。

（4）设计触摸屏画面（见图 10-42）

（5）操作步骤

1）设置步进驱动器参数：按照接线原理图及端子接线图完成接线，打开电源，设置步进电动机参数。

2）程序下载：用通信编程电缆连接计算机串口与 PLC 通信口，在编程软件中打开样例程序，将程序下载到 PLC 中。

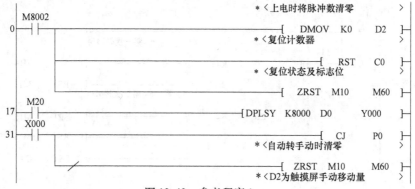

图 10-40　参考程序 1

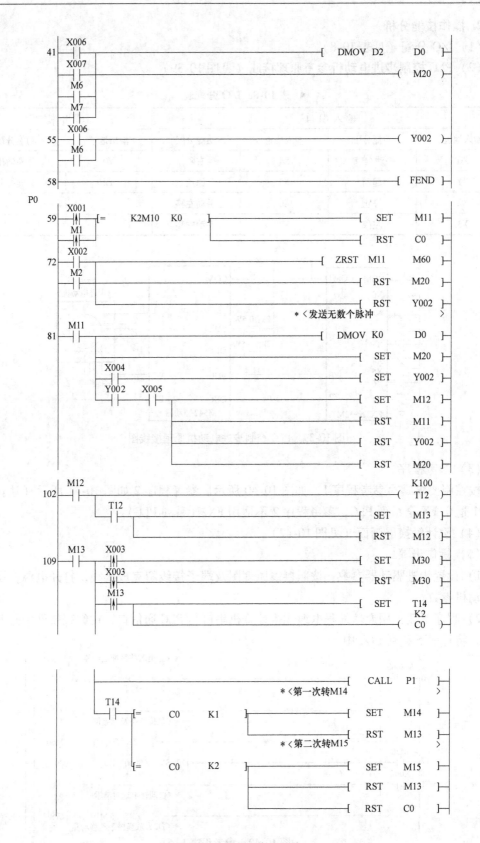

图 10-40　参考程序 1（续）

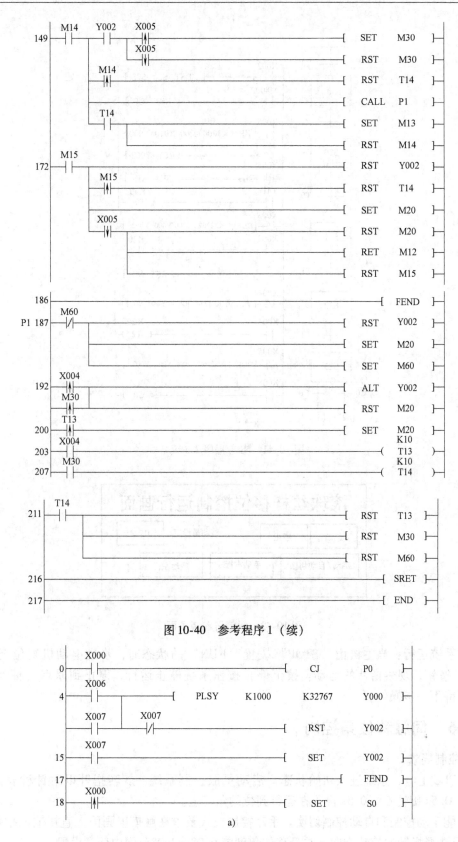

图 10-40 参考程序 1（续）

a)

图 10-41 参考程序 2

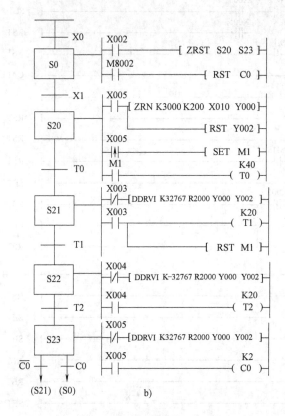

图 10-41　参考程序 2（续）

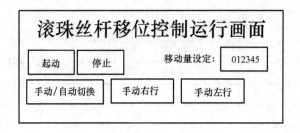

图 10-42　触摸屏参考画面

3）系统运行：当主机由"STOP"拨置"RUN"的状态时，步进电动机复位至原点，按下起动按钮，观察指针的运动。按下停止按钮系统停止运行，停止到原点（标尺 20cm 处），等待下一步操作。

实训 36　伺服移位角控制

1. 控制要求

1）PLC 上电，系统进入初始状态。启动伺服控制系统，旋转指针以时钟秒表方式旋转。即：0.5s 旋转 6°，0.5s 停止在运行到位的角度上。

2）能手动控制和自动控制切换。手动控制模式要求在触摸屏画面上直接输入指针的移位角，及选择指针的旋转方向，并且移位角度能在 0°～360°范围内任意设置。

2. 技能操作分析

（1）PLC 控制伺服电动机原理接线如图 10-43 所示。

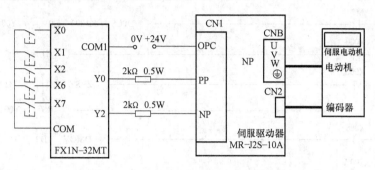

图 10-43　PLC 控制伺服电动机原理接线图

（2）I/O 分配（见表 10-9）

表 10-9　I/O 分配表

输　入　端　口		输　出　端　口	
输入地址	功能分配	输出地址	功能分配
X0	手动/自动	Y0	脉冲输出
X1	起动	Y2	方向控制
X2	停止		
X6	手动顺时针		
X7	手动逆时针		

（3）设定伺服放大器参数（主要参数设定见表 10-10）

表 10-10　伺服放大器主要参数设定表

参　　数	设　定　值	说　　明
P19	000E	参数范围选择
P0	0000	位置控制模式
P21	0001	选择指令脉冲为带符号的脉冲串
P3	32768	电子齿轮分子
P4	450	电子齿轮分母

（4）编写参考程序（见图 10-44）

（5）请读者自行设计触摸屏画面

（6）操作步骤

1）设置伺服参数：按照接线原理图及端子接线图完成接线，打开电源，用伺服连接电缆连接伺服驱动器（CN3B 接口：RS-232 通信）与 PC，打开伺服电源，根据需要修改伺服参数，将修改好的参数下载到伺服驱动器中。

2）程序下载：用通信编程电缆连接计算机串口与 PLC 通信口，在编程软件中打开样例程序，将程序下载到 PLC 中。

3）触摸屏工程下载：拔下通信电缆，用触摸屏与 PLC 连接的专用电缆连接触摸屏的 COM1 口与 PLC 通信口，用 USB 线连接触摸屏与计算机，打开触摸屏工程将工程下载到触

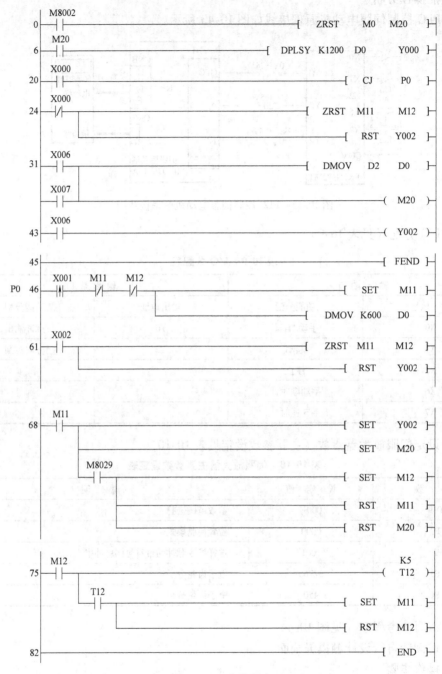

图 10-44　参考程序

摸屏中。

4）系统运行：在触摸屏上设置脉冲频率周期设置转盘的转速（10 ~ 500μs）、旋转角度（1° ~ 720°），设置完成后按起动按钮，转盘转动，按停止按钮，转盘停止，程序复位，按下方向切换按钮，转盘旋转方向切换。

5）观察旋转角度与设置是否相同，伺服反馈的转速显示是否与伺服显示相同，伺服转动圈数是否与角度相对应（转盘减速比 1:30）。

实训 37　定位机械手控制

1. 实训要求

有一机械手水平方向由步进电动机控制，垂直方向机械手由气缸控制。滚珠丝杠由步进电动机驱动，每 2000 脉冲驱动步进电动机带动丝杠移动 1mm。

步进电动机控制机械手在原点的条件是：水平机械手处于缩回位，垂直机械手处于上端极限位，气动手指处于放松状态。按如下要求运行：

1）按回原点按钮，机械手回原点。

2）按起动按钮，垂直机械手向下移动，下移到位，气动手指夹紧工件，延时 1s，垂直机械手上移。

3）当垂直机械手上移到位后，水平机械手沿水平方向伸出 20cm，伸出到位。

4）垂直机械手下移，下移到位，释放工件，延时 1s，开始上移。

5）垂直机械手上移到位后，水平机械手缩回 20cm，缩回到位。

6）以上步骤为完成一个单循环。自动循环工作，重复上述工艺过程。

2. 技能操作分析

（1）I/O 口分配（见表 10-11）

表 10-11　I/O 分配表

输 入 端 口				输 出 端 口	
输入地址	功能分配	输入地址	功能分配	输出地址	功能分配
X0	机械原点	X6	上限开关	Y0	脉冲输出
X1	起动	X7	单周/连续	Y2	方向控制
X2	停止	X10	回原点	Y4	下移电磁阀
X3	回原点按钮	X11	手动伸出	Y5	上行电磁阀
X4	手动/自动	X12	手动缩回	Y6	夹紧电磁阀
X5	下限开关			Y10	运行指示

（2）设计控制接线图（参照图 10-39）

（3）程序编写

回原点程序如图 10-45 所示，手动控制程序如图 10-46 所示，自动程序如图 10-47 所示。

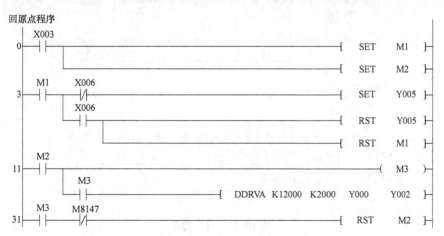

图 10-45　回原点程序

手动控制程序

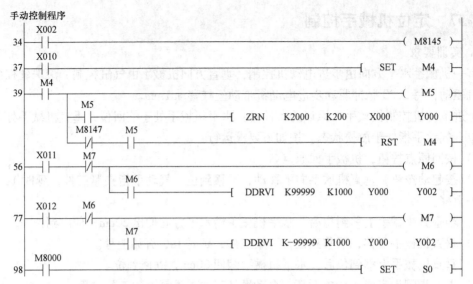

图 10-46　手动控制程序

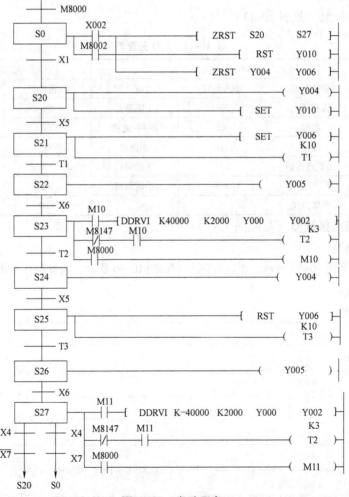

图 10-47　自动程序

第11章 可编程序控制系统综合设计技术

当我们对 PLC 的基本原理和指令进行系统学习以后，就可以结合实际问题进行 PLC 控制系统的设计，并将 PLC 应用于实际。PLC 的应用就是以 PLC 为程序控制中心，组成电气控制系统，实现对生产过程的控制。PLC 的程序设计是 PLC 应用最关键的问题，也是整个电气控制系统设计的核心。本章将介绍 PLC 应用的设计步骤、PLC 的选型、硬件配置和综合应用设计案例。

11.1 控制系统的设计

1. 控制系统设计的基本原则

任何一种电气控制系统都是为了实现被控对象（生产设备或生产过程）的工艺要求，以提高生产效率和产品质量。因此，在设计 PLC 控制系统时，应遵循以下基本原则：

1）最大限度地满足被控对象的控制要求。

2）在满足控制要求的前提下，力求使控制系统简单、经济、实用，维修方便。

3）保证控制系统的安全、可靠。

4）考虑到生产发展和工艺的改进，在选择 PLC 容量时，应适当留有余量。

2. 控制系统设计的基本内容

PLC 控制系统是由 PLC 与用户输入、输出设备连接而成的。因此，PLC 控制系统的基本内容包括如下几点：

1）选择用户输入设备（按钮、操作开关、限位）、输出设备（继电器、接触器和信号灯等执行元件）以及由输出设备驱动的控制对象（电动机、电磁阀等）。这些设备属于一般的电气元件，其选择的方法在本书前面有关章节中已有介绍。

2）PLC 的选择。PLC 是 PLC 控制系统的核心部件，正确选择 PLC，对于保证整个控制系统的技术经济性能指标起着重要作用。

选择 PLC，应包括机型的选择、输出形式、响应速度、容量的选择、I/O 点数（模块）的选择、电源模块以及特殊功能模块的选择等。

3）分配 I/O 点，绘制电气连接接口图，考虑必要的安全保护措施。

4）设计控制程序。控制程序是控制整个系统工作的软件，是保证系统工作正常、安全可靠的关键。因此，控制系统的设计必须经过反复调试、修改，直到满足要求为止。包括设计梯形图、语句表（即程序清单）或控制系统流程图。

5）根据系统的情况，如操作的方便、环境的状况等，在必要时还需设计控制台（柜）。

6）编制系统的技术文件，包括说明书、电气图及电气元件明细表等。

传统的电气图，一般包括电气原理图、电气布置图及电气安装图。在 PLC 控制系统中，这一部分图可以统称为"硬件图"。它在传统电气图的基础上增加了 PLC 部分，因此，在电气原理图中应增加 PLC 的输入、输出电气连接图（即 I/O 接口图）。

此外，在 PLC 控制系统中，电气图还应包括程序图（梯形图），可以称之为"软件图"。向用户提供"软件图"，可方便用户在生产发展或工艺改进时修改程序，并有利于用户在维修时分析和排除故障。

3. PLC 控制系统设计的一般步骤

设计 PLC 控制系统的一般步骤如图 11-1 所示。流程图功能说明如下：

1）根据生产的工艺过程分析控制要求。如需要完成的动作（动作顺序、动作条件及必需的保护和连锁等）、操作方式（手动、自动；连续、单周期及单步等）。

2）根据控制要求确定所需的用户输入、输出设备。据此确定 PLC 的 I/O 点数。

3）根据控制要求选择 PLC 的型号及相关特殊功能模块等。

4）分配 PLC 的 I/O 点，设计 I/O 电气接口连接图（这一步也可以结合第 2 步进行）。

5）进行 PLC 程序设计，同时可进行控制台（柜）的设计和现场施工。包括人机界面的合理使用。

4. PLC 程序设计的步骤

1）对于较复杂的控制系统，需绘制系统流程图，用以清楚地表明动作的顺序和条件。对于简单的控制系统，也可以省去这一步。

2）设计梯形图。这是程序设计的关键一步，也是比较困难的一步。要设计好梯形图，首先要十分熟悉控制要求，同时还要有一定的电气设计的实践经验。

3）根据梯形图编制程序清单。

4）用计算机将程序输入到 PLC 的用户存储器中，并检查键入的程序是否正确。

5）对程序进行调试和修改，直到满足要求为止。

6）待控制台（柜）及现场施工完成后，就可以进行联机调试。如不满足要求，再回去修改程序或检查接线，直到满足为止。

7）编制技术文件。

8）交付使用。

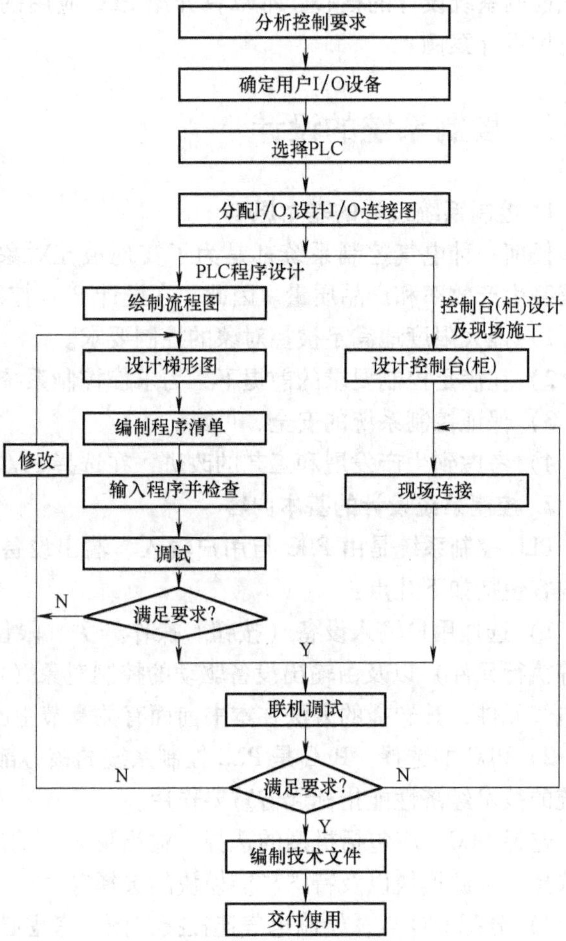

图 11-1　设计 PLC 控制系统的一般步骤

11.2　PLC 硬件选型

PLC 的选用与继电器接触器控制系统的元件的选用不同，继电器接触器系统元件的选用，必须要在设计结束之后才能定出各种元件的型号、规格和数量以及确定控制台、控制柜的大小等。而 PLC 的选用则在应用设计的开始即可根据工艺提供的资料及控制要求等预先进行。

在选择 PLC 的型号时一般从以下几个方面来考虑。

1. 功能满足要求

PLC 的选型基本原则是满足控制系统的功能需要。控制系统需要什么功能，就选择具有什么样功能的 PLC。当然要兼顾维修、备件的通用性。

对于小型单机仅需要开关量控制的设备，一般的小型 PLC 都可以满足要求。

到了 20 世纪 90 年代，小型、中型和大型 PLC 已普遍进行 PLC 与 PLC、PLC 与上位机的通信与连网，具有数据处理、模拟量控制等功能，因此在功能的选择方面，要着重注意的是特殊功能的需要。这就要选择具有所需功能的 PLC 主机，还要根据需要选择相应的模块，例如开关量的特殊输入输出模块、模拟量的输入输出模块、高速计数模块、通信模块和人机界面单元等。

2. I/O 点数

准确地统计出被控设备对输入输出点数的总需要量是 PLC 选型的基础。把各输入设备和被控设备详细列出，然后在实际统计 I/O 点数的基础上加 10% ~ 20% 的备用量，以便今后调整和扩充。

3. 考虑输入输出信号的性质

除决定好 I/O 点数外，还要注意输入输出信号的性质、参数等。例如，输入信号电压的类型、等级和变化率；信号源是电压输出型还是电流输出型；是 NPN 输出型还是 PNP 输出型等；还要考虑输出信号的负载性质，如是交流的、直流的及负载的容量（即电流的大小），以便确定选用晶体管、双向晶闸管还是继电器输出。

4. 估算系统对 PLC 响应时间的要求

对于大多数应用场合来说，PLC 的响应时间不是主要的问题。响应时间包括输入滤波时间、输出滤波时间和扫描周期。PLC 的顺序扫描工作方式使它不能可靠地接收持久时间小于扫描周期的输入信号。为此，需要选取高扫描速度的 PLC，例如 FX2N 处理速度达 $0.08\mu s$/步，就这样高速计数器的脉冲一般输入端也无法响应，需另行处理。

5. 程序存储器容量

用户程序所需存储器容量可以预先估算。对于开关量控制系统，用户程序所需存储器的字数等于 I/O 信号总数乘以 8。对于有模拟量输入输出的系统，每一路模拟量信号大约需 100 字的存储器容量。

关于 PLC 的选型问题，当然还应考虑到 PLC 的连网通信功能、价格因素。系统可靠性也是考虑的重要因素。

11. 3　综合应用控制系统设计

本部分实训项目根据广东省可编程序控制系统设计师（三级）培训考证设备进行开发，项目包涵了 PLC、变频器、触摸屏、气动元件、电动机控制、传感器技术、通信控制等技术。

实训平台配置主要设备如下：PLC FX2N-64MR（带 485BD 模块）、变频器 FR-D720、触摸屏 GT1150-Q（320×240）、三相交流异步电动机等。

实训 38　自动分拣生产线 PLC 监控系统设计

1. 实训控制要求

（1）自动分拣生产线的组成与功能

自动分拣线组成主要由间歇式上料装置、输送带、水平推杆装置、龙门机械手等功能模块以及配套的电气控制系统、气动回路组成。自动分拣生产线的结构简图如图 11-2 所示。

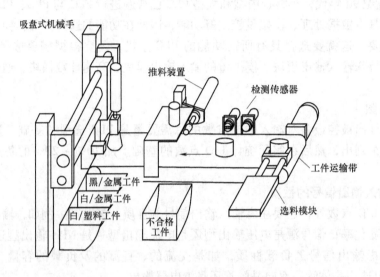

图 11-2　自动分拣生产线结构简图

生产过程中，金属和非金属工件经间歇式上料装置依次放置在输送带上，输送带在电动机的驱动下将工件向前输送。工件经传感器检测后，金属工件经水平推杆装置推出，非金属则通过机械手转运至指定工位，经下道工序进行加工。

传送带采用交流异步电动机驱动，变频无级调速。

（2）自动分拣线的控制功能

自动分拣生产线要求具有自动和手动两种工作模式。

自动模式：能自动完成工件的分拣与传送；

手动模式：能分别控制各执行机构的单一动作。

（3）节能运行与自动停机

传送带在有料传送时高速运行，传送完毕如果料架中无工作则转低速运行。低速运行一段时间仍缺料则整条线自动停机。

（4）系统要求有人机界面监控功能，并要求有不低于两幅控制画面，画面功能如下：

1）能自动统计并显示分拣工件的总数、非金属工件数。

2）能通过画面设定传送带的高、低速工作频率，并实时监测传送带变频器运转频率。

3）能通过画面监控自动线运行状态并有相应文本提示或状态指示。

4）能通过画面进行生产线的起停操作控制、各手动操作控制。

（5）安全保护功能

1）运动机构不能发生碰撞。

2）具有紧急停机功能。

3）有开、停机指示灯。

（6）设定 PLC 与变频器 485 通信参数。

根据以上要求，请考生自行分配 I/O 分配，画出控制电路接线图，编制 PLC 程序，设定变频器参数，设计人机界面画面，进行系统调试达到上述控制功能。

2. 技能操作指引

（1）相关知识点

三菱 D720 变频器通过 485 通信控制需要查找对应的控制代码见表 11-1，通过不同的控制代码，实现对应的功能。

表 11-1　控制指令表

操 作 指 令	指 令 代 码	数 据 内 容
正转	HFA	H02
反转	HFA	H04
停止	HFA	H00
高速正转	HFA	H22
中速正转	HFA	H12
低速正转	HFA	H0A
频率写入	HED	H0000 ~ H2EE0
频率输出	H6F	H0000 ~ H2EE0
电流输出	H70	H0000 ~ HFFFF
电压输出	H71	H0000 ~ HFFFF
参数修改	H80 ~ HE3（对应 Pr. 0 ~ Pr. 99）	H0000 ~ HFFFF

（2）I/O 分配

据控制要求分配 I/O，见表 11-2 所示。

表 11-2　I/O 分配表

输 入 控 制		输 出 控 制	
端　口	功　能	端　口	功　能
X0	编码器 A 相	Y0	变频器正转
X1	编码器 B 相	Y1	变频器反转
X2	编码器 Z 相	Y2	变频器高速
X3	起动按钮	Y3	变频器低速
X4	停止按钮	Y4	停止指示灯（红灯）
X5	复位按钮	Y5	运行指示灯（绿灯）
X6	急停按钮	Y6	报警器
X7	ON（自动）/OFF（手动）	Y7	备用
X10	模式2（单周）	Y10	滑台左移

（续）

输入控制		输出控制	
端　口	功　能	端　口	功　能
X11	模式3（连续）	Y11	滑台右移
X12	变频器故障信号	Y12	吸盘上升
X13	1#工位（滑台左限）	Y13	吸盘下降
X14	2#工位	Y14	吸盘放
X15	3#工位	Y15	吸盘吸
X16	滑台右限	Y16	备用
X17	吸盘上限位	Y17	备用
X20	吸盘下限位	Y20	推料缸（单作用）
X21	姿势判别（电容接近开关）	Y21	送料缸（单作用）
X22	材质判别（电感接近开关）	Y22	备用
X23	颜色判别（光电开关）	Y23	翻转正转
X24	传送带末端传感器	Y24	翻转反转
X25	推料杆前限位	Y25	翻转下降（单作用）
X26	推料杆后限位	Y26	手指夹紧
X27	工件检测（光纤传感器）	Y27	手指放松

（3）控制接线

请读者根据 I/O 分配进行设计电路图。

（4）变频器（三菱 D720）参数设置操作步骤如下：

1）变频器上电。

2）设置：P79 = 1。

3）设置：P160 = 0，P117 = 02，P118 = 19200，P119 = 11，P120 = 2，P121 = 9999，P122 = 9999，P123 = 9999，P124 = 0，P340 = 10，P549 = 0，P79 = 2。

＊该变频器站号为 02，通信速率为 19.2kbit/s。

4）变频器断电，连接 PLC 485BD 模块与变频器通信线，上电重新起动。

（5）编程控制关键技术分析

按控制要求，需要通过 485 通信控制变频器的停止、高速正转、低速正转，还可修改高速、低速频率，读取运行频率。

设置 PLC 通信参数 D8120 = H009E（1001 1110），其中高四位 1001 表示通信速率 19.2kbit/s，b3 为 1 表示 2 位停止位，b2、b1 为 11 表示奇偶校验为偶数（EVEN），b0 为 0 表示数据长度为 7 位，相关变频器参数与之对应。通信程序如图 11-3 所示。

运行控制程序设计，高速正转的数据代码为 22，低速正转的数据代码为 0A。根据 D720 变频器控制指令表，停止命令数据格式如表 11-3 所示。设计运行控制程序如图 11-4 所示。

修改高速频率（即参数 Pr.4）的指令数据格式见表 11-4。修改低速频率（参数 Pr.6）需要将命令代码改为 86，程序实例如图 11-5 所示。

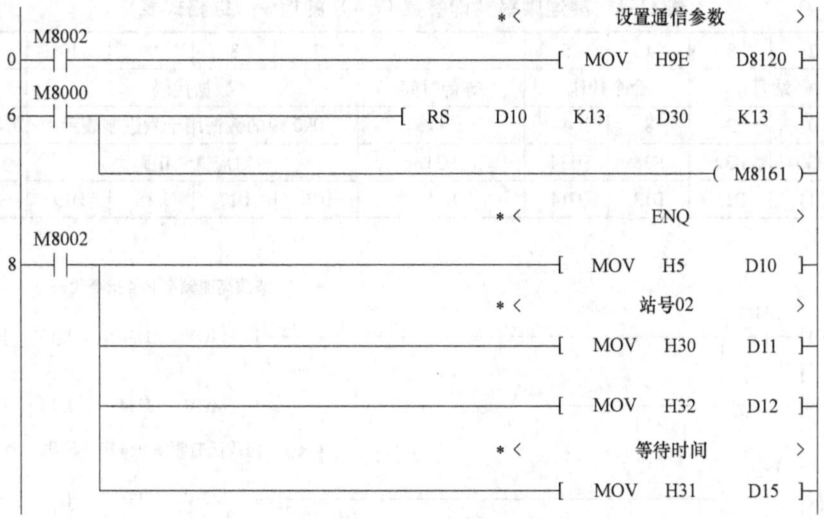

```
        M8002                                      *〈        设置通信参数        〉
    0 ──┤├──────────────────────────────────────┤ MOV    H9E    D8120 ├

        M8000
    6 ──┤├──────────────────────────────┤ RS    D10   K13    D30   K13 ├

        │                                                          ( M8161 )
        │
                                                   *〈          ENQ          〉
        M8002
    8 ──┤├──────────────────────────────────────┤ MOV    H5     D10  ├

                                                   *〈         站号02         〉
                                                  ┤ MOV    H30    D11  ├

                                                  ┤ MOV    H32    D12  ├

                                                   *〈        等待时间         〉
                                                  ┤ MOV    H31    D15  ├
```

图 11-3　通信程序

表 11-3　停止命令数据格式

1	2	3	4	5	6	7	8	9	10
通信请求	站号		命令代码		等待时间	数据代码		总和校验码（共 2 位）	
*ENQ	0	2	F	A	1	0	0	根据计算	根据计算
H05	H30	H32	H46	H41	H31	H30	H30	取 ASCII 码	取 ASCII 码
D10	D11	D12	D13	D14	D15	D16	D17	D18	D19

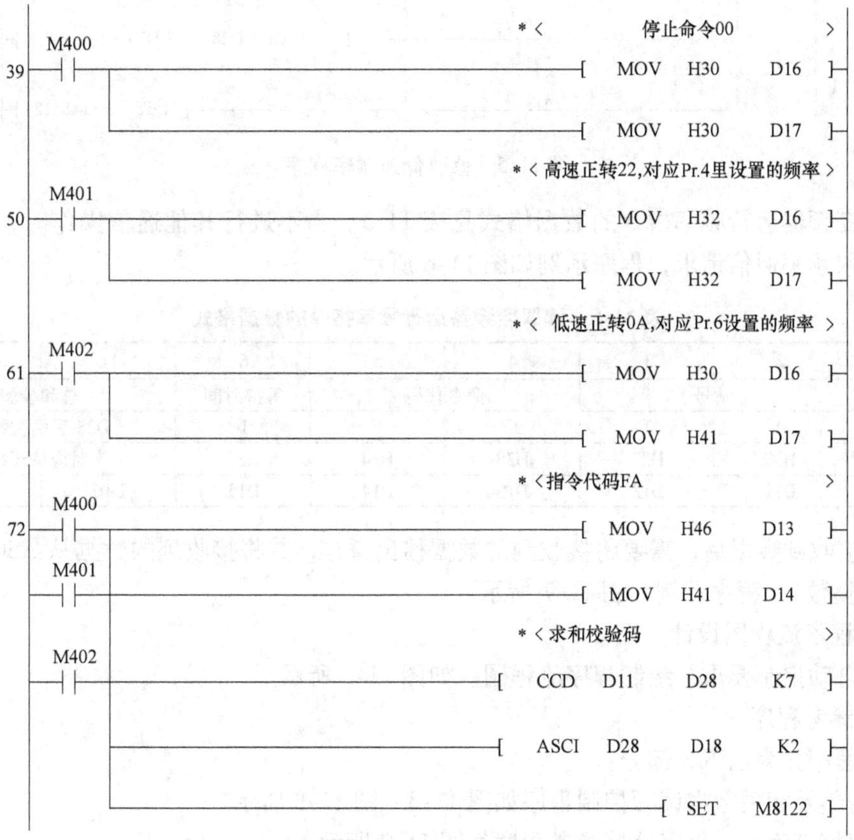

```
         M400                                     *〈        停止命令00        〉
    39 ──┤├──────────────────────────────────────┤ MOV    H30    D16  ├

                                                  ┤ MOV    H30    D17  ├

                                                   *〈 高速正转22,对应Pr.4里设置的频率 〉
         M401
    50 ──┤├──────────────────────────────────────┤ MOV    H32    D16  ├

                                                  ┤ MOV    H32    D17  ├

                                                   *〈 低速正转0A,对应Pr.6设置的频率 〉
         M402
    61 ──┤├──────────────────────────────────────┤ MOV    H30    D16  ├

                                                  ┤ MOV    H41    D17  ├

                                                   *〈        指令代码FA        〉
         M400
    72 ──┤├──────────────────────────────────────┤ MOV    H46    D13  ├

         M401
       ──┤├──────────────────────────────────────┤ MOV    H41    D14  ├

                                                   *〈       求和校验码        〉
         M402
       ──┤├──────────────────────────────────┤ CCD    D11   D28    K7 ├

                                                  ┤ ASCI   D28   D18    K2 ├

                                                  ┤ SET          M8122 ├
```

图 11-4　运行控制程序

表 11-4 高速频率（即参数 Pr.4）的指令数据格式表

1	2	3	4	5	6	7	8	9	10	11	12
通信请求	站号		命令代码		等待时间	数据代码				总和校验码	
＊ENQ	0	2	8	4	1	D90 内的数据用十六进制表示				D28 后两位数(H)	
H05	H30	H32	H38	H34	H31	对应 ASCII 码				对应 ASCII 码	
D10	D11	D12	D13	D14	D15	D16	D17	D18	D19	D20	D21

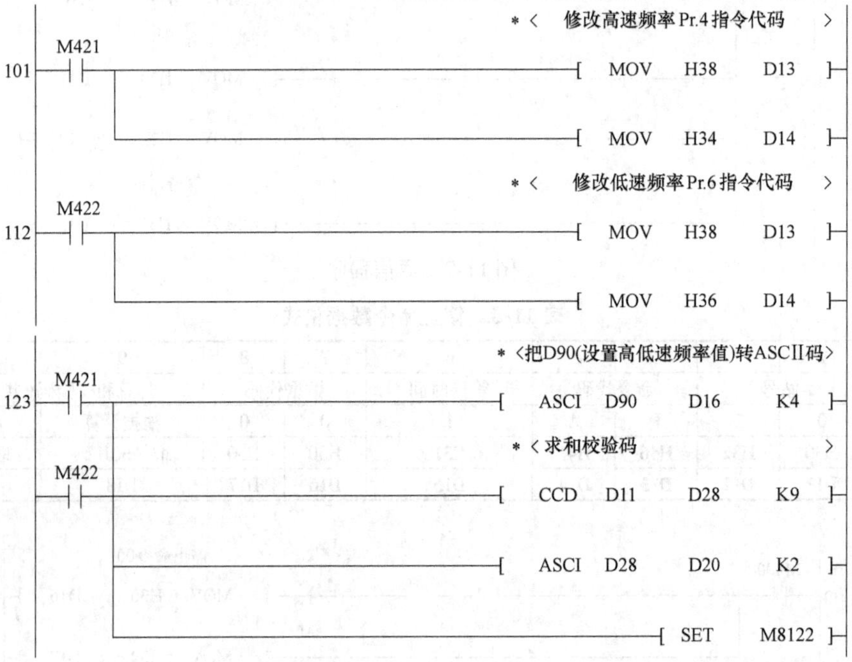

图 11-5　修改低速频率程序

读取变频器运行频率指令的数据格式见表 11-5。当不进行其他通信操作时，每秒钟发送一次读取频率通信请求，程序示例如图 11-6 所示。

表 11-5　读取变频器运行频率指令的数据格式

1	2	3	4	5	6	11	12
通信请求	站号		命令代码		等待时间	总和校验码	
＊ENQ	0	2	6	F	1	D28 后两位数(H)	
H05	H30	H32	H38	H34	H31	对应 ASCII 码	
D10	D11	D12	D13	D14	D15	D16	D17

PLC 接收到数据后，需要将接收到的数据移出暂存，并将接收到的数据从 ASCII 码转成二进制（整数）。程序示例如图 11-7 所示。

（6）程序流程图设计

根据自动控制要求，绘制程序流程图。如图 11-8 所示。

（7）参考程序

全部程序分为以下 3 部分：

1）通信及相关数据读写控制程序如图 11-3 ～图 11-8 所示。

2）根据流程图，编写分拣参考程序如图 11-9 所示。

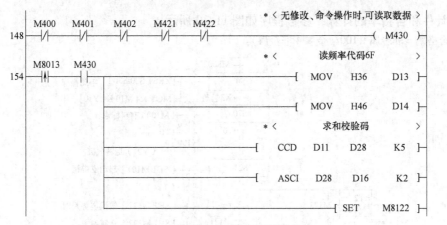

图 11-6 读取变频器运行频率程序

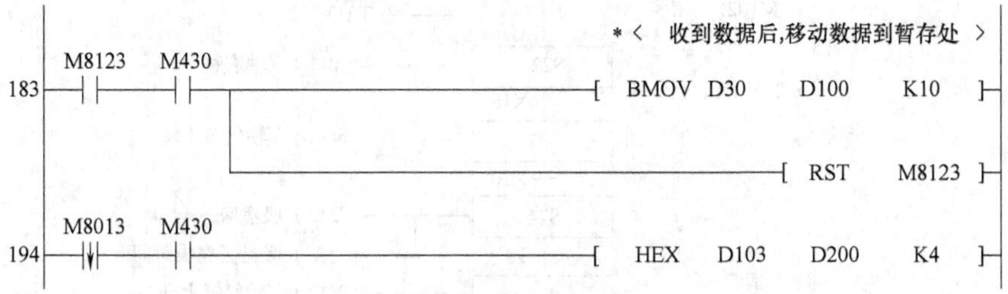

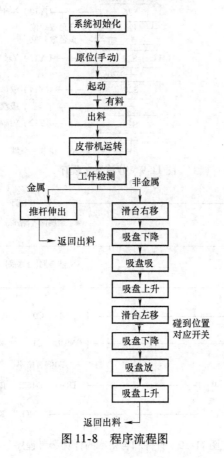

图 11-7 接收移动数据程序

图 11-8 程序流程图

3）计件和合格率的计算，参考程序如图 11-10 所示。

注：合格率 = 非金属×100/（金属 + 非金属）。

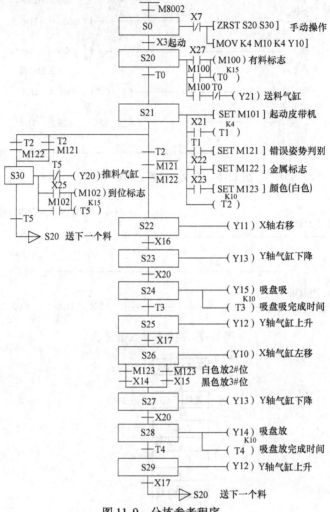

图 11-9　分拣参考程序

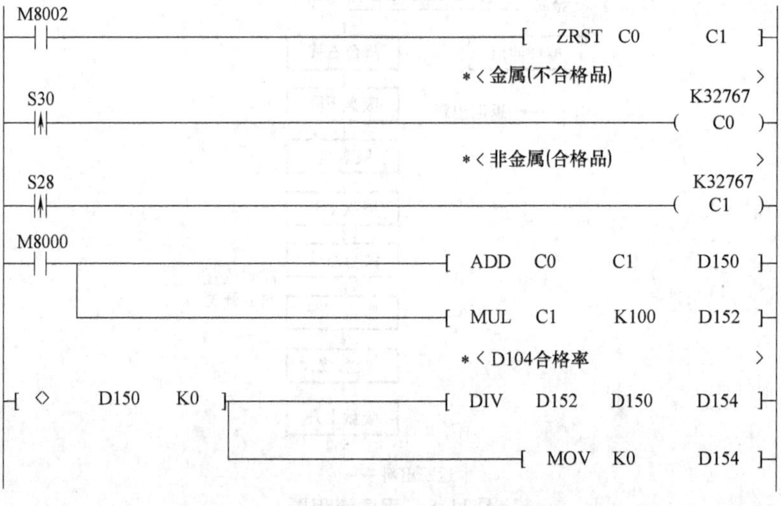

图 11-10　计件和合格率的计算参考程序

（8）触摸屏画设计

触摸屏设计软元件分配见表 11-6，参考画面如图 11-11 所示。

表 11-6　触摸屏软元件分配表

名　　称	元　件	名　　称	元　件
起动	X3	吸盘吸紧	Y14
停止	X4	吸盘放松	Y15
复位	X5	滑台左移	Y10
高速设定	M421	滑台右移	Y11
低速设定	M422	高低速设定频率	D90
气缸送料	Y21	金属件数（不合格）	C0
皮带高速	M401	非金属件数（合格）	C1
皮带低速	M402	工件总数	D150
皮带停止	M400	合格率	D154
皮带推料	Y20	当前运行频率	D200
吸盘上升	Y12	当前状态	D50
吸盘下降	Y13	报警	D51

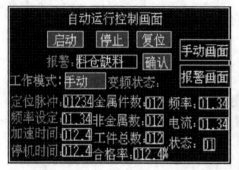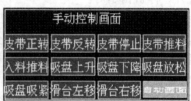

图 11-11　参考触摸屏画面

（9）调试关键

本项目调试可分步进行：

1）先进行 RS-485 通信调试，可以在触摸屏手动起动、停止皮带机；再调试高速频率设定、低速频率设定；最后测试读取频率。

2）第二进行顺序控制程序的编写和调试，在使用传感器时，可以先用时间替代作为到位条件，再一步步加入传感器，每一个传感器都要进行校正和测试。

3）最后才进行其他辅助功能，包括求合格率、报警、状态显示等调试。

实训 39　工作姿态调整自动线控制系统设计

1. 控制要求

（1）工作姿态调整自动线的组成与功能

工作姿态调整自动线主要由间歇式上料装置、传送带、姿态检测装置、工件反转装置等功能单元以及配套的电器控制系统、气动回路组成。自动线的结构简图如图 11-2 所示。

随机摆放的工件（金属制品）经间歇式上料装置依次推出至传送带上。工件传送过程中经姿态检测装置识别，开口向下的工件直接向前输送，开口向上的工件则经工件反转装置反转后再继续向前传送，到达输送带前方经人工取走。

传送带采用交流异步电动机驱动，可无级调速。

（2）工件姿态调整自动线的控制功能

1）自动线要求具有两种自动和手动工作模式：

自动模式——能自动完成工件的姿态调整与输送；

手动模式——可分别控制各执行机构的动作，便于调试。

2）传送带的节能运行与自动停机。

传送带在有料传送时告诉运行，传送完毕若料架中无工件则转低速运行。低速运行一段时间仍缺料则整条线自动停机。

（3）系统要求有人机界面监控功能，并要求有不低于两幅控制画面，画面功能如下：

1）可自动统计并显示传送制品的总数、反转工件数；

2）能设定传送带的高、低速工作频率；

3）能实时监测传送带驱动电动机的运行频率；

4）对自动线运行状态有相应文本提示或状态指示。

（4）安全保护功能

1）运动机构不能发生碰撞。

2）故障自动停机并起动声光报警。

3）能在线显示故障信息（无法自动复位；料架无料；变频器故障等）。

4）具有紧急停机功能。

5）有开、停机指示灯。

（5）设定 PLC 与变频器 485 通信参数

根据以上要求，请考生自行分配 I/O 分配，画出控制电路接线图，编制 PLC 程序，设定变频器参数，设计人机界面画面，进行系统调试达到上述控制功能。

2. 技能操作指引

（1）I/O 分配

据控制要求分配 I/O 见表 11-7 所示

表 11-7　I/O 分配表

输入控制		输出控制	
端口	功能	端口	功能
X0	编码器 A 相	Y0	变频器正转
X1	编码器 B 相	Y1	变频器反转
X2	编码器 Z 相	Y2	变频器高速
X3	起动按钮	Y3	变频器低速
X4	停止按钮	Y4	停止指示灯（红灯）
X5	复位按钮	Y5	运行指示灯（绿灯）
X6	急停按钮	Y6	报警器
X7	ON(自动)/OFF(手动)	Y21	送料缸（单作用）
X10	模式 2(单周)	Y22	备用
X11	模式 3(连续)	Y23	翻转正转
X12	变频器故障信号	Y24	翻转反转
X13	翻转右限位	Y25	翻转下降（单作用）
X14	翻转左限位	Y26	手指夹紧
X15	翻转上限位	Y27	手指放松
X16	翻转下限位		
X21	姿势判别(电容接近开关)		
X22	材质判别(电感接近开关)		
X23	颜色判别(光电开关)		
X24	传送带末端传感器		
X25	推料杆前限位		
X26	推料杆后限位		
X27	工件检测(光纤传感器)		

（2）控制接线请读者自行画出

（3）变频器参数设置

（4）编程程序

1）通信及相关读写数据程序如图11-12所示。

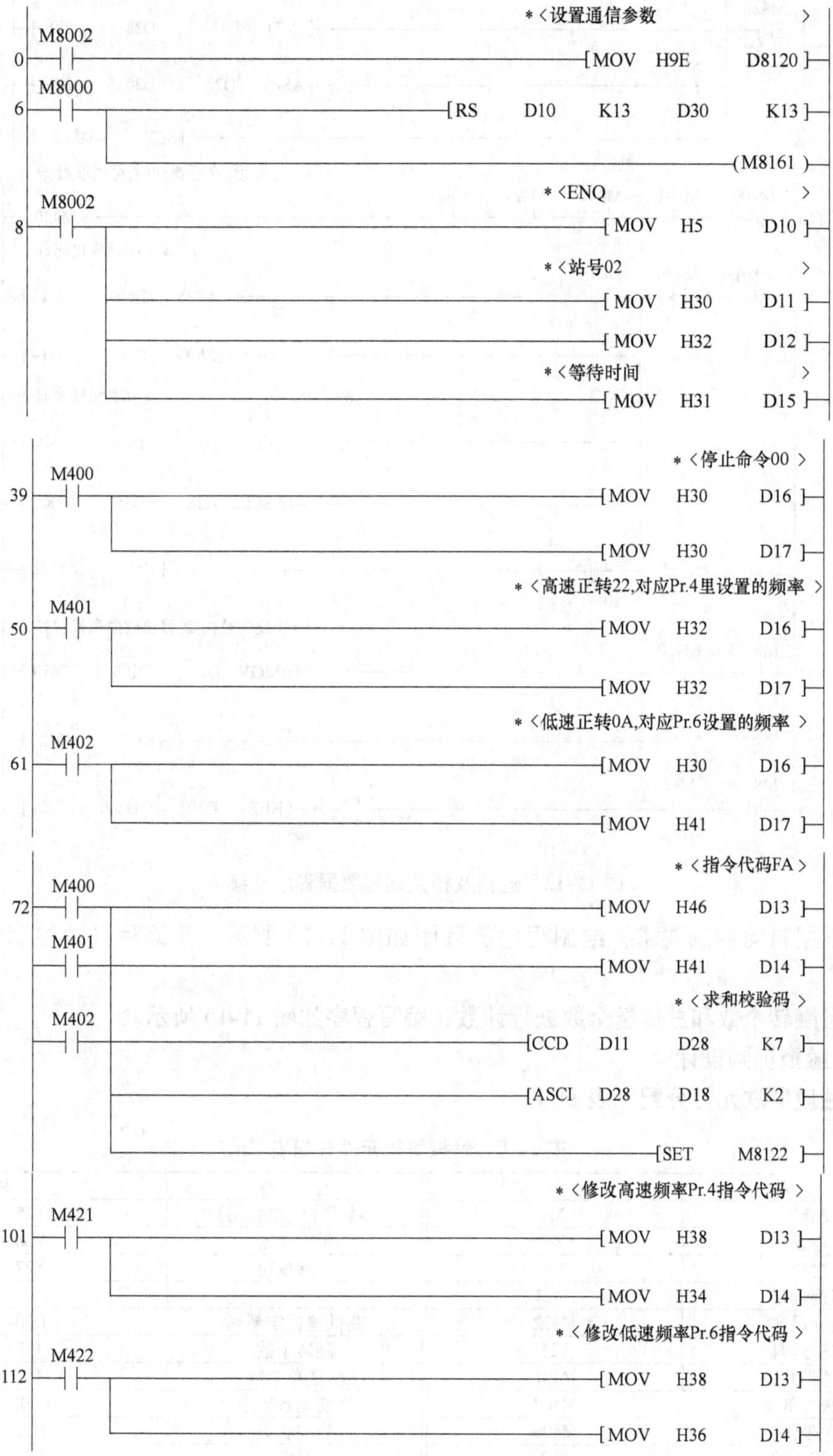

```
                                                    *<设置通信参数                    >
     M8002
0    ─┤├─                                    ─[MOV    H9E      D8120 ]
     M8000
6    ─┤├─                            ─[RS     D10      K13      D30     K13 ]
     │                                                              ─(M8161 )
                                                    *<ENQ                          >
     M8002
8    ─┤├─                                       ─[ MOV    H5       D10 ]
                                                    *<站号02                        >
     │                                             ─[ MOV    H30      D11 ]
     │                                             ─[ MOV    H32      D12 ]
                                                    *<等待时间                       >
     │                                             ─[ MOV    H31      D15 ]

                                                    *<停止命令00 >
     M400
39   ─┤├─                                        ─[MOV    H30      D16 ]
     │                                            ─[MOV    H30      D17 ]
                                                    *<高速正转22,对应Pr.4里设置的频率 >
     M401
50   ─┤├─                                        ─[MOV    H32      D16 ]
     │                                            ─[MOV    H32      D17 ]
                                                    *<低速正转0A,对应Pr.6设置的频率 >
     M402
61   ─┤├─                                        ─[MOV    H30      D16 ]
     │                                            ─[MOV    H41      D17 ]

                                                    *<指令代码FA>
     M400
72   ─┤├─                                        ─[MOV    H46      D13 ]
     M401
     ─┤├─                                         ─[MOV    H41      D14 ]
                                                    *<求和校验码>
     M402
     ─┤├─                                    ─[CCD    D11      D28      K7 ]
     │                                       ─[ASCI   D28      D18      K2 ]
     │                                                           ─[SET     M8122 ]
                                                    *<修改高速频率Pr.4指令代码 >
     M421
101  ─┤├─                                        ─[MOV    H38      D13 ]
     │                                            ─[MOV    H34      D14 ]
                                                    *<修改低速频率Pr.6指令代码 >
     M422
112  ─┤├─                                        ─[MOV    H38      D13 ]
     │                                            ─[MOV    H36      D14 ]
```

图 11-12　通信及相关读写数据程序

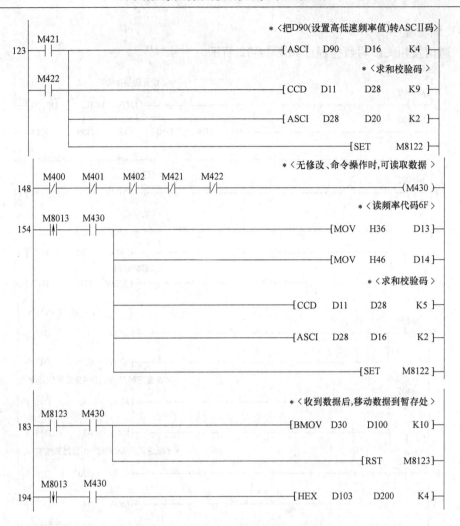

图 11-12　通信及相关读写数据程序（续）

2）根据自动控制要求，绘制程序流程图如图 11-13 所示。并编写自动控制程序如图 11-14 所示。

3）对翻转个数和总传送个数进行计数，编写程序如图 11-15 所示。

（5）触摸屏画面设计

1）触摸屏软元件分配见表 11-8。

表 11-8　触摸屏软元件分配表

名　　称	元　　件	名　　称	元　　件
起动	X3	翻转下降（单作用）	Y25
停止	X4	手指夹紧	Y26
复位	X5	手指放松	Y27
高速设定	M421		
低速设定	M422	高低速设定频率	D90
气缸送料	Y21	翻转个数	C0
传送带高速	M401	传送总个数	C1
传送带低速	M402	当前运行频率	D200
传送带停止	M400	当前状态	D50
翻转正转	Y23	报警	D51
翻转反转	Y24		

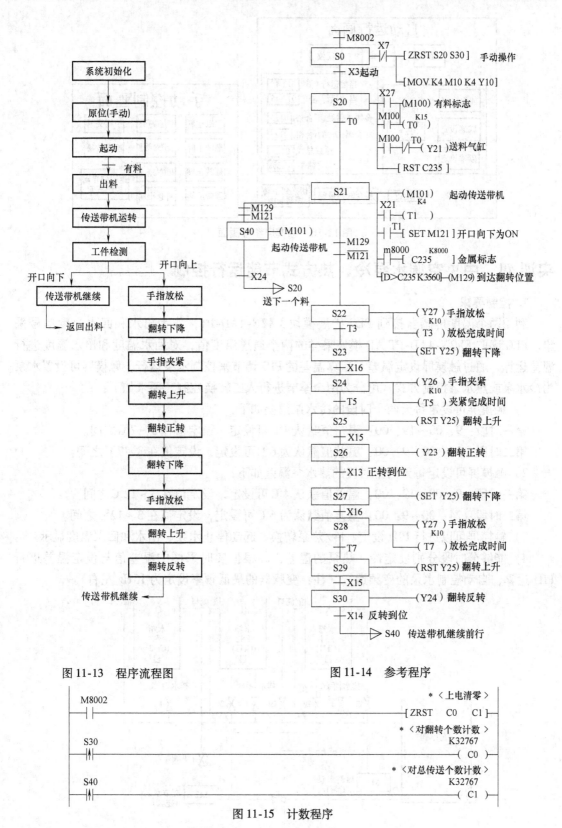

图 11-13　程序流程图　　　　　　图 11-14　参考程序

图 11-15　计数程序

2）根据控制要求设计触摸屏画面如图 11-16 所示。

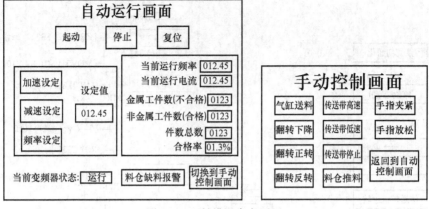

图 11-16　触摸屏参考画面

实训 40　中央空调水泵冷、热方式节能运行控制

1. 控制要求

利用两个温度传感器接到 PLC 扩展模块 FX2N-4AD-PT，作为出水和回水温度信号采集。PLC 读取 FX2N-4AD-PT AD 模块采样的两个通道温度值，对回水温度和出水温度进行温差运算，通过触摸屏设定温差与运算温差的 PID 调节来控制水泵运行，触摸屏可设置水泵为冷水泵或热水泵控制方式，可分为两个季节进行人工转换控制。要求如下：

1）触摸屏可设定每天两个时段的冷水泵温差如下：

第一时段：9：00 ~ 19：00：温差值默认 4℃可设定，设定值在 3 ~ 7℃之间。

第二时段：24：00 ~ 9：00：温差值默认为 6℃可设定，设定值在 3 ~ 7℃之间。

2）触摸屏可设定每天两个时段的热水泵温差如下：

第一时段：9：00 ~ 19：00：温差值默认 4℃可设定，设定值在 3 ~ 12℃之间。

第二时段：24：00 ~ 9：00：温差值默认为 6℃可设定，设定值在 3 ~ 12℃之间。

3）触摸屏可以进行 PID 设定、冷/热泵转换、起动停止水泵、出水和回水温度显示。

4）能够分时段分别设定冷、热泵的温差，并根据实时采样的温差值与设定温差进行 PID 运算，自动控制水泵的变频运行（注：变频器的最低频率设定为 15Hz 左右）。

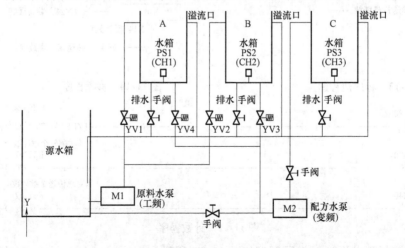

图 11-17　中央空调水泵冷、热方式节能运行控制系统结构图

2. 系统说明

1）系统主设备配置如下：FX2N-32MR、FX2N-4AD-PT、FX2N-5A、GT1105 触摸屏、FR-D700 变频器、PT100 等。

2）系统结构如图 11-17 所示。A、B、C 分别为 3 个储水水箱，YV1～YV3 分别为进/出水电磁阀，M1、M2 为单相 220V 交流水泵电动机，M1 为工频控制，M2 为变频控制。PS1～PS3 为 3 个压力传感器，分别接到 FX2N-5A 模块的 CH1～CH3 通道。PLC 通过控制变频器的 STF 端让变频器带动水泵运行。变频器的 4～20mA 信号频率控制运行输入端子接到 FX2N-5A 模块 4～20mA 输出端，用 PLC 的外部模块传送指令使模块控制变频器的运行频率。

3. 操作技能指引

1）根据控制要求分配 I/O 端口见表 11-9。

表 11-9　I/O 端口分配表

输入端口		输出端口			
端口	功能	端口	功能	端口	功能
X0	起动	Y0	控制 YV1	Y3	控制 YV4
X1	停止	Y1	控制 YV2	Y4	控制原料水泵接触器 KM1
		Y2	控制 YV3	Y5	控制变频器起动信号

2）设计程序时，数据寄存器和辅助继电器分配见表 11-10。

寄存器	作用	寄存器	作用	寄存器	作用	寄存器	作用
D0	CH1 平均温度	D101	PID 正动作	D165	写入 0 秒	M0	区间比较首元件
D1	CH2 平均温度	D103	PID Kp 增益	D173	写入 22 点	M1	9 点～22 点区间
D4	CH1、CH2 温差	D104	PID Ki 时间	D174	写入 0 分	M3	夏天设定
D10	CH1 当前温度	D106	PID Kd 时间	D175	写入 0 秒	M4	冬天设定
D11	CH2 当前温度	D122	PID 上限值	D140	触摸屏写入年	M5	夏天模式
D70	夏天 4℃设定	D123	PID 下限值	D141	触摸屏写入月	M6	冬天模式
D72	夏天 6℃设定	D150	读 PLC 时间年	D142	触摸屏写入日	M7	GOT 时间写入确认
D73	冬天 4℃设定	D153	读 PLC 时间时	D143	触摸屏写入时	M10	触摸屏启动
D74	冬天 6℃设定	D154	读 PLC 时间分	D144	触摸屏写入分	M11	触摸屏停止
D80	PID 输出值	D155	读 PLC 时间秒	D145	触摸屏写入秒		
D90	PID 目标值	D163	写入 9 点	D200	变频器频率		
D100	PID 采样时间	D164	写入 0 分				

3）电路设计，请读者参考 I/O 表和第 9 章特殊模块知识进行设计。

4）制作触摸屏画面，参考画面如图 11-18 所示。

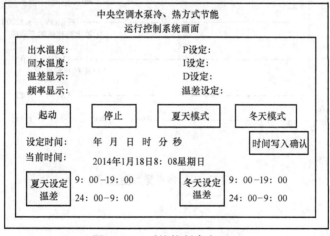

图 11-18　系统控制参考画面

5）设计程序，参考程序如图 11-19 所示。

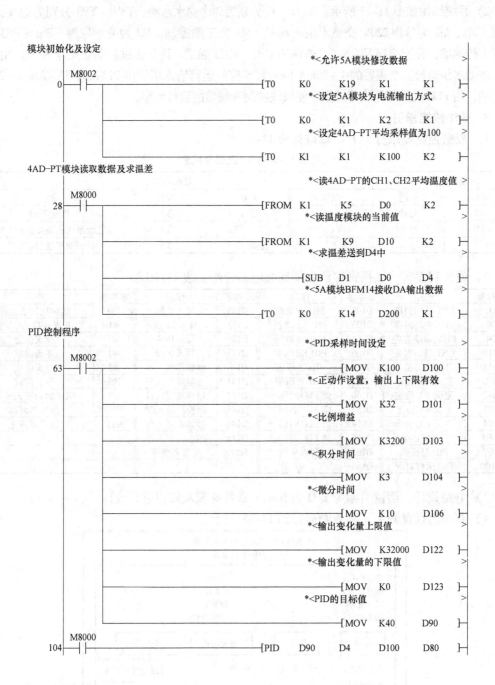

图 11-19　参考梯形图程序

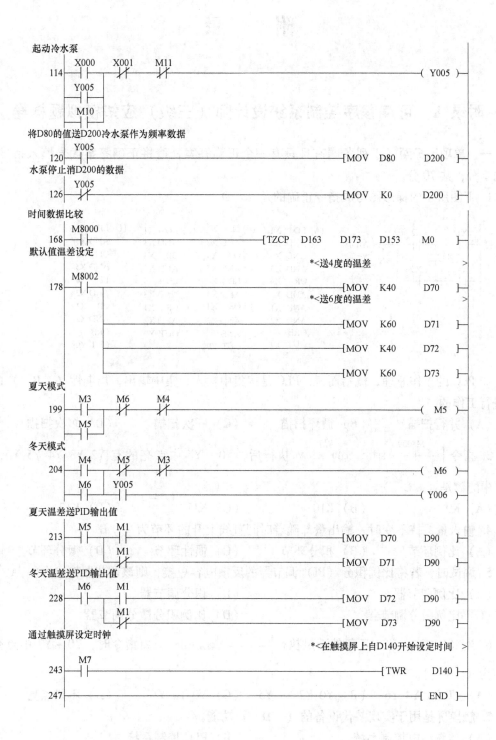

图 11-19　参考梯形图程序（续）

附　录

附录 A　可编程序控制系统设计师（三级）应知模拟题样卷

一、单项选择题（下列各题有且只有一个正确答案，请将正确答案代号填入括号内，每题1分，共70分。）

1. 下图所示的梯形图写成指令正确的是（　D　）

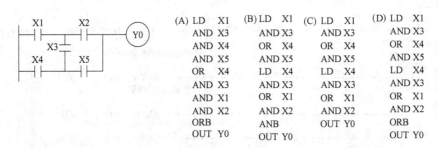

(A) LD X1	(B) LD X1	(C) LD X1	(D) LD X1
AND X3	AND X3	AND X3	AND X3
AND X4	OR X4	OR X4	OR X4
AND X5	AND X5	AND X5	AND X5
OR X4	LD X4	LD X4	LD X4
AND X3	AND X3	AND X3	AND X3
AND X1	OR X1	OR X1	OR X1
AND X2	AND X2	AND X2	AND X2
ORB	ANB	OUT Y0	ORB
OUT Y0	OUT Y0		OUT Y0

2. PLC 的工作原理，概括而言，PLC 是按集中输入、集中输出，周期性（　B　）的方式进行工作的。

　(A) 并行扫描　　　　(B) 循环扫描　　　　(C) 一次扫描　　　　(D) 多次扫描

3. 指令 ──┤M8000├── SEGD D10 K2 Y0 执行后，Y0 ~ Y7 中点亮的有 Y2 Y3 Y4 Y5 Y6，则 D10 中的数是（　C　）

　(A) K9　　　　　　(B) K10　　　　　　(C) K11　　　　　　(D) K12

4. 输入量保持不变时，输出量却随着时间直线上升的环节为（　B　）。

　(A) 比例环节　　　(B) 积分环节　　　(C) 惯性环节　　　(D) 微分环节

5. 调试时，若将比例积分（PI）调节器的反馈电容短接，则该调节器将成为（　A　）。

　(A) 比例调节器　　　　　　　　　　(B) 积分调节器

　(C) 比例微分调节器　　　　　　　　(D) 比例积分微分调节器

6. 当（D10）= K35 且条件满足执行 ──┤X10├── BCD D10 K2Y0 指令时，Y0 ~ Y7 中点亮的一组为（　B　）。

　(A) Y0 Y1 Y4 Y6　(B) Y0 Y2 Y4 Y5　(C) Y0 Y1 Y5　　(D) 不能点亮

7. 触摸屏是用于实现替代设备的（　D　）功能。

　(A) 传统继电控制系统　　　　　　　(B) PLC 控制系统

　(C) 工控机系统　　　　　　　　　　(D) 传统开关按钮型操作面板

8. IEC 标准的 5 种编程语言中，属于文本语言的是（　A　）。

　(A) 指令表和结构文本　　　　　　　(B) 梯形图和指令表

(C) 功能块图和顺序功能图　　　　　　(D) 梯形图和顺序功能图

9. 梯形图编程的基本规则中，下列说法不对的是（　A　）。

(A) 触点不能放在线圈的右边

(B) 线圈不能直接连接在左边的母线上

(C) 双线圈输出容易引起误操作，应尽量避免线圈重复使用

(D) 梯形图中的触点与继电器线圈均可以任意串联或并联

10. PLC 软件由（　D　）和用户程序组成。

(A) 输入输出程序　(B) 编译程序　　(C) 监控程序　　(D) 系统程序

11. 在 PLC 温控系统中，检测温度需用什么（　C　）扩展模块。

(A) FX2N-4AD　(B) FX2N-4DA　(C) FX2N-4AD-TC　(D) FX0N-3A

12. 检测各种非金属制品，应选用（　A　）型的接近开关。

(A) 电容　　　　(B) 永磁型及磁敏元件　(C) 高频振荡 (D) 霍尔

13. M8002 有什么功能？（　D　）。

(A) 置位功能　　(B) 复位功能　　(C) 常数　　　(D) 初始化功能

14. 下列语句表选项中表述错误的是（　B　）。

(A) LD S10　　(B) OUT X01　　(C) SET Y01　　(D) OR T10

15. FX 系列 PLC 中，M0～M15 中 M0、M3 数值都为1，其他都为0，那么 K4M0 数值等于（　B　）。

(A) 10　　　　(B) 9　　　　(C) 11　　　　(D) 12

16. FX 系列 PLC，读取特殊扩展模块数据采用的指令是（　A　）。

(A) FROM　　(B) TO　　　(C) RS　　　(D) PID

17. FX 系列 PLC，32 位的数值传送指令是（　A　）。

(A) DMOV　　(B) MOV　　(C) MEAN　　(D) RS

18. FX 系列 PLC，PLC 外部仪表进行通信采用的指令是（　C　）。

(A) ALT　　　(B) PID　　　(C) RS　　　(D) TO

19. FX 系列 PLC，写入特殊扩展模块数据采用的指令是（　B　）。

(A) FROM　　(B) TO　　　(C) RS　　　(D) PID

20. PLC 程序中手动程序和自动程序需要（　B　）。

(A) 自锁　　　(B) 互锁　　　(C) 保持　　　(D) 联动

21. 触摸屏通过（　B　）方式与 PLC 交流信息。

(A) 通信　　　(B) I/O 信号控制　(C) 继电器连接　(D) 电气连接

22. 触摸屏实现数值输入时，要对应 PLC 内部的（　C　）。

(A) 输入点 X　(B) 输出点 Y　(C) 数据存储器 D (D) 定时器 T

23. 触摸屏实现按钮输入时，要对应 PLC 内部的（　A　）。

(A) 输入点 X　　　　　　　(B) 内部辅助继电器 M

(C) 数据存储器 D　　　　　(D) 输出点 Y

24. 触摸屏要实现换画面时，必须指定（　B　）。

(A) 当前画面编号　(B) 目标画面编号　(C) 无所谓　(D) 视情况而定

25. 触摸屏不能替代传统操作面板的（　B　）功能。

(A) 手动输入的常开按钮　　　　(B) 数值指拨开关

（C）急停开关　　　　　　　　　　（D）LED 信号灯

26. 触摸屏的尺寸是 5.7in，指的是（　C　）。

（A）长度　　　　（B）宽度　　　　（C）对角线　　　　（D）厚度

27. 一般而言，PLC 的 I/O 点数要冗余（　A　）。

（A）10%　　　　（B）5%　　　　（C）15%　　　　（D）20%

28. 当（D10）= K42，（D12）= K48 时当指令 ┤X11├ WXOR D10 D12 D14 / CML D14 D14 执行指令后，D14 中内容变为（　D　）

（A）48　　　　（B）26　　　　（C）42　　　　（D）44

29. PLC 的一输出继电器控制的接触器不动作，检查发现对应的继电器指示灯亮。下列对故障的分析不正确的是（　A　）。

（A）接触器故障　　　　　　　　　　（B）端子接触不良

（C）输出继电器故障　　　　　　　　（D）软件故障

30. 当条件满足时，执行 ┤X2├ DMOV K65536 D10 指令时，D11 里面的值为（　B　）

（A）65535　　　　（B）1　　　　（C）−1　　　　（D）0

31. FX 系列 PLC，写入特殊扩展模块数据采用的指令是（　B　）。

（A）FROM　　　　（B）TD　　　　（C）RS　　　　（D）PID

32. 当指令 ┤M8000├ CMP K3X0 H18A M10 执行时，下列（　A　）输入为 ON 时，M11 就为 ON。

（A）X1 X3 X7 X10　　　　　　　　（B）X0 X7 X11 X13

（C）X6 X5 X6 X10　　　　　　　　（D）X0 X5 X6 X13

33. 59 转换成十六进制数是（　B　）。

（A）3A H　　　　（B）3B H　　　　（C）3C H　　　　（D）3D H

34. 变频器在故障跳闸后，使其恢复正常状态应按（　C　）键。

（A）MOD　　　　（B）PRG　　　　（C）RESET　　　　（D）RUN

35. 指令 ┤X10├ FMOV K100 C197 n 能正确执行时 n 为（　C　）

（A）K100　　　　（B）K10　　　　（C）K3　　　　（D）K4

36. 下列传感器中属于开关量传感器的是（　B　）。

（A）热电阻　　　　（B）温度开关　　　　（C）加热开关　　　　（D）热电偶

37. 计算机网络的应用越来越普遍，它的最大好处在于（　C　）。

（A）节省人力　　　　　　　　　　（B）存储容量大

（C）可实现资源共享　　　　　　　（D）使信息存储速度提高

38. 简单的自动生产流水线，一般采用（　A　）控制。

（A）顺序　　　　（B）反馈　　　　（C）前馈　　　　（D）闭环

39. 热继电器是一种利用（　A　）进行工作的保护电器。

（A）电流的热效应原理　　　　　　（B）监测导体发热的原理

（C）监测线圈温度　　　　　　　　（D）测量红外线

40. 绝缘栅双极晶体管具有（　D　）的优点。

(A) 晶闸管　　　　　　　　　　　　(B) 单结晶体管

(C) 电力场效应管　　　　　　　　　(D) 电力晶体管和电力场效应管

41. FX 系列 PLC，指令 PWM　K100　D0　Y0 中，其中的 D0 为（　B　）。

(A) 最高频率　　　　(B) 周期　　　　(C) 指定脉宽　　　(D) 输出脉冲数

42. FX 系列 PLC，指令 RS　D200　D0　D500　D1 中，其中的 D200 为（　A　）。

(A) 发送数据地址　(B) 接收数据地址　(C) 发送点数　　　(D) 接收点数

43. FX 系列 PLC，指令 PLSR　K500　D0　K3600　Y0 中，其中的 K3600 为（　C　）。

(A) 最高频率　　　　(B) 最低频率　　　(C) 加减速时间　　(D) 总输出脉冲数

44. FX 系列 PLC，指令 PLSY　K1000　D0　Y0 中，其中的 K1000 为（　C　）。

(A) 最高频率　　　　(B) 最低频率　　　(C) 指定频率　　　(D) 输出脉冲数

45. 下面不属于现场总线的是（　A　）。

(A) TCP/IP　　　　(B) CC-Link　　　(C) CANbus　　　　(D) Profibus

46. PLC 的 RS-485 专用通信模块的通信距离是（　A　）。

(A) 1300m　　　　(B) 200m　　　　(C) 500m　　　　(D) 15m

47. OSI 参考模型中的低层协议一般指（　A　）。

(A) 物理层　　　　　　　　　　　　(B) 物理层和数据链路层

(C) 物理层、数据链路层和网络层　　(D) 物理层、数据链路层、网络层和运输层

48. 变频器 V/F 控制方式时，低速转矩不足可以增大变频器的（　C　）参数。

(A) 加速时间　　　(B) 转矩补偿　　　(C) 额定电压　　　(D) 基准频率

49. 通用变频器适用于（　B　）电动机调速。

(A) 直流　　　　　(B) 交流笼式　　　(C) 步进　　　　　(D) 交流绕线式

50. 变频调速驱动时，发现电动机起动冲击较大而且起动电流较高，可以对变频器做如下调整（　A　）。

(A) 加大加速时间　(B) 减少加速时间　(C) 加大加速时间　(D) 减少减速时间

51. 在放大电路中，为了稳定输出电压，应引入（　B　）。

(A) 电压负反馈　　(B) 电压正反馈　　(C) 电流负反馈　　(D) 电流正反馈

52. 某开环控制系统改为闭环后，下列描述错误的是（　B　）。

(A) 可减少或消除误差

(B) 能抑制外部干扰但不能抑制内部干扰

(C) 可能出现不稳定的现象

(D) 系统的控制精度主要由测量元件的精度决定

53. PID 控制中参数 Kp 是（　D　）。

(A) 比例时间　　　(B) 积分增益　　　(C) 微分增益　　　(D) 比例增益

54. 调试时，若将比例积分（PI）调节器的反馈电容短接，则该调节器将成为（　A　）。

(A) 比例调节器　　　　　　　　　　(B) 积分调节器

(C) 比例微分调节器　　　　　　　　(D) 比例积分微分调节器

55. 在透射直线式标尺光栅移动过程中，光电元件接收到的光通量忽强忽弱，于是产生

了近似（　B　）的电流。

（A）方波　　　　　　（B）正弦波　　　　　（C）锯齿波　　　　　（D）梯形波

56. 以下不属于变频器的控制方式的是（　D　）。

（A）V/F 控制方式　　（B）矢量控制方式　　（C）直接力矩控制　　（D）I/F 控制方式

57. 触摸屏一般由触摸检测装置和触摸屏控制器组成。触摸检测装置安装在显示器的（　B　）。

（A）中间　　　　　　（B）前面　　　　　　（C）后面　　　　　　（D）左边

58. 正弦波脉宽调制波（SPWM）是（　C　）叠加运算而得到的。

（A）正弦波与等腰三角波　　　　　　（B）矩形波与等腰三角波

（C）正弦波与矩形波　　　　　　　　（D）正弦波与正弦波

59. RS-485 接口具有抑制（　C　）干扰的功能，适合长距离传输。

（A）差模　　　　　　（B）加模　　　　　　（C）共模　　　　　　（D）减模

60. FX 系列 PLC 的 PID 自动调谐功能是用阶跃响应法自动设定（　D　）。

（A）采样时间、比例增益、积分时间、微分增益

（B）采样时间、比例增益、积分时间、微分时间

（C）动作方向、比例增益、积分时间、微分增益

（D）动作方向、比例增益、积分时间、微分时间

61. 液压伺服马达，是液压伺服系统中常用的一种（　A　）元件。

（A）执行　　　　　　（B）检测　　　　　　（C）控制　　　　　　（D）比较

62. FX 系列 PLC 使用 RS-485 进行有协议或无协议通信时，最多可连接（　A　）个从站。

（A）8　　　　　　　　（B）16　　　　　　　（C）32　　　　　　　（D）64

63. 关于串行传输，下面描述错误的是（　C　）。

（A）串行传输是将传送数据的各个位按顺序传送

（B）串行传输所需的通信线少，成本低

（C）串行传输比并行传输的速度更快

（D）串行传输比并行传输的通信距离长

64. 奇校验方式中，若发送端的数据位 b0～b6 为 0100100，则校验位 b7 应为（　B　）。

（A）0　　　　　　　　（B）1　　　　　　　（C）2　　　　　　　　（D）3

65. 串行通信速率为 19200bit/s，如果采用 10 位编码表示一个字节，包括 1 位起始位、8 位数据位、1 位结束位，那么每秒最多可传输（　C　）个字节。

（A）1200　　　　　　（B）2400　　　　　　（C）1920　　　　　　（D）19200

66. 为使三位四通阀在中位工作时能使液压缸闭锁，应采用（　A　）型阀。

（A）"O" 型阀　　　　（B）"H" 型阀　　　　（C）"Y" 型阀　　　　（D）"P" 型阀

67. 要实现多台 FX 系列 PLC 的 N：N 网络运行，需选用特殊功能模块（　B　）。

（A）FX2N-232-BD　（B）FX2N-485-BD　（C）FX2N-422-BD　（D）FX2N-232-IF

68. 班组管理中一直贯彻（　A　）的指导方针。

（A）安全第一、质量第二　　　　　　（B）安全第二、质量第一

（C）生产第一、质量第一　　　　　　（D）安全第一、质量第一

69. 十进制数 7777 转换为二进制数是（　D　）。

（A）1110001100001　（B）1111011100011　（C）1100111100111　（D）1111001100001

70. 十六进制数 ABCDEH 转换为十进制数是（　B　）。

（A）713710　　　　　（B）703710　　　　　（C）693710　　　　　（D）371070

二、多项选择题（下列各题至少有两个或两个以上答案，请选择正确答案。多选不得分，少选但选正确每个得 0.5 分，完全正确得 1.5 分，本题共计 15 分）

1. 子程序调用和返回包括（　B　C　）。

（A）END　　　　（B）CALL（01）　　（C）SRET（02）　　（D）RET　　　（E）NEXT

2. 由位元件组成字元件常用的位元件包括（　A　B　C　）

（A）X　　　　　　（B）Y　　　　　　（C）M　　　　　（D）T　　　　（E）S

3. 三菱 MELSES-A 系列 PLC 与位计算机进行通信时，其通信模块一般要进行以下（　A　B　C　D　E　）设置。

（A）PLC 程序在运行时，能否进行"写"操作　　　（B）传输速率

（C）数据位数和停止位数　　　　　（D）有无奇偶　　　　（E）通信协论

4. PLC 的工作过程包括（　B　C　E　）。

（A）程序的扫描阶段　　　　　　（B）输入采样阶段

（C）程序执行阶段　　　　　　　（D）输出采样阶段　　　　　（E）输出刷新阶段

5. 节省 PLC 输入点的方法有（　A　B　C　E　）。

（A）分组输入　　　　　　　　（B）矩阵输入

（C）使用人机界面　　　　　　（D）使用扩展模块

（E）尽可能减少信号输入点

6. FX 系列 PLC 用于通信的辅助继电器包括（　A　B　C　）。

（A）M8122　　　（B）M8123　　　（C）M8161　　　（D）M8261　　（E）M8012

7. 传感器按信号形式划分有（　A　B　D　E　）。

（A）开关式　　　（B）模拟连续式　　（C）电阻式　　　（D）数字式　　（E）模拟脉冲式

8. 下列哪些属于接触式开关传感器（　A　B　E　）。

（A）按钮开关　　　　　　　　（B）行程开关

（C）光电开关　　　　　　　　（D）接近开关　　　　　　　（E）微动开关

9. 在 FX 系列 PLC 中，块传送指令 BMOV D5 D10 K3 的功能是将以 D5 为起始单元的三个数分别传送到（　A　B　C　）寄存器中。

（A）D10　　　（B）D11　　　（C）D12　　　（D）D13　　　（E）D14

10. 气动执行元件的分类有（　C　D　）。

（A）气阀　　　　　　　　　　（B）气压传感器

（C）气缸　　　　　　　　　　（D）气马达　　　　　　　　（E）空气接头

三、是非题（在你认为对的题后括号内打"√"，错的打"×"，每题 1.5 分，共计 15 分）

1. 所有变频器的通信数据都是 ASCII 码数据。（×）

2. FX 系列 PLC 根据紧靠主单元的程度，为每个特殊模块依次从 0～7 编号，最多可以连接 8 个特殊模块。（×）

3. FX 系列 PLC 的输入/输出继电器采用八进制编号，软元件则采用十进制编号。（×）

4. PLC 也具有中断控制功能。（√）

5. 系统程序是由 PLC 生产厂家编写的，固化在 RAM 中。（×）

6. PLC 的用户程序是逐条执行的，执行结果依次放入输出映像寄存器。（√）

7. 在编写 PLC 程序时，触点既可画在水平线上，也可画在垂直线上。（×）

8. PLC 输入继电器不仅由外部输入信号驱动，而且也能被程序指令驱动。（×）

9. RS-232 和 RS-485 都属于串行异步通信接口。（√）

10. 通过 FX2N PLC 进行并行连接的数据传输，可在 1:1 的基础上对 100 个辅助继电器和 10 个数据寄存器进行数据传输。（√）

11. HMI 的英文写法是 human machine interface。（√）

12. 电容式触摸屏比电阻式触摸屏更稳定，不会产生漂移。（×）

13. 计算机和变频器之间的通信，其数据是使用 ASCII 码传输的。（√）

14. 任何数据通信的开始都是由计算机发出请求，没有计算机的请求变频器将不能返回任何数据。（√）

15. 由于 PLC 是扫描工作过程，在程序执行阶段即使输入发生了变化，输入状态映像寄存器的内容也不会变化，要等到下一周期的输入处理阶段才能改变。（√）

附录 B　可编程序控制系统设计师（三级）应会模拟题样卷

考题名称：滚珠丝杆移位控制

姓名：_____　　准考证号码：_____　　考核日期：____年___月___日

考核时间定额：__150__分钟　　考试时间：___时___分　　交卷时间：___时___分

监考人：_____　　评卷人：_____　　总得分：_____

考核项目	考核内容	评分标准	配分	扣分	得分	考评员签名
三菱可编程序控制综合应用技术	1. 输入输出端子分配	分配错误一处扣 2 分	5			
	2. 绘制控制电路接线图	绘制错误一处扣 2 分	5			
	3. PLC、步进电动机等接线正确	连接错误一处扣 5 分	10			
	4. 按考题内容在试卷上编制程序	错误一处扣 5 分	15			
	5. 通过计算机正确输入程序	不能正确输入程序者不得分	5			
	6. 运行结果正确	1. 不能手动控制扣 10 分。2. 不能自动控制扣 10 分。3. 运行流程不对扣 10 分。4. 不能在触摸屏上设定丝杆移动量扣 10 分。5. 不能在触摸屏上选择移动方向扣 10 分。6. 不能手动和自动切换的扣 10 分。7. 不能用触摸屏控制或步进电动机不能起动本大项不得分。	60			
职业素质	1. 安全生产 2. 职业道德 3. 职业规范	1. 违反考场纪律，由考评员扣 20～45 分。2. 发生设备安全事故，扣除 50 分。3. 发生人身安全事故，扣除 40 分。				

说明：1. 考试时间到，考生必须停止操作并离开考场，考评员根据考生接线情况可通知进场测试一次。

2. 考场提供三菱 FX 系列 PLC。

3. 考场提供计算机编程（安装有 Gx-Developer 软件）。

考题内容：滚珠丝杆移位控制

控制要求：

1. 采用步进电动机控制系统控制滚珠丝杆。

2. 给 PLC 上电，系统进入初始状态。起动步进电动机控制系统，移动机构自动复位到原点位置；延时 10s 运动机构向右运动；运行到右限位限位开关处后，延时 1s 向左运动；运行到左限位限位开关处后，延时 1s 向右运动；运行到右限位限位开关处后，延时 1s 向左运动；运行到原点位置后，延时 1s 向右运动；运行到右限位限位开关后，延时 1s 向左运动；运行到左限位限位开关处后，延时 1s 向右运动；运行到原点位置后，延时 1s 向左运动；运行到左限位限位开关处后，延时 1s 向右运动；运行到原点位置后停止。延时 10s 后重复以上运动轨迹（流程图如下图所示）。

3. 能进行手动控制和自动控制切换，手动控制要求在触摸屏画面上直接输入移动位移量，及选择移动方向，并且位移量任意可调。

4. 在自动控制模式下选择手动控制，在完成一周期后进入手动控制模式状态。

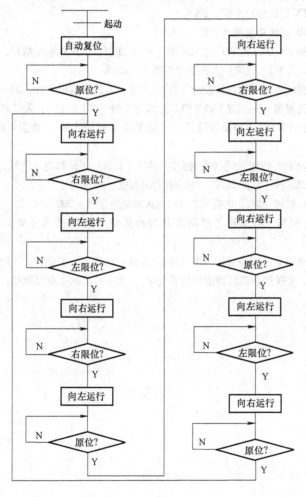

参 考 文 献

[1] 吴启红. 变频器、可编程序控制器及触摸屏综合应用技术实操指导书 [M]. 2 版. 北京：机械工业出版社，2010.

[2] 三菱机电培训教材：三菱 FR-A540 操作手册，2001.

[3] 三菱机电培训教材：三菱 FR-A740 操作手册，2006.

[4] 三菱机电培训教材：FX2N FX2NC 编程手册，2007.

[5] 李全利. 运动控制技术应用设计与实践（三菱）[M]. 北京：机械工业出版社，2010.

[6] 钟肇新，等. 可编程控制器原理及应用 [M]. 广州：华南理工大学出版社，2003

[7] 郭宗仁，等. 可编程序控制器及通讯网络技术. [M]. 北京：人民邮电出版社，2004.

[8] 汪晓平，等. PLC 可编程控制器系统开发实例导航. [M]. 北京：人民邮电出版社，2004.

[9] 张万忠. 可编程控制器应用技术 [M]. 北京：化学工业出版社，2005.

[10] 三菱图形操作终端培训教材：可编程控制器（GOT900 系列），2004.

[11] 三菱机电培训：FX 通讯用户手册，2008.

[12] 三菱机电培训：FX 特殊功能模块手册，2007.

[13] 龚仲华，等. 三菱 FX/Q 系列 PLC 应用技术 [M]. 北京：人民邮电出版社，2006.

[14] 洪志育. 例说 PLC [M]. 北京：人民邮电出版社，2006.

[15] 高钦和. 可编程控制器应用技术与设计 [M]. 北京：人民邮电出版社，2004.

[16] 张运刚. 从入门到精通——三菱 FX2N PLC 技术与应用 [M]. 北京：人民邮电出版社，2007.

[17] 贺哲荣，等. 流行 PLC 实用程序及设计（三菱 FX2 系列）[M]. 西安：西安电子科技大学出版社，2006.

[18] 陈苏波，等. 三菱 PLC 快速入门与实例提高 [M]. 北京：人民邮电出版社，2008.

[19] 肖峰. PLC 编程 100 例 [M]. 北京：中国电力出版社，2009.

[20] 侯世英，等. PLC 教程 [M]. 3 版. 北京：人民邮电出版社，2007.

[21] 岳庆来，等. 变频器、可编程序控制器及触摸屏综合应用技术 [M]. 北京：机械工业出版社，2006.

[22] 王辉，等. 三菱电机通信网络应用指南 [M]. 北京：机械工业出版社，2010.

[23] 曹菁. 三菱 PLC、触摸屏和变频器应用技术 [M]. 北京：机械工业出版社，2010.